普通高等教育"十一五"国家级规划教材
21世纪农业部高职高专规划教材

作物种子生产与管理

第二版

谷茂　杜红　主编

中国农业出版社

内容提要

本教材是在2002年出版的《作物种子生产与管理》的基础上，根据职业教育"以就业为导向，以能力为本位"的教改精神，吸收国内外种子生产的先进技术，结合我国种子管理的实践经验修订而成。全书共分9章，主要内容有作物种子生产与管理概述、作物品种选育基础知识、作物种子生产基本原理、农作物种子生产技术、蔬菜种子生产技术、种子检验、种子加工和贮藏、种子法规与种子营销、计算机在作物种子生产与管理中的应用等。本教材在内容编排和形式上均体现工学结合的特点，注重技能的培养和技术的实用性，适应多样化教学的需要，为了方便学生学习，每章后附有技能训练、知识拓展和复习与思考等内容。

本教材可作为高职高专院校种子、农学、农艺、园艺、植保、生物技术等专业教材，也可作为五年制高职植物生产类专业教材，还可供全国种子生产技术人员和管理人员学习参考。

第二版编审人员名单

主　编　谷　茂　杜　红

副主编　苏淑欣

编　者（以姓氏笔画为序）

刘小华　杜　红　杜守良　苏淑欣

谷　茂　陈效杰　梁庆平

主　审　吴建宇

第一版编审人员名单

主　编　谷　茂

副主编　肖君泽　孙秀梅

编　者（以姓氏笔画为序）

王永飞　王晓梅　任起太　孙秀梅

苏淑欣　肖君泽　谷　茂　易泽林

路文静

主　审　杨建设　贾志宽

第二版前言

《作物种子生产与管理（第二版）》是普通高等教育“十一五”国家级规划教材，是根据教育部《关于加强高职高专教材建设的若干意见》和《关于全面提高高等职业教育质量的若干意见》的有关精神，在2002年出版的《作物种子生产与管理》的基础上，了解和征求了许多教学单位的使用情况和行业专家意见之后进行修订的。

《作物种子生产与管理》的特色是基础知识系统完整，应用技术实用性强，体现课程综合性，适合模块化教学。但随着经济发展、科技进步，尤其是我国种业的快速发展，种子生产与管理的新技术、新方法、新成果不断涌现，作物种子生产与管理岗位对就业者的知识、技能要求更高，也更注重其实际操作和应用能力。因此，为更好地适应高职高专课程教学改革需要，满足相关行业和岗位对人才的需求，我们本着以就业为导向，以职业能力培养为主导，突出技能训练的指导思想，在保留第一版主要特色的基础上创新而不失规范地进行此次修订工作。第二版在修订过程中主要体现以下特色：

1. 结构更合理　为体现工学结合的特点，第二版按照种子生产的程序进行修订，对第一版部分章节和内容做了调整，使全书内容和结构更为科学、合理。把握课程体系的主体，删除与主体相关不密切的内容，为突出技能培养留出更多的空间。

2. 提高针对性　针对农时季节和工学结合的要求，按作物编排种子生产技术。第四章农作物种子生产技术按七大类作物编写。书中的职业技能参照了《作物种子繁育工》职业技能鉴定规范和《农作物种子检验员考核大纲》的标准，突出作物种子生产与管理的职业能力的培养。

3. 强化实践性　教材修订中既注重基本理论知识的系统性，更注重职业技能训练的规范性，不仅丰富和充实了技能训练项目和内容，更使之具有可操作性——易学易练。每章后都附有技能训练，每节后还安排有实践活动。

本教材共分9章。其中：第一章，第四章第七节，第九章第一、三、五、六节由深圳职业技术学院谷茂编写；第二章，第四章第一、二、四节由潍坊职业学院杜守良编写；第三、五章由河北旅游职业学院苏淑欣编写；第四章第三、五、六节由广西农业职业技术学院梁庆平编写；第六章、第八章第二节由河南农业职业学院杜红编写；第七章、第八章第一节由黑龙江农业职业技术学院陈效杰编写；第九章第二、四节及“种子检验信息管理软件系统”由深圳职业技术学院刘小华编写。河南农业大学吴建宇教授审定全书。

在第二版修订的总体策划和统稿工作中，杜红同志做了大量的工作。编写组同志们的共同努力和创造性劳动成就了这次修订工作的特色和创新。本教材修订历时两年，知识点、教学重点和篇章结构、文字表述均反复推敲，精心编著。然由于我们水平有限，恐仍有不尽如人意之处，希望同行专家、学者及使用本教材的广大师生不吝指正。

编　者

2009年8月

第一版前言

有关种子方面的大、中专教科书已出版不少，但《作物种子生产与管理》还没有。本教材是根据教育部高职高专教材建设有关文件精神，充分考虑高职类院校的教学任务和教学特点编写的新教材。它融会了作物种子生产与管理领域的最新研究成果和发展，注重知识体系的完整、技术和技能知识的规范，可供全国高等职业技术院校及高等专科学校的相关专业使用。

《作物种子生产与管理》作为高职高专院校植物生产类专业的一门专业课，系统地讲授了作物种子从选育、繁殖、检验、贮运、营销到种子管理的基本知识和基本技能。编著本书的作者全部有高级职称，大都有在高职高专院校任教10年以上的经验。2000年7月接受了编写任务后，召开了2次编写会议，研讨编写思路，制订编写大纲。初稿完成后，所有的章节都经过编者间互审，主（副）编分审和主编总审三层把关。最后经茂名学院教授杨建设博士和西北农林科技大学教授贾志宽博士审定全书。

本教材采用模块式结构构建，注重实践教学内容的编排和衔接，便于不同地区的教师根据本校实际组装教学，为任课教师创新教学模式提供了方便。全书内容突出理论知识的简洁、完整和系统性；应用技术的实用、先进和易操作性；管理与营销学科内容的规范、准确和实用性。文字精练，通俗易懂，且每章后附有复习思考题，便于学生课外自我检验和巩固学习效果。

本教材的编写分工：深圳职业技术学院谷茂编写绪论和第9章，并参与编写第3章部分内容；湖南生物机电职业技术学院肖君泽编写

第8章，并参与编写第3章、第7章部分内容；潍坊职业学院孙秀梅编写第1章主要内容；承德民族职业技术学院苏淑欣编写第3章、第4章主要内容；保定职业技术学院路文静编写第2章，并参与编写第1章、第3章部分内容；广西农业职业技术学院任起太编写第7章主要内容，并参与编写第1章、第3章部分内容；西南农业大学易泽林编写第5章；北华大学王晓梅编写第6章；烟台师范学院王永飞编写第4章部分内容并参与了全书的总策划。实训指导由相应章节的编者编写，附录由苏淑欣、肖君泽、易泽林编写。本教材广泛参阅、引用了国内外数百位专家、学者的著述和论文，限于篇幅不能一一列出，在此一并致以诚挚的谢意。

由于时间仓促，编者水平有限，虽倾力撰著，然难免不足，诚请同行专家、学者批评指正。

编　者

2002年3月

目　录

第一章 概 述

学 习 目 标

◆ **知识目标** 明确种子的含义及良种在农业生产中的作用；了解种子生产与管理的意义和任务；了解国内外种子生产与管理的经验与成就。

◆ **能力目标** 能列举出当地主要作物良种的名称及其在生产上的表现。

第一节 种子生产与管理的意义和任务

一、什么是种子

种子在植物学上是指由胚珠发育成的繁殖器官。在农业生产上，其含义比较广泛，凡是可作为播种材料的植物器官都称为种子。种子是农业生产中最基本的生产资料。各种作物的播种材料种类繁多，大致可分为 4 类。

1. *真种子* 真种子即植物学上所指的种子。如水稻、小麦、玉米、大豆、棉花、瓜类、茄子、番茄、辣椒及十字花科蔬菜等的种子。

2. *类似种子的果实* 这一类种子在植物学上称为果实。如禾本科作物的颖果，向日葵等的瘦果，伞形科的分果，藜科的坚果等。

3. *用以繁殖的营养器官* 营养器官包括植物学上的各种器官。如甘薯的块根，马铃薯的块茎，芋和慈姑的球茎，葱、蒜和洋葱的鳞茎等。

4. *植物人工种子* 人工种子又称生物技术种子、植物种子的类似物等，是将植物离体培养产生的胚状体包埋在含有养分和具有保护功能的物质中形成的，在适宜条件下能发芽出苗、长成正常植株的类似植物种子的播种材料。

二、良种在农业生产中的地位和作用

“国以农为本，农以种为先”。在农业生产的诸要素中，种子是决定农产品产量和品质的最重要因素之一。

人类在很久以前就认识到种子在农业生产中的重要地位。我国黄河流域的先民们早在春秋时期就懂得选育良种。到南北朝时，先民们对种子的认识就更进一步，《齐民要术》中写到“种杂者，禾则早晚不均，春变减而难熟”，阐述了种子不纯会导致产量低且米质差。新中国成立以来，我国的种子工作取得了很大的成就。培育和推广了 41 种作物的优良品种

5 600多个，主要农作物品种已在全国范围内更换了4～5次，每更换一次，增产10%～30%。主要农作物的良种覆盖率已超过95%。以水稻为例，从单季改双季、高秆改矮秆、常规稻改杂交稻这三段水稻生产发展历程看，每一步都离不开品种改良。迄今已推广杂交水稻累计达2.33亿hm^2，增产粮食超过1.5亿t。

从世界范围来看，第一次绿色革命的兴起与成功就得益于我国水稻矮脚南特、低脚乌尖以及小麦农林10号等矮秆种质的鉴定及利用。以良种推广为核心内容的第一次“绿色革命”，使许多国家摆脱了饥荒和贫困，促进了经济、文化、政治、社会的全面发展。这在世界范围内引起了极大的震动，也使人们越来越清楚地认识到，在今后的农业发展中，良种占有越来越突出的战略地位，良种已经成为国际农业竞争的焦点。

国内外现代农业发展史生动地说明，良种在农业生产发展中的作用是其他任何因素都无法取代的。据联合国粮农组织（FAO）统计分析，近十年来良种对全球作物单产提高的贡献率为25%以上（美国达40%）。在我国，良种对粮食增产的贡献率达30%以上。

优良品种是指在一定地区和栽培条件下能符合生产发展要求，并具有较高经济价值的品种。农业生产上的良种是指优良品种的优质种子。“科技兴农，种子先行”，作为农业发展的重要驱动力和科技应用先导，良种推广和应用为我国农业生产尤其是种植业生产的持续发展发挥了重大作用。良种在农业生产中的作用主要有以下几个方面：

1. *提高单位面积产量*　优良品种的基本特征之一是增产潜力较大。在同样的地区和耕作栽培条件下，采用增产潜力大的良种，一般可增产10%或更多，在较高栽培水平下良种的增产作用也较大。

2. *改进农产品品质*　选育和推广优质品种是改进农产品品质的必由之路。因为优质品种的产品品质较优。例如，谷类作物子粒蛋白质含量及组分、油料作物子粒的含油量及组分、棉花的纤维品质等，优质品种都更能符合经济社会发展的要求。

3. *保持稳产性和产品品质*　选育和推广抗病虫和抗逆性强的品种，能有效地减轻病虫害和环境胁迫对作物产量和品质的影响，实现高产、稳产和优质。

4. *扩大作物种植面积*　改良的品种具有较广阔的适应性，还具有对某些特殊有害因素的忍耐性，因此选用这样的良种，可以扩大该作物的栽培地区和种植面积。

5. *有利于耕作制度的改革、复种指数的提高、农业机械化的发展及劳动生产率提高*　选育生育特性、生长习性、株型等合适的作物品种，可满足这些要求，从而提高生产效益。

三、种子生产与管理的意义

种子生产是依据种子科学原理和技术，生产出符合农业生产需求的数量和质量要求的种子。广义的种子生产包括从品种选育开始，经过良种繁育、种子加工、种子检验和种子经营等环节直到生产出符合质量标准、能满足消费者（市场）需求的商品种子的全过程。狭义的种子生产仅指良种繁育。种子是最重要的农业生产资料，是农业科技和各种管理措施发挥作用的载体。种子生产是农业生产中前承作物品种选育，后接作物大田生产的重要环节，是种植业获得高产、优质和高效的基础。

种子管理贯穿于种子生产的全过程，它从种子管理科学的角度来组织、引导和规范种子生产过程，以保证生产出来的种子质优、量足、成本低、市场竞争力强。作物种子管理分3

个层次，即生产管理、经营管理和行政管理。生产管理指对种子生产全过程的科学管理，这一管理过程要求较高的专业技术水平和管理水平，要由专业技术人员或在专业技术人员指导下进行；经营管理指种子商品化的过程，要求经营者有经营头脑，有战略眼光，有服务意识，有较高的人文素质；行政管理指国家行政机关依法对种子工作进行管理的活动，目的是使种子生产者、经营者和使用者的合法权益得到保障，违法行为得到惩治。

作物种子生产与管理，涵盖了商品种子从生产到使用的全过程。对种子生产者而言，只有获得最先进的技术信息，掌握最新的作物品种生产权，才能使自己的种子生产活动始终立于不败之地；对种子经营者而言，只有掌握适销对路的品种，质量优良的种子，才能够提高竞争能力，获得良好的经济效益和社会效益；对种子使用者而言，只要获得优良品种的优质种子，农产品的高产、优质和良好的市场就有了保障，就意味着增产增收；对农业生产而言，量足质优的种子是实现持续、稳定增产的先决条件和重要保证。由此可见，搞好作物种子生产与管理，对农业科技进步、农业生产发展和区域经济腾飞有着重要的现实意义。

从世界各国实行种子产业化运作的实践来看，种子生产是种子经营管理的基础和依托，通过进行种子经营管理反过来又可以促进和规范种子生产，两者既互为依存，又互相促进，是不可分割的两个部分，一个整体。

四、种子生产与管理的任务

（一）种子生产的任务

1. 迅速生产优良品种的优质种子　在保证品种优良种性的前提下，按市场需求生产出符合种子质量标准的种子。其主要工作，一是加速生产新育成、新引进的优良品种的种子，以替换老品种，实现品种更换；二是有计划地生产已大量应用推广而且继续占据市场的品种的种子，实现品种定期更新。

2. 保持品种种性和纯度　对生产上正在使用的品种，采用科学的技术和方法生产原种，以保持品种的纯度和种性，延长其使用年限。

（二）种子管理的任务

1. 生产管理　严格按照种子生产技术规程，用科学先进的设备、工艺和技术生产出足量优质的种子。

2. 经营管理　要有市场观念、质量观念和竞争意识，使生产的种子能满足市场需要。

3. 行政管理　要依法办事，为种子生产和经营提供良好的市场环境和社会环境。

实　践　活　动

将全班分成若干组，每组5～6人，利用业余时间，调查当地主要作物的良种覆盖率。

第二节　种子生产与管理的经验与成就

一、国外种子生产与管理的经验

目前，发达国家的种子产业已形成集科研、生产、加工、销售、技术服务于一体，相当完善、颇具活力的可持续发展的体系。

1. *高度重视科研育种和种子创新* 如美国先锋种子公司，每年拿出公司销售额的10%，即1.5亿美元用于种子的科技创新。法国的KWS公司每年拿出公司销售额的15%用于种子的科技创新。这些大型种子公司雄厚的种子科技创新实力，保障和推动了世界种子产业的强劲发展和种子市场的国际化。

2. *建立专业化的种子生产基地和现代化的种子加工厂* 国外种子产业化的重要经验之一就是建立属于种子公司自己的专业化种子繁殖基地和现代化种子加工厂。对育种家种子和基础种子都安排在自己的基地繁殖，以保证基础种源的质量。从种子的生产、精选、分级、包衣、包装到质量检验实行一条龙作业、专业化生产，从而保证向用户提供高质量的生产用种子。

3. *育种家种子是种子生产的最初种源* 由于最熟悉品种特征特性的人是育种者，因此用育种者提供的育种家种子作为种子生产的最初种源，并继续进行生产和保存，便可以从根本上保证所生产种子的纯度。

4. *严格的种子登记制度和质量管理体系* 欧盟各国对新品种要求国家级登记和种子质量认证，方可进入市场销售。欧美各国采用种子标签的真实性、种子质量的最低标准、植物品种保护法、种子认证和种子法规等种子质量管理体系，有效地支持和规范了种子市场的发展，确保农业用种的种子质量。

5. *实行品牌战略，建立网络化的销售体系* 在国外种子市场，每种品种都有明显的标牌和详尽的说明书。各入市公司都注重建立自己的企业形象和销售体系。如泰国正大集团公司的零售企业达400余家，开拓了国内外种子市场，扩大了企业知名度。

二、我国种子生产与管理的成就

《中华人民共和国种子法》（以下简称《种子法》）及配套法规的相继颁布实施，使种子产业成为我国一个蓬勃发展的新型产业。我国种子产业在良种培育推广、基础设施、生产经营、质量控制、市场管理及对外合作交流等方面都取得了长足发展，整个种子产业初具规模。

1. *良种培育推广成效显著* “十五”期间，国家审定农作物品种957个，是“九五”期间的2.8倍，这些品种已在农业生产中占据了主导地位。杂交水稻、杂交玉米、杂交油菜等作物新品种的产量和品质已达到世界先进水平，优质小麦和高油大豆品种的选育也取得了显著成效。我国的育种工作已开始朝着选育具有市场竞争力的优质专用品种方向发展。在新品种推广方面，品种更换更新由原来的10年缩短到6～7年，每次更换更新增产幅度都在10%以上，全国农作物的良种覆盖率超过95%，良种在农业生产中的贡献率达到36%。

2. *种子生产能力不断增强* “种子工程”实施以来，我国共建成水稻、玉米等大宗农作物良种繁育基地及南繁基地175个，果茶花菜良种繁育基地及马铃薯、甘薯脱毒良种繁育基地127个，大大提高了我国作物良种繁育能力，农业生产用种基本得到满足。全国商品种子生产能力85亿kg，种子加工能力65亿kg，种子包衣量19亿kg，种子储藏能力43亿kg，种子检验能力44.7万份。水稻、玉米、小麦及大豆四大类作物的种子自给率均达到100%，棉花种子自给率达到85%，蔬菜种子自给率达到95%。

3. 种子质量水平明显提高 目前，全国已建有国家种子检测中心 1 个，部省级种子检测中心 38 个，区域种子检测分中心 84 个。由于种子质量田间检验和监督抽查工作力度的加大，种子质量水平大幅度提高。玉米杂交种子抽样合格率由 1996 年的 47.9%提高到 2004 年的 87.8%，水稻杂交种子抽样合格率由 1995 年的 68.1%提高到 2004 年的 95.3%。我国种子市场监管日趋规范有力，市场秩序明显好转，确保了农业用种安全。种子质量是种子企业的生命线，种子企业也在不断强化内部的质量管理，以增强企业竞争力。

4. 现代种子企业逐步建立和发展 随着种业市场化进程的加快，股份制改造和企业重组模式大量引入种子企业，其他工商企业或民营企业积极投资种业建设，参与种业经营，已基本形成种子经营主体多元化的格局。2007 年，全国已有持证经营企业 9 000 多个，注册资本 500 万元的企业 3 000 多个，3 000 万元的企业 80 多个，外商投资企业 70 多个，上市公司 6 个，经销商 12 万家。经过近 20 年的磨炼，我国种子企业的实力不断壮大，大中型种子企业正在向集团化、专业化方向发展，并以品牌优势在全国范围内建立起比较完善的种子营销网络，种子营销空前活跃。中国种业 50 强企业所占市场份额由 2000 年的 15.5%提高到 2004 年的 28.8%。

5. 对外交流与合作更加广泛和频繁 种业全球化趋势正在逐步深化。我国不仅是世界上最重要的种子生产国，同时又是极具潜力的种业市场。外国的资金和企业正逐步进入我国种子市场，至 2003 年 9 月，我国境内外商投资的种子企业（外商独资或合资）有近 80 家，这些外资企业既为我国种业带来了资金和先进的管理经验，也为我国种业带来了竞争压力。近年来，随着种子市场的开放，我国进口种子、出口种子及合作制种的数量也不断增加。

6. 种子管理法制化 《种子法》及其配套法规的颁布实施，是我国种子产业管理制度的重大改革，是我国作物种子生产与管理近 50 年改革与完善的最大成就。《种子法》及其配套法规的颁布实施，使我国种子产业从此进入法制化阶段，从法制上保证了种子管理的公正性和严肃性，使依法制种、依法兴种成为可能，有利于形成全国统一开放、规范有序、公平竞争的种子市场；《种子法》及其配套法规的颁布实施，规范了种子选育者、经营者、使用者的行为，保障了他们的合法权益，进一步提高了种子生产经营的市场化程度，推动种业各界转变运行机制，完善内部管理，提高服务质量；《种子法》及其配套法规的颁布实施，揭开了我国种业发展的新篇章，既给我国种子市场管理提供了法律依据，使我国种业更好地为农业的高产优质高效和可持续发展服务，又积极与国际种子法规接轨，推动我国种业走向世界，融入国际种业市场，为全球的农业生产发展做出应有的贡献。

实 践 活 动

将全班分成若干组，每组 5～6 人，利用业余时间，调查当地作物种子生产与管理的现状。

【知识拓展】种子产业化与种子工程

为适应社会主义市场经济体制的需要，1995 年召开的全国种子工作会议提出了推进种子产业化、创建“种子工程”的具体意见，农业部于 1996 年开始组织实施。

种子产业化，是以国内外市场为导向，以经济效益为中心，围绕区域性主导作物的种子生产，优化组合各种生产要素，实行区域化布局、专业化生产、一体化经营、社会化服务、企业化管理，通过企业带基地、基地连农户的形式，实现种子育、繁、推、销一体化。

种子工程是以农作物种子为对象，以为农业生产提供具有优良生物学特性和优良种植特性的商品种子为目的，通过利用现代生物技术手段、工程手段和农业经济学原理以及其他现代科技成果，按照种子科研、生产、加工、销售、管理的全过程所形成的规模化、规范化、程序化、系统化的产业整体。种子工程按照其功能分为农作物改良（新品种引种育种）、种子生产、种子加工、种子销售和种子管理五大系统；按照其过程分为种质资源收集、育种、区域试验、品种审定、原种或亲本繁殖、种子生产、收购、贮藏、加工、包衣、包装、标牌、检验、销售、推广等 15 个环节。种子工程的实施目标是实现四个根本性转变，即由传统的粗放生产向集约化生产转变，由行政区域的自给性生产经营向社会化、国际化市场竞争转变，由分散的小规模生产经营向专业化的大中型企业或企业集团转变，由科研、生产、经营相互脱节向育繁销一体化转变。

【回顾与小结】

本章主要介绍了种子的含义及种类、良种在农业生产中的地位和作用、种子生产与管理的意义和任务、国内外种子生产与管理的经验与成就。本章应重点掌握农业种子的含义；了解良种在农业生产中的作用；明确种子生产与管理的任务。通过学习要树立振兴和发展我国种子产业的责任意识。

复习与思考

1. 名词解释：种子　良种。
2. 简述良种的作用。
3. 简述作物种子生产与管理的意义。
4. 简述作物种子生产与管理的任务。
5. 试分析我国（或当地）种子生产与管理存在的问题与对策。

第二章　作物品种选育基础知识

学　习　目　标

◆ **知识目标**　掌握品种的概念及品种的类型，了解现代农业对作物品种的要求及制定育种目标的一般原则；掌握种质资源的概念、类别及利用；掌握作物引种的基本原理及引种规律；掌握杂交育种的方法及杂种优势利用途径；了解系统育种、诱变育种、远缘杂交育种、倍性育种、生物技术育种的意义；了解品种试验与品种审定的有关内容。

◆ **能力目标**　掌握主要作物有性杂交技术及用系谱法对杂种后代进行选择和处理的技术。

第一节　育种目标

育种目标是对所要选育品种在生物学和经济学性状上的具体要求，即在一定的自然、栽培和经济条件下，对计划选育的作物新品种提出应具备的一系列优良特征特性。确定育种目标是开展育种工作的前提，制定明确的育种目标是决定育种工作成败的首要因素。

一、作物品种的概念与品种类型

（一）品种的概念

作物品种是在一定的生态条件和社会经济条件下，根据人类生产和生活的需要而创造的一定作物的特定群体。这一群体具有相对稳定的遗传性状，在生物学上、经济上和形态上具有相对一致性，与同一作物的其他群体在性状上有所区别，在一定地区和栽培条件下，产量、品质和适应性符合生产的需要。作物品种是育种的产物，是经济上的类别；品种具有使用上的区域性和时间性。

（二）品种的类型

作物品种具有3个基本特性，即特异性、一致性和稳定性。特异性指本品种具有一个或多个不同于其他品种的形态、生理等特性；一致性指同品种内植株性状整齐一致；稳定性指繁殖或再组成本品种时，品种的特异性和一致性能保持不变。

根据作物的繁殖方式、遗传基础、品种选育方法及种子生产方法等，可将作物品种分为以下4种类型。

1. 自交系品种　自交系品种又称纯系品种，是从品种突变单株或杂交组合的单株中经过多代自交加选择得到的同质纯合群体。这类品种群体基因型纯合，可以重复利用。它实际上既包括了自花授粉作物和常异花授粉作物的纯系品种，即常规品种；也包括异花授粉作物的自交系品种。例如，目前生产上种植的小麦、水稻、棉花等作物的常规品种；水稻、高粱、油菜、玉米等作物的雄性不育系、保持系、恢复系、自交不亲和系和自交系，当作为推广杂交种的亲本使用时，都属于自交系品种之列。

2. 杂交种品种　杂交种品种是在严格选择亲本和控制授粉的条件下生产的各类杂交组合的杂种一代（F_1）群体。这类品种群体个体的基因型高度杂合，个体间基因型有不同程度的异质性。杂交种品种通常只种植 F_1，即利用 F_1 的杂种优势。F_2 会发生基因型分离，杂种优势下降，生产上一般不再利用。过去主要在异花授粉作物中利用杂交种品种（如玉米杂交种），现在许多作物相继发现并育成了雄性不育系，解决了大量生产杂交种子的瓶颈问题，使自花授粉作物和常异花授粉作物也容易选育和生产杂交种品种，利用杂种优势提高产量和品质。

3. 群体品种　群体品种主要包括异花授粉作物的开放授粉品种和自花授粉作物的多系品种。开放授粉品种群体遗传组成异质，个体基因型杂合，目前在生产上很难见到，如玉米的地方品种和综合品种。多系品种群体遗传组成异质，个体纯合。如为了选育抗多个锈病生理小种的小麦品种，先分别选育成多个抗不同生理小种，而在其他性状上相同的近等基因系，然后根据不同地区的需要，分别用不同的近等基因系混合成不同抗性的品种在生产上推广，以拦截和减少锈病传播渠道，达到防止锈病大发生的目的。

4. 无性系品种　由一个或几个遗传上近似的无性系通过营养器官扩大繁殖所形成的品种称为无性系品种。大多数无性系品种是通过有性杂交，选择优良变异，采用无性繁殖保持变异育成的。所以，这类品种群体遗传组成同质，个体杂合。许多薯类作物和果树品种都属于无性系品种。

二、现代农业生产对品种的要求

现代农业生产的发展对作物品种选育提出了新的要求，概括起来有以下几个方面：

1. 高产　高产是指单位面积产量高，作物的优良品种首先应该具备相对较高的产量潜力。我国是一个人多地少的国家，为了满足人口增长对各类农产品特别是粮食的需求，迫切需要品种具有高产甚至超高产的潜力。因此，高产或超高产作物品种的选育是农作物育种的首要目标。自 1997 年我国开始实施超级杂交水稻育种计划以来，先后实施了小麦、玉米的超级育种计划，并取得了阶段性成果。

2. 稳产　稳产是指优良品种在推广的不同地区和不同年份间产量变化幅度较小，在环境多变的条件下能够保持均衡的增产作用。稳产性涉及的主要性状是作物品种的各种抗耐性和适应性，如抗病虫、抗旱、耐瘠、抗寒、抗盐碱等。新品种不但要适应推广地区的自然环境，而且要适应不断发展的耕作、栽培技术水平。例如，培育早熟品种有利于改进种植制度和提高复种指数；矮秆品种可以提高耐肥、抗倒能力，有利于密植和高产等。

3. 优质　随着市场经济发展和人民生活质量提高，对农产品的品质提出了更高的要求。农产品既要考虑食用品质，又要考虑加工品质，还要考虑商品品质。例如，小麦优质育种既要培育适合做面包的高筋品种，也要培育适合做点心的低筋品种；玉米既要培育普通玉米品种，也要培育高油玉米、糯玉米和甜玉米等特用品种；棉花要求纤维品质优良，符合纺织工业的要求；糖料作物产品要提高含糖量；瓜、果、菜类产品要求适口性好，营养价值高，外观品质好等。

4. 适应机械化　现代农业的重要特征之一是农业机械化。随着我国农业生产机械化程度的不断提高，要提高农业劳动生产率，选育的新品种必须适应机械化作业的需要。具体要求如株高适当、紧凑，成熟一致，茎秆坚韧，不落粒等。

三、制定育种目标的一般原则

制定育种目标，要了解品种推广区域的农业生产条件、现有推广品种及各方面的市场需求。在这个前提下，重点把握以下原则：

1. 适应当前生产需要，预见生产发展前景　从作物育种的程序来看，育成一个新的品种至少需要5～6年，多则10年以上的时间。因此，制定育种目标时要预见到生产的发展，人民生活水平和质量的提高以及市场需求的变化对未来品种的要求，使新育成的品种能在较长时间内发挥增产作用。

2. 根据当地的自然条件和栽培条件确定目标性状　制定育种目标时必须根据各地生态条件、耕作与栽培条件、品种的生态类型，从研究当地品种的生态特点出发，针对限制生产发展的主要问题，确定主要目标性状，选育出能克服现有品种缺点，保持其优点的新品种。例如，南方一些双季稻区，晚稻产量低而不稳定，因而提出了以高产、稳产为基础，早熟为前提，抗性作保证，注意改善米质的“丰、抗、早、优”的晚稻育种目标。

3. 突出重点，分清主次，明确具体目标　在制定育种目标时，不能只笼统地提高产、稳产、优质、适应性强等，而要把育种目标落实到具体的性状上，并且目标要具体、确切。属于数量性状的要有具体的数量指标，像株高、穗长、生育期以及产量、品质等，以便更有针对性地进行育种工作。如水稻品种高产性状有穗大、粒重的穗重型，分蘖力强、成穗率高的穗数型；早熟有80d或100d的；抗病有抗稻瘟病或白叶枯病的等。

4. 考虑品种合理搭配　农业生产对作物品种有多方面的需要，需要有不同的品种类型，如不同熟期、不同品质、不同的抗性和适应性等，供生产选用。

育种实践证明，要培育出一个能完全满足生产上各种需要的“全才”品种是不大容易的，但分别选育出具有不同特点的“偏才”品种，通过合理搭配，以解决生产多样化的需要是可能的。

实　践　活　动

将全班分成若干组，每组5～10人，利用业余时间进行下列活动：调查当地作物品种有哪些类型；农业生产上对品种有哪些要求。

第二节　种质资源

一、种质资源及其重要性

种质资源是指可为育种利用和遗传研究的各种作物品种和类型材料。一切具有一定种质或基因，可供育种及相关研究利用的各种生物类型都称为种质资源。种质资源又称为品种资源、遗传资源、基因资源，是作物新品种选育的基础材料，它包括各种植物的栽培种、野生种的繁殖材料以及人工创造的各种植物遗传材料，其形式有植株、种子、器官、组织、花粉、细胞、DNA片段等。

种质资源是在漫长的历史过程中，由于自然演化和人工创造而形成的一种重要的自然资源，它蕴藏着极为丰富的植物遗传基因，是用以选育新品种和发展农业生产的物质基础。

在育种目标明确的前提下，育种成效的大小在很大程度上决定于种质资源的占有数量和对种质资源的研究质量。回顾国内外育种工作的历史，凡具有突破性的新品种的育成都来自于特异种质资源的发现和利用。例如，19世纪中叶欧洲马铃薯晚疫病大流行，几乎毁掉整个欧洲的马铃薯种植业。科学家们从南美洲引入抗病的野生种资源用于马铃薯育种，育成抗病品种，才有了今天蓬勃发展的欧洲马铃薯种植业。20世纪初前后，美国的大豆受到孢囊线虫的毁灭性打击。科学家们从种质资源研究中发现北京小黑豆拥有抗线虫基因，将之引入美国大豆育种，到20世纪中后期，美国已成为世界第一大豆生产国。20世纪70年代初，我国由于发现了水稻的“野败”雄性不育资源，使水稻杂交种“三系”配套，才有了我国水稻杂种优势利用领先于世界的辉煌。

正因为种质资源如此重要，世界各国都非常重视本国种质资源的保护。我国《种子法》明确规定：“国家依法保护种质资源，任何单位和个人不得侵占和破坏种质资源”，“国家对种质资源享有主权”。

二、种质资源的类别

作物种质资源的种类极其繁多，按其来源和性质大体可分为4种类型。

1. *本地种质资源*　本地种质资源是指在本地区经过长期的自然选择和人工选择形成的地方品种，包括古老的地方品种和当前推广的改良品种。本地种质资源具有高度的区域适应性。古老的地方品种一般指在局部地区内栽培的品种，多未经现代育种技术的遗传改良，但往往具有某些罕见的特性，如特别抗某种病虫害，特别的生态环境适应性，特别的品质性状以及具备一些目前看来尚不重要但以后可能有重要价值的特殊性状，过去可直接用于生产，现在作为育种材料。改良品种指那些经过现代育种技术改良过的地方品种，这类品种一般都具有较好的丰产性和较广的适应性，是现代育种的基本材料。

2. *外地种质资源*　外地种质资源是指从其他国家或地区引入的品种或类型。它们反映了各自原产地区的生态和栽培特点，具有不同的遗传性状，其中有些是本地种质资源所不具备的，是改良本地品种不可缺少的基础材料。

3. *野生种质资源*　野生种质资源主要指各种作物的野生近缘种和有利用价值的野生植物。它们具有整体性状的不良性和个别性状的特异性，往往具有一般栽培作物所缺少的某些重要性状，如顽强的抗逆性、独特的品质及雄性不育特性等，是培育新品种的宝贵材料。通过远缘杂交或转基因等育种手段可将这些特殊性状（基因）引入栽培作物，使之具备野生植物所拥有的特异性状。例如，我国小麦抗黄矮病的基因就是从野生的天兰偃麦草中获得的。所以，野生植物资源的利用是作物育种中提高产量、改进品质和增强抗逆性的重要途径。

4. *人工创造的种质资源*　人工创造的种质资源指人工创造的中间材料或突变体。人类通过诱变、杂交等手段创造的各种突变体及其他育种材料，也称中间材料。这些材料不能在生产上作为品种直接利用，但具有某些优良性状，是培育新品种十分珍贵的原始材料，有很高的利用价值。如我国科学家利用普通小麦与天兰偃麦草远缘杂交，形成以中4、中5为代表的一系列中间型材料，它们不同于其野生亲本，也不能在生产上直接利用，具有高抗黄矮病、抗寒、耐盐碱等特异性状，成为人工创造的种质资源。用它们再与普通小麦杂交，已育成晋春9号等一批优质、高产新品种。

三、种质资源的研究与利用

1. *种质资源的研究*　种质资源的研究内容因作物不同而异，一般包括农艺性状（如生育期、形态特征和产量性状等）、生理特性（如抗逆性、抗旱性、抗寒性、抗虫性、抗病性等）、品质性状（如食用品质、加工品质等）。

2. *种质资源利用*　在深入研究种质资源的基础上，对于筛选出的优良材料可根据其表现特点分别加以利用。丰产性、适应性好的材料，经过品种试验并获审定后，可以直接在生产上利用；对于继续分离的材料，可作为系统育种的原始材料，进行新品种的选育；对于有突出特点，能克服当地推广品种的某些缺点的种质资源，可以通过杂交、转基因等手段将优良性状导入推广品种，育成新品种。

实　践　活　动

将全班分成若干组，每组5～10人，利用业余时间进行下列活动：调查当地野生植物的类型，明确其利用价值，写出调查报告，组织学生交流。

第三节　引　　种

一、引种的概念和作用

广义的引种指从外地或外国引进新植物、新作物、新品种（品系）或种质资源，直接在生产上利用或作为育种的原始材料间接利用。狭义的引种指从当前生产需要出发，引入外地或外国的品种，经过品种比较试验，证明引入品种适合本地栽培，优于本地推广品种，直接在生产上应用。引种的作用概括起来有以下几个方面：

1. *丰富当地作物的类型*　自古以来，我国劳动人民就十分重视各种作物的引种工作，曾先后从国外引进了玉米、甘薯、马铃薯、芝麻、花生、向日葵、棉花、番茄、甘蓝、甜菜和烟草等作物，丰富了我国的作物类型，促进了农业生产的发展。

2. *解决当地生产对品种的急需*　当某一地区由于改革种植制度，或因某种病害流行，本地品种产生了严重问题，急需新的品种更替，而当地育种单位又不能及时提供符合要求的新品种时，通过引种能够及时解决生产对品种的急需。如从美国引入的棉花品种岱字棉15，从意大利引入的小麦品种阿夫、阿勃，从日本引入的水稻品种农垦57、农垦58等，都曾在我国大面积种植，起到显著的增产作用，并从中选育出一批适应不同地区种植的新品种。20

世纪 90 年代中期，山东省寿光市保护地蔬菜栽培快速发展，急需大量的适合保护地栽培的蔬菜品种。寿光市先后从国内外引进了彩色辣椒、樱桃番茄、黄皮西葫芦、无刺黄瓜等一大批蔬菜优良品种，满足了生产的需要，极大地推动了蔬菜保护地栽培快速发展。

3. 充实种质资源　引种是育种单位获得多种多样、丰富多彩的种质资源的重要途径之一。

总之，引种本身虽然不能创造新品种，但它是利用现有种质资源，充分发挥优良品种增产潜力的最简易、最迅速有效的途径，是育种工作的重要组成部分。

二、引种的基本原理

引种能否成功，关键在于引入的品种能否适应当地生态环境。因此，引种前必须考虑作物的生态环境和生态类型，两地生态条件的差异程度以及作物本身的阶段发育特性。

（一）气候相似性原理

1. 气候因素　引种地和引入地之间，影响作物生长发育的主要气候因素应相似，足以使引种的作物能够正常生长与发育，引种才易于获得成功。即在气候条件或主要气候因素相同或相似的地区之间相互引种，容易获得成功。例如，美国的棉花品种和意大利的小麦品种在我国的长江流域或黄河流域比较适合，引种容易成功。

2. 纬度与海拔　在纬度和海拔相似的地区之间，由于主要气候因素相似，引种易于获得成功。

（1）纬度与日照和温度。在高纬度的北方地区，冬季温度低，夏季日照长，有利于低温长日照作物生长发育（如小麦、大麦）；而在低纬度的南方地区，冬季温度高，夏季日照短，则有利于高温短日照作物生长发育（如水稻、玉米）。

（2）海拔与日照和温度。在高海拔地区，由于温度低，降水少，日光紫外线强，从而使作物生育期延长，植株变矮；而在低海拔地区，由于温度高，降水多，日光紫外线减少，从而使作物生育期缩短，植株增高。

（二）生态条件和生态类型相似性原理

1. 作物的生态因素和生态环境　任何一种作物都是在一定的自然环境和栽培条件下，经过长期的自然选择和人工选择而形成的。作物的生长发育依赖于一定的环境条件。生态因素是指对作物的生长发育有明显影响的和直接为作物所同化的各种因素，包括气候、土壤、生物等因素。对作物生长发育起综合作用的生态因素的复合体称为生态环境。

2. 作物的生态地区　在一定的区域范围内，具有大致相同的生态环境的区域称为生态区。如小麦有冬麦区、春麦区、冬播春麦区等。

3. 作物的生态类型　具有基本相同的生态特性，与一定地区生态环境相适应的品种或类型，称为作物生态类型。同一作物在不同的生态环境下，形成不同的生育特性，如温光特性、生育期长短、抗性、产量结构特性及产品品质特性等，从而形成不同的生态类型。

作物的生态类型有不同地理气候生态型（如籼稻与粳稻、冬小麦与春小麦），有不同季节气候生态型（如早熟、中熟、晚熟品种），有土壤生态型（水稻与陆稻），还有共栖生态型（如抗病型、抗虫型、耐病虫型等）。

4. 作物的生态适应性　引种就是把某一生态类型的品种，引到另一相似的生态环境中去。引种能否成功，主要取决于该生态类型的品种能否适应引种地区的生态环境。适应的表现是生长和发育都正常。不适应的表现是生长好，发育差；或发育好但生长不良，或生长和发育都不好。一般早熟品种对光温反应不敏感，适应性较广；晚熟品种光温反应敏感，适应性较窄；中熟品种介于两者之间。

作物生态区和生态类型的划分，是引种工作的基本依据。我国各自然区域作物分布可参见表 2-1。

表 2-1　我国各自然区域的作物分布

区　域	自然条件	主要作物
东北地区	无霜期 100～180d，年降水量 400～900mm，年均温度 3～4.3℃	大豆、高粱、玉米、谷子、春小麦、水稻、马铃薯、甜菜、亚麻、花生
内蒙古高原	无霜期 100～150d，年降水量 200～400mm，年均温度 3～5℃	高粱、玉米、谷子、春小麦、油菜、马铃薯、莜麦、胡麻等
黄淮海地区	无霜期 175～222d，年降水量 500～800mm，年均温度 12～14℃	冬小麦、玉米、大豆、高粱、谷子、水稻、棉花、马铃薯、甜菜、甘薯、花生等
黄土高原地区	无霜期 110～220d，年降水量 250～630mm，年均温度 7～11℃	小麦、高粱、燕麦、糜子、谷子、油菜、豌豆、马铃薯等
长江中下游地区	无霜期 240～300d，年降水量 750～1 600mm，年均温度 13～17℃	小麦、大麦、油菜、蚕豆、水稻、玉米、高粱、甘薯、大豆、棉花、黄麻、甘蔗等
西南高原地区	无霜期 230～300d，年降水量 1 000～1 500mm，年均温度 14～18℃	荞麦、燕麦、马铃薯、水稻、小麦、油菜、玉米、甘薯、烟草、棉花、花生、蚕豆、甘蔗等
东南沿海地区	大部分地区终年无霜，年降水量 1 500～2 000mm，年均温度 18～21℃	水稻、小麦、甘薯、花生、甘蔗、烟草等
新疆、甘肃灌溉区	无霜期 130～150d，年降水量 250mm 以下，年均温度 4～3℃	棉花、小麦、玉米、高粱、大豆、水稻等
青藏高原地区	无霜期 90～100d，年降水量 100mm 左右，年均温度 0～8℃	青稞、豌豆、春小麦、燕麦、荞麦、马铃薯、油菜、亚麻等

（三）纬度、海拔与引种的关系

纬度相同或相近的地区，气温条件和日照长度也相近，相互引种一般在生育期和经济性状上变化不大，所以纬度相近的东西地区之间比经度相近的南北地区之间的引种成功可能性大。

同纬度的高海拔地区与平原地区，气温条件相差较大，相互引种不易成功；但是低纬度的高海拔地区与高纬度的平原地区之间，气温条件可能相近，相互引种有成功的可能性。

（四）作物的阶段发育特性与引种的关系

根据作物对温度、光照的要求不同，把一二年生作物分为低温长日照作物和高温短日照作物。高温短日照作物大多起源于低纬度地区，低温长日照作物大多起源于高纬度地区。

1. 春化阶段　在作物发育过程中，低温长日照作物必须经过一定阶段的低温条件，才能满足其发育的要求，这一发育阶段称为春化（感温）阶段。如小麦、大麦、燕麦、油菜等必须经过春化阶段才能完成其生活史。同一作物的不同生态型对春化阶段温度的高低和持续时间长短的要求也不相同，当温度条件能满足各类型品种的相应要求时，才能通过春化阶段而正常地完成其生长发育。因而，需要春化阶段的作物在北种南引时就特别注意当地的温度是否能满足作物春化阶段的需要。

2. 光照阶段　在作物发育过程中，不同的作物对日照长短的要求不同。低温长日照作物在发育中一般要求较长的日照条件才能通过感光阶段，要求日照时间在12h以上，而且其日照时间越长，开花结实越快，如小麦、大麦、燕麦、蚕豆、豌豆等。高温短日照作物在发育过程中要求较短的日照条件，这类作物在短日照条件下才能开花结实，而且有日照时间越短，开花结实越快的趋势，如玉米、水稻、高粱、大豆、麻类作物等。还有一些作物，如花生、荞麦、绿豆等，对日照长短反应不明显，在长日照或短日照条件下，都能开花结实，这类作物称为中间性作物。

随着农业生产条件的不断变化，最初起源于个别地区的植物，经过人类的引种驯化、选择培育，它们的习性发生了很大变化，同一作物不同品种对温度和日照的要求有明显的差异。如小麦属于低温长日照作物，但根据不同品种对低温的反应可分为冬性、半冬性、春性3类，不同类型的小麦品种对温度和日照的反应见表2-2。

表2-2　不同类型小麦品种对温度、光照的反应

品种类型	适宜温度（℃）	持续时间（d）	日照时数（h）	持续时间（d）
冬性品种（反应敏感型）	0～3	>35	>12	30～40
半冬性品种（反应中等型）	3～15	15～35	12	24
春性品种（反应迟钝型）	5～20	5～15	8～12	>16

水稻是短日照作物，但其不同品种在光照阶段对日照长短反应也不一样。南方晚稻品种对光照反应敏感，对短日照要求严格，每天日照14h以上不能抽穗；而南方的早稻品种和北方的水稻品种则对光照反应迟钝。又如大豆为典型的短日照作物，在人们的引种和培育下，它们的栽培区域几乎遍布南北，但各地栽培的大豆品种对光照的反应有着明显的不同。

综上所述，不同作物品种对温度和光照的反应特性是在原产地的气温、光照长度等生态环境下，经过长期的自然选择和人工引种驯化所形成的遗传适应性。因此，在引种时，必须了解该作物或品种通过阶段发育时对温度和日照的要求，同时也要考虑引入本地区以后，温度和日照能否满足这种要求。一般而言，对温度和日照要求越严格、反应越敏感的类型，适宜引种的范围越小。反之，对温度、光照条件要求不严格、反应迟钝的类型，适宜引种的范围越大。

三、不同类型作物的引种规律

不同作物具有不同的生育特性，掌握其引种规律才能做好引种工作。

1. 低温长日照作物引种规律　低温长日照作物如小麦、大麦、油菜，由高纬度的北方向低纬度的南方引种时，由于温度升高，日照时数缩短，感温阶段对低温的要求和感光阶段对长日照的要求均不能满足，表现抽穗推迟，生育期延长，甚至不能抽穗开花。因此，北种南引时，宜选择早熟、春性品种。反之，由低纬度的南方向高纬度的北方引种时，温度降低、日照时数延长，表现抽穗、成熟提早，生长期缩短。但由于高纬度地区春、秋季霜冻严重，所以容易遭受霜、冻害。因此，低温、长日照作物由南向北一般不宜多纬度（长距离）引种。

2. 高温短日照作物引种规律　高温短日照作物如玉米、棉花、水稻，北种南引，因生育期间日照缩短、气温增高，往往表现为植株变矮，抽穗提早，穗形变小，生育期明显缩短，因此宜引用比较晚熟的品种，并尽量早播、早栽以缩小生育前期的气温与原产地的差异。南种北引，由于气温降低、日照时数延长，一般表现生育期延长，植株变高，抽穗推迟，穗子变大，粒数增多，宜引种早熟品种，避免后期低温危害。

3. 无性繁殖作物引种规律　无性繁殖作物如马铃薯、甘薯、甘蔗等，只要引进地区的生长条件良好，被利用的营养器官产量和品质等经济性状表现优良，就可以引种。

4. 以营养器官为收获产品的有性繁殖作物引种规律　利用这类作物对温度和光照的反应特性，通过南北引种，延长营养生长期，推迟生殖生长，促进营养器官的高产优质。我国"南麻北种"的增产经验即是一个典型的例证。麻类原产南方，属短日照作物，在短日照条件下能较快开花结实。引种到北方后，因日照延长而使开花结实推迟，茎秆生长期延长，表现植株高大、茎秆纤维变长，从而能显著增加麻的产量，并提高了品质。

四、引种的程序与方法

（一）明确引种的目的和要求

引种前要针对本地生态条件、生产条件及生产上种植品种所存在的问题，确定引进品种的类型和引种的地区。要根据品种的温光反应特性、两地生态条件和生产条件的差异程度研究引种的可行性，根据需要和可能进行引种，切不可盲目乱引，以免造成不应有的损失。

（二）做好引种试验

引种有其一般规律，但品种之间的适应性有一定的差异。所以在大量引种前，一定要进行引种试验。

1. 观察试验　对初引进的品种，必须先在小面积上进行试种观察，用当地主栽品种作对照，初步鉴定其对本地区生态条件的适应性和直接在生产上的利用价值。对于符合要求的、优于对照的品种材料，则选留足够的种子，以供进一步的比较试验。

2. 品种比较试验和区域试验　通过观察鉴定表现优良的品种，参加品种比较试验，进一步做更精确的比较鉴定。经两年品比试验后，表现优异的品种参加区域试验，以测定其适应的地区和范围。通过区域试验的品种，将进行生产试验，示范、推广。

3. 栽培试验　对于通过区域试验和生产试验的引进品种，还要进行栽培试验，对影响该品种产量的主要栽培因素，如播期、密度、施肥量等，进行试验研究，做到良种良法配套推广。

（三）加强检疫工作

引种是造成检疫性病虫害和杂草传播的主要途径之一。引种时，首先要对引种地区的检疫性病虫害和杂草情况认真考察，确证没有问题。其次，新引进的品种必须通过特设的检疫圃，隔离种植，以进一步确证该引进品种没有检疫性病虫害和杂草。若在鉴定过程中发现有危险性的病虫害，就要采取根除的措施，通过这样的途径繁殖而得到的引进品种，才能用于引种观察试验。

（四）严格进行种子检验

经过引种试验确定了引入品种的推广价值后，最好在本地扩大繁殖。如需从原产地大量调种，必须在调运前对种子水分、发芽率、净度和品种纯度等，按国家标准进行检验，符合规定标准方可调运。

（五）引种材料的选择

品种被引进新的种植区后，由于生态条件和生产条件变化，常常会产生性状变异，所以必须进行选择，以保持其种性。也可以从变异中选育新品种。

> **实 践 活 动**
>
> 将全班分成若干组，每组 5～10 人，利用业余时间，进行下列活动：调查当地近年来作物的引种情况，弄清品种的引入地及引入后的表现情况；引种过程中做了哪些工作，写出调查报告，组织进行交流。

第四节　品种选育方法

一、系统育种

系统育种又称纯系育种，是根据育种目标，从现有品种群体的变异类型中选出优良变异个体，种植成株系，通过试验鉴定，育成新品种的育种方法。又称为单株选择法、一株传选择法、一穗传选择法。

系统育种的特点是利用自然变异，方法简单，并且可以“优中选优”、“连续选优”。但系统育种有一定的局限性，如它只能依靠自然变异，不能有目的的创新，使品种在个别性状上得到改进，而在综合性状上则较难突破。系统育种的程序如图 2-1。

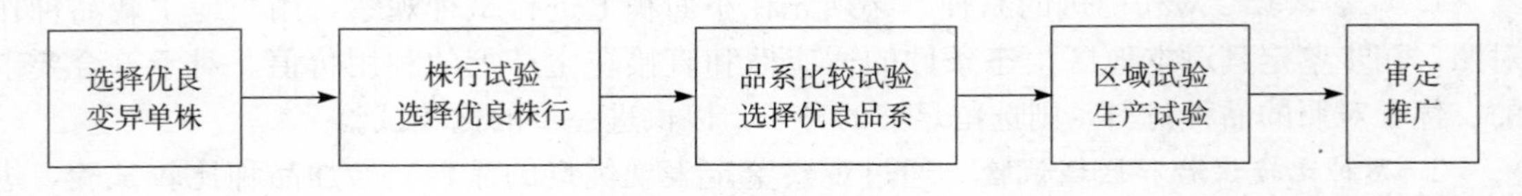

图 2-1　系统育种程序

（一）选择优良变异单株（穗、铃）

选择优良变异单株是系统育种的基础，其具体做法如下：

1. 根据育种目标确定好选择对象　选择单株的对象可以是大田推广品种，也可以是作物育种的原始材料。首先要了解选择对象的性状表现及主要优缺点，并根据其性状表现和当地生产的需要，确定目标性状。在进行目标性状选择的同时，要注意综合性状的选择。对于那些生产上即将淘汰的或具有严重缺陷的品种，不宜作为系统育种的选择对象。

2. 单株选择要求　在土壤肥力均匀，耕作、栽培管理条件一致，没有缺株断垄的地段进行。

3. 选择时期　要在被选择群体目标性状表现最典型的关键时期选择。

4. 选择单株的数量　要根据作物的种类、育种的要求、选择材料的具体表现、人力、物力等方面的条件而定，一般选几十株到几百株不等。如果发现有表现突出的优良变异单株，就应该有多少株选多少株。如果为了改良品种的某些性状，而这些性状的变异又不十分明显时，则要选择较大数量的植株群体，再从中选择表现最好的变异单株。

5. *在田间当选的单株要挂牌标记，以便在成熟时进行决选*　收获时要按单株收获，经过室内考种后，把最后当选的单株分别脱粒、装袋保存，以备进入下一步的试验。

（二）株行试验（株行圃）

将上年入选的优良变异单株，按单株分别播种，每个单株的种子种1～2行，称为株行（或株系），每个单株的行株距及行长依作物而定。每隔若干株行种1～2行原始品种或当地推广的优良品种作为标准品种进行比较。株行试验对主要性状尤其是目标性状，要进行详细的观察记载。根据田间观察的结果，选择性状表现优良而又整齐一致的株行，分别收获。经过室内考种、鉴定，将不符合选择要求的株行淘汰。当选的表现整齐一致的优良株行，按株行混合脱粒，成为品系，作为下一步参加品系鉴定试验的供试材料。对继续分离的优良株行则继续选择优良的变异单株，下年仍进行株行试验。

（三）品系鉴定试验（鉴定圃）

将株行圃当选的优良品系进行比较鉴定试验，每个品系种一个小区。小区面积依作物的种类而定，一般为几平方米。鉴定试验一般采用间比法排列，每隔4个品系设一个标准品种作对照，重复两次。标准品种小区要种植生产上推广的同一作物的优良品种。鉴定试验的播种方式、种植规格应与生产上基本相似。试验田的土壤肥力、施肥水平、栽培管理条件要均匀一致，避免人为因素影响试验的准确性。生育期间，要按照育种目标，对主要的经济性状和目标性状进行详细的观察记载，要特别注意群体性状的表现。成熟后要分小区收获，分别计算产量，并取样进行室内考种。最后根据田间观察结果、小区平均产量和室内考种的资料综合评定，选出比对照品种增产显著（或增产10%以上）的品系，进一步参加品系比较试验。

（四）品系比较试验

品系比较试验是育种单位一系列育种工作中最后的环节，也是最重要的环节。其目的是对品系鉴定试验中选出的优良品系进行最后的全面评价，从中选出显著优于现有推广品种的作物新品种（系）。品系比较试验要求精确、可靠。为了提高试验的准确性，正确评价各个品种的优劣，参加试验的品种不宜过多，一般不超过10个。小区面积一般为十几平方米。试验采用随机区组排列，重复3次以上。其他栽培管理措施及评选的方法与品系鉴定试验相同，但要求更精确、更严格。品系比较试验当选的优良品系（连续2～3年均比标准品种增产10%以上）即可以申请参加省（直辖市、自治区）或国家组织的品种区域试验，经品种审定委员会审定通过、并定名的品种，方可正式称为新品种。

二、杂交育种

杂交育种是指用作物具有不同遗传性的品种或类型相互杂交，创造遗传变异，然后再通过选择和鉴定，选育新品种的育种方法。杂交育种通过杂交、选择和鉴定，不仅能够获得结合亲本优良性状于一体的新类型；而且由于杂种基因的超亲分离，尤其是那些和经济性状有关的微效基因的分离和积累，在杂种后代群体中还可能出现性状超越任一亲本的类型；甚至还可能通过基因互作产生亲本所不具备的新性状的类型。杂交育种是国内外育种工作中应用最成功和成效最大的育种方法。目前生产上推广的各类作物的优良品种，绝大部分是应用杂交育种法育成的。杂交育种技术的基本环节如下：

（一）杂交亲本的选配

亲本选配即杂交亲本选择和杂交组合配置。亲本选配决定杂种后代的遗传基础，是杂交育种成败的关键。杂交亲本选配的一般原则是：

1. *亲本优点多，主要性状突出，缺点少又较易克服，双亲的优缺点能互补* 这是选配亲本的基本原则。杂种后代的性状表现是综合了双亲的性状，如果双亲优点多，缺点少，又能相互取长补短，则其后代出现综合双亲优良性状的新类型就多，就有希望选育出新品种。此外，要注意针对某一亲本的主要缺点来选配另一亲本，实现双亲的优势互补。亲本的目标性状应有足够的强度，同时避免使用带有特殊不良性状的品种。性状互补是指亲本的若干优良性状综合起来能够满足育种目标的需要。

2. *亲本之一最好是能适应当地条件、综合性状较好的推广品种* 品种对当地自然、栽培条件的适应性是确保高产、稳产的重要因素，而优良品种的适应性在很大程度上取决于亲本本身的适应性。选用对当地条件适应性强且综合性状较好的推广品种作亲本之一，杂交育种成功的把握性大。尤其是在一些自然条件比较严酷、气候多变的地区，选用在当地栽培时间比较长的地方品种或推广品种作为亲本之一，杂种后代中出现能适应当地不良自然环境条件的变异类型多，培育出抗性强的品种的几率就高。

3. *双亲亲缘关系远，遗传差异大* 不同生态类型、不同地理来源、不同亲缘关系的品种，具有不同的遗传基础，彼此杂交后，杂种后代的遗传基础将更为丰富，杂种后代出现的变异类型更加多种多样，易于选出性状超越亲本和适应性比较强的新品种。例如，我国的冬小麦品种几乎都在亲本中使用一个国外品种作亲本之一，或由国外品种衍生的品种作亲本之一育成的。

4. *亲本应具有较好的配合力* 配合力是指一个亲本与其他亲本杂交后产生优良后代的能力。一般配合力是指一个亲本与其他若干亲本杂交后，杂种后代在某个性状上表现的平均值。好品种并不一定是好亲本，但多数情况下是好亲本。好亲本指一般配合力高的亲本，好品种指具有许多优良性状的品种，两者既有联系，又有区别。有的亲本虽然本身农艺性状很好，但产生的后代并不优良，即配合力差。育种实践证明，选用配合力好的材料作亲本，往往会得到好的杂种后代，选育出好品种。

（二）杂交方式的确定

杂交方式是指一个杂交组合里要用几个亲本，以及各亲本间如何配置的问题。常用的杂交方式有单交、复交和回交等。

1. *单交* 单交是用两个亲本进行一次杂交，如甲×乙。这是育种工作中最常用的一种杂交方式。这种杂交方式简便易行，因此，只要两个亲本优缺点可以相互补偿，总体性状大致符合育种目标的要求时，要尽量地采用单交方式。

2. *复交* 复交是采用3个以上的亲本进行两次以上的杂交方式，也称为复合杂交。常用的复交方式有三交和双交。

（1）三交。先用两个亲本单交，然后用单交一代再和另一个亲本杂交的组配方式，即（甲×乙）×丙。

（2）双交。用两个单交一代再杂交的组配方式。即（甲×乙）×（甲×丙）或（甲×乙）×（丙×丁）。

复交是把多个亲本的性状综合在一起，为育种工作创造了一个具有丰富遗传基础的杂种后代群体，为选择提供了广泛的机会。当两个亲本的优良性状不能满足育种目标的要求时，可以采用复交。由于复交后代的遗传基础复杂，变异的范围广，因此要扩大后代群体的数量，使各种变异得以充分的表现。同时，要注意复交一代就会发生分离，所以复交一代就要进行选择。

3. 回交　回交是两个亲本杂交后，杂种后代再与亲本之一连续杂交的组配方式。即{[(甲×乙）×甲] ×甲}……在回交中被重复使用的那个亲本（如甲品种）称为轮回亲本，另一个亲本（如乙品种）为非轮回亲本。回交方式作为一种独立的育种方法，称为回交育种，常用于改良某个品种的个别缺点。

（三）有性杂交技术

1. 杂交前的准备　开展杂交工作之前，应了解作物的花器构造、开花习性、授粉方式、花粉寿命、胚珠受精能力等一系列问题，并制定杂交工作计划。

2. 调节开花期使父母本花期相遇　最常用的方法是分期播种，一般是将花期难遇的早熟亲本或主要亲本每隔7～10d为一期，分3～4期播种。此外，还可通过温度处理（春化或加温）、光照处理（长日照或短日照）、栽培管理技术调节（施肥、中耕等）等措施起到延迟或提早花期的作用，促使父母本花期相遇。

3. 控制授粉

（1）去雄。准备用做母本的材料，必须防止自花授粉或天然异花授粉。所以，要在母本雌蕊成熟前进行人工去雄或隔离。依据作物的花器构造状况采用不同的去雄方法，如小麦采用人工夹除雄蕊法，棉花可采用花冠连同雄蕊管一起剥掉的去雄法，去雄后的花要套袋进行隔离。

（2）授粉。授粉是将父本花粉授于母本柱头上。最适时间一般是在作物每日开花最盛的时间，此时采花粉容易，花粉应是纯洁的、新鲜的。一般在开花期柱头受精能力最强，授粉后结实率高。

4. 授粉后的管理　杂交后在穗或花序下挂牌，标明父母本名称、去雄和授粉日期等。授粉后1～2d及时检查，对授粉未成功的花可补充授粉，以提高结实率。成熟时杂交种子连同挂牌及时收获脱粒。

（四）杂种后代的处理

杂种后代的处理方法有系谱法、混合法、派生系统法、单子传法等，其中最常用的方法是系谱法。该法是从杂种第一次分离世代开始（单交F_2，复交F_1）选择优良变异单株，分别种植成株行，即系统。以后各世代均在优良系统中继续选单株，直至选出性状整齐一致的优良系统升级进行产量试验。在选择过程中，各世代都按系统编号，以便考察株系历史和亲缘关系。工作要点如下：

1. 杂种第一代（F_1）　通过杂交得到的杂种种子及其长出来的植株为杂种第一代。

（1）种植方法。F_1按杂交组合排列，点播，每个组合的两边分别种植相应的父母本及对照品种，以便比较。

（2）选择方法。单交的F_1表现整齐一致，一般不进行单株选择（复交一代、回交一代就会分离，要进行单株选择）。通过观察比较，主要是根据育种目标淘汰有严重缺点的组合和性状完全像亲本的假杂种组合或单株。

（3）收获方法。当选组合按组合混合收获，经过室内考种后按组合脱粒保存，以备种植杂种第二代。

2. 杂种第二代（F_2）　F_1 自交收获的种子及其种植后长出的植株为杂种第二代。

（1）种植方法。以组合为单位种植，每组合种一个小区，点播，行株距的大小以个体具有足够的营养面积为宜。要在每组合小区开始的第一行种植父、母本，并在田间均匀布置对照行。群体大小的把握：稻麦一般每组合 2 000～6 000 株，具体情况要根据育种目标、亲本数量、组合好坏及亲本差距大小确定。值得注意的是，杂种二代的群体应足够大，否则不足以将可能产生的变异全部表现出来，即丧失可能出现的优异性状的选择机会。

（2）选择方法。F_2 是性状开始分离的世代，也是育种过程中选择优良变异单株的关键世代，中选单株的好坏在很大程度上决定了以后世代的好坏。

F_2 选择的重点是按照育种目标，先选择优良的杂交组合，然后再从中选择符合育种目标的优良变异单株。选株数量依据育种目标、杂交方式、组合好坏而定，入选率一般在 5% 左右。在进行选择时，对质量性状和遗传力高的数量性状选择标准要严格些，如抽穗期、株高、穗长；对遗传力低的性状宽松些，选择时仅供参考，如单株产量、单株分蘖数等。当选的单株要挂牌标记。

（3）收获方法。当选单株要分别收获，以组合为单位放在一起，经过室内考种淘汰不符合育种目标的单株。将入选的单株分别编号、分别脱粒保存，以备种植杂种第三代。

3. 杂种第三代（F_3）　F_2 自交收获的种子及其种植后长出的植株为杂种第三代。

（1）种植方法。F_3 的种植是按组合排列，将 F_2 当选单株点播成行，每个单株种 2～3 行，称为株行或株系。每隔若干株系设一当地推广品种作为对照品种，以便于比较和选择。

（2）选择方法。F_3 各株系来自 F_2 的一个单株，株系间差异明显，株系内有程度不同的分离。F_3 是对 F_2 的当选株做进一步鉴定及选拔的重要世代，各系统主要性状的表现趋势已相当明显，F_2 所选单株的优劣程度至此初见分晓。所以将 F_3 系统间的选拔与评定称为关键的关键。F_3 的主要工作是从优良株系中选择优良单株。选择依据是生育期、株高、抗病性、抗逆性、株型、有效穗数、穗大小等综合性状表现。入选株系数量视组合而定，入选系每系选 5 株左右。

（3）收获方法。当选的单株分别收获，同一株系收获的当选单株放在一起，挂牌标明株系号。经过室内考种，淘汰不符合育种目标的单株，入选单株单独脱粒、编号、保存，以备种植杂种第四代。

4. 杂种第四代（F_4）及以后各代

（1）种植方法。方法同 F_3，一株一区，建立株系，种植对照。

（2）选择方法。F_4 性状表现特点是生育期、株高、株型、抗病性等主要性状已基本稳定。从 F_4 开始可选拔优良一致的株系（品系），升级进行产量试验，但由于纯合度还较低，故混收前仍应选单株。对优良但尚有分离的株系还要继续选株，选拔上应依综合性状表现，从优良系统群中选系统，再从优良系统中选单株，选择时依据的性状要求更为全面。

（3）F_5 及以后世代。随着世代的推进，优良一致品系出现的数目逐渐增多，工作重点也由以选株为主转移到以选拔优良品系升级为主。但在杂种五、六代仍可在升级系统中选株。优良品系通过鉴定试验后，进一步参加品系比较试验、区域试验与生产试验，最后经品种审定育成新品种。

在杂种各世代，为了提高选择的准确性和效果，要注意试验地的选择和培养；要有和育种目标相适应的地力水平，试验地要求肥力均匀一致；注意加强田间记载工作，积累资料，作为育种材料取舍的重要参考。

为了缩短育种年限，可通过加速试验进程（如提早升级）和加速世代进程（如异地加代）等方法加速育种进程。

三、杂种优势利用

（一）杂种优势的概念

杂种优势是指用两个遗传基础不同的亲本杂交产生的杂种一代（F_1）在生长势、生活力、抗逆性、繁殖力、适应性、产量、品质等方面比其双亲优越的现象。目前，已利用杂种优势的主要农作物有玉米、高粱、水稻、油菜、棉花和小麦，其他一些作物有蔬菜、牧草和观赏植物。利用杂种优势可以大幅度提高作物产量和改进作物品质，从而带来巨大的经济效益和社会效益，是现代农业科学技术的突出成就之一。

（二）杂种优势的表现

杂种优势的表现是多方面的，主要表现在以下几个方面：

1. 生长势和营养体　杂交种表现生长势旺盛，分蘖力强，根系发达，茎秆粗壮，块根、块茎体积大、产量高。

2. 抗逆性和适应性　由于杂种在生活力和生长势方面的优势，杂种的抗逆性和适应性明显高于亲本。许多研究表明，玉米、高粱、小麦、水稻、油菜、烟草、棉花的杂种一代，在抗病、抗旱、抗盐碱、耐瘠等方面都表现优越性。

3. 产量和产量因素　高产是杂种优势的重要表现，主要农作物的杂交种增产幅度都很大，如玉米单交种一般可增产20%～30%；高粱杂交种比常规品种增产30%～50%；水稻杂交种比常规品种增产20%～30%；棉花品种间杂交种可增产20%左右；油菜杂交种可增产30%～80%。

作物的产量由产量因素构成，各产量构成因素的优势程度不同。例如，玉米构成单株产量的各种因素中优势程度：千粒重＞行粒数＞穗行数；杂交水稻分蘖力强，单株穗数超过亲本1～2倍，每穗粒数也比亲本显著增多。

4. 品质　表现出某些有效成分含量的提高，成熟期一致，产品外观品质和整齐度提高。如杂交油菜可以提高含油量，杂交甜菜提高含糖量，杂交小麦子粒蛋白质的含量明显提高。

5. 生育期　生育期多表现为数量性状，且早熟对晚熟有部分显性。若双亲的生育期相差较大时，F_1 的生育期介于双亲之间且倾向早熟亲本；若双亲的生育期接近，杂种的生育期往往早于双亲，但早熟×早熟 F_1 也可能稍晚于双亲。

作物杂种优势的上述各种表现，既相互区别，又相互联系。在利用杂种优势时，可以偏重某一方面。如蔬菜作物以利用营养体的产量优势为主，粮食作物则以利用子粒产量优势为主，同时兼顾品质等方面的优势。

（三）杂种优势的度量

为了便于比较和利用杂种优势，通常采用下列方法度量杂种优势强弱。

1. 中亲优势　中亲优势指杂种（F_1）的产量或某一数量性状的平均值与双亲同一性状平均值差数的比率。计算公式为：

$$中亲优势=\frac{杂交种-双亲平均值}{双亲平均值}\times100\%$$

2. 超亲优势　超亲优势指杂交种（F_1）的产量或某一数量性状的平均值与高值亲本同一性状平均值（MP）差数的比率。计算公式为：

$$超亲优势=\frac{杂交种-较高亲本值}{较高亲本值}\times100\%$$

3. 超标优势　超标优势指杂交种（F_1）的产量或某一数量性状的平均值与当地推广品种（CK）同一性状平均值（MP）差数的比率。计算公式为：

$$超标优势=\frac{杂交种-对照品种值}{对照品种值}\times100\%$$

农作物杂种优势要应用于大田生产，杂种一代不但要比亲本优越，更重要的是必须优于当地优良的推广品种。所以，超标优势在生产上更具有实践意义。

（四）杂种优势利用的基本条件

杂种优势在杂种第一代（F_1）表现最为明显，从第二代（F_2）开始表现出显著的衰退现象。农业生产上利用的杂种优势一般是指利用杂种第一代。因此，必须年年配制杂交一代种子供生产上使用。作物杂种优势要在生产上加以利用，必须具备以下 3 个基本条件：

1. 有强优势的杂交组合　杂种第一代优势的表现因杂交组合而异，若杂交组合选配不当，杂种优势就不强，甚至会出现劣势。因此，生产上利用杂种优势一定要有强优势的杂交种，使种植者有利可图。强优势的杂交组合，除产量优势外，必须具有优良的综合农艺性状，具有较好的稳产性和适应性。在育种过程中要经过大量组合筛选，并经多年、多点的试验比较和生产示范，才能选出强优势杂交组合。

2. 有纯度高的优良亲本　为了发挥杂种优势，用于制种的亲本在遗传上必须是高度纯合的。同一杂交组合，双亲的遗传纯合度越高，杂种的一致性就越好，优势就越大。为了保证 F_1 具有整齐一致的杂种优势，就要通过自交和选择对亲本进行纯化。而保持亲本纯度及其遗传稳定性，是持续利用杂种优势的关键所在。生产实践证明，一个优良的杂交种要在较长的时间内持续发挥最大的增产性能，其双亲都必须高度纯合。若亲本不纯，杂种一代会发生分离，一致性变差，杂种优势降低。

3. 繁殖与制种技术简单易行　杂交种在生产上通常只利用杂种一代（F_1），杂种二代及以后各代由于出现性状分离导致杂种优势衰退而不能继续利用，这就要求年年繁殖亲本和配制杂交种。如果亲本繁殖和制种技术复杂，耗费人力、物力过多，杂交种子的生产成本就高。从经济学观点上讲，杂交种的增产效益应足以弥补使用杂交种增加的投入，该杂交种才可能在生产上推广。所以，在生产上大面积种植杂交种时，必须建立相应的种子生产体系，这一体系包括亲本繁殖和杂交制种两个方面，要求亲本繁殖与杂交制种技术简单易行，能为种植者所掌握，以保证每年有足够的亲本种子用来制种，有足够的 F_1 商品种子供生产上使用。

（五）利用杂种优势的途径

1. 利用人工去雄制种　利用人工去雄制种是利用人工去除母本植株的雄穗或雄花（雄

蕊），使雌花（蕊）在自然或人工辅助条件下接受父本的花粉而产生杂交种子的方法。此法适合雌雄同株异花或雌雄异株的作物，繁殖系数较高的雌雄同花作物，用种量小的作物，以及雌雄同花但花器较大、去雄比较容易的作物。该方法的最大优点是配组合容易、自由，易获得强优势组合。目前，在玉米、棉花、烟草、黄瓜、茄果类蔬菜等作物的杂交制种中应用比较广泛。

2. 利用化学杀雄制种 利用雌雄蕊抗药性不同，用内吸剂化学药剂阻止花粉的形成或抑制花粉的正常发育，使花粉失去受精能力，达到去雄的目的。化学杀雄是克服自花授粉作物如小麦、水稻、谷子等作物人工去雄困难的有效途径之一。

对杀雄剂的要求：一是杀雄选择性强，不影响雌蕊的功能；二是对植株副作用小，处理后不会引起植株畸变或遗传性变异；三是效果稳定，成本低，处理方便；四是无残留毒性。

技术关键：一是处理时期，要选在雄配子对药剂最敏感的时期；二是处理浓度，应通过反复试验确定合适的浓度。

该方法的优点是简单，见效快；缺点是效果易受环境条件影响，杀雄不彻底及有不良副作用等。

3. 利用作物苗期的标志性状制种 利用植株的某一显性性状或隐性性状作标志区分真假杂种，就容易人工去杂从而免去人工去雄，利用杂种优势。水稻的紫叶鞘、小麦的红色芽鞘、棉花的红叶和鸡脚叶、棉花的芽黄和无腺体等都是可作标志的隐性性状。

4. 利用自交不亲和系制种 雌雄蕊均正常，但自交或系内姊妹交均不结实或结实很少的特性叫自交不亲和性。自交不亲和性广泛存在于十字花科、禾本科、豆科、茄科等许多植物中，十字花科中尤为普遍。具有自交不亲和性的品系称为自交不亲和系。在杂交制种时，利用自交不亲和系作母本可以省去人工去雄的麻烦。如果双亲都是自交不亲和系，就可以互为父、母本，在两个亲本上采收同一组合的正反交杂交种子，这样可以大大提高制种产量。目前，这种制种方法在十字花科的蔬菜如甘蓝、大白菜、萝卜中已得到广泛的应用。

5. 利用雄性不育系制种 植物雄蕊发育不正常，没有正常的花粉或花粉败育，而雌蕊发育正常，可接受外来花粉正常结实的特性称为雄性不育性。具有这种特性的作物品系称为雄性不育系。利用雄性不育系作母本进行杂交制种，可以省去人工去雄的麻烦，同时还可以提高制种的产量，降低种子的生产成本，是利用杂种优势的最有效的途径，尤其对小麦、水稻等自花授粉作物的杂种优势利用具有十分重要的意义。

植物雄性不育的形成原因既有生理性的，也有遗传性的。遗传性的雄性不育可以分为核雄性不育和质核互作雄性不育两种类型。在生产上应用较广泛的是质核互作雄性不育，其次是核雄性不育。

（1）质核互作雄性不育及其应用。质核互作雄性不育是受细胞质不育基因和对应的细胞核不育基因共同控制的，简称为胞质不育。当胞质不育基因S存在时，核内必须有相对应的隐性不育基因rr，个体才表现不育。如果胞质基因是正常可育基因N，即使核基因是rr，个体仍然正常可育。如果核内存在显形可育基因R，则不论胞质基因是S或N，个体均表现正常可育。质核结合后将会组成6种基因型，如表2-3所示。6种基因型中只有S（rr）一种是雄性不育，具有这种基因型的品系就称为雄性不育系。

表 2-3 质核互作的 6 种遗传基础

细胞质基因	细胞核基因		
	RR	Rr	rr
N	N（RR）可育	N（Rr）可育	N（rr）可育
S	S（RR）可育	S（Rr）可育	S（rr）不育

如果以不育系为母本与可育型杂交，它们之间的遗传关系如图 2-2 所示。

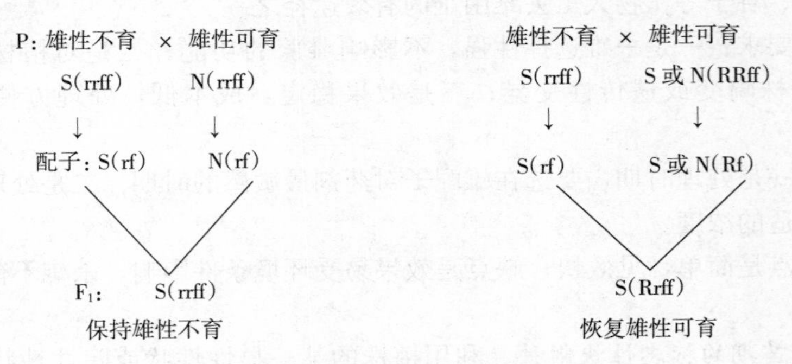

图 2-2 质核互作不育性的遗传关系示意图

从图 2-2 中可以看出，N（rrff）类型能使不育类型的后代仍然是不育的，称为雄性不育的保持类型。S 或 N（RRff）类型能使不育类型的后代恢复雄性可育，称为雄性不育的恢复类型。具有上述 3 种特性的品系分别称为雄性不育系、雄性不育保持系和雄性不育恢复系，简称为“三系”。

利用质核互作雄性不育配制杂交种，必须“三系”配套。即用不育系作母本，保持系作父本杂交，繁殖不育系的种子；用不育系作母本，恢复系作父本杂交，获得的 F_1 种子，即为杂交种子，应用于农业生产。它们的配套关系如图 2-3 所示。杂交高粱、杂交水稻、杂交油菜以及一些主要蔬菜作物等都利用“三系法”配制杂交种。

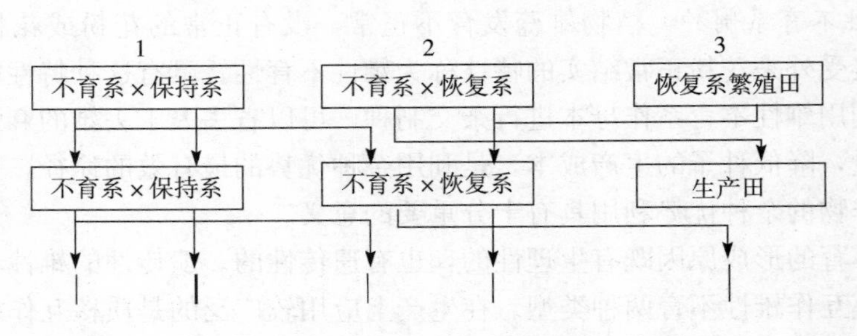

图 2-3 “三系”配套生产杂交种示意图

1. 不育系繁殖田 2. 杂交种制种田 3. 恢复系繁殖田

（2）核雄性不育及其应用。核雄性不育是受细胞核基因控制的，与细胞质没有关系。一般核不育基因是隐性的，而正常品种具有的可育基因是显性的，所以核不育的恢复品种很多，但保持品种没有（保持全不育），不能实现“三系”配套。

单隐性基因控制的雄性不育基因型为（msms），不能稳定地遗传，当用显性纯合体（MsMs）给其授粉时，F_1 全部正常可育，F_2 可育株与不育株的分离比例为 3∶1。当用杂合体可育株（Msms）给不育株授粉时，后代可育株和不育株按1：1分离。单隐性基因控制的雄性不育系内有Msms和msms两种基因型，采用系内姊妹交，得到的可育株和不育株各占一半，即可达到繁殖不育系的目的，不需要另外的保持系，所以称为“两用系”。这种类型在棉花和甘蓝型油菜杂交种的制种中已有应用。

20世纪70年代以来，我国陆续在水稻、小麦、大豆、谷子等作物中发现了光（温）敏核不育。这种雄性不育是受细胞核隐性主效基因控制的，具有光（温）敏感性，它的不育性与抽穗期间日照长短或温度高低高度相关。如在长日照或高温条件下生长表现雄性不育，而在短日照或较低温条件下则转为雄性可育。利用这种育性转变的特性，春播用作母本的不育系和父本恢复系杂交配制杂交种子；夏播不育系时可以省去保持系，不育系即可自花授粉繁殖保存。光温诱导雄性不育的发现，使核不育材料可以通过“两系法”利用杂种优势，它开辟了杂种优势利用的又一条重要途径。我国现已用“两系法”培育出水稻光（温）敏雄性不育系及一批强优势杂交组合，在生产上推广后取得了明显的经济效益。

四、其他育种方法

（一）诱变育种

诱变育种是指人为地利用物理或化学因素诱导作物基因突变或染色体结构发生变异，从而导致性状发生变异，然后通过选择而培育新品种的育种方法。诱变育种根据诱变因素可分为辐射诱变育种和化学诱变育种。

1. 辐射诱变育种　辐射诱变变种是指利用各种射线，如X射线、γ射线和中子等处理植物的种子、植株或其他器官，诱发性状变异，再按育种目标要求从中选择优良的变异类型培育新品种的方法。辐射诱变产生变异的原因主要是由于射线的作用，引起植物细胞内DNA的某个位点发生结构改变，引起基因突变或染色体畸变，从而导致性状变异。

航天育种也属于辐射育种，航天育种（或太空育种）是利用返回式卫星搭载农作物种子，利用太空特殊环境如空间宇宙射线、微重力、高真空、弱磁场等物理诱变因素诱发变异，再返回地面选育新种质、新材料，培育新品种的作物育种新技术。农业空间诱变育种技术是农作物诱变育种的新兴领域和重要手段，可以加速农作物新种质资源的塑造和突破性优良品种的选育。

2. 化学诱变育种　化学诱变育种是利用一些化学药剂处理植物的种子、植株或其他器官，引起基因突变或染色体畸变，再按育种目标的要求选择优良变异类型培育成新品种的育种方法。

诱变育种应在明确育种目标的前提下，注意选择合适的诱变材料和诱变剂量，并对诱变后代进行正确的处理和选择。

诱变育种可以提高突变率，扩大突变谱，但诱发突变的方向和性质尚难掌握；诱变育种改良单一性状比较有效，但同时改良多个性状很困难。

（二）远缘杂交育种

1. 远缘杂交育种的含义和作用　远缘杂交育种是指不同属、种或亚种间杂交育种的方法。与品种间杂交育种相比，远缘杂交育种在一定程度上打破了物种间的界限，可以人为地促进不同物种的基因渐渗和交流，从而把不同物种各自所具有的独特性状，程度不同地结合于一个共同的杂种个体中，创造出新的品种。远缘杂交育种是作物品种改良的重要途径之一。1956年，李振声等利用长穗偃麦草与小麦杂交，先后育成了一大批抗病的八倍体、染色体异附加系、异置换系和易位系，为小麦育种提供了重要的亲本材料。同时，培育成小偃4号、小偃5号、小偃6号品种在生产上推广。此外，利用远缘杂交还育成了小黑麦这种新的作物类型，以及水稻的“野败”雄性不育系等，在生产上和杂种优势利用上都发挥了重要作用。

2. 远缘杂交育种的困难及其克服　由于亲缘关系远，远缘杂交育种在技术上有三大困难，即杂交不亲和、杂种夭亡和不育及杂种后代的分离规律性不强、类型多、稳定慢。在育种工作中需采取相应的措施去克服这些困难。如采取广泛测交、染色体预先加倍、重复授粉、柱头手术等方法克服远缘杂交不亲和；采取幼胚的离体培养、杂种染色体加倍、回交等方法克服远缘杂种的不育和分离等。

（三）倍性育种

倍性育种是指用人工方法诱导植物染色体数目发生变异，从而创造新的作物类型或新的作物品种的育种方法。倍性育种包括多倍体育种和单倍体育种。

1. 多倍体育种　多倍体育种是指用人工方法诱导植物染色体加倍形成多倍体植物，并从中选育新品种的方法。如异源六（八）倍体小黑麦、三倍体甜菜、三倍体无子西瓜等，都是人工育成的多倍体品种。这些品种具有产量高、抗逆性强、适应性广、品质优良等特点，在农业生产上得到了应用。

2. 单倍体育种　单倍体育种是先人工诱导产生单倍体材料或植株，再对其进行染色体加倍，使之成为纯合的、性状稳定的二倍体植株，再经过鉴定和选择培育成新品种的育种方法。

单倍体育种主要有以下优点：

（1）克服杂种分离，缩短育种年限。在杂交育种中，从 F_2 分离开始到性状稳定，一般需要4～6代甚至更长时间，如果把 F_1 的花粉培养成单倍体植株，然后使其染色体加倍，则只需一代就可以成为纯合二倍体，再经选择培育即可成为一个表现型稳定的新品种，从而大大缩短育种年限。

（2）提高获得纯合体的效率。例如，基因型为AaBb的杂合体，自交后 F_2 获得基因型为AAbb个体的几率是1/16，若用 F_1 植株的花粉进行培养并使其染色体加倍，获得AAbb个体的几率是1/4，选择效率大大提高。

（3）克服远缘杂种的不孕性，创造新种质。如果将远缘杂交种 F_1 植株的花药离体培养，就有可能使极少数有生活力的花粉成为单倍体植株，再经染色体加倍就可获得新的植物种类或品种类型。

（四）生物技术育种

现代生物技术在作物育种上的应用，极大地推进了作物育种技术的发展，为创造更多的新种质和高产、优质、高效、抗逆性强的新品种奠定了基础。作物生物技术育种是在作物细胞水平或基因水平甚至分子水平上进行的遗传改造或改良，主要有细胞工程育种、基因工程育种和分子标记辅助选择育种。

1. 细胞工程育种　细胞工程是以植物组织和细胞培养技术为基础发展起来的高新生物技术。它是以细胞为基本单位，在体外条件下进行培养、繁殖或人为地使细胞某些生物学特性按人们的意愿产生某种物质的过程。植物细胞全能性是细胞工程的理论基础。细胞工程与作物遗传改良有着密切关系，利用细胞工程技术育种已培育出一些大面积推广的作物品种。我国第一个用花药培养育成烟草品种，随后又育成了一些水稻、小麦新品种。利用细胞工程育种技术进行经济作物的快繁与脱毒、体细胞变异的筛选、新种质的创造、细胞器的移植、DNA的导入等均对作物的改良和农业生产起到了促进作用。

2. 基因工程育种　基因工程育种也称转基因育种，是根据育种目标，从供体生物中分离目的基因，经DNA重组与遗传转化或直接运载进入受体生物，经过筛选获得稳定表达的遗传工程体，并经过田间试验与大田选择育成转基因新品种或种质资源。转基因育种技术使可利用的基因资源大大拓宽，并为培育高产、优质、高抗和适应各种不良环境条件的优良品种提供了崭新的育种途径。

近20年来，农作物的转基因技术育种发展很快，在抗虫、抗病、抗除草剂等新品种的培育方面已经取得了令人瞩目的成就，展示出它在植物育种领域中广阔的应用前景。例如，转苏云金芽孢杆菌杀虫晶体蛋白基因（Bt）抗虫植株，是转基因技术研究十分活跃的领域之一，利用该技术育成的抗虫棉品种已在我国大面积推广。

3. 分子标记辅助选择育种　近十多年来，分子标记的研究得到了快速发展，以DNA多态性为基础的分子标记，目前已在作物遗传图谱构建、重要农艺性状基因的标记定位、种质资源的遗传多样性分析与品种指纹图谱及纯度鉴定等方面得到广泛应用。随着分子生物技术的进一步发展，分子标记技术在作物育种中将会发挥更大的作用。

实践活动

组织学生到育种单位参观小麦（或其他作物）育种的原始材料圃、杂交圃、选种圃、品系鉴定圃、品系比较圃。

第五节 品种试验与品种审定

一、品种试验

品种试验是由省以上农作物品种审定委员会组织的，由各科研育种单位新育成的新品种在一定区域范围内的不同地区进行的品种比较试验，对品种的丰产性、适应性、抗逆性和品质等农艺性状进行全面鉴定和验证，为品种通过审定和确定新品种的适应范围、推广地区提供正确的依据。品种试验包括区域试验和生产试验。

（一）区域试验

品种区域试验是鉴定和筛选适宜不同生态区种植的丰产、稳产、抗逆性强、适应性广的优良作物新品种，并为品种审定和区域布局提供依据。

1. 区域试验的管理体系　我国作物品种区域试验分国家和省（直辖市、自治区）两级进行，分别由农业部或省（直辖市、自治区）级种子管理部门负责组织。

2. 区域试验的任务　区域试验的任务如下：

（1）进一步客观地鉴定参试品种的丰产性、适应性、抗逆性、抗病性和品质等农艺性状，并分析其增产效果和经济效益，确定参试品种是否有推广价值。

（2）为优良品种划定最适宜的推广地区，做到因地制宜地种植良种，恰当地和最大限度地利用当地自然条件和栽培条件，发挥良种的增产作用。

（3）确定各地区最适宜推广的主要优良品种和搭配品种。

（4）向品种审定委员会推荐符合审定条件的新品种。

3. 区域试验的方法　区域试验的方法如下：

（1）划分试验区，选择试验点。根据自然条件（如气候、地形、地势和土壤等）和栽培条件，划分几个不同的生态区，然后在各生态区内，选择有代表性的若干试验点承担区域试验。每一个品种的区域试验在同一生态类型区不少于5个试验点，试验重复不少于3次，试验时间不少于两个生产周期。安排的试验点不仅要有代表性，而且应有一定的技术、设备条件。

（2）设置合适的对照品种。为保证试验的可比性，在自然、栽培条件相近的各试验点，应有共同的对照品种，以便于各试验点间结果有可比性。但在自然、栽培条件和推广品种不同的地区，则应以当地最好的品种作对照。

（3）保持试验点和工作人员的稳定性和试验设计的统一性。为了提高区域试验结果的可靠性，区域试验点及工作人员应相对稳定；并统一田间设计，统一参试品种，统一调查项目及观察记载标准，统一分析总结。参试品种不能太多，一般是几个或十几个。区域试验一般以2～3年为一轮，在区域试验第一年表现显著好的，第二年即可同时进行生产试验，为示范、推广做准备。凡在多点试验中表现显著不好的，主持单位可以决定淘汰，不再参加第二年试验；有些品系在第一年表现一般，则可继续参试，以观察其在不同年份的表现决定取舍。区域试验最后结果的综合分析能否正确并精确，一方面依靠试验设计方法与观察、鉴定、记载标准的统一，另一方面有赖于品种生长期间认真的考察与检查。

（4）定期进行观摩评比。作物生育期间应组织有关人员进行检查观摩，收获前对试验品种进行田间评定。试验结束后，各试验点应及时整理试验资料，写出书面总结，上报主持单位。由主持单位综合分析各参试品系表现，写出年度总结，并进一步分析地区间的适应性和年度间的稳定性，最后对各参试品系做出评价。

（二）生产试验

生产试验是在一定的生产条件下，以较大面积进一步鉴定和验证在区域试验中表现优秀的品种的丰产性、稳产性、抗逆性、抗病性和地区适应性，同时总结配套栽培技术。

1. 试验点　每一个品种的生产试验在同一生态类型区不少于5个试验点，1个试验点的种植面积不小于300m^2，不大于3 000m^2，试验时间为一个生产周期。

2. 试验设计　对比法排列，不设重复，有特殊要求的也可设置2次以上重复。在作物生育期间和收获时进行观摩评比，以进一步鉴定其表现，并同时起到良种示范和繁殖种子的作用。

根据农业部最新公布的《主要农作物品种审定办法》，参加品种试验的品种，其抗逆性鉴定、品质检测结果以农作物品种审定委员会指定的测定机构的鉴定、检测结果为准。每一个品种试验的生产周期结束后3个月内，品种审定委员会办公室应当将品种试验结果汇总并及时通知报审品种的申请者。

二、品种审定

新选育出的或引进的农作物品种（系），经区域试验、生产试验鉴定，确实表现优异的，还需由省（直辖市、自治区）或国家农作物品种审定委员会审定通过后，才能推广。

我国的品种审定工作由国家和省级农作物品种审定委员会负责。农业部设立国家农作物品种审定委员会，负责国家级农作物品种审定工作。省级农业行政主管部门设立省级农作物品种审定委员会，负责省级农作物品种审定工作。

（一）品种审定委员会

1. 组成　品种审定委员会由科研、教学、生产、推广、管理、使用等方面的专业人员组成。委员一般具有高级专业技术职称或处级以上职务，年龄一般在 55 岁以下，每届任期 5 年。

2. 任务　准确地评定新品种在生产上的利用价值、经济效益、适应地区以及相应的栽培技术；审定、推广农作物新品种；加强品种管理，实现品种布局区域化，促进农业生产的发展。

（二）品种审定标准

稻、小麦、玉米、棉花、大豆以及油菜、马铃薯的审定标准，由农业部制定。省级农业行政主管部门确定的主要农作物品种的审定标准，由省级农业行政主管部门制定，报农业部备案。

（三）品种审定程序

1. 申报条件　申请品种审定的单位和个人，可以直接申请国家审定或省级审定，也可以同时申请国家和省级审定，还可以同时向几个省（直辖市、自治区）申请审定。

申请审定的品种应当具备下列条件：①人工选育或发现并经过改良；②与现有品种（本级品种审定委员会已受理或审定通过的品种）有明显区别；③遗传性状相对稳定；④形态特征和生物学特性一致；⑤具有适当的名称。

2. 申报材料　申请品种审定的单位或个人，应当向品种审定委员会办公室提交申请书。申请书包括以下内容：①申请者名称、地址、邮政编码、联系人、电话号码、传真、国籍；②品种选育的单位或个人全名；③作物种类和品种暂定名称，品种暂定名称应当符合《中华人民共和国植物新品种保护条例》的有关规定；④建议的试验区域和栽培要点；⑤品种选育报告，包括亲本组合以及杂交种的亲本血缘、选育方法、世代和特性描述；⑥品种（含杂交种亲本）特征描述以及标准图片。转基因品种还应当提供农业转基因生物安全证书。

3. 审定与公告　对于完成品种试验程序的品种，品种审定委员会办公室一般在 3 个月内汇总结果，并提交品种审定委员会专业委员会或者审定小组初审。专业委员会（审定小组）在 2 个月内完成初审工作。

专业委员会（审定小组）初审品种时召开会议，到会委员应达到该专业委员会（审定小组）委员总数 2/3 以上的，会议有效。对品种的初审，根据审定标准，采用无记名投票表决，赞成票数超过该专业委员会（审定小组）委员总数 1/2 以上的品种，通过初审。

初审通过的品种，由专业委员会（审定小组）在1个月内将初审意见及推荐种植区域意见提交主任委员会审核，审核同意的，通过审定。主任委员会在1个月内完成审定工作。

审定通过的品种，由品种审定委员会编号、颁发证书，同级农业行政主管部门公告。编号为品种审定委员会简称、作物种类简称、年号、序号，其中序号为3位数。

省级品种审定公告，要报国家品种审定委员会备案。

审定公告在相应的媒体上发布。审定公告公布的品种名称为该品种的通用名称。

审定通过的品种，在使用过程中如发现有不可克服的缺点，由原专业委员会或者审定小组提出停止推广建议，经主任委员会审核同意后，由同级农业行政主管部门公告。

实 践 活 动

组织学生到承担区域试验和生产试验的单位参观，了解区域试验、生产试验的安排方法、调查内容，回校写出报告。

【知识拓展】主要作物的引种实践

一、水稻引种

南方早稻品种引到北方种植，遇到长日照和低温条件，往往表现为生育期延长，植株变高，穗大、粒多，病虫减少，若配以适宜的栽培措施，引种较易成功。晚稻一般分布在北纬32°以南，因对高温短日照反应敏感，北移到长日照条件下往往不能抽穗，即使抽穗，如遇低温也会影响结实。

北方水稻品种引到南方种植，遇到短日照和高温条件，往往表现生育期缩短，发育加快，植株变矮，分蘖减少，穗小、粒少，粒重降低，导致减产。但若引用比较晚熟的品种，并早播早栽，尽量使其生育前期的气温与原产地相近，增施肥料，精细管理，也可达到早熟、高产的目的。

二、小麦引种

我国北方强冬性、冬性小麦品种对温度、日照反应均较敏感，向南引种，只能进行短距离引种，否则会因不能满足其对低温、长日照的要求而使成熟期延迟，甚至不能抽穗结实。弱冬性品种对温、光反应较迟钝，适应范围较广，但由南向北引种或由低海拔向高海拔地区引种时要注意能否安全越冬。春性品种春化阶段短，通过春化阶段所要求的温度范围较宽，适应性较强，引种范围较广。例如，从意大利引进的南大2419、阿夫、阿勃等品种在我国长江流域、黄河流域表现都较好。但北方春麦区的品种一般不能适应南方的较短日照，表现成熟延迟、子粒瘪瘦，且易遭受后期的自然灾害。实践证明，凡是在纬度、海拔、气候条件（特别是1月份平均气温）相近的地区间相互引种比较容易成功，如北京、太原、延安之间，济南、石家庄、郑州、西安之间，北部春麦区的河北长城以北、内蒙古、宁夏、甘肃中部、山西北部等省、自治区间相互引种都有成功的例证。

三、棉花引种

棉花是喜温短日照作物，但试验表明，棉株在12h光照下发育最快，在12h以上光照时发育迟缓，若在8h光照下，部分品种现蕾期反而比自然日照条件下延迟，在6h光照下棉株不能正常发育。棉花是常异花授粉作物，天然异交率高，变异性大，适应性强，引种范围较广。一般来说，进行棉花引种时，无霜期长短是考虑的主要因素。南种北引，常因无霜期短，霜前花低而影响产量和纤维品质。因此，若从中熟棉区向无霜期短的早熟棉区引种时，应注意引早熟品种，反向引种则应选用晚熟品种。

四、玉米引种

玉米是喜温短日照作物，适应性广，异地引种成功的可能性大。由高纬度向低纬度或由高海拔向低海拔地区引种，生育期缩短，反之生育期延长。

试验表明，同一品种，在海拔相近的条件下，每向南移一个纬度，生育期缩短2～3d，株高降低2%～3%，千粒重降低2%～4%，产量降低5%左右。由南向北，长距离引种一般不能适应，表现幼苗矮小，前期生长缓慢，后期植株高大，开花、成熟晚，气生根着生部位较高，黑粉病重，产量降低。

【技能训练】

技能2-1　品种的识别

一、技能训练目标

了解生产上主要作物常见品种的典型性状，能识别生产上常见品种。

二、技能训练材料与用具

1. 材料　生产上主要作物常见品种的实物和文字图片资料。

2. 用具　尺子、天平、铅笔等用具。

三、技能训练操作规程

1. 建立主要作物常见品种试验圃。

2. 在不同生育时期观察记载品种试验圃中各品种的主要性状，如株型、叶色、叶形、株高、穗部性状（铃形、果形）、子粒性状等。

3. 比较不同品种的性状，找出各品种的特异性状。

性状记载方法可参考附录一。

四、技能训练报告

列表说明各品种的主要性状，指出各品种的特异性状。

技能2-2　种质资源的观察和鉴别

一、技能训练目标

通过对不同作物种质资源的性状观察，了解这些种质资源的优点和缺点，明确其利用价值。

二、技能训练材料与用具

主要作物的原始材料圃；观察记载表、铅笔等。

三、技能训练操作规程

1. 在不同时期对原始材料圃种植的种质资源的主要性状进行观察、记载。性状记载方法可参考附录一。

2. 根据观察、记载结果进行综合分析，明确不同材料的利用价值。

四、技能训练报告

根据观察记载资料进行综合分析，指出各材料的利用价值。

技能 2-3 作物有性杂交技术

一、技能训练目标

使学生在了解当地主要作物的花器构造和开花习性的基础上，掌握其有性杂交技术。

下面以水稻为例，介绍水稻的花器构造、开花习性及有性杂交技术。

二、技能训练材料与用具

1. 材料　水稻的亲本品种若干个。

2. 用具　镊子、小剪刀、羊皮纸袋、回形针（或大头针）、放大镜、小毛笔、小酒杯、脱脂棉、70%酒精、塑料牌、铅笔、麦秸管等。

三、技能训练说明

水稻为雌雄同花的自花授粉作物，圆锥状花序。水稻的花为颖花，着生于小枝梗的顶端，每个颖花由2个护颖、1个内颖、1个外颖、2个鳞片（浆片）、1个雌蕊和6个雄蕊组成（图2-4）。

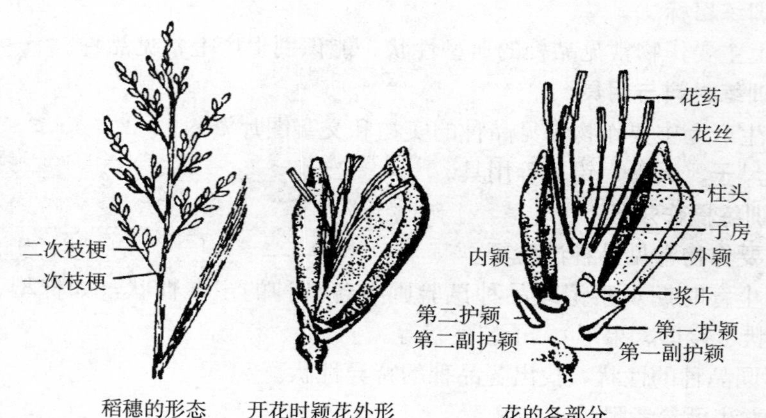

图2-4　水稻的花器构造
（申宗坦，1995）

稻穗从叶鞘抽出当天，或抽出后1～2d就开花。水稻的开花顺序一般先主穗，后分蘖穗。以一个稻穗来说，上部枝梗颖花先开，以后依次向下开。同一枝梗各颖花间，顶端颖花先开，接着由最下位的1个颖花顺次向上，顶端向下数的第二朵颖花开花最迟。一个颖花的开放时间，从内外颖张开到闭合，一般为0.5～1h，因品种、气候不同而异。

水稻开花最适宜的温度为25～30℃，最适宜的相对湿度为70%～80%。在夏季晴天，早稻一般在8:30～13:00时开花，以10:00～11:00时开花最盛。晚稻一般在9:00～14:00时开花，以10:00～12:00时开花最盛。

四、技能训练操作规程

【操作规程1】选株、选穗

选取母本品种中具有该品种典型性状、生长健壮、无病虫害的植株，选取已抽出叶鞘3/4或全部，先一天已开过几朵颖花的稻穗去雄。

【操作规程2】去雄

杂交时要选穗中、上部的颖花去雄。去雄方法有很多种，下面介绍温水去雄和剪颖去雄两种。

1. 温水去雄　温水去雄就是在水稻自然开花前2h把热水瓶的温度调节为45℃，把选好的稻穗和热水瓶相对倾斜，将穗子全部浸入温水中，但应注意不能折断穗颈和稻秆。处理5min，如水温已下降为42～44℃，则处理8～10min。移去热水瓶，稻穗稍晾干即有部分颖花陆续开花。把不开放的颖花（包括先一天已开过的颖花）全部剪去，并立即用羊皮纸袋套上，以防串粉。

2. 剪颖去雄　一般在杂交前一天16:00～18:00时，选择抽出1/3的母本稻穗，将其上雄蕊伸长已达颖壳1/2以上的成熟颖花，用剪刀将颖壳上部剪去1/3～1/4，再用镊子除去6个雄蕊。去雄后随即套袋，挂上纸牌。

【操作规程3】授粉

母本整穗去雄后，要授予父本花粉。授粉的方法有两种：一种是抖落花粉法，即将自然开花的父本稻穗轻轻剪下，把母本稻穗去雄后套上的纸袋拿下，父本穗置于母本穗上方，用手振动使花粉落在母本的柱头上，连续2～3次。父、母本靠近则不必将父本穗剪下，可就近振动授粉。但要注意防止母本品种内授粉或与其他品种传授。另一种是授入花粉法，即用镊子夹取父本成熟的花药2～3个，在母本颖花柱头上轻轻摩擦，并留下花药在颖花内，使花粉散落在母本柱头上，但要注意不能损伤母本的花器。

【操作规程4】套袋挂牌

授粉后稻穗的颖花尚未完全闭合，为防止串粉，要及时套回羊皮纸袋，袋口用回形针夹紧，并附着在剑叶上，以防穗梗折断。同时，把预先用铅笔写好组合名称、杂交日期、杂交者姓名的纸牌挂在母本株上。

杂交是否成功，可在授粉后5d检查子房是否膨大，如已膨大即为结实种子。

五、技能训练报告

每个学生用上述两种去雄方法各杂交2～3穗，一周后检查结实情况，并将结果填入表2-4中。

表2-4　比较两种去雄方法的杂交效果

去雄方法	杂交数量		杂交结实数		结实率（%）	备　注
	穗	颖花	穗	粒		
温水去雄						
剪颖去雄						

技能 2-4　作物杂种后代的田间选择与室内考种技术

一、技能训练目标

通过参加当地主要作物育种过程的田间选择和室内考种，了解和初步掌握杂种后代单株选择的一般程序及室内考种的基本方法。

二、技能训练材料与用具

1. 材料　当地主要作物育种试验地的杂种及其分离世代的育种材料。

2. 用具　天平、尺子、剪刀、塑料牌、记载本、铅笔、计算器等。

三、技能训练操作规程

【操作规程 1】确定选择的主要性状及标准

选择既要着重于主要育种目标性状的仔细观察评定，又要根据丰产性、品质、抗性等综合性状的整体表现进行，并结合考种数据进行决选。

【操作规程 2】确定选择时间

原则上在各生育期都要进行观察鉴定，但重点是目标性状表现最明显的时期及成熟期。

【操作规程 3】确定选择地点

选择单株要在土壤肥力均匀、栽培管理条件一致的田块，没有缺株断垄的地段进行。

【操作规程 4】确定选择数量

选择单株的数量要根据作物的种类、育种的要求、选择材料的具体表现、人力、物力等方面的条件而定，一般选几十株到几百株不等。

【操作规程 5】收获方法

当选单株拔起（稻、麦），用绳捆好，挂牌注明材料名称和株号，带回室内考种。

【操作规程 6】室内考种

将田间当选单株进行室内考种，主要考察穗部性状和子粒性状。性状记载方法可参考附录一。

四、技能训练报告

1. 选株　任选一种作物的杂种圃，在收获前，每个学生选择 10 个优良变异单株带回，根据入选单株的表现进行评分。

2. 考种　每个学生将所选单株逐株考种，结果填入考种表。淘汰不符合标准的单株，对入选的单株，分别脱粒、编号、装入种子袋，袋内外注明品种名称、株号（或重复号、小区号）、选种人姓名、选种年份，妥善保存，作为下年株行播种材料。根据在考种过程中每人称、量、数、记的正确与否评分。

【回顾与小结】

本章学习了品种的概念和类型，现代农业对作物品种的要求及制定育种目标的一般原则，种质资源的概念、类别、研究和利用，引种的概念、基本原理、引种规律及引种步骤，品种选育方法（包括杂交育种、杂种优势利用、系统育种、诱变育种、远缘杂交育种、倍性育种、生物技术育种），品种试验与审定等内容。进行了 4 个项目的技能训练。其中需要重点掌握的是：作物的引种规律，杂交育种的亲本选配，有性杂交技术及杂交后代的处理技术，杂种优势的利用途径。通过本章的学习，一方面能参与品种选育工作，另一方面为种子生产奠定基础。

复习与思考

1. 名词解释：育种目标　品种　种质资源　杂交育种　单交　复交　回交　杂种优势　区域试验　生产试验

2. 简述作物的品种类型及特点。

3. 种质资源分为哪几类?

4. 简述不同作物的引种规律。

5. 简述作物引种的步骤。

6. 简述系统育种的程序。

7. 杂交育种中如何选配亲本?

8. 试述利用系谱法处理杂种后代的工作要点。

9. 作物杂种优势表现在哪些方面?

10. 简述作物杂种优势的利用条件。

11. 作物杂种优势的利用途径有哪些?

12. 简述区域试验的方法。

第三章　作物种子生产基本原理

学 习 目 标

◆ **知识目标**　了解作物的繁殖、授粉方式与种子生产的关系；掌握品种混杂退化的原因及防止措施；掌握种子级别的分类、原种生产程序、良种生产程序及加速良种繁殖的方法；了解种子生产基地建设的条件、形式及经营管理。

◆ **能力目标**　掌握种子生产计划的制定技术；掌握种子生产中的种子田面积确定、种子准备、播种、田间调查、去杂去劣、单株选择、收获、考种技术等技能。

第一节　作物繁殖方式与种子生产

作物由于其繁殖、授粉方式不同，导致其后代群体的遗传特点不同，所采用的育种途径不同，种子生产特点和方式也不同。作物的繁殖方式可以分为有性繁殖和无性繁殖两大类。

一、有性繁殖与种子生产

凡是经过雌雄配子结合而繁衍后代的方式，称为有性繁殖。通过有性繁殖方式繁衍后代的作物称为有性繁殖作物。在有性繁殖的作物中，根据授粉方式不同，可分为三大类，即自花授粉作物、异花授粉作物和常异花授粉作物。

（一）自花授粉作物

凡是在自然条件下，雌蕊接受同一花内的花粉或同一株上的花粉而繁殖后代的作物，称为自花授粉作物，又称自交作物。如小麦、水稻、大麦、大豆、绿豆、花生、烟草、马铃薯、番茄、茄子等。

1. *花器特点*　自花授粉作物的花器构造一般是雌雄同花；花瓣一般没有鲜艳的色彩和特殊的气味；雌、雄蕊同期成熟，甚至开花前已完成授粉（闭花授粉）；花朵开放时间较短，花器保护严密，外来花粉不易侵入；雌、雄蕊等长或雄蕊紧密围绕雌蕊，花药开裂部位紧靠柱头，极易自花授粉。所以，自花授粉作物的天然杂交率很低，一般低于1%，不超过4%，因作物品种和环境条件而异。如水稻为0.2%～0.4%，大豆为0.5%～1%，小麦为1%～4%。

2. *品种特点及其育种途径*　由于长期的自花授粉和人为定向选择，自花授粉作物的纯系品种群体内绝大多数个体的基因型纯合，群体的基因型同质，表现型整齐一致，连续自交不会导致后代生活力衰退。

自花授粉作物的授粉特点，决定了该类作物的育种途径：一是选育基因型纯合的常规（纯系）品种；二是利用杂种优势。

3. *种子生产特点*　自花授粉作物的常规品种的种子生产技术比较简单，品种保纯相对容易，主要是防止各种形式的机械混杂，其次是防止生物学混杂，但对隔离条件的要求不太严格，可适当采取隔离措施。

（二）异花授粉作物

凡是在自然条件下，雌蕊接受异株的花粉而繁殖后代的作物，称为异花授粉作物，或称异交作物。异花授粉作物主要依靠风、昆虫等媒介传播花粉。

1. *花器特点*　异花授粉作物按花器特点可分为4种类型：一是雌雄异株，即雌花和雄花分别生长在不同植株上，异交率为100%，如大麻、蛇麻、菠菜等；二是雌雄同株异花，如玉米、蓖麻及瓜类作物；三是雌雄同花但自交不亲和，如黑麦、甘薯、白菜型油菜；四是雌雄同花但雌雄蕊熟期不同或花柱异型，如向日葵、荞麦、甜菜、洋葱。异花授粉作物天然杂交率一般在50%以上，高的甚至达到100%。

2. *品种特点及其育种途径*　由于异花授粉作物在自然条件下长期处于异交状态。所以，该类作物的开放授粉品种（群体品种）群体中绝大多数个体的基因型是杂合的，个体间基因型和表现型不一致，自交会导致后代生活力严重衰退。

异花授粉作物的授粉特点，决定了该类作物的育种途径是以利用杂种优势为主。但异花授粉作物要获得纯合、稳定的杂交亲本，必须经过连续多代的人工强制自交和单株选择。杂交亲本由于连续多代的自交，在生活力、生长势、产量等方面显著下降，因而在生产上不能直接利用。

3. *种子生产特点*　异花授粉作物杂交种的种子生产较为复杂，它包括杂交制种和亲本繁殖两大环节。杂交亲本的种子生产与常规品种种子生产基本相同。需要注意的是，由于异花授粉作物的天然杂交率高，无论是杂交制种，还是亲本繁殖，都需采取严格的隔离措施、去杂去劣和控制授粉，才能达到防杂保纯的目的。

（三）常异花授粉作物

常异花授粉作物是典型的自花授粉作物和典型的异花授粉作物的中间类型，以自花授粉为主，也经常发生异花授粉。其天然杂交率为5%～50%。如棉花、高粱、蚕豆、甘蓝型油菜等都属于这种类型。

1. *花器特点*　常异花授粉作物花器的基本特点是雌雄同花，雌雄蕊不等长或不同期成熟，雌蕊外露，易接受外来花粉；花朵开放时间长，多数作物花瓣色彩鲜艳，能分泌蜜汁，以引诱昆虫传粉。常异花授粉作物的天然杂交率因作物、品种、环境而异。如棉花天然杂交率一般为5%～20%，高粱的天然杂交率一般为5%～50%，甘蓝型油菜和蚕豆的天然杂交率为10%～13%。

2. *品种特点及其育种途径*　常异花授粉作物以自花授粉为主，故其常规品种群体内大多数个体主要性状的基因型纯合同质，少数个体的基因型杂合异质，自交后代的生活力衰退较轻。

常异花授粉作物的育种途径，一是选育常规（纯系）品种；二是利用杂种优势。生产上大面积种植的常异花授粉作物的杂交种有高粱、甜椒。培育杂交种品种时，也需经过必要的人工强制自交和单株选择才能得到纯系亲本。

3. 种子生产特点　常异花授粉作物常规品种种子生产同自花授粉作物一样。杂交种品种的种子生产包括杂交制种与其亲本繁殖两个环节。需要注意的是，由于常异花授粉作物较容易发生天然杂交，则在其种子生产时，必须进行严格隔离和去杂去劣，才能保证种子的纯度。

二、无性繁殖与种子生产

凡是不经过雌雄配子结合而繁衍后代的方式，称为无性繁殖。通过无性繁殖方式繁衍后代的作物称为无性繁殖作物。常见的无性繁殖作物多以营养器官繁殖后代，如根、茎、叶的再生能力强，通过分根、扦插、压条、嫁接等方式产生新的植物体，生产上利用营养体产生种苗的作物主要有甘薯、马铃薯、甘蔗、木薯、苎麻、洋葱、蒜等。

1. 品种特点及其育种途径　无性繁殖作物的一个个体通过无性繁殖而产生的后代群体，称为无性繁殖系，简称无性系。无性系起源于母体的体细胞，无论母本的基因型纯合或杂合，产生的后代通常都没有分离，表现型与其母本完全相同，这为作物利用杂种优势提供了很大的方便。

无性系在繁殖过程中会有突变，主要是芽变，但突变率很低，变异的遗传比较简单。无性繁殖作物的基因型一般是高度杂合的，其有性生殖的后代（自交或异交）或杂交第一代就开始分离，分离类型极其复杂，因而其种子一般不宜直接用于生产。但是，其无性繁殖的后代遗传型是相同的，性状具有高度的稳定性和一致性。

2. 种子生产特点　因为无性繁殖不会发生天然杂交，不用设置隔离，但要注意及时淘汰表现不良性状的芽变类型，并注意防止机械混杂。目前，无性繁殖作物的病毒病是引起品种退化的主要原因，所以在种子生产过程中，还应采取以防治病毒病为中心的防止良种混杂退化的各种措施。

实　践　活　动

将全班分成若干组，每组 2～3 人，利用业余时间，调查当地作物的种类、花器构造与授粉方式，总结出相应的种子生产特点。

第二节　品种的混杂退化及其防止

一、品种混杂退化的含义和表现

（一）品种混杂退化的含义

在充满变化的生态环境中，任何一个品种的种性和纯度都不是固定不变的。随着品种繁殖世代的增加，往往由于各种原因引起品种的混杂退化。品种混杂退化是指品种在生产栽培过程中，发生了纯度降低，种性变劣、抗逆性、适应性减退、产量、品质下降等现象。

品种混杂和退化是两个不同的概念。品种混杂是指一个品种群体内混进了不同种或品种的种子，或者其上一代发生了天然杂交或基因突变，导致后代群体中分离出变异类型，造成品种纯度降低的现象。品种退化是指品种遗传基础发生了变化，使一些特征特性发生不良变异，尤其是经济性状变劣、抗逆性减退、产量降低、品质下降，从而导致种植区域缩小，最终丧失了在农业生产上的利用价值。

品种的混杂和退化有着密切的联系，往往由于品种群体发生了混杂，才导致了品种的退化。因此，品种的混杂和退化虽然属于不同概念，但两者经常交织在一起，很难截然分开。

（二）品种混杂退化的表现

品种混杂退化是农业生产中的一种普遍现象。主干品种发生混杂退化后，会给农业生产造成严重损失。一个品种在生产上种植多年，必然会发生混杂退化现象：植株高矮不齐，成熟早晚不一，生长势强弱不同，病虫危害加重，抵抗不良环境条件的能力减弱，穗小、粒少等现象。如麦收前常见到一些麦田良莠共生，植株高低不齐，麦穗出现“二层楼”甚至“三层楼”现象，说明该品种已混杂退化相当严重了。可以说，品种的典型性发生变化和不整齐一致是混杂退化的主要表现，产量和品质下降是混杂退化的最终反映和危害结果。可见，品种的混杂退化是农业生产中必须重视并应及时加以解决的问题。

二、品种混杂退化的原因

引起品种混杂退化的原因很多，而且比较复杂。有的是一种原因引起的，有的是多种原因综合作用造成的。不同作物、不同品种、不同地区发生混杂退化的原因也不尽相同。归纳起来，主要有以下几个方面。

（一）机械混杂

机械混杂是指在种子生产、加工及流通等环节中，由于各种条件限制或人为疏忽，导致异品种或异种种子混入的现象。

机械混杂是各种作物发生混杂退化的最重要的原因，主要有以下 3 个方面：

1. *种子生产过程中人为造成的混杂* 如播前晒种、浸种、拌种、包衣等种子处理及播种、补栽、补种、收获、运输、脱粒、贮藏、晾晒等过程中，不严格地按种子生产的操作规程办事，使生产的目标品种种子内混入了异种的种子或异品种的种子，造成机械混杂。

2. *种子田连作* 种子田选用连作地块，前作品种自然落粒的种子和后作的不同品种混杂生长，引起机械混杂。

3. *种子田施用未腐熟的有机肥料* 未腐熟的有机肥料中混有其他具有生命力的作物或品种的种子，导致机械混杂。

机械混杂是造成自花授粉作物混杂退化的最主要的原因。机械混杂不仅影响种子的纯度，同时还会增加天然杂交的机会，加速品种混杂退化的进程。

（二）生物学混杂

生物学混杂指由于天然杂交而使后代产生性状分离，并出现不良个体，从而破坏了品种的一致性。生物学混杂是异花授粉作物、常异花授粉作物发生混杂退化的主要原因之一。

发生天然杂交的原因：一是在种子生产过程中，没有按规定将不同品种进行符合规定的隔离；二是品种本身已发生了机械混杂但又去杂不彻底，从而导致不同品种间发生天然杂交，引起群体遗传组成的改变，使品种的纯度、典型性、产量和品质降低。

有性繁殖作物均有一定的天然杂交率，都有可能发生生物学混杂，但严重程度不同。异花授粉作物的天然杂交率较高，若不注意采取有效隔离措施，极易发生生物学混杂，而且混杂程度发展极快。例如，一个玉米自交系的种子田中有几株杂株没去净，则该自交系就会在2～3年内变得面目全非。常异花授粉作物虽然以自花授粉为主，但其花器构造易于杂交。例如，棉花种子生产，若不注意隔离，会因昆虫传粉而造成生物学混杂。自花授粉植物的天然杂交率低，但在机械混杂严重时，天然杂交的机会也会增多，从而造成生物学混杂。

(三) 品种本身的变异

一个品种在推广以后，由于品种本身残存异质基因的分离重组和基因突变等原因而引起性状变异，导致混杂退化。

品种或自交系可以看成是一个纯系，但这种“纯”是相对的，个体间的基因组成总会有些差异，尤其是通过杂交育成的品种，虽然主要性状表现一致，但一些由微效多基因控制的数量性状，难以完全纯合，因此，就使得个体间遗传基础出现差异。在种子生产过程中，这些异质基因不可避免地会陆续分离、重组，导致个体性状差异加大，使品种的典型性、一致性降低，纯度下降。

一个新品种推广后，在各种自然条件和生产条件的影响下，可能发生各种不同的基因突变。研究表明，作物性状的自然突变也许对作物的植物学性状有益，但大多对人类要求的作物性状是不利的，这些突变一旦被留存下来，就会通过自身繁殖和生物学混杂方式，使后代群体中变异类型和变异个体数量增加，导致品种混杂退化。

(四) 不正确的选择

在种子生产过程中，特别是在原种生产时，如果对品种的特征特性不了解或了解不够，不能按照品种性状的典型性进行选择和去杂去劣，就会使群体中杂株增多，导致品种混杂退化。如高粱、棉花等作物在间苗时，人们往往把那些表现好的、具有杂种优势的杂种苗误认为是该品种的壮苗加以选留、繁殖，结果造成混杂退化。在玉米自交系的繁殖过程中，人们也经常把较弱的自交系幼苗拔掉而留下肥壮的杂种苗，这样就容易加速品种的混杂退化。

在原种生产时，如果不了解原品种的特征特性，就会造成选择的标准不正确，如本应选择具有原品种典型性状的单株，而选成了优良的变异单株，则所生产的种子种性就会失真，从而导致混杂退化。选株的数量越少，那么所繁育的群体种性失真就越严重，保持原品种的典型性就越难，越容易加速品种的混杂退化。

(五) 不良的环境和栽培条件

一个优良品种的优良性状是在一定的自然条件和栽培条件下形成的，如果种子生产的栽培技术或环境条件不适宜品种生长发育，则品种的优良种性得不到充分发挥，会导致某些经济性状衰退、变劣。特别是异常的环境条件，还可能引起不良的变异或病变，严重影响产量和品质。如果环境条件恶劣，作物为了生存，会适应这种恶劣条件，退回到原始状态或丧失某些优良性状。如水稻在生育后期遇上低温，谷粒会变小；成熟期遇上低温，糯性会降低；种在冷水、碱水、深水或瘦地上，会出现红米等。又如马铃薯的块茎膨大适于较冷凉的条件，因此在我国低纬度地区春播留种的马铃薯，由于夏季高温条件的影响，导致块茎膨大受抑制，病毒繁衍和传输速度加快，种植第二年即表现退化。棉花在不良的自然和栽培条件下，会产生铃小、子粒小、绒短、衣分低的退化现象。久而久之，这些变异类型会逐渐增多而引起品种退化。

此外，异常的环境条件还能引起基因突变，也会引起品种混杂退化。

（六）病毒侵染

病毒侵染是引起甘薯、马铃薯等无性繁殖作物混杂退化的主要原因。病毒一旦侵入健康植株，就会在其体内扩繁、传输、积累，随着其利用块根、块茎等进行无性繁殖，会使病毒病由上一代传到下一代。一个不耐病毒的品种，到第四至第五代就会出现绝收现象。即使是耐病毒的品种，其产量和品质也严重下降。

总之，品种混杂退化有多种原因，各种因素之间又相互联系、相互影响、相互作用。其中，机械混杂和生物学混杂较为普遍，在品种混杂退化中起主要作用。因此，在找到品种混杂退化的原因并分清主次的同时，必须采取综合技术措施，解决防杂保纯的问题。

三、品种混杂退化的防止措施

品种混杂退化有多方面的原因，因此，防止混杂退化是一项比较复杂的工作。它的技术性强，持续时间长，涉及种子生产的各个环节。为了做好这项工作，必须加强组织领导，制定有关规章制度，建立健全良种繁育体系和专业化的种子生产队伍，坚持“防杂重于除杂，保纯重于提纯”的原则。在技术方面，要抓好以下几方面的工作。

（一）建立严格的种子生产规则，防止机械混杂

机械混杂是各种作物品种混杂退化的主要原因之一，预防机械混杂是保持品种纯度和典型性的重要措施。要从种子田的安排、种子准备、播种到收获、贮藏的全过程中，认真遵守国家或地方的种子生产技术操作规程，在各个环节都要杜绝机械混杂的发生。可从以下几个方面抓起：

1. 合理安排种子田的轮作和布局　种子田一般不宜连作，以防上季残留种子在下季出苗而造成混杂，并注意及时中耕，以消灭杂草。在作物布局上，种子生产一定要把握规模种植的原则，建立集中连片的种子基地，切忌小块地繁殖。并要把握在同一区域内不生产相同作物的不同品种，从源头上切断机械混杂和生物学混杂的机会。

2. 认真核实种子的接收和发放手续　在种子的接收和发放过程中，要检查袋内外的标签是否相符，认真鉴定品种真实性和种子等级，不要弄错品种，并要认真核实，严格检查种子的纯度、净度、发芽率、水分等。如有疑问，必须核查解决后才能播种。

3. 在种子处理和播种工作中严防机械混杂　如在播种前的晒种、选种、浸种、催芽、拌种、包衣等环节中，必须做到不同品种、不同等级的种子分别处理。种子处理和播种时，用具和场地必须由专人负责清理干净，严防混杂。

4. 种子田要施用充分腐熟的有机肥　以防未腐熟的有机肥料中混有其他具有生命力的种子，导致机械混杂。

5. 严格遵守种子田要按品种分别收、运、脱、晒、藏等操作规程　种子田必须单独收获、运输、脱粒、晾晒、贮藏。不同品种不得在同一个晒场上同时脱粒、晾晒和加工。各项操作的用具和场地，必须清理干净，并由专人负责，认真检查，以防混杂。

（二）采取隔离措施，严防生物学混杂

对于容易发生天然杂交的异花、常异花授粉作物，必须采取严格的隔离措施，避免因风力或昆虫传粉造成生物学混杂。自花授粉作物也要进行适当隔离。隔离的方法有以下几种，可因地制宜选用。

1. 空间隔离　即在种子田四周一定的距离内不能种植同一作物的其他品种。具体距离视作物的花粉数量、传粉能力、传粉方式而定。例如，风媒异花授粉的玉米制种区一般距离为300m以上，自交系繁殖区距离为500m以上。虫媒异花授粉作物的制种区和亲本繁殖区隔离距离分别至少在500m和1 000m以上。

2. 时间隔离　通过调节播种或定植时间，使种子田的开花期与四周田块同一种作物的其他品种的开花期错开。一般春玉米播期错开40d以上，夏玉米播期错开30d以上，水稻花期错开20d以上。

3. 自然屏障隔离　利用山丘、树林、果园、村庄、堤坝、建筑等进行隔离。

4. 高秆作物隔离　在使用上述隔离方法有困难时，可采用高秆的其他作物进行隔离。如棉花制种田可用高粱作为隔离作物，一般种植500～1 000行，行距33cm，并要提前10～15d播种，以保证在棉花散粉前高粱的株高超过棉花，起到隔离作用。

5. 套袋、夹花或网罩隔离　这是最可靠的隔离方法，一般在提纯自交系、生产原原种以及少量的蔬菜制种时使用。

（三）严格去杂去劣

种子繁殖田必须采取严格的去杂去劣措施，一旦繁殖田中出现杂劣株，应及时除掉。杂株指非本品种的植株；劣株指本品种感染病虫害或生长不良的植株。去杂去劣应在熟悉本品种各生育阶段典型性状的基础上，在作物不同生育时期分次进行，务求去杂去劣干净彻底。

（四）定期进行品种更新

种子生产单位应不断向育种单位引进原种或者生产原种，坚持每隔1～3年定期更新一次原种，用纯度高、质量好的原种生产良种，是保持品种纯度和种性、防止混杂退化、延长品种使用年限的一项重要措施。

（五）改变生育条件

对于某些作物可采用改变种植区生态条件的方法，进行种子生产以保持品种种性，防止混杂退化。例如，马铃薯因高温条件会使退化加重，所以平原区不要进行春播留种，可在高纬度冷凉的北部或高海拔山区繁殖良种，调运到平原区种植，或采取就地秋播留种的方法克服退化问题。再如，我国福建、浙江、广东等省对水稻常采用翻秋栽培的方法留种，以防止混杂退化。他们把当年收获的早稻种子在夏秋季当作晚稻种子种植，再将收获的种子作为第二年的早稻种子利用，这样就改变了早稻种植的生态条件，使其种子生活力、抗寒能力、抗病能力增强，产量提高。

（六）脱毒

对甘薯、马铃薯等易发生病毒侵染的无性繁殖作物可采用以下两种方法脱毒。

1. 通过茎尖分生组织培养脱毒　茎尖分生组织生长快速，体内的病毒侵染速度慢于分生组织生长，因而，越是新生出来的茎尖分生组织，越不会被病毒侵染。切取茎尖分生组织进行组织培养，成苗后再在无毒条件下切段快繁，即利用茎尖不含病毒的部位快繁脱毒，获得无病毒植株，进而繁殖无病毒种薯，可以从根本上解决退化问题。这是近十多年来甘薯、马铃薯种子生产上的突破性成果，已在我国广泛应用。

2. 种子汰毒　研究表明，甘薯、马铃薯的大多数病毒不能侵染种子，即在有性繁殖过程中，植物能自动汰除毒源。因此，无性繁殖作物还可通过有性繁殖生产种子，再用种子生产无毒种苗，汰除毒源，如马铃薯实生种子的生产。

（七）利用低温低湿条件贮存原种

由于繁殖的世代越多，发生混杂的机会越多。因此，利用低温低湿条件贮存原种是有效防止品种混杂退化、保持种性、延长品种使用寿命的一项先进技术。近年来，美国、加拿大、德国等许多国家都相继建立了低温、低湿贮藏库，用于保存原原种和种质资源。我国黑龙江、辽宁等省采用一次生产、多年贮存、分年使用的方法，把“超量生产”的原原种贮存在低温、低湿种子库中，每隔几年从中取出一部分原种用于扩大繁殖，使种子生产始终有原原种支持，从繁殖制度上，保证了生产用种子的纯度和质量。这些措施减少了繁殖世代，也减少了品种混杂退化的机会，有效保持了品种的纯度和典型性。

实 践 活 动

将全班分成若干组，每组 2～3 人，利用业余时间，调查当地作物品种的混杂退化现象，找出原因并提出具体的防止措施。

第三节　种子生产程序

一个新品种经审定被批准推广后，就要不断地进行繁殖，并在繁殖过程中，保持其原有的优良种性，以不断地生产出数量多、质量好、成本低的种子，供大田生产使用。一个品种按繁殖阶段的先后、世代的高低所形成的过程叫种子生产程序。

一、种子级别分类

种子级别的实质可以说是质量的级别，它主要是以繁殖的程序、代数来确定的。不同的时期，种子级别的内涵不同。1996 年以前，我国种子级别分为 3 级，即原原种、原种和良种。从 1996 年 6 月 1 日起按新的种子检验规程和分级标准，目前我国种子分类级别也是 3 级，即育种家种子、原种和良种。

1. *育种家种子*　育种家种子指育种家育成的遗传性状稳定的品种或亲本种子的最初一批种子。育种家种子是用于进一步繁殖原种的种子。

2. *原种*　原种指用育种家种子繁殖的第一代至第三代或按原种生产技术规程生产的达到原种质量标准的种子。原种是用于进一步繁殖良种的种子。

3. *良种*　良种指用常规种的原种繁殖的第一代至第三代或杂交种达到良种质量标准的种子。良种是供大面积生产使用的种子，即生产用种。

二、原种生产程序

原种在种子生产中起到承上启下的作用，各国对原种的繁殖代数和质量都有一定的要求。搞好原种生产是整个种子生产过程中最基本和最重要的环节。在目前的原种生产中，主要存在着两种不同的程序：一种是重复繁殖程序；一种是循环选择程序。

（一）重复繁殖程序

重复繁殖程序又称保纯繁殖程序，种子生产程序是在限制世代基础上的分级繁殖。它的含义是每一轮种子生产的种源都是育种家种子，每个等级的种子经过一代繁殖只能生产较下一等级的种子，如用基础种子只能生产登记种子，这样从育种家种子到生产用种，最多繁殖4代，下一轮的种子生产依然重复相同的过程。

国际作物改良协会把纯系种子分为4级（图3-1）。我国有些地区和生产单位采用的四级种子生产程序（育种家种子→原原种→原种→良种）也属此类程序。

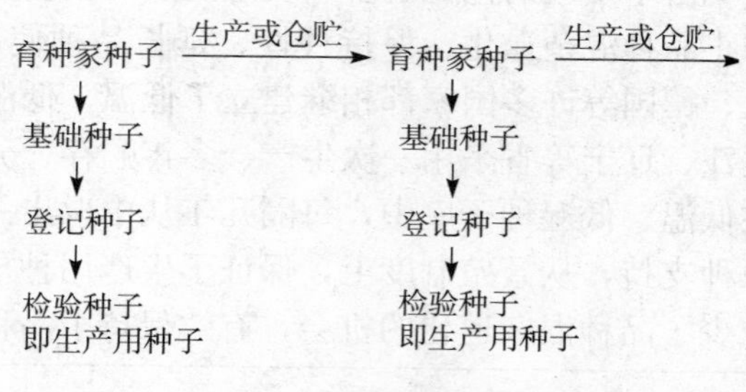

图3-1　重复繁殖程序

我国目前实行的育种家种子、原种、良种3级繁殖程序也属于重复繁殖程序，但这种程序的种子级别较少，要生产足量种子，每个级别一般要繁殖多代。如原种是用育种家种子繁殖的第一代至第三代，良种是用原种繁殖的第一代至第三代，这样从育种家种子到生产用种，最少繁殖3代，最多要繁殖6代，其种子生产程序虽然是分级繁殖，但没有限制世代。

重复繁殖程序既适用于自花授粉作物和常异花授粉作物常规品种的种子生产，也适用于杂交种亲本自交系和“三系”（雄性不育系、保持系和恢复系）种子的生产。

（二）循环选择程序

循环选择程序是指从某一品种的原种群体中或其他繁殖田中选择单株，通过“个体选择、分系比较、混系繁殖”生产原种，然后扩大繁殖生产用种，如此循环提纯生产原种（图3-2）。这种方法实际上是一种改良混合选择法，主要用于自花授粉作物和常异花授粉作物常规品种的原种生产。根据比较过程长短的不同，有三圃制和二圃制的区别。

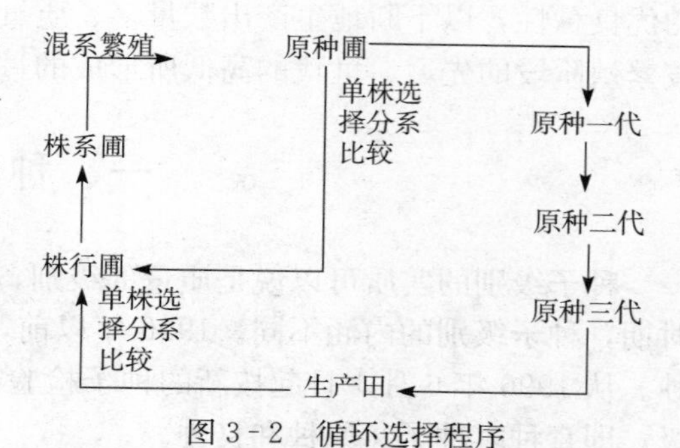

图3-2　循环选择程序

1. 三圃制原种生产程序　三圃制原种生产程序如图3-3所示。

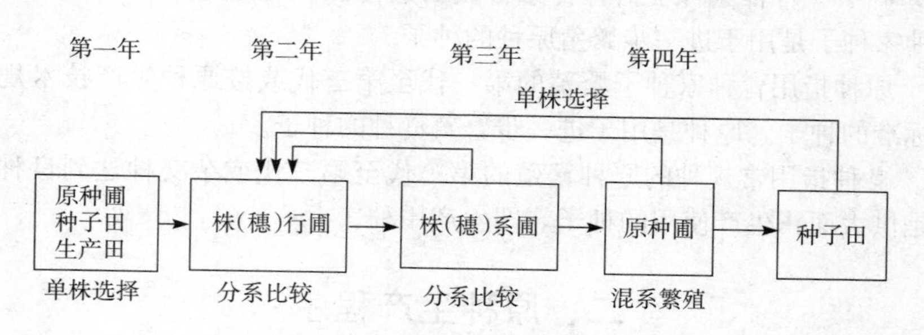

图3-3　循环选择繁殖三圃制原种生产程序

第一年：选择单株（穗）

单株选择是原种生产的基础，选择符合原品种特征特性的单株（穗），是保持原品种种性的关键。选择单株（穗）在技术上应注意以下五个方面。

（1）选株（穗）的对象。必须是在生产品种的纯度较高的群体中选择。可以从原种圃、株系圃、原种繁殖的种子生产田，甚至是纯度较高的丰产田中进行选株（穗）。

（2）选株（穗）的标准。必须要符合原品种的典型性状。选择者要熟悉原品种的典型性状，掌握准确统一的选择标准，不能注重选奇特株（穗）、选优。重点放在田间选择，辅以室内考种。选择的重点性状有丰产性、株间一致性、抗病性、抗逆性、抽穗期、株高、成熟期及便于区分品种的某些质量性状。

（3）选株（穗）的条件。要在均匀一致的条件下选择。不可在缺苗、断垄、地边、粪底等特殊的条件下选择，更不能在有病虫害检疫对象的田中选择。

（4）选株（穗）的数量。根据下年株（穗）行圃的面积及作物的种类而定。为了确保选择的群体不偏离原品种的典型性，选择数量要大。

（5）选株（穗）的时间与方法。田间选择在品种性状表现最明显的时期进行，例如禾谷类作物可在幼苗期、抽穗期、成熟期进行。一般在抽穗或开花期初选、标记；在成熟期根据后期性状复选，入选的典型单株（穗）分别收获；室内再按株、穗、粒等性状进行决选，最后入选的单株（穗）分别脱粒、编号、保存，下年进入株（穗）行比较鉴定。

第二年：株（穗）行圃（进行株行比较鉴定）

（1）种植。在隔离区内将上年入选的单株（穗）按编号分别种成1行或数行，建立株（穗）行圃，进行株（穗）行比较鉴定。株（穗）行圃应选择土壤肥沃、地势平坦、肥力均匀、旱涝保收、隔离安全的田块，以便于进行正确的比较鉴定。试验采用间比法设计，每隔9或19个株行种一对照，对照为本品种的原种。各株（穗）行的播量、株行距及管理措施要均匀一致，密度要偏稀，采用优良的栽培管理技术，要设不少于3行的保护行。

（2）选择和收获。在作物生长发育的各关键时期，要对主要性状进行田间观察记载，以比较、鉴定每个株（穗）行的典型性和整齐度。收获前，综合各株（穗）行的全部表现进行决选，淘汰生长差、不整齐、不典型、有杂株等不符合要求的株（穗）行。入选的株（穗）行，既要在行内各株间表现典型、整齐、无杂劣株，而且各行之间在主要性状上也要表现一致。

收获时，先收被淘汰的株（穗）行，以免遗漏混杂在入选的株行中，清垄后再将入选株（穗）行分别收获。经室内考种鉴定后，将决选株行分别脱粒、保存，下年进入株（穗）系比较试验。

第三年：株（穗）系圃（进行株系比较试验）

在隔离区内将上年入选的株（穗）行种子各种一个小区，建立株系圃，对其典型性、丰产性和适应性等性状进行进一步的比较试验。试验仍采用间比法设计，每隔4或9个小区设一对照区。田间管理、调查记载、室内考种、评选、决选等技术环节均与株（穗）行圃要求相同。入选的各系种子混合，下年混合种于原种圃进行繁殖。

第四年：原种圃（进行混系繁殖）

在隔离区内将上年入选株系的混合种子扩大繁殖，建立原种圃。原种圃分别在苗期、抽穗或开花期、成熟期严格拔除杂劣株，收获的种子经种子检验，符合国家规定的原种质量标准即为原种。

原种圃要集中连片，隔离安全，土壤肥沃，采用先进的栽培管理措施，单粒稀植，以提高繁殖系数。同时，要严格去杂去劣，在种、管、收、运、脱、晒等过程中严防机械混杂。

一般而言，株行圃、株系圃、原种圃的面积比例以1∶50～100∶1 000～2 000为宜，即667m^2株行圃可供3.33～6.67hm^2株系圃的种子，可供66.7～133.4hm^2原种圃的种子。

三圃制原种生产程序比较复杂，适用于混杂退化较重的品种。

2. 二圃制原种生产程序　二圃制原种生产的程序也是单株选择、株行比较、混系繁殖。其与三圃制几乎相同，只少一次株系比较，在株（穗）行圃就将入选的各株（穗）行种子混合，下年种于原种圃进行繁殖。二圃制原种生产由于减少了一次繁殖，因而与三圃制相比，在生产同样数量原种的情况下，要增加单株选择的初选株与决选株的数量和株行圃的面积。二圃制原种生产程序适用于混杂退化较轻的品种。

采用循环选择程序生产原种时，要经过单株、株行、株系的多次循环选择，汰劣留优，这对防止和克服品种的混杂退化，保持生产用种的优良性状有一定的作用。但是该程序也存在着一定的弊端：一是育种者的知识产权得不到很好的保护；二是种子生产周期长，赶不上品种更新换代的要求；三是种源不是育种家种子，起点不高；四是对品种典型性把握不准，品种易混杂退化。

随着我国种子产业的快速发展，农业生产对种子生产质量和效益等提出了越来越高的要求，迫切需要不断改革和完善种子生产体系，主要体现在对种子生产程序的改革和创新上。通过借鉴国外种子生产的先进经验，并结合我国市场经济发展的国情和种子生产实践，提出和发展了一些新的原种生产程序，其中有代表性的程序有四级种子生产程序（参见本章后的知识拓展）、株系循环程序（参见小麦原种生产技术）、自交混繁程序（参见棉花原种生产技术）等。

三、良种生产程序

获得原种后，由于原种数量有限，一般需要把原种再繁殖1～3代，以供生产使用，这个过程称为原种繁殖或良种生产。良种供大面积生产使用，用种量极大，需要专门的种子田生产，才能保证良种生产的数量和质量。

（一）种子田的选择

为了获得高产、优质的种子，种子田应具备下列条件：

（1）交通便利、隔离安全、地势平坦、土壤肥沃、排灌方便、旱涝保收。

（2）实行合理轮作倒茬，避免连作危害。

（3）病、虫、杂草危害较轻，无检疫性病、虫、草害。

（4）同一品种的种子田最好集中连片种植。

（二）种子田良种生产程序

原种繁殖的种子叫原种一代，原种一代繁殖的种子叫原种二代，原种二代繁殖的种子叫原种三代。原种只能繁殖1～3代，超过3代后，由其生产的良种的质量难以保证。

将各级原种场、良种场生产出来的原种，第一年放在种子田繁殖，从种子田选择典型单株（穗）混合脱粒，作为下年种子田用种；其余植株（穗）经过严格去杂去劣后混合脱粒，作为下年生产田用种。原种繁殖1～3代后淘汰，重新用原种更新种子田用种。种子田良种生产程序见图3-4。

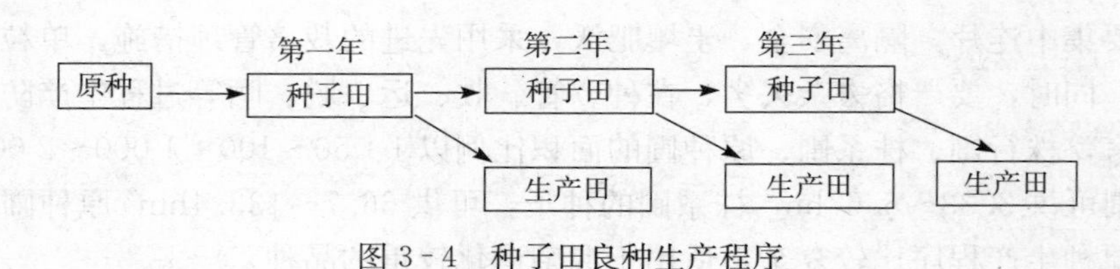

图3-4　种子田良种生产程序

四、加速种子繁殖的方法

为了使优良品种尽快地在生产上发挥增产作用，必须加速种子的繁殖。加速种子繁殖的方法有多种，常用的有提高繁殖系数、一年多代繁殖和组织培养繁殖。

（一）提高繁殖系数

种子繁殖的倍数也称繁殖系数，它是指单位重量的种子经种植后，其所繁殖的种子数量相当于原来种子的倍数。例如，小麦播种量为10kg，收获的种子量为350kg，则繁殖系数为35。

提高繁殖系数的主要途径是节约单位面积的播种量，可采用以下措施：

1. 稀播繁殖　也称稀播高繁，充分发挥单株生产力，提高种子产量。这种方法一方面节约用种量，最大限度地发挥每一粒原种的生产力；另一方面通过提高单株产量，提高繁殖系数。

2. 剥蘖繁殖　以水稻为例，可以提早播种，利用稀播培育壮秧、促进分蘖，再经多次剥蘖插植大田，加强田间管理，促使早发分蘖，提高有效穗数，获得高繁殖系数。例如，广东省梅县1970年引进秋长矮39号与秋谷矮2号良种48.5kg，采用多次剥蘖移栽16.16hm^2，共收种子7.5万kg。

3. 扦插繁殖　甘薯、马铃薯等根茎类无性繁殖作物，可采用多级育苗法增加采苗次数，也可用切块育苗法增加苗数，然后再采用多次切割、扦插繁殖的方法。例如，徐州农业科学研究所利用甘薯的根、茎、拐子采取加速繁殖，使薯块个数的繁殖系数达到2 861～3 974，薯重繁殖系数达到1 025～1 849。

（二）一年多代繁殖

一年多代繁殖的主要方式是异地加代繁殖或异季加代繁殖。

1. 异地加代繁殖　利用我国幅员辽阔、地势复杂、气候差异较大的有利自然条件，进行异地加代，一年可繁殖多代。即选择光、热条件可以满足作物生长发育所需的某些地区，进行冬繁或夏繁加代。如我国常将玉米、高粱、水稻、棉花、谷子等春播作物（4～9月）收获后到海南省、云南省等地进行冬繁加代（10月至翌年4月）的“北种南繁”；油菜等秋播作物收获后到青海等高海拔高寒地区夏繁加代的“南种北繁”；北方的春小麦7月份收获后在云贵高原夏繁，10月份收获后再到海南岛冬繁，一年可繁殖3代。

2. 异季加代繁殖　利用当地不同季节的光、热条件和某些设备，在本地进行异季加代。例如，南方的早稻“翻秋”（或称“倒种春”）和晚稻“翻春”。福建、浙江、广东和广西等地把早稻品种经春种夏收后，当年再夏种秋收，一年种植两次，加快繁殖速度。广东省揭阳县用100粒“IR8号”水稻种子，经过一年两季种植，获得了2 516kg种子。利用温室或人工气候室，可以在当地进行异季加代。

（三）组织培养繁殖

组织培养技术是依据细胞遗传信息全能性的特点，在无菌条件下，将植物根、茎、叶、花、果实甚至细胞培养成为一个完整的植株。目前采用组织培养技术，可以对许多植物进行快速繁殖。例如，甘蔗可以将其叶片剪成许多小块进行组织培养，待叶块长成幼苗后再栽到大田，从而大大提高繁殖系数。再如，甘薯、马铃薯可以利用茎尖脱毒培养进行快繁。利用组织培养还可以获得胚状体，制成人工种子，使繁殖系数大大提高。

实　践　活　动

组织学生参观当地各类作物的种子田，了解原种的来源和生产方法。

第四节　种子生产基地的建设与管理

一、种子生产基地建设的意义和任务

（一）种子生产基地建设的意义

种子生产是一项专业性强、技术环节严格的工作。在种子生产中，常常会因为土壤肥力水平、栽培条件或繁种、制种技术的差异而导致种子产量和质量出现很大差别，因此必须建立专业化和规模较大的种子生产基地生产种子。

建立种子生产基地，一是有利于种子质量的控制与管理，国家有关种子工作方针、政策和法规的贯彻与执行，净化种子市场，实现种子管理法制化，加速种子质量标准化的实现；二是有利于进行规模生产，发挥专业化生产的优势和作用，既可降低种子生产成本，又可避免种子生产多、乱、杂，也有利于按计划组织生产；三是有利于促进种子加工机械化的实施；四是有利于新品种的试验、示范和推广，促进新品种的开发与利用，形成育、繁、产、销一体化。

（二）种子生产基地建设的主要任务

1. 迅速繁殖新品种　新品种经审定通过后，种子量一般很少，因此迅速地大量繁殖新品种，以满足生产上对优良品种的需要，保证优良品种的迅速推广，让育种家的研究成果迅速转化为生产力，尽早发挥其应有的经济效益，就成为十分迫切的任务。

2. 保持优良品种的种性和纯度，延长其使用年限　优良品种在大量繁殖和栽培过程中，由于机械混杂、生物学混杂等原因造成优良品种的纯度和种性降低。因此，要求种子生产基地要具备可靠的隔离条件，适宜品种特征特性充分表现的自然条件、栽培条件，以及繁种、制种技术和防杂保纯措施等条件，以确保优良品种及其亲本种子在多次繁殖生产中不发生混杂退化，保持其纯度和种性。

3. 为品种合理布局和有计划地进行品种更新和更换提供种子　在农业生产中，一个自然生态区只应推广1～2个主干品种，适当搭配2～3个其他品种。依靠种子生产基地供种，可以打破行政区划的界限，按自然生态区统筹安排，实现品种的合理布局，有效地克服品种的多、乱、杂现象。

种子生产基地不仅每年要对品种的需求量作出预测，还要对品种的发展前景作出预测，并且逐区逐作物地研究品种的发展趋势，以保证农业生产不断发展的需求。此外，由于种子生产基地的技术力量比较集中和雄厚，生产水平较高，往往又是种子部门进行新品种试验示范的试点。因此，种子生产基地要及时掌握品种的发展动态，及时做好种子生产规划。一方面生产现有的品种，另一方面抓住时机，尽早、尽快地生产新品种，有计划地、分期分批地实现品种更新和更换。

二、建立种子生产基地的条件、程序和形式

（一）种子生产基地应具备的条件

种子生产基地要保持相对稳定，因此在建立基地之前，要对预选基地的各方面条件进行细致的调查研究和周密的思考，经过详细比较后择优建立。建立种子生产基地的条件有以下几个方面：

1. 自然条件　自然条件对建立种子生产基地、生产高质量的种子至关重要。基地的自然条件包括：

（1）气候条件。品种的遗传特性及优良性状表现需要适宜的温度、湿度、降水、日照和无霜期等气候因素。不同作物及同一作物不同品种需要的上述气候条件不同。种子基地应能满足品种所要求的气候条件。

（2）地形、地势。有利的地形、地势可以达到安全隔离的效果。如山区，不仅可以采用时间隔离，而且可以进行空间隔离和自然屏障隔离，几种隔离同时起作用，对防杂保纯及隔离区的设置极为有利。

（3）各种病虫害发生情况。基地的各种病虫害要轻，不能在重病地、病虫害常发区以及有检疫性病虫害的地区建立基地。

（4）交通条件。基地的交通要方便，便于开展种子生产和种子运输。

2. 生产水平和经济条件　基地应有较好的生产条件和科学种田的基础，地力肥沃，排灌方便，生产水平较高。大多数农户以农为主，粮食的商品率高，劳动力充足。

3. 领导干部和群众的积极性　建立和发展种子基地，需要当地的领导干部，尤其是基层领导干部的关心和大力支持。领导重视，群众的积极性高，事情就容易办好。如果群众的文化水平较高，通过技术培训，便可形成当地种子生产的技术力量，更便于各个环节的管理和各项技术措施的落实，有利于提高种子的产量和质量。

（二）建立种子生产基地的程序

建立种子生产基地，通常要进行以下几方面的工作。

1. 搞好论证　在种子生产基地建立之前首先要进行调查研究，对基地的自然条件和社会经济条件进行详细的调查和考察，在此基础上编写出建立种子生产基地的设计任务书。设计任务书的主要内容包括基地建设的目的和意义、现有条件（自然条件和社会经济条件）分析、主要建设内容（基地规模、水利设施、收购、加工、贮藏设施及技术培训等）、预期达到的目标、实施方案、投资额度、社会经济效益分析等，然后请有关专家论证。

2. 详细规划　在充分论证的基础上，搞好种子生产基地建设的详细规划。根据良种推广计划和种子公司对种子的收购量及基地自留量来确定基地的规模和生产作物品种的类型、面积、产量以及种子生产技术规程等。基地规模可用下列公式计算：

$$基地规模=\frac{计划生产量}{正常年份平均单产}\times 风险系数$$

风险系数是考虑到自然灾害、混杂等因素对种子生产的影响而留有余地，风险系数一般为1～1.2，可视具体情况而定。

3. 组织实施　制定出基地建设实施的方案后，组织有关部门具体实施。各部门要分工

协作，具体负责基地建设的各项工作，使基地能保质保量、按期完成并交付使用。

（三）种子生产基地的形式

种子生产基地的形式主要有以下两种：

1. *自有种子生产基地* 这类基地包括种子企业通过国家划拨、企业购买而拥有土地自主使用权的或通过长期租赁形式获得土地使用权的种子生产用地以及国有农场、国有原（良）种场、高等农业院校及科研单位的试验农场或教学实验农场等。这类基地的经营管理体制较完善，技术力量雄厚而集中，设备、设施齐全，适合生产原种、杂交种的亲本及某些较珍贵的新品种。尤其是高等农业院校及科研单位，既是农作物育种单位，其试验农场或教学实验农场又是原种生产的主要基地，在整个种子生产中发挥着重要作用。

2. *特约种子生产基地* 这类基地主要是指种子生产企业根据企业自身的种子生产计划，选择符合种子生产要求的地区，通过协商与当地组织或农民采取合同约定的形式把农民承包经营的土地用于种子生产，使之成为种子企业的种子生产基地。特约种子生产基地是我国目前以及今后相当长一个时期内种子生产基地的主要形式。这类基地不受地域限制，可充分利用我国农村的自然条件、地形地势各具特色的优势，而且我国农村劳动力充裕，承担种子生产任务的潜力很大，适合量大的商品种子的生产。但是，这类基地的设施条件差一些，管理难度大一些。种子企业可根据种子生产的要求、生产成本及生产地区农民技术水平等因素，选择本地或异地建立特约种子生产基地。

特约种子生产基地根据管理形式、生产规模，又可分为3种类型：

（1）区域（化）特约种子生产基地。又称为县（联县）、乡（联乡）、村（联村）统一管理的大型种子生产基地。这种大型基地通常把一个自然生态区，或一个自然生态区内的若干县、乡、村联合在一起建立专业化的种子生产基地。种子企业一般与当地政府签订合同，这类基地的领导组织力量强，群众的积极性高，技术力量较雄厚，以种子生产为主业。这种基地适合生产杂交玉米、杂交高粱、杂交棉花、杂交水稻等生产量大、技术环节较复杂的作物种子。

（2）联户特约种子生产基地。这是由自愿承担种子生产任务的若干农户联合起来建立的中、小型基地。联户中推荐一名代表负责协调和管理联户基地的各项工作，代表联户同种子公司签订种子生产合同。联户负责人应精通种子生产技术，组织沟通能力较强；一般联户成员生产种子的积极性高、责任心强。由于基地的规模不大，适合承担种子生产量不大的特殊杂交组合的制种、杂交亲本的繁殖以及需要迅速繁殖的新育成品种的种子生产任务。

（3）专业户特约种子生产基地。由责任田较多、劳动力充足、生产水平高，又精通种子生产技术的专业户直接与种子公司签订生产某一品种的合同。种子公司选派技术人员进行指导和监督。这种小型基地，适合承担一些繁殖系数高或种子量不大的良种或特殊亲本种子的生产任务。

三、种子生产基地的经营管理

当前种子生产基地正朝着规模化、专业化、商品化和社会化的方向发展，搞好种子生产基地的经营管理，有利于种子生产的可持续发展。种子基地的经营管理包括基地的计划管理、技术管理和质量管理。

(一)种子生产基地的计划管理

1. 以市场为导向,按需生产,提高种子的商品率 农作物种子是具有生命的商品,是特殊的农业生产资料。它的生产、销售具有明显的季节性,它的使用寿命也有一定的年限限制,农业生产上对同一作物不同品种的需求量也不断有所变化。所以,种子生产计划的准确性直接影响到种子的生产规模和经营状况。为了提高基地生产种子的商品率,提高经济效益,必须进行深入细致的调查研究,加强市场预测,了解农业生产的发展和对品种类型的需求情况、种子的产销动向、各种作物的育种动态和进展,了解的情况越全面,则种子生产计划就越准确,种子的产、销越主动。在制订种子生产计划时,必须具有以下 4 种意识:

(1)市场意识。种子是计划性很强的特殊商品,必须切实加强对种子市场的调查,根据种子市场的变化趋势安排种子生产,做到产销对路,以销定产。有条件的可签订预约供种合同,把种子销售计划落到实处。一般种子生产计划要大于种子需求量的10%左右,以确保有计划地组织供种和应付预约供种以外的用种需求。

(2)质量意识。质量是商品生产的生命线,种子生产更要突出质量。种子的质量高,作物的产量和品质才能提高,才能带来较高的经济效益和社会效益,才能使种子生产者、经营者和使用者三方的利益得到保证。所以,从事种子生产必须有高度的责任感和事业心,按照国家规定的有关标准严把质量关,严格执行种子检验、检疫制度,为农民提供高质量的种子。

(3)竞争意识。竞争是商品生产的特点之一。制订的种子生产计划周到,生产的种子质量好,品种对路,经营有方,才会在种业竞争中取胜。

(4)效益意识。哪个基地的产量高、质量好,就重点在哪个基地生产,并且可以打破行政区域的界限,在更大的地域范围内组织生产,充分发挥自然条件和高产技术的优势,力争创造最大的经济效益。

2. 推行合同制,预约生产、收购和供种 为了把按需生产种子建立在扎实的基础上,保护种子供、销、用三方的合法权益,协调产、供、销、用之间的关系,提高区域生产经济效益,应积极推行预购、预销合同制。种子公司同生产基地和用种单位签订预购、预销合同,实行预约生产、预约收购和预约供种。

(1)预约生产。为了保证基地生产种子的数量和质量,种子公司与生产者应签订以经济业务为主要内容的预约生产合同。

(2)预约收购。种子生产计划在实施过程中,常因某些计划外因素的干扰,使种子生产计划受到影响。因此,收购计划要根据实际情况作出相应的调整。为稳妥起见,播种或栽植后,应根据实际播种或栽植面积核实收购计划;生产中、后期落实收购田块;收获前落实收购数量。

(3)预约供种。种子营销部门可以通过在种子生产基地召开品种现场观摩会、新闻发布会、品种展示会,或利用其他形式广泛宣传所生产的优良品种的增产实例,使用户耳闻目睹其增产效果,从而促进预购工作。还可对预购种子的用户采取优惠政策,用经济手段促进预购工作的开展。

在种子公司间、单位间也要积极推行合同制,避免或减少种子购、销中的经济纠纷,减少不必要的经济损失。

(二)种子生产基地的技术管理

种子生产的技术性很强,任何一个环节的疏忽都可能造成种子质量下降甚至生产失败。因此,必须加强种子生产基地的技术管理。

1. 建立健全种子生产技术操作规程，作为基地技术管理的行为标准　不同作物、同一作物的不同品种需要不同的管理技术，而且同一作物的原种、良种、亲本种子、杂交种子的管理要求也有所不同，在隔离区设置、去杂去雄时间、技术管理、质量标准等方面各不相同。所以，种子基地应根据上述标准，结合作物种类、种子类别及品种特性，制定出各品种具体的种子生产技术操作规程，以便于分类指导、具体实施。技术操作规程应对各项技术提出具体指标和具体措施，以规范各环节的操作，这也是种子质量监督部门进行监督检查的依据。

2. 建立健全技术岗位责任制，实行严格的奖惩制度　种子生产技术比较复杂，特别是杂交种的繁殖和制种技术环节多，每一个环节都必须专人负责把关，才能保证种子生产的数量和质量。因此，必须建立健全技术岗位责任制，明确规定每个单位或个人在种子生产中的任务、应承担的责任及享有的权利，以调动基地干部和技术人员的积极性，增强其责任感，保证种子生产的数量和质量，提高经济效益。

岗位责任制的内容有质量、产量、技术、惩罚等责任。质量责任即明确规定生产种子的质量应达到的等级标准；产量责任是根据正常年份规定一个产量基数和幅度；技术责任指在种子生产各阶段应采取的技术管理措施及应达到的标准；奖惩责任则是根据完成任务的情况给予奖惩。通过建立岗位责任制，把基地人员的责、权、利结合在一起，促使其坚守岗位，尽职尽责，钻研业务，认真落实各项技术措施，对提高种子的产量和质量起到促进作用。

3. 建立健全技术培训制度，提高种子生产者的技术水平　要保证种子产量和质量的提高，必须组建一支稳定的专业技术队伍，使他们精通种子生产技术，并不断提高他们的技术水平和业务素质。可利用农闲季节进行系统的培训，在生产季节则采取现场指导的方式培训。对技术骨干的培训，可采用边干边学，必要时短期培训的方式。

种子生产培训包括对技术员的培训和对种子生产者（农民）的培训。对技术员的培训一般由从事种子生产的专家来完成，通过系统学习种子生产专业知识、开办种子生产技术培训班和研讨会等形式来完成。对种子生产者的技术培训一般是指种子生产技术员在种子生产基地对农民进行的培训和指导，采用技术讲座、建立示范田或田间地头的现场指导来提高他们的技术水平。

（三）种子生产基地的质量管理

质量管理就是按照农业生产对种子质量的要求，组织生产出质量符合规定标准的优质种子。种子质量不仅关系到农业生产的安全，也关系到企业的信誉和发展。因此，一方面，种子企业内部要建立健全种子质量管理体系与质量保证体系，强化种子质量管理；另一方面，种子管理部门要加强对种子生产基地的质量监督和服务。

1. 积极推行种子专业化、规模化生产　种子专业化生产有利于保证种子的产量和质量。这是因为：第一，专业化、规模化生产促使种子繁、制种田集中连片，容易发挥地形地势的优势，隔离安全；第二，由于有专业技术队伍多年的生产实践经验，生产技术水平高，工作能力强，能发挥基地的人才优势；第三，先进的高产、保纯措施容易推广，能发挥基地的技术优势；第四，种子产量的高低及质量的优劣直接关系到种子生产者的切身利益，因此，专业种子生产者的责任心强，易于接受技术指导，能够认真执行种子生产的技术操作规程和保证种子质量的规章制度。所以，种子基地为了抓好质量管理，应当重视和积极推行种子专业化、规模化生产。

2. 严把质量关，规范作业　种子质量是种子生产工作的综合表现。种子公司的管理水平、技术力量、技术装备状况等都可以通过种子质量反映出来。在种子市场上，行业的竞争、技术的竞争、种子的竞争，集中表现在种子质量的竞争。所以，在种子生产过程中，要严格执行种子生产的各项技术操作规程，做好防杂保纯和去杂去劣工作。对特约种子生产基地的农户和单位，不仅要求严格执行各项技术操作规程，而且要及时进行技术指导，做到责任具体落实到个人。此外，在种子收购时，根据田间纯度检验结果和种子质量采取奖惩措施。对种子质量低劣，达不到良种等级的，不收购其种子，也不准其自行销售种子。

3. 加强基地基本建设，严格种子检验与加工　加强基地基本建设是实行种子产业化的基础。基本建设包括兴修水利，改良土壤，改善生产条件，修建种子仓库、晒场，购置种子加工、检验设备仪器等。

种子检验是种子质量控制的重要手段。切实做好种子的田间检验和室内检验，可促进基地种子质量的提高。进行种子精选加工，是提高种子质量、实现种子质量标准化的重要措施之一。实践证明，经过精选加工的种子，子粒均匀，千粒重、发芽率、净度都明显提高，播种品质好，用种量少。

实 践 活 动

组织学生到种子生产基地参观，了解种子生产基地的条件、效益、管理等概况。

【知识拓展】四级种子生产程序

四级种子生产程序是河南科技大学张万松教授提出，并先后与中国农科院棉花所、中国农业大学、中国农科院遗传所、国家小麦工程技术研究中心、天津市种子管理站等共同合作研究的种子生产新技术。曾列入河南省“八五”、“九五”、“十五”攻关项目——“农作物四级种子生产程序研究”。河南省1996年在《实施种子产业化工程的意见》中规定：“改革三年三圃制，推行四级种子生产程序”。河南省农业厅于1999年6月发文，要求各地市结合本地实际，做好农作物四级种子生产程序示范工作。四级种子生产程序是：育种家种子→原原种→原种→良种，把种子分成4个级别。

一、操作技术规程

四级种子生产程序见图3-5。其操作技术规程如下：

1. 育种家种子　育种家种子是新品系（组合）在区域试验中表现突出，即将通过审定的新品种。育种家种子圃繁殖的种子，由育种者直接生产和掌握，其世代最低，具有该品种的典型性，遗传性稳定，纯度100%，产量及其他主要性状符合确定推广时的原有水平。在育种家种子圃中，采用单粒点播、分株鉴定、整株去杂、混合收获生产育种家种子。育种家种子的生产和利用方式有多种，如一次足量繁殖、多年贮存、分年使用；或将育种家种子的上一代贮存，再分次繁殖利用；或对原原种再进行单粒点播、分株鉴定、整株去杂、混合收获高倍扩繁得到育种家种子；或建立保种圃（株系循环法），连年不断地生产育种家种子。

2. 原原种　原原种是由育种家种子繁殖的第一代，纯度100%，比育种家种子低一个世代，质量和纯度与育种家种子相同。原原种的生产是由育种单位或育种单位授权的原种场负责。在原原种圃中，采用单粒点播或精量稀播种植、分株鉴定、整株去杂、混合收获生产原原种。

3. 原种　原种是由原原种繁殖的第一代种子，遗传性状与原原种相同，质量和纯度仅次于原原种。原种可由原种场负责生产，在原种圃中，采用精量稀播方式生产原种。

4. 良种　良种是由原种繁殖的第一代种子，遗传性状与原种相同，质量和纯度仅次于原种。良种可在良种场或特约种子生产基地负责生产，在种子田中，采用精量稀播方式生产良种。

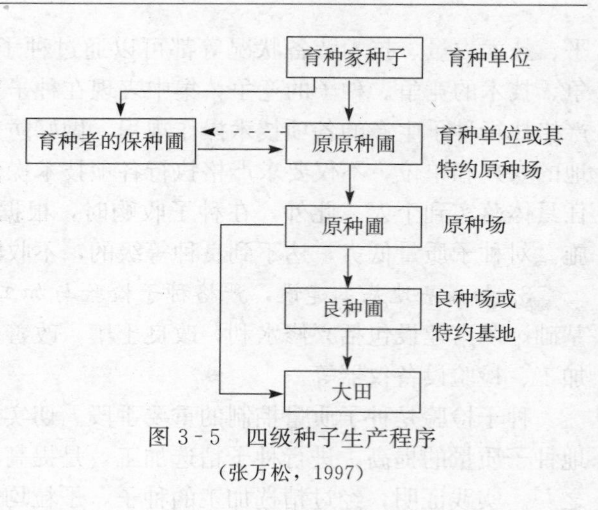

图 3-5　四级种子生产程序
（张万松，1997）

二、应用模式

根据各类作物的遗传特点和种子繁殖方式不同，四级种子生产程序又可归纳为以下 4 种不同的应用模式。

1. 自花授粉作物和异花授粉作物的常规种模式　该模式从育种家种子开始，按育种家种子、原原种、原种、良种进行逐级有性繁殖，直接生产出大田用种。自花授粉作物和常异花授粉作物的小麦、水稻、大豆、花生、芝麻、谷子、烟草、棉花、高粱等的常规种子生产均属此模式。只要在种子生产田中注意适当隔离，去杂去劣，就能达到防杂保纯的目的。应用于大田的种子可以是良种，也可以是原种。

2. 自交系杂交种模式　该模式从自交系育种家种子开始，按照前三个级别（育种家种子、原原种、原种）进行逐级自交繁殖后，再经过杂交制种环节，生产出大田用杂交种。在亲本自交系繁殖和杂交制种过程中，必须严格隔离和控制授粉，防止串粉异交。以玉米单交种为例，自交系育种家种子应在育种家主持下进行，在保证纯度和典型性的基础上，突出遗传稳定性的保持，采用人工套袋自交或姊妹交混合繁殖；自交系原原种、原种生产采用混系种植，严格隔离，防杂保纯。

3. 不育系杂交种模式　该模式从雄性不育系、保持系和恢复系的育种家种子开始，根据各系的繁育特点，按照前三个级别（育种家种子、原原种、原种）进行繁殖后，再经过杂交制种环节，生产出大田用杂交种。杂交水稻、杂交高粱等作物"三系"繁殖及杂交制种过程均属于该模式，其种子生产中应以防止机械混杂和生物学混杂，保持"三系"纯度、典型性和育性稳定为中心，重点是各级不育系种子中的保持系株的查处，"三系"的育种家种子圃和原原种圃均为单株稀植、整株去杂、混合收获。在实践中最少应设 3 个隔离区，一是繁殖不育系和保持系，二是繁殖恢复系，三是配制杂交种。

4. 无性繁殖模式　无性繁殖作物如甘薯、马铃薯等的种薯（苗）生产属于此模式。无性繁殖作物一般采用营养器官进行繁殖，其后代的遗传基础和性状表现与母体相同，繁殖的各个阶段没有世代之分，只有种性上的差别。无性繁殖作物虽不发生天然杂交，但芽变率较高，易受病毒侵染而使种性退化。目前育种家种子很难长期保存，由于营养器官耐贮性差，所以多为连续繁殖。因此，四级种子生产采用以原原种为中心环节的育种家种子、原原种、原种、良种生产程序。育种家种子和原原种生产由育种者负责，重点抓好分株种植、鉴定、单株留种，保持品种的典型性和纯度，并尽可能采用茎尖脱毒快繁技术；原种和良种生产着眼群体，严格去杂去劣。各个环节都应注意隔离，在无病圃中进行。

【技能训练】

技能 3-1　原种生产中典型单株（穗）的选择和室内考种

一、技能训练目标

使学生掌握三圃制原种生产过程中选择典型单株（穗）的技能与方法。

二、技能训练材料与用具

1. 材料　小麦、水稻、大豆、棉花等当地主要作物的种子田。

2. 用具　挂牌、米尺、天平、种子袋、铅笔等。

三、技能训练操作规程

【操作规程 1】选株（穗）时期

在原种生产过程中，选择典型单株（穗）是在作物品种形态特征表现最明显的抽穗开花期和成熟期分次进行的，也可只在成熟期进行一次。

【操作规程 2】选株（穗）标准

根据原品种的典型特征特性进行选择。选株时应注意避免在田边地头和缺苗断垄的地段选择。

【操作规程 3】收获方法

每个学生选择典型的单株 10 株，连根拔起，每 10 株扎成一捆（或每人选择 50 穗，从穗下 33cm 处折断，每 50 穗扎成一捆），并拴上 2 个挂牌（捆的内外各拴一个），挂牌上注明品种名称、选种人姓名。入选的单株（穗）用于考种决选。

【操作规程 4】室内考种

每个学生将自己在种子田内所选的典型单株（穗）进行室内考种。考种的项目和方法可参见附录一。

四、技能训练考核

1. 选株　任选一种作物的种子田，在收获前，每个学生选择 10 个典型单株（或 50 穗）带回室内。根据每人入选单株（穗）的典型性、扎捆的要求、挂牌的填写、拴的部位正确与否评分。

2. 考种　每个学生将单株（穗）逐株（穗）考种，结果填入考种表。淘汰非典型单株（穗），对入选的单株（穗）分别脱粒、编号、装入种子袋，袋内外注明品种名称、株（穗）号（或重复号、小区号）、选种人姓名、选种年份，妥善保存，作为下年株（穗）行圃播种材料。根据在考种过程中每人称、量、数、记的正确与否评分。

技能 3-2　原种生产中株行圃（或株系圃）的种子整理与播种

一、技能训练目标

使学生学会株行圃（或株系圃）的种子整理与播种技术。

二、技能训练材料与用具

1. 材料　小麦、水稻、大豆等当地主要作物的入选单株（穗）的种子。

2. 用具　天平、种子袋、铅笔、开沟器、平耙、整地刮板等。

三、技能训练操作规程

【操作规程 1】种子整理

为了保证株行圃（或株系圃）比较时的条件一致，必须在播种前对各株行（系）的种子进行整理和称量，以保证各株行（系）的播种量及密度一致。

1. 种子整理　按品种将各株行（系）的种子逐一检查，以免种错。

2. 计算播量　按株行或株系的面积计算出播量。

3. 称量种子　用天平称出各株行或株系的种子，装入种子袋，种子袋除新启用的外，旧袋在使用前必须逐一清理，以防过去编号和残留种子混杂和错乱。在种子袋上标明重复号、小区号及材料号，种子袋按田间布置图的重复与小区的顺序排列，经检查核对无误后，每 10 行（区）的种子袋捆为一捆。

【操作规程 2】播种

1. 发放种子　按田间布置图的重复与小区的排列顺序发放种子袋于相应的行头，待分发完毕核对无误后才可播种。

2. 播种　在精细整地、施足基肥、四周开好排水沟的基础上，按规定行距开播种沟，要求深浅一致，行向正直。播种时要按规定株距进行，落子要均匀、覆土厚度一致、细致，并注意勿把种子弹出播种沟外，以免造成混杂。

播种后再次按田间布置图的重复与小区的排列顺序检查、收回种子袋，发现种错的小区应及时在调查表上更改标记。

四、技能训练考核

每 5～6 人一组，分组整理一定数量的种子或播种一定数量的种子。在种子整理过程中根据每人称、记、排列、捆绑的正确与否评分；在播种过程中根据种子发放、播种质量的正确与否评分。

技能 3-3　种子生产计划的制订

一、技能训练目标

通过参加或了解某种子公司种子生产的准备工作，使学生初步掌握制订种子生产计划的内容和方法，为将来指导种子生产奠定基础。

二、技能训练说明

在进行种子生产时，首先必须制订出具体的生产计划，才能使本年度的工作有计划、有条不紊地进行，才便于进行工作检查与经验总结。种子生产计划是种子营销计划的一部分，生产部门根据营销部门对作物品种结构、数量和质量的预测和要求，结合公司技术力量及基地、人员、设备等情况，在参与制订营销计划的同时也基本完成种子生产计划的制订。

三、技能训练操作规程

【操作规程 1】种子市场调查

通过种子市场调查，了解种子的供求状况、农民需求、竞争对手。

【操作规程 2】种子生产计划的内容

（1）种子生产任务，包括作物种类、品种名称及类型，生产种子数量。

（2）种子生产目标，包括生产出符合营销计划要求、达到质量标准的良种、原种及亲本种子，以及供试种、示范用的种子，编制好各类种子的生产计划表及生产费用支出定额。

（3）种子生产基地的选择与建设，包括基地的面积、布点及其组织形式。

（4）种子生产技术操作规程。

（5）种子生产的种源和收购。

（6）种子质量检验与控制。

（7）种子生产的人员安排及组织、管理措施。

（8）种子生产进度安排。

【操作规程 3】制订生产计划

根据市场调查结果，参考营销和财务等部门的意见，制订出符合企业营销计划的种子生产计划。

【操作规程 4】种子生产计划的实施

编制计划只是计划的开始，大量的工作将是计划的执行和监督实施，以及时发现问题、采取措施解决，如期完成既定的任务，达到预期目的。

四、技能训练考核

学生根据所参加和了解的种子生产情况，设计出某一作物品种的年度种子生产计划。根据计划的内容、格式等环节评分。

【回顾与小结】

本章学习了作物的繁殖、授粉方式与种子生产的特点，在种子生产中品种混杂退化的原因及其防止措施，种子（原种及良种）生产的程序，种子生产基地的建设与管理等内容，进行了 3 个项目的技能训练。其中需要重点掌握的是：引起品种混杂退化的原因和防止品种混杂退化的措施，原种生产程序与方法，种子生产基地应具备的条件。通过本章学习，要具备种子生产的基本知识和基本技能，并为学习具体作物的种子生产技术奠定基础。

复 习 与 思 考

1. 名词解释：有性繁殖　无性繁殖　品种混杂　品种退化　育种家种子　原种　良种
2. 不同繁殖、授粉方式的作物在品种特点、育种途径、种子生产特点方面有何不同?
3. 试述品种混杂退化的原因及防止品种混杂退化的措施。
4. 在种子生产过程中，怎样防止品种的机械混杂?
5. 在不同作物的种子生产中，防止品种混杂退化的措施是否相同？为什么?
6. 简述三圃制生产原种的程序与方法。原种生产中怎样做好单株选择?
7. 加速种子繁殖的方法有哪些？如何提高种子的繁殖系数?
8. 种子生产基地应具备哪些条件?
9. 种子生产基地的计划管理、技术管理和质量管理各包括哪些内容?

第四章　农作物种子生产技术

学　习　目　标

- ◆ 掌握小麦、大豆、水稻、棉花的常规种子生产技术。
- ◆ 掌握水稻、棉花、玉米、油菜的杂交种子生产技术。
- ◆ 掌握无性繁殖作物甘薯、马铃薯的种薯（苗）生产技术。

第一节　小麦种子生产技术

技　能　目　标

- ◆ 掌握小麦种子田去杂去劣技术。
- ◆ 掌握小麦原种生产中典型单株（穗）的选择和室内考种技术。
- ◆ 掌握小麦原种、良种生产技术操作规程的制订和操作技术。

一、小麦原种生产技术

我国小麦原种生产技术操作规程（GB/T 17317—1998）规定了小麦原种生产采用三圃制、二圃制，或用育种家种子直接生产原种。

除了上述规程规定的小麦原种生产技术以外，在我国种子生产实践中还衍生出许多小麦原种生产新技术，在实际工作中可以根据原始种子的来源、种子纯度和具体生产条件灵活选用。

（一）三圃制

【操作规程 1】单株（穗）选择

1. 材料来源　来源于本地或外地的原种圃、决选的株（穗）系圃、种子田，也可专门设置选择圃，进行稀条播种植，以供选择。

2. 单株（穗）选择的重点　单株（穗）选择的重点是生育期、株型、穗型、抗逆性等主要农艺性状，并具备原品种的典型性和丰产性。株选要分两个时期进行：一是抽穗至灌浆阶段根据株型、株高、抗病性和抽穗期等进行初选，并做好标记；二是成熟阶段对初选的单株再根据穗部性状、抗病性、抗逆性和成熟期等进行复选。如采用穗选，则在成熟阶段根据上述综合性状进行一次选择即可。

3. 选择数量　选择单株（穗）的数量应根据所建株行圃的面积而定，冬麦区一般每公顷需 4 500 个株行或 15 000 个单穗，春麦区的选择数量可适当增多。田间初选时应考虑到复选、决选和其他损失，适当留有余地。

4. 选择单株（穗）的收获　将入选单株连根拔起，每 10 株扎成一捆；如果是穗选，将中选的单穗摘下，穗下留 15～20cm 的茎秆，每 50 穗扎成一捆。每捆系上 2 个标签，注明品种名称。

5. 室内决选　室内对入选的单株（穗）进行决选，重点考察穗型、芒型、护颖颜色和形状、粒形、粒色、粒质等项目，保留各性状均与原品种相符的典型单株（穗），分别脱粒、编号、装袋保存。

【操作规程 2】建立株（穗）行圃

1. 田间种植方法　将上年当选的单株（穗）按统一编号种植。株（穗）行圃一般采用顺序排列，单粒点播或稀条播。单株播 4 行区，单穗播 1 行区，行长 2m，行距 20～30cm，株距 3～5cm 或 5～10cm，按行长划排，排间及四周留 50～60cm 的田间走道。每隔 9 或 19 个株（穗）行设一对照，周围设保护行和 25m 以上的隔离区。对照和保护区均采用同一品种的原种。播前绘制好田间种植图，按图种植，编号插牌，严防错乱。

2. 田间鉴定选择　在整个生育期间要固定专人，按规定的标准统一做好田间鉴定和选择工作。生育期间在幼苗阶段、抽穗阶段、成熟阶段分别与对照进行鉴定选择，并做标记（表 4-1）。

表 4-1　小麦株（穗）行鉴定时期和依据性状

幼苗阶段	抽穗阶段	成熟阶段
幼苗生长习性、叶色、生长势、抗病性、耐寒性等	株型、叶形、抗病性、抽穗期、各株行的典型性和一致性	鉴定株高、穗部性状、芒长、整齐度、抗病性、抗倒伏性、落黄性和成熟期等。对不同的时期发生的病虫害、倒伏等要记明程度和原因

3. 田间收获　收获前综合评价，选符合原品种典型性的株（穗）行分别收获、打捆、挂牌，标明株行号。

4. 室内决选　室内进一步考察粒形、粒色、子粒饱满度和粒质，符合原品种典型性的分别称重，作为决定取舍的参考，最终决选的株（穗）行分别装袋、保管，严防机械混杂。

【操作规程 3】建立株（穗）系圃

1. 田间种植方法　上年当选的株（穗）行种子，按株（穗）行分别种植，建立株（穗）系圃。每个株（穗）行的种子播一小区，小区长宽比例以 1∶3～5 为宜，面积和行数依种子量而定。播种方法采用等播量、等行距稀条播，每隔 9 区设一对照。其他要求同株（穗）行圃。

2. 田间鉴定选择　田间管理、观察记载、收获与株（穗）行圃相同，但应从严掌握。典型性状符合要求的株（穗）系，杂株率不超过 0.1%时，拔除杂株后可以入选。当选的株（穗）系分区核产，产量不应低于邻近对照。

3. 收获　入选株（穗）系分别取样考种，考察项目同株（穗）行圃，最后当选株（穗）系可以混合脱粒。

【操作规程 4】建立原种圃

将上年混合脱粒的种子稀播种植，即为原种圃。一般行距 20～25cm，播量 60～70 kg/hm^2，以扩大繁殖系数。在抽穗阶段和成熟阶段分别进行纯度鉴定，进行 2～3 次去杂去劣工作，严格拔除杂株、劣株，并带出田外。同时，严防生物学混杂和机械混杂。原种圃当年收获的种子即为原种。

（二）二圃制

二圃制是把株（穗）行圃中当选的株（穗）行种子混合，进入原种圃生产原种。二圃制简单易行，节省时间，对于种源纯度较高的品种，可以采取二圃制生产原种。

（三）一圃制（育种家种子直接生产原种）

一圃制即由育种者提供育种家种子，将育种家种子通过精量点播的方法播于原种圃，进行扩大繁殖。一圃制是快速生产原种的方法，其生产程序可以概括为单粒点播、分株鉴定、整株去杂、混合收获。具体措施是：选择土壤肥沃、地力均匀、排灌方便、栽培条件好的田块；精细整地，施足底肥，防治地下害虫；可使用点播机点播，播种量 60kg/hm^2；适时早播，足墒下种；加强田间水肥管理，单产可达 6 750kg/hm^2 左右。在幼苗阶段、抽穗阶段和成熟阶段根据本品种的典型特征特性进行分株鉴定和整株去杂，最后混合收获的种子即为原种。

（四）株系循环法

株系循环法也称保种圃法，设置保种圃是由南京农业大学的陆作楣教授针对三圃制存在的问题而提出的。该方法的核心工作是建立保种圃之后可以一直保持原种的质量，并且不需要年年大量选单株和考种。其具体操作如下：

【操作规程 1】单株选择

以育种单位提供的原种作为单株选择的基础材料，建立单株选择圃。单株选择的方法与三圃制相同，选择单株的数量应根据保种圃的面积、株行鉴定淘汰的比率和保种圃中每个系的种植数量来确定。一般每个品种的决选株数应不少于 150 株，初选株数应是所需株数的 2 倍左右。

【操作规程 2】株行鉴定

田间种植方法和观察记载与三圃制相同，选择符合品种典型性、整齐一致的株行。一般淘汰 20%，保留约 120 个株行。在每个当选的株行中，选择 5～10 个典型单株混合脱粒，这样得到的群体比原来的株行大，比三圃制的株系小，所以也称为大株行或小株系。各系分别收获、编号和保存。

【操作规程 3】株系鉴定，建立保种圃

将上年当选的各系种子分别种植，即为保种圃，根据保种圃的面积确定每个系的种植株数。在生育期间进行多次观察记载，淘汰典型性不符合要求或杂株率较高的系，并对入选系进行严格的去杂去劣。从每个入选的系中选择 5～10 个典型单株分系混合脱粒，作为下年保种圃用种，其余植株混收混脱得到的种子称为核心种子，作为下年基础种子田用种。保种圃建成以后照此循环，即可每年从中得到各系的种子和核心种子，不再需要进行单株选择和室内考种。

【操作规程 4】建立基础种子田

将上年的核心种子进行扩大繁殖，即为基础种子田。基础种子田应安排在保种圃的周围，四周种植同一品种的原种生产田。基础种子田应选择生产条件较好的地块集中种植，并采用高产栽培技术，在整个生育期间进行严格的去杂去劣，收获的种子即为基础种子，作为下年原种田用种。

【操作规程 5】建立原种田

将基础种子在隔离条件下集中连片种植，即为原种生产田。原种田的选择、栽培管理、去杂去劣与基础种子田相同，收获的种子即为原种。

据江苏各地的经验，一个小麦品种建立 0.067hm² 左右的保种圃，保存 50～100 个系，可产原种 20 万 kg。通过调整保种圃面积，即可调整原种生产量。

二、小麦良种生产技术

上述方法生产出的小麦原种，一般数量都很有限，不能直接满足大田用种需要，必须进一步扩大繁殖，生产小麦良种（大田用种），具体操作步骤如下：

【操作规程 1】种子田的选择和面积

1. 种子田的选择　选择土壤肥沃、地势平坦、土质良好、排灌方便、地力均匀的地块。合理规划，同一品种尽量连片种植。忌施麦秸肥，避免造成混杂。

2. 种子田的面积　种子田的面积应根据小麦种子的计划生产量来确定。

【操作规程 2】种子田的栽培管理

1. 种子准备　搞好种子精选、晒种和药剂处理工作。

2. 严把播种关　精细整地，合理施肥，适时播种，确保苗全、齐、匀、壮。更换不同品种时要严格防止机械混杂。

3. 加强田间管理　根据小麦生长情况合理施用肥水，加强病虫害的防治。

4. 严格去杂去劣　在种子田，将非本品种或异型株的植株去除称为去杂，将生长发育不正常或遭受病虫危害的植株去除称为去劣。在整个生育期间，应多次进行田间检查，严格进行去杂去劣，确保种子的纯度。

5. 严防机械混杂　小麦种子生产中最主要的问题就是机械混杂，因此从播种至收获、脱粒、运输、加工、贮藏，任何一个环节都需认真，严防机械混杂。

6. 安全贮藏　小麦种子贮藏时种子含水量应控制在 13%以下，种温不应超过 25℃。

实　践　活　动

调查当地小麦原种、良种生产中存在哪些问题？

第二节　大豆种子生产技术

技　能　目　标

◆ 掌握大豆种子田去杂去劣技术。
◆ 掌握大豆原种生产中典型单株（穗）的选择和室内考种技术。
◆ 掌握大豆原种、良种生产技术操作规程的制订和操作技术。

一、大豆原种生产技术

根据我国大豆原种生产技术操作规程（GB/T 17317—1998）规定：大豆原种生产可采

用三圃制、二圃制，或用育种家种子直接繁殖。

（一）三圃制

【操作规程 1】单株选择

1. 单株来源　单株在株行圃、株系圃或原种圃中选择，如无株行圃或原种圃时可建立单株选择圃，或在纯度较高的种子田中选择。

2. 选择时期和标准　根据品种的特征特性，在典型性状表现最明显的时期进行单株选择，选择分花期和成熟期两期进行。要根据本品种特征特性，选择典型性强、生长健壮、丰产性好的单株。花期根据花色、叶形、病害情况选单株，并给予标记；成熟期根据株高、成熟度、茸毛色、结荚习性、株型、荚型、荚熟色从花期入选的单株中选拔。

3. 选择数量　选择单株的数量应根据下年株行圃的面积而定。一般每公顷株行圃需决选单株 6 000～7 500 株。

4. 选择单株的收获　将入选单株连根拔起，单株分别编号，注明品种名称、日期。

5. 室内决选　入选植株首先要根据植株的全株荚数、粒数，选择典型性强的丰产单株，单株脱粒，然后根据子粒大小、整齐度、光泽度、粒形、粒色、脐色、百粒重、感病情况等进行复选。决选的单株在剔除个别病虫粒后分别装袋编号保存。

【操作规程 2】建立株行圃

1. 播种　要适时将上年入选的每株种子播种一行，密度应较大田稍稀，单粒点播，或 2～3 粒穴播留一苗。各株行的长度应一致，行长 5～10m，每隔 19 行或 49 行设一对照行，对照应用同品种原种。

2. 田间鉴定、选择　田间鉴评分三期进行。苗期根据幼苗长相、幼茎颜色；花期根据叶形、叶色、茸毛色、花色、感病性等；成熟期根据株高、成熟度、株型、结荚习性、茸毛色、荚型、荚熟色来鉴定品种的典型性和株行的整齐度。通过鉴评要淘汰不具备原品种典型性的、有杂株的、丰产性低的、病虫害重的株行，并做明显标记和记载。对入选株行中个别病劣株要及时拔除。

3. 收获　收获前要清除淘汰株行，对入选株行要按行单收、单晾晒、单脱粒、单装袋，袋内外放（拴）好标签。

4. 室内决选　在室内要根据各株行子粒颜色、脐色、粒形、子粒大小、整齐度、病粒轻重和光泽度进行决选，淘汰子粒性状不典型、不整齐、病虫粒重的株行，决选株行种子单独装袋，放（拴）好标签，妥善保管。

【操作规程 3】建立株系圃

1. 播种　株系圃面积因上年株行圃入选行种子量而定。各株系行数和行长应一致，每隔 9 区或 19 区设一对照区，对照应用同品种的原种。将上年保存的每一株行种子种一小区，单粒点播或 2～3 粒穴播留一苗，密度应较大田稍稀。

2. 鉴定、选择　田间鉴评各项与穗行圃相同，但要求更严格，并分小区测产。若小区出现杂株时，全区应淘汰，同时要注意各株系间的一致性。

3. 收获　先将淘汰区清除后对入选区单收、单晾晒、单脱粒、单装袋、单称重，袋内外放（拴）好标签。

4. 室内决选　子粒决选标准同株行圃，决选时还要将产量显著低于对照的株系淘汰。

入选株系的种子混合装袋，袋内外放（拴）好标签，妥善保存。

【操作规程 4】建立原种圃

将上年株系圃决选的种子适度稀植于原种田中，播种时要将播种工具清理干净，严防机械混杂。在苗期、花期、成熟期要根据品种典型性严格拔除杂株、病株、劣株。成熟时及时收获，要单收、单运、单脱粒、专场晾晒，严防混杂。

（二）二圃制

二圃制即把株系圃中当选的株系种子混合，进入原种圃生产原种。二圃制简单易行，节省时间，对于种源纯度较高的品种，可以采取二圃制生产原种。

二、大豆良种生产技术

上述方法生产出的大豆原种，一般数量都有限，不能直接满足大田用种需要，必须进一步扩大繁殖，生产大豆良种（大田用种），具体操作步骤如下：

【操作规程 1】种子田的选择和面积

1. 种子田的选择　良种生产要选择地块平坦、交通便利、土地肥沃、排灌方便的地块。

2. 种子田的面积　种子田面积是由大田播种面积、每公顷播种量和种子田每公顷产量 3 个因素决定的。

【操作规程 2】种子田的栽培管理

1. 种子准备　上一年生产的原种。

2. 严把播种关　适时播种、适当稀植。

3. 加强田间管理　精细管理，使大豆生长发育良好，提高繁殖系数。

4. 严格去杂去劣　在苗期、花期、成熟期去杂去劣，确保种子纯度。

5. 严把收获脱粒关　适期收获，单独收、打、晒，严防机械混杂。

6. 安全贮藏　当种子达到标准水分时，挂好标签，及时入库。

实　践　活　动

调查当地大豆原种、良种生产中存在哪些问题？

第三节　水稻种子生产技术

技　能　目　标

◆ 掌握水稻种子田去杂去劣技术。
◆ 掌握水稻原种生产中典型优良单株（穗）的选择和室内考种技术。
◆ 掌握水稻原种、良种生产技术操作规程的制订和操作技术。
◆ 掌握三系杂交水稻制种主要技术环节及两系杂交水稻制种主要技术要点。
◆ 掌握水稻雄性不育系、光（温）敏核不育系繁殖主要技术。

一、水稻常规品种种子生产技术

（一）水稻的原种生产技术

根据我国水稻原种生产技术操作规程（GB/T 17316—1998）规定：水稻原种生产可采用三圃制、二圃制，或采用育种家种子直接繁殖。其方法与小麦原种生产技术基本相同，也可采用株系循环法。

1. 三圃制　三圃制原种生产技术规程如下：

【操作规程 1】单株（穗）选择

（1）选择来源。在原种圃、种子田或大田设置的选择圃中进行，一般应以原种圃为主。

（2）选择时期与标准。在抽穗期进行初选，做好标记。成熟期逐株复选，当选单株的“三性”、“四型”、“五色”、“一期”必须符合原品种的特征特性。所谓“三性”即典型性、一致性、丰产性；“四型”即株型、叶型、穗型、粒型；“五色”即叶色、叶鞘色、颖色、稃尖色、芒色；“一期”即生育期。根据品种的特征特性，在典型性状表现最明显的时期进行单株（穗）选择。

（3）选择数量。选株的数量依株行面积而定，田间初选数应比决选数增加 1 倍，以便室内进一步选择。一般每公顷株行圃需 4 500 个株行或 12 000 个穗行。

（4）入选单株的收获。将入选单株连根拔起，每 10 株扎成一捆；如果穗选，将中选的单穗摘下，每 50 穗扎成一捆。每捆系上 2 个标签，注明品种名称。

（5）室内决选。田间当选的单株收获后，及时干燥挂藏，严防鼠、雀危害。根据原品种的穗部主要特征特性，在室内结合目测剔除不合格单株，再逐株考种，考种项目有株高、穗粒数、结实率、千粒重、单株粒重，并计算株高和穗粒数的平均数，当选单株的株高应在平均数±1cm 范围内，穗粒数不低于平均数，然后按单株粒重择优选留。当选单株分别编号、脱粒、装袋、复晒、收藏。

【操作规程 2】建立株（穗）行圃

将上年当选的各单株种子，按编号分区种植，建立株行圃。

（1）育秧。秧田采用当地育秧方式，一个单株播一个小区（对照种子用上年原种分区播种），各小区面积和播种量要求一致。所有单株种子（包括对照种子）的浸种、催芽、播种均须分别在同一天完成。播种时严防混杂。秧田的各项田间管理措施要一致，并在同一天完成。

（2）本田。移栽前先绘制本田田间种植图。拔秧移栽时，一个单株的秧苗扎一个标牌，随秧运到本田，按田间种植图栽插。每个单株栽一个小区，单本栽插，按编号顺序排列，并插牌标记，各小区须在同一天栽插。小区长宽比以 3∶1 为好，各小区面积、栽插密度要一致，小区间应留走道，每隔 9 个株行设一个对照区。株行圃四周要设不少于 3 行的保护行，并采取隔离措施。空间隔离距离不少于 20m，时间隔离扬花期要错开 15d 以上。生长期间本田的各项田间管理措施要一致，并在同一天完成。

（3）田间鉴定与选择。在整个生育期间要固定专人，按规定的标准统一做好田间鉴定和选择工作。田间观察记载应固定专人负责，并定点、定株，做到及时准确。发现有变异单株和长势低劣的株行、单株，应随时做好淘汰标记。根据各期的观察记载资料，在收获前进行综合评定。当选株行必须具备原品种的典型性、株行间的一致性，综合丰产性较好，穗型整齐度高，穗粒数不低于对照。齐穗期、成熟期与对照相比在±1d 范围内，株高与对照平均数相比在±1cm 范围内。

(4) 收获。当选株行确定后，将保护行、对照小区及淘汰株行区先行收割。然后，逐一对当选株行区复核。脱粒前，须将脱粒场地、机械、用具等清理干净，严防混杂。各行区种子要单脱、单晒、单藏，挂上标签，严防鼠、虫等危害及霉变。

【操作规程 3】建立株（穗）系圃

将上年当选的各株行的种子分区种植，建立株系圃。各株系区的面积、栽插密度均须一致，并采取单本栽插，每隔 9 个株系区设一个对照区，其他要求、田间观察记载项目和田间鉴定与选择同株行圃。当选株系须具备本品种的典型性、株系间的一致性，整齐度高、丰产性好。各当选株系混合收割、脱粒、收贮。

【操作规程 4】建立原种圃

上年入选株系的混合种子扩大繁殖，建立原种圃。原种圃要集中连片，隔离安全，土壤肥沃，采用先进的栽培管理措施，单粒稀植，充分发挥单株生产力，以提高繁殖系数。同时在各生育阶段进行观察，在苗期、花期、成熟期根据品种的典型性严格拔除杂、病、劣株，并要带出田外；成熟后及时收获，要单独收获、运输、晾晒、脱粒，严防机械混杂。原种圃收获的种子即为原种。

2. 二圃制　对于种源纯度较高的品种，可以采取二圃制方法生产原种。二圃制即是把株行圃中当选的株行种子混合，进入原种圃生产原种。

（二）水稻的良种生产技术

水稻的良种生产技术操作步骤如下：

【操作规程 1】种子田的选择和面积

1. 种子田的选择　用作水稻良种生产田的地块应考虑其具有良好的稻作自然条件和保证种子纯度的隔离条件。即种子田应具备：土壤肥沃，耕作性能好，排灌方便，旱涝保收，光照充足；无检疫性水稻病虫害及不受畜禽危害。其次，制种基地还需交通便利，群众文化素质高等。

每年在种子田中选择典型优良单株（穗），混合脱粒，作为下一年种子田用种；种子田经去杂去劣后，混合收获脱粒作下一年生产田用种。

2. 种子田的面积　种子田面积是由大田播种面积、每公顷播种量和种子田每公顷产种量 3 个因素决定的。一般情况下，水稻种子田面积占大田播种面积的 3%～5%，为保证供种数量，种子田应按估计数字再留有余地。

【操作规程 2】种子田的管理

1. 提高繁殖系数　播种要适时适量，单粒稀播，水稻适龄移栽，单本插植，适当放宽株行距，以提高繁殖系数。

2. 除杂去劣　每隔若干行留工作道，以便田间农事操作及除杂去劣。

3. 合理施肥　以农家肥为主，早施追肥，氮、磷、钾合理搭配，严防因施肥不当而引起倒伏和水稻病虫的大量发生。

4. 搞好田间管理　及时中耕除草，防治病虫害，水稻灌溉要掌握勤灌浅灌，后期保持湿润为度。

5. 适时收割　防止落粒或种子在植株上发芽。分收、分脱、分晒、分藏。

二、水稻杂交种子生产技术

我国自1973年实现籼型野败“三系”配套以后，各地对杂交水稻的种子生产进行了广泛而深入的研究。在30多年的研究与实践中，创造和积累了极其丰富的理论与经验，形成了一套较为完整的杂交水稻制种技术体系，制种产量逐步提高。1973年杂交水稻制种，产量仅90kg/hm^2。1982年全国制种面积达15.13万hm^2，平均产量达892.5kg/hm^2。20世纪80年代后期，全国各地进一步进行制种技术的攻关，提出了超高产制种技术研究，从而使制种产量又上了新的台阶，大面积制种单产突破了3 000kg/hm^2。高产典型单产突破了6 000kg/hm^2。制种产量的提高，保障了杂交水稻生产用种数量，促进了杂交水稻快速稳定发展。由于杂交水稻是利用杂交第一代（F_1）的杂种优势生产，因此，必须年年制种才能保障大田生产用种。

（一）三系杂交水稻制种技术

三系杂交水稻制种是以雄性不育系作母本，雄性不育恢复系作父本，按照一定的行比相间种植，使双亲花期相遇，不育系接受恢复系的花粉而受精结实，生产杂交种子。在整个生产过程中，技术性强，操作严格，一切技术措施都是为了提高母本的异交结实率。制种产量的高低和种子质量的好坏，直接关系到杂交水稻的生产与发展。实践表明，杂交水稻制种要获得高产优质，必须抓好以下关键技术：

【操作规程1】制种条件的选择

1. 制种基地的选择　杂交水稻制种技术性强、投入高、风险性较大，在基地选择上应考虑其具有良好的稻作自然条件和保证种子纯度的隔离条件。

（1）自然条件。在自然条件方面应具备：土壤肥沃，耕作性能好，排灌方便，旱涝保收，光照充足；田地较集中连片；无检疫性水稻病虫害。其次，耕作制度、交通条件、经济条件和群众的科技文化素质也应作为制种基地选择的条件。早、中熟组合的春季制种宜选择在双季稻区，迟熟组合的夏季制种宜选择在一季稻区。

（2）安全隔离。杂交水稻制种是靠异花授粉获得种子，因此，为获得高纯度的杂交种子，除了采用高纯度的亲本外，还要做到安全隔离，防止其他品种串粉。具体隔离方法有：

①空间隔离：隔离的距离一般山区、丘陵地区制种田要求在50m以上；平原地区制种田要求至少100m以上。

②时间隔离：利用时间隔离，与制种田四周其他水稻品种的抽穗扬花期错开时间应在20d以上。

③父本隔离：父本隔离即将制种田四周隔离区范围内的田块都种植与制种田父本相同的品种。这样既能起到隔离作用，又增加了父本花粉的来源。但用此法隔离，父本种子必须纯度高，以防父本田中的杂株（异品种）串粉。

④屏障隔离：障碍物的高度应在2m以上，距离不少于30m。

为了隔离的安全保险，生产上往往因地因时将几种方法综合运用，用得最多、效果最好的是空间、时间双隔离，即制种田四周100m范围内不能种有与父母本同期抽穗扬花的其他水稻品种，两者头花、末花时间至少要错开20d以上，方能避免串粉、保证安全。

2. 安全抽穗扬花期的确定　安全抽穗扬花期是指制种田抽穗开花期的气候条件有利于异交结实，同时也考虑隔离是否方便。抽穗扬花期的确定应该选择有利于异交结实的天气条件，使父本有更多的颖外散粉，花粉能顺利传播到母本柱头上，保证花粉与柱头具有较长时间的生活力，以及母本较高的午前花率等。

（1）杂交水稻制种亲本安全抽穗扬花期的天气条件。①花期内无连续3d以上的阴雨；②最高气温不超过35℃，最低气温不低于21℃，日平均气温23～30℃，开花时穗部温度为28～32℃，昼夜温差8～9℃；③田间相对湿度70%～90%；④阳光充足且吹微风。因此，各地应根据不育系（母本）对温、光、湿等因素的要求，可通过对当地历年各制种季节内气象资料的分析，合理确定最佳的安全抽穗扬花期。

（2）适宜抽穗扬花期。一般来说，在长江以南双季稻区适宜的抽穗扬花期为：春季制种5月中下旬至6月中下旬，夏季制种7月下旬至8月中旬，秋季制种8月下旬至9月上旬。在长江以北及四川盆地的稻麦区和北方粳稻区，只宜进行一年一季的夏秋季制种，抽穗扬花期安排在8月中下旬。华南双季稻区春、秋两季均可安排制种，但要注意安排春季制种抽穗扬花期在5月下旬至6月上旬，以避过台风、雨季；秋季制种抽穗扬花期在8月下旬至9月上旬。海南岛南部以3月下旬至4月上中旬为开花的良好季节。

【操作规程2】确保父母本花期相遇

1. 花期相遇　当前，我国杂交水稻制种所用野败型不育系大多从我国长江中、下游的早稻品种中转育而成，生育期短，而所用的恢复系都是来自东南亚品种或由它们转育而来的品种，大多生育期长，两者生育期相差较大。因此，只能通过调节父母本的播种时间，使生育期不同的父母本花期相遇，这是制种成败的关键。

在制种的实际操作过程中，花期相遇的程度常常以父母本始穗期的早迟来确定。通常分为3种类型：①理想花期相遇，是指双亲“头花不空，盛花相逢，尾花不丢”，其关键是盛花期完全相遇，制种产量高；②花期基本相遇，是指父本或母本的始穗期比理想花期早或迟3～5d，父母本的盛花期只有部分相遇，制种产量受到影响；③花期不遇，是指父本或母本的始穗期比理想花期早或迟5d以上，父母本的盛花期完全不能相遇，花期不遇的制种产量极低甚至失败。

2. 保证父母本花期相遇的措施

（1）父母本播差期的确定。由于父母本生育期的差异，制种时父母本不能同时播种。两亲本播种期的差异称为播差期。播差期根据两个亲本的生育期特性和理想花期相遇的标准确定。不同的组合由于亲本的差异，播差期不同。即使是同一组合在不同季节或不同地域制种，播差期也有差异。要确定一个组合适宜的播差期，首先必须对该组合的亲本进行分期播种试验，了解亲本的生育期和生育特性的变化规律。在此基础上，可采用时差法（又叫生育期法）、叶（龄）差法、（积）温差法确定播差期。

①时差法：亦称生育期法，是根据亲本历年分期播种或制种的生育期资料，推算出能达到理想花期父母本相遇的播种期。其计算公式：

播种差期＝父本始穗天数－母本始穗天数

例如，配制汕优63（珍汕97A×明恢63），父本明恢63始穗天数为106d，母本珍汕97A始穗天数为65d，则播种差期为41d，也就是说当明恢63播种后41d左右再播珍汕97A，父母本花期可能相遇。

生育期法比较简单、容易掌握，较适宜于气温变化小的地区和季节（如夏、秋制种）应用，不适用于气温变化大的季节和地域制种。如在春季制种中，年际气温变化大，早播的父本常受气温的影响，播种至始穗期稳定性较差，而母本播种较迟，正值气温变化较小，播种至始穗期较稳定，应用此方法常常出现花期不遇。

②叶差法：亦称叶龄差法，是以双亲主茎总叶片数及其不同生育时期的出叶速度为依据推算播差期的方法。在理想花期相遇的前提下，母本播种时的父本主茎叶龄数，称为叶龄差。不育系与恢复系在较正常的气候条件与栽培管理下，其主茎叶片数比较稳定。主茎叶片数的多少依生育期的长短而异。部分不育系和恢复系的主茎叶片数见表4－2。研究表明，父母本的总叶片数在不同地区的差数较小，而出叶速度因气温高低有所不同，造成叶龄差有所变化。如母本珍汕97A总叶片数为13叶左右，父本明恢63为18叶左右。而由于出叶速度不同，汕优63组合在南方播种的叶龄差为9叶左右，到长江流域为10叶左右，黄河以北地区则为10.8叶左右，才能达到理想的花期相遇。可见，虽地域跨度很大，但“叶龄差”相差不大。因此，该方法较适宜在春季气温变化较大的地区应用，其准确性也较好。

值得指出的是，父母本主茎叶片数差值并非制种的叶龄差，叶龄差必须通过田间分期播种实际观察和理论推算而获得。因此，采用叶龄差法，最重要的是要准确地观察记载父本（恢复系）的主茎叶龄。具体做法是：定点定株观察（10株以上），从主茎第一片真叶开始记载，每3d记载一次，以第一期父本为准，每次观察记载完毕，计算平均数，作为代表全田的叶龄。记录叶龄常采用简便的“三分法”，其具体记载标准为：叶片现心叶未展开时记为0.2叶，叶片开展但未完全展开记为0.5叶，叶片全展未见下一叶时记为0.8叶。

表4-2　部分不育系和恢复系的主茎叶片数

（广西南宁）

不育系	主茎叶片数	恢复系	主茎叶片数
Ⅱ-32A	16（16～17）	IR26	18（17～19）
珍汕97A	13（13～14）	测64-7	16（15～17）
Ⅴ20A	12.5（12～13）	26窄早	15（14～16）
优ⅠA	12.5（12～13）	R402	15（14～16）
金23A	12（11～13）	明恢63	17（16～18）
协青早A	13（12～14）	密阳46	16（15～17）
D汕A	13（13～14）	1025	16（15～17）

叶差法对同一组合在同一地域、同一季节基本相同的栽培条件下，不同年份制种较为准确。同一组合在不同地域、不同季节制种叶差值有差异，特别是感温性、感光性强的亲本更是如此。威优46制种，在广西南宁春季制种，叶差为8.4叶，但夏季制种为6.6叶，秋季制种为6.2叶；在广西博白秋季制种时叶差为6.0叶。因此，叶差法的应用要因时因地而异。

③温差法（有效积温差法）：将双亲从播种到始穗期的有效积温的差值作为父母本播差期安排的方法叫温差法。生育期主要受温度影响，亲本在不同年份、不同季节种植，尽管生育期有差异，但其播种至始穗期的有效积温值相对稳定。

应用温差法，首先必须计算出双亲的有效积温值。有效积温是日平均温度减去生物学下限温度的度数之和。籼稻生物学下限温度为12℃，粳稻为10℃。从播种次日至始穗日的逐日有效温度的累加值为播种至始穗期的有效积温。计算公式是：

$$A=\sum(T-L)$$

式中：A——某一生长阶段的有效积温；

T——日平均气温；

L——生物学下限温度。

有效积温差法因查找或记载气象资料较麻烦，因此，此法不常使用。但在保持稳定一致的栽培技术或最适的营养状态及基本相似的气候条件下，温差法较可靠，尤其对新组合、新基地，更换季节制种更合适。

以上3种确定制种父母本播差期的方法，在实际生产中，常常在时间表现上具有不一致性。有时叶差已到，而时差不足；有时时差到，而叶差又未到；温差够了，但时差、叶差未到等等。因此，在实际应用上，应综合考虑，以一个方法为主，相互参考，相互校正。在不同季节、地域制种，由于温度条件变化的不同，对3种方法的侧重也不同。在长江流域双季稻区的春季制种，播种期早，前期与中期气温变化大，确定播差期时应以叶差与温差为主，时差作参考；夏、秋季制种，生育期间气温变化小，可以时差为主，叶差作参考。

（2）母本播种期的确定。杂交水稻制种母本播种期主要由父本的播种期和播差期决定，在父本播种期的基础上加上播差期的具体天数，即为母本的大致播种期：①叶差与时差吻合好，则按时差播种；如果时差未到，则以叶差为准；若时差到叶差未到，则稍等叶差。②母本是隔年的陈种，则应推迟播种2～3d，当年新种则应提早2～3d播种。③父本秧苗素质好，应提早1～2d播母本；若父本秧苗素质差，长势、长相较差，则可推迟1～2d播母本。④父本移栽时秧龄超长（35d以上），母本播种应推迟3～5d。⑤预计母本播种时或播种后有低温、阴雨天气，则应提早1～2d播种。⑥母本的用种量多，种子质量好，可推迟1～2d播种。⑦采用一期父本制种时，应比二期父本制种缩短叶差0.5叶，或时差2～3d。

【操作规程3】创造父母本同壮的高产群体结构

杂交水稻制种产量是由单位面积母本有效穗数、每穗粒数、粒重三要素构成。母本和父本的穗数是基础，基础打好了，才能进一步提高异交结实率和粒重。因此，要夺取制种高产，首先要做到“母本穗多，父本粉足”，在此基础上，再力争提高异交结实率和粒重。主要措施有：

1. 培育适龄分蘖壮秧

（1）壮秧的标准。壮秧的标准一般是：生长健壮，叶片清秀，叶片厚实不披垂，基部扁薄，根白而粗，生长均匀一致，秧苗个体间差异小，秧龄适当，无病无虫。移栽时，母本秧苗达4～5叶，带2～3个分蘖；父本秧苗达到6～7叶，带3～5个分蘖。

（2）培育壮秧的主要技术措施。确定适宜的播种量，做到稀播、匀播。一般父本采用一段育秧方式的，秧田父本播种量为120kg/hm^{2}左右，母本为150kg/hm^{2}左右；若父本采用两段育秧，苗床宜选在背风向阳的蔬菜地或板田，先旱育小苗，播种量为1.5kg/m^2，小苗2.5叶左右开始寄插，插前应施足底肥，寄插密度为10cm×10cm或13.3cm×13.3cm，每穴寄插双苗，每公顷制种田需寄插父本45 000～60 000穴。同时加强肥水管理，推广应用多效唑或壮秧剂，注意病虫害防治等。

2. 采用适宜行比、合理密植

（1）确定适宜行比和行向。父本恢复系与母本不育系在同一田块按照一定的比例相间种植，父本种植行数与母本种植行数之比，即为行比。杂交水稻制种产量高低与母本群体大小及母本有效穗数有关，因此，扩大行比是增加母本有效穗数的重要方法之一。确定行比的原则是在保证父本有足够花粉量的前提下最大限度地增加母本行数。行比的确定主要考虑3个方面：①单行父本栽插，行比为1∶8～14；父本小双行栽插，行比为2∶10～16；父本大双行栽插，行比为2∶14～18。②父本花粉量大的组合制种，则宜选择大行比；反之，应选择小行比。③母本异交能力高的组合可适当扩大行比；反之，则缩小行比。

制种田的行向对异交结实有一定的影响。行向的设计应有利于授粉期借助自然风力授粉及有利于禾苗生长发育。通常以东西行向种植为好，有利于父母本建立丰产苗穗结构。

（2）合理密植。由于制种田要求父本有较长的抽穗开花历期、充足的花粉量，母本抽穗开花期较短、穗粒数多。因而，栽插时对父母本的要求不同，母本要求密植，栽插密度为10cm×13.3cm或13.3cm×13.3cm，每穴三本或双本，每公顷插基本苗8万～12万株；父本插2行，株行距为（16～20）cm×13.3cm，单本植，每公顷插基本苗6万～7.5万株。早熟组合制种，母本每667m^{2}插基本苗10万～12万株，父本2万～3万株；中、迟熟组合制种，母本每667m^{2}插基本苗12万～16万株，父本4万～6万株。

3. 加强田间定向培育技术

（1）母本的定向培育。在水肥管理上坚持“前促、中控、后稳”的原则。肥料的施用要求重底、中控、后补，适氮，高磷、钾。对生育期短、分蘖力一般的早籼型不育系，氮、磷肥作底施，在移栽前一次性施入，钾肥作追施，在中期施用。对生育期较长的籼型或粳型不育系，则应以70%～80%的氮肥和100%的磷、钾肥作底肥，留20%～30%的氮肥在栽后7d左右追施，在幼穗分化后期看苗田适量补施氮、钾肥。在水分的管理上，要求前期（移栽后至分蘖盛期）浅水湿润促分蘖，中期晒田控制无效分蘖和叶片长度，后期深水孕穗养花、落干黄熟。同时做好病虫害防治工作，提高异交结实率和增加粒重。

（2）父本的定向培育。由于父本（恢复系）本身的分蘖成穗特性、生育特性及穗数群体形成的特性决定了父本的需肥量比母本多。在保证父本和母本相同的底肥和追肥的基础上，父本必须在移栽后3～5d单独施肥。肥料用量依父本的生育期长短和分蘖成穗特性而定。其他水分管理和病虫害防治技术与母本相同。

【操作规程4】及时做好花期预测与调节

1. 花期预测方法　所谓花期预测是通过对父母本长势、长相、叶龄、出叶速度、幼穗分化进度进行调查分析，推测父母本抽穗开花的时期。制种田亲本的始穗期除受遗传因素影响外，往往还受气候、土壤、栽培等多种因素的影响，比预定的日期提早或推迟，影响父母本花期相遇。尤其是新组合、新基地的制种，播差期的安排与定向栽培技术对花期相遇的保障系数小，更易造成双亲花期不遇。因此，花期预测在杂交水稻制种中是非常重要的环节。制种时，必须算准播差期，及早采取相应的措施调节父母本的生育进程，确保花期相遇，提高制种产量。

花期预测的方法较多，不同的生育阶段可采用相应的方法。实践证明，比较适用而又可靠的方法有幼穗剥检法和叶龄余数法。

（1）幼穗剥检法。幼穗剥检法就是在稻株进入幼穗分化期剥检主茎幼穗，对父母本幼穗分化进度对比分析，判断父母本能否同期始穗。这是最常用的花期预测方法，预测结果准确可靠。但是，预测时期较迟，只能在幼穗分化Ⅱ、Ⅲ期才能确定花期，一旦发现花期相遇不好，调节措施的效果有限。

具体做法是：制种田母本插秧后25～30d起，以主茎苗为剥检对象，每隔3d对不同组合、不同类型的田块选取有代表性的父本和母本各10～20株，剥开主茎，鉴别幼穗发育进度。父母本群体的幼穗分化阶段确定以50%～60%的苗达到某个分化时期为准。幼穗分化发育时期分八期，各期幼穗的形态特征为：Ⅰ期看不见，Ⅱ期苞毛现，Ⅲ期毛茸茸，Ⅳ期谷粒现，Ⅴ期颖壳分，Ⅵ期谷半长（或叶枕平、叶全展），Ⅶ期稻苞现，Ⅷ期穗将伸。根据剥检的父母本幼穗结果和幼穗分化各个时期的历程，比较父母本发育快慢，预测花期能否相遇（表4-3）。一般情况下，母本多为早熟品种，幼穗分化历程短，父本多为中晚熟品种，幼穗分化历程长。所以，父母本花期相遇的标准为：Ⅰ至Ⅲ期父早一，Ⅳ至Ⅵ期父母齐，Ⅶ至Ⅷ期母略早。

表4-3　水稻不育系与恢复系幼穗分化历期

系名		幼穗分化历期								播始历期(d)	主茎叶片数
		Ⅰ 第一节原基分化期	Ⅱ 第一次枝梗原基分化期	Ⅲ 第二次枝梗原基和小穗原基分化期	Ⅳ 雌雄蕊形成期	Ⅴ 花粉母细胞形成期	Ⅵ 花粉母细胞减数分裂期	Ⅶ 花粉内容物充实期	Ⅷ 花粉完熟期		
珍汕97A 二九矮1号A	分化期天数（d）	2	3	4	5	3	2	9		60～75	12～14片
	距始穗天数（d）	28～27	26～24	24～20	19～15	14～12	11～10	—			
IR26 IR661 IR24	分化期天数（d）	2	3	4	7	3	2	7	2	90～110	15～18片
	距始穗天数（d）	30～29	28～26	25～22	21～15	14～12	11～10	9～3	2～0		
明恢63	分化期天数（d）	2	3	4	7	3	2	8	2	85～110	15～17片
	距始穗天数（d）	31～30	29～27	26～23	22～16	15～13	12～11	10～3	2～0		

（2）叶龄余数法。叶龄余数是主茎总叶片数减去当时叶龄的差数。制种田中父母本最后几片叶的出叶速度，由于生长后期的气温比较稳定，因此，不论春夏制种或秋制种，出叶速度都表现出相对的稳定性。同时，叶龄余数与幼穗分化进度的关系较稳定，受栽培条件、技术及温度的影响较小。根据这一规律，可用叶龄余数来预测花期。该方法预测结果准确，是制种常使用的方法之一。

具体做法是：用主茎总叶片数减去已经出现的叶片数，求得叶龄余数。用公式表示为：

叶龄余数=主茎总叶片数-伸出叶片数

从函数图像上找出对应于叶龄余数的父母本幼穗分化期数（图 4-1）。

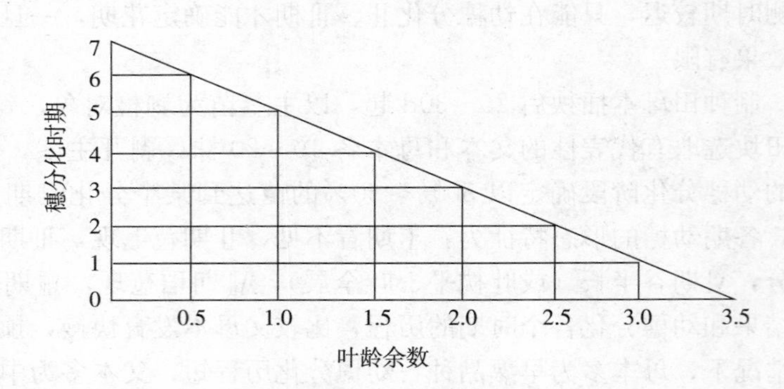

图 4-1　叶龄余数与穗分化时期的关系

使用叶龄余数法，首先应根据品种的总叶片数和已伸展叶片数判断新出叶是倒 4 叶还是倒 3 叶，然后确定叶龄余数；再根据叶龄余数判断父母本的幼穗分化进度，分析两者的对应关系，估计始穗时期。

2. 花期调节　花期调节是杂交水稻制种中特有的技术环节，是在花期预测的基础上，对花期不遇或者相遇程度差的制种田块，采取各种栽培管理措施或特殊的方法，促进或延缓父母本的生育进程，达到父母本花期相遇之目的。花期调节是花期相遇的补救措施，因此，不能把保证父母本花期相遇的希望寄托在花期调节上。至于父母本花期相差的程度如何，则由父母本理想花期相遇的始穗期标准决定。比父母本始穗期标准相差 3d 以上的应进行花期调节。

花期调节的原则是：以促为主，促控结合；以父本为主，父母本相结合。调节花期宜早不宜迟，以幼穗分化Ⅲ期前采用措施效果最好。主要措施有：

（1）农艺措施调节法。采取各种栽培措施调控亲本的始穗期和开花期。

① 肥料调节法：根据水稻幼穗分化初期偏施氮肥会贪青迟熟而施用磷、钾肥能促进幼穗发育的原理，对发育快的亲本偏施尿素：母本为 105～150 kg/hm^2，父本为 30～45kg/hm^2，可推迟亲本始穗 3～4d；对发育快的亲本叶面喷施磷酸二氢钾肥 1.5～2.5kg/hm^2，对水 1 350kg，连喷 3 次，可提早亲本始穗 1～2d。

②水分调节法：根据父母本对水分的敏感性不同而采取的调节方法。籼型三系法生育期较长的恢复系，如 IR24、IR26、明恢 63 等对水分反应敏感，不育系对水分反应不敏感，在中期晒田，可控制父本生长速度，延迟抽穗。

③密度（基本苗）调节法：在不同的栽培密度下，抽穗期与花期表现有差异。密植和多本移栽增加单位面积的基本苗数，表现抽穗期提早，群体抽穗整齐，花期集中，花期缩短。稀植和栽单本，单位面积的基本苗数减少，抽穗期推迟，群体抽穗分散，花期延长。一般可调节 3～4d。

④秧龄调节法：秧龄的长短对始穗期影响较大，其作用大小与亲本的生育期和秧苗素质有关。IR26 秧龄 25d 比 40d 的始穗期可早 7d 左右，秧龄 30d 比 40d 的始穗期早 6d 左右。秧龄调节法对秧苗素质中等或较差的调节作用大，对秧苗素质好的调节效果小。

⑤中耕调节法：中耕并结合施用一定量的氮素肥料可以明显延迟始穗期和延长开花历期。对苗数多、早发的田块效果小，特别是对禾苗长势旺的田块中耕施肥效果不好，所以使

用此法需看苗而定。在没能达到预期苗数，田间禾苗未封行时采用此法效果好，对禾苗长势好的田块不宜采用。

（2）激素调节法。用于花期调节的激素主要有赤霉素、多效唑以及一些复合型激素。激素调节必须把握好激素施用的时间和用量，才有好的调节效果，否则不但无益，反而会造成对父母本高产群体的破坏和异交能力的降低。

①赤霉素调节：赤霉素是杂交水稻制种不可缺少的植物激素，具有促进生长的作用，可用于父母本的花期调节。在孕穗前低剂量施用赤霉素（母本 15～30g/hm^2，父本 2.5g/hm^2 左右），进行叶面喷施，可提早抽穗 2～3d。

②多效唑调节：叶面喷施多效唑是幼穗分化中期调节花期效果较好的措施。在幼穗分化Ⅲ期末喷施多效唑能明显推迟抽穗，推迟的天数与用量有关。在幼穗Ⅲ至Ⅴ期喷施，用量为 1 500～3 000g/hm^2，可推迟 1～3d 抽穗，且能矮化株型，缩短冠层叶片长度。但是，使用多效唑的制种田，在幼穗Ⅷ期要喷施 15g/hm^2 赤霉素来解除多效唑的抑制作用。在秧田期、分蘖期施用多效唑也具有推迟抽穗、延长生育期的作用，可延迟 1～2d 抽穗。

③其他复合型激素调节：该类物质大多数是用植物激素、营养元素、微量元素及其能量物质组成，主要有青鲜素、调花宝、花信灵等。在幼穗分化Ⅴ至Ⅶ期喷施，母本用 45g/hm^2 左右，对水 600kg，或父本用 15g/hm^2，对水 300kg，叶面喷施，能提早 2～3d 见穗，且抽穗整齐，促进水稻花器的发育，使开花集中，花时提早，提高异交结实率。

（3）拔苞拔穗法。花期预测发现父母本始穗期相差 5～10d，可以在早亲本的幼穗分化Ⅶ期和见穗期采取拔苞穗的方法，促使早抽穗亲本的迟发分蘖成穗，从而推迟花期。拔苞（穗）应及时，以便使稻株的营养供应尽早地转移到迟发分蘖穗上，从而保证更多的迟发蘖成穗。被拔去的稻苞（穗）一般是比迟亲本的始穗期早 5d 以上的稻苞（穗），主要是主茎穗与第一次分蘖穗。若采用拔苞拔穗措施，必须在幼穗分化前期重施肥料，培育出较多的迟发分蘖。

【操作规程 5】科学使用赤霉素

水稻雄性不育系在抽穗期植株体内的赤霉素含量水平明显低于雄性正常品种，穗颈节不能正常伸长，常出现抽穗卡颈现象。在抽穗前喷施赤霉素，提高植株体内赤霉素的含量，可以促进穗颈节伸长，从而减轻不育系包颈程度，加快抽穗速度，使父母本花期相对集中，提高异交结实率，还可增加种子粒重。所以，赤霉素的施用已成为杂交水稻制种高产的最关键的技术。喷施赤霉素应掌握“适时、适量、适法”。具体技术要求如下：

1. 适时　赤霉素喷施的适宜时期在群体见穗前 1～2d 至见穗 50%，最佳喷施时期是见穗 5%～10%。一天中的最适喷施时间在上午 9:00 前或下午 4:00 后，中午阳光强烈时不宜喷施；遇阴雨天气，可在全天任何时间抢晴喷施，喷施后 3h 内遇降雨，应补喷或在下次喷施时增加用量。此外，确定喷施时期还应考虑以下因素：

（1）父母本花期相遇程度。父母本花期相遇好，母本见穗 5%～10%为最佳喷施期；花期相遇不好，早抽穗的一方要等迟抽穗的一方达到起始喷施期（见穗前 2～3d）后才可喷施。

（2）群体稻穗整齐度。母本群体抽穗整齐的田块，可在见穗 5%～10%开始喷施；抽穗欠整齐的田块，要推迟到群体中大多数的稻穗达到见穗 5%～10%时才可喷施。

2. 适量

（1）不同的不育系所需的赤霉素剂量不同。以染色体败育为主的粳型质核互作型不育系，抽穗几乎没有卡颈现象，喷施赤霉素为改良穗层结构，所需赤霉素的剂量较小，一般用 90～120g/hm²；以典败与无花粉型花粉败育的籼型质核互作型不育系，抽穗卡颈程度较重，穗粒外露率在 70%左右，所需赤霉素的剂量大。对赤霉素反应敏感的不育系，如金 23A、新香 A，用量为 150～180g/hm²；对赤霉素反应不敏感的不育系，如 V20A、珍汕 97A 等，用量为 225～300g/hm²。

最佳用量的确定还应考虑如下情况：提早喷施时剂量减少，推迟喷施时剂量增加；苗穗多的应增加用量，苗穗少的减少用量；遇低温天气应增加剂量。

（2）赤霉素的喷施次数。赤霉素一般分 2～3 次喷施，在 2～3d 内连续喷。抽穗整齐的田块喷施次数少，有 2 次即可；抽穗不整齐的田块喷施次数多，需喷施 3～4 次。喷施时期提早的应增加次数，推迟的则减少次数。分次喷施赤霉素时，其剂量是不同的，原则是“前轻、中重、后少”，要根据不育系群体的抽穗动态决定。如分 2 次喷施，每次的用量比为2∶8 或 3∶7；分 3 次喷施，每次的用量比为 2∶6∶2 或 2∶5∶3。

3. 适法　喷施赤霉素最好选择晴朗无风天气进行，要求田间有 6cm 左右的水层，喷雾器的喷头离穗层 30cm 左右，雾点要细，喷洒均匀。用背负式喷雾器喷施，对水量为 180～300 kg/hm²；用手持式电动喷雾器喷施，对水量只需 22.5～30kg/hm²。

【操作规程 6】人工辅助授粉

水稻是典型的自花授粉作物，在长期的进化过程中，形成了适合自交的花器和开花习性。恢复系有典型的自交特征，而不育系丧失了自交功能，只能靠异花授粉结实。当然，自然风可以起到授粉作用，但自然风的风力、风向往往不能与父母本开花授粉的需求吻合，依靠自然风力授粉不能保障制种产量，因而杂交水稻制种必须进行人工辅助授粉。

1. 人工辅助授粉的方法　目前主要使用以下 3 种人工辅助授粉方法：

（1）绳索拉粉法。此法是用一长绳（绳索直径约 0.5cm，表面光滑），由两人各持一端沿与行向垂直的方向拉绳奔跑，让绳索在父母本穗层上迅速滑过，振动穗层，使父本花粉向母本厢中飞散。该法的优点是速度快、效率高，能在父本散粉高峰时及时赶粉。但该法的缺点：一是对父本的振动力较小，不能使父本花粉充分散出，花粉的利用率较低；二是绳索在母本穗层上拉过，对母本花器有伤害作用。

（2）单竿赶粉法。此法是一人手握一长竿（3～4m）的一端，置于父本穗层下部，向左右成扇形扫动，振动父本的稻穗，使父本花粉飞向母本厢中。该法比绳索拉粉速度慢，但对父本的振动力较大，能使父本的花粉从花药中充分散出，传播的距离较远。但该法仍存在花粉单向传播、不均匀的缺点。适合单行、假双行、小双行父本栽插方式的制种田采用。

（3）双竿推粉法。此法是一人双手各握一短竿（1.5～2.0 m），在父本行中间行走，两竿分别放置父本植株的中上部，用力向两边振动父本 2～3 次，使父本花粉从花药中充分散出，并向两边的母本厢中传播。此法的动作要点是“轻压、重摇、慢放”。该法的优点是父本花粉更能充分散出，花药中花粉残留极少，且传播的距离较远，花粉散布均匀。但是赶粉速度慢，劳动强度大，难以保证在父本开花高峰时及时赶粉。此法只适宜在大双行父本栽插方式的制种田采用。

目前，在制种中，如果劳力充裕，应尽可能采用双竿推粉或单竿赶粉的授粉方法。除了上述3种人工赶粉方法外，湖北还研究出了一种风机授粉法，可使花粉的利用率进一步提高，异交结实率可比双竿推粉法高15.5%左右。

2. 授粉的次数与时间　水稻不仅花期短，而且一天内开花时间也较短，一天内只有1.5～2h的开花时间，且主要在上午、中午。不同组合每天开花的时间有差别，但每天的人工授粉次数大体相同，一般为3～4次，原则是有粉赶、无粉止。每天赶粉时间的确定以父母本的花时为依据，通常在母本盛开期（始花后4～5d）前。每天第一次赶粉的时间要以母本花时为准，即看母不看父；在母本进入盛花期后，每天第一次赶粉的时间则以父本花时为准，即看父不看母，这样充分利用父本的开花高峰花粉量来提高田间花粉密度，促使母本外露柱头结实。赶完第一次后，父本第二次开花高峰时再赶粉，两次之间间隔20～30min，父本闭颖时赶最后一次。在父本盛花期的数天内，每次赶粉均能形成可见的花粉尘雾，田间花粉密度高，使母本当时正开颖和柱头外露的颖花都有获得较多花粉的机会。所以，赶粉不在次数多，而要赶准时机。

【操作规程7】严格除杂去劣

为了保证生产的杂交种子能达到种用的质量标准，制种全过程中，在选用高纯度的亲本种子和采用严格的隔离措施基础上，还应做好田间的除杂去劣工作。要求在秧田期、分蘖期、始穗期和成熟期进行（表4-4），根据三系的不同特征，把混在父母本中的变异株、杂株及病劣株全部拔除。特别是在抽穗期根据不育系与保持系有关性状的区别（表4-5），将可能混在不育系中的保持系去除干净。

表4-4　水稻制种除杂去劣时期和鉴别性状

秧田期	分蘖期	抽穗期	成熟期
叶鞘色、叶色、叶片的形状、苗的高矮，以叶鞘色为主识别性状	叶鞘色、叶色、叶片的形状、株高、分蘖力强弱，以叶鞘色为主识别性状	抽穗的早迟和卡颈与否、花药性状、稃尖颜色、开花习性、柱头特征、花药形态和叶片形状大小，以抽穗的早迟、卡颈与否、花药形态、稃尖颜色为主要识别性状	结实率、柱头外露率和稃尖颜色，以结实率为主结合柱头外露识别

表4-5　不育系、保持系和半不育株的主要区别

性　状	不育系（A）	保持系（B）	半不育株（A′）
分蘖力	分蘖力较强，分蘖期长	分蘖力一般	介于不育系与保持系之间
抽穗	抽穗不畅，穗颈短，包颈重，比保持系抽穗迟2～3d且分散，历时3～6d	抽穗畅快，而且集中，比不育系抽穗早2～3d，无包颈	抽穗不畅，穗颈较短，有包颈，抽穗基本与不育系同时，历时较长且分散
开花习性	开花分散，开颖时间长	开花集中，开颖时间短	基本类似不育系
花药形态	干瘪、瘦小、乳白色，开花后呈线状，残留花药呈淡白色	膨松饱满，金黄色，内有大量花粉，开花散粉后呈薄片状，残留花药呈褐色	比不育系略大，饱满些，呈淡黄色，花丝比不育系长，开花散粉后残留花药一部分呈淡褐色，一部分呈灰白色
花粉	绝大部分畸形无规则，对碘化钾溶液不染蓝色或浅着色，有的无花粉	圆球形，对碘化钾溶液呈蓝色反应	一部分圆形，一部分畸形无规则，对碘化钾溶液，一部分呈蓝色反应，一部分浅着色或不染色

【操作规程 8】加强黑粉病等病虫害的综合防治

制种田比大田生产早，禾苗长得青绿，病虫害较多。在制种过程中要加强病虫鼠害的预防和防治工作，做到勤检查，一有发现，及时采用针对性强的农药进行防治。近年来，各制种基地都不同程度地发生稻粒黑粉病危害，影响结实率和饱满度，给产量和质量带来极大的影响，各制种基地必须高度重视，及时进行防治。目前防治效果较好的农药有克黑净、灭黑1号、多菌灵、粉锈宁等。在始穗盛花和灌浆期的下午以后喷药为宜。

【操作规程 9】适时收割

杂交水稻制种由于使用激素较多，不育系尤其是博 A、枝 A 等种子颖壳闭合不紧，容易吸湿导致穗上芽，影响种子质量。因此，在授粉后 22～25d，种子成熟时，应抓住有利时机及时收割，确保种子质量和产量，避免损失。收割时应先割父本及杂株，确定无杂株后再收割母本。在收、晒、运、贮过程中，要严格遵守操作规程，做到单收、单打、单晒、单藏；种子晒干后包装并写明标签，不同批或不同组合种子应分开存放。

（二）两系杂交水稻制种技术

“两系法”是指利用水稻光（温）敏核不育系与恢复系杂交配制杂交组合，以获得杂种优势的方法。推广应用两系杂交水稻，是我国水稻杂种优势利用技术的新发展。利用光（温）敏核不育系作母本，恢复系作父本，将它们按一定行比相间种植，使光（温）敏核不育系接受恢复系的花粉受精结实，生产杂种一代的过程，叫两系法杂交制种（简称两系制种）。光敏型核不育系是由光照的长短及温度的高低相互作用来控制育性转换；而温敏型核不育系主要由温度的高低来控制育性的转换，对光照的长短没有光敏型核不育系要求那么严格。

两系制种与三系制种最大差别在于不育系的差别。两系制种的不育系育性受一定的温、光条件控制，目前所用的光（温）敏核不育系，一般在大于 13.45h 的长日照和日平均温度高于 24℃的条件下表现为雄性不育；当日照长度小于 13.45h 和日平均温度低于 24℃时，不育系的育性发生变化，由不育转为可育，自交结实，不能制种，只能用于繁殖。光（温）敏核不育系因受光、温的严格限制，一般只能在气候适宜的季节制种，而不能像“三系”那样，春、夏、秋季都可以制种。但两系制种和三系制种母本都是靠异交结实，其制种原理是一样的，所以两系制种完全可以借用三系制种的技术和成功经验。在两系制种时，根据光（温）敏核不育的特点，抓好以下技术措施：

【操作规程 1】选用育性稳定的光（温）敏核不育系

两系制种时，首先要考虑不育系的育性稳定性，选用在长日照条件下不育的下限温度较低，短日照条件下可育的上限温度较高，光敏温度范围较宽的光（温）敏核不育系。如粳型光敏核不育系 N5088S、7001S、31111S 等，在长江中下游 29～32℃内陆平原和丘陵地区的长日照条件下，都有 30d 左右的稳定不育期，在这段不育期制种，风险小。籼型温敏核不育系培矮 64S，由于它的育性主要受温度的控制，对光照的长短要求没有光敏型核不育系那么严格，只要日平均温度稳定在 23.3℃以上，不论在南方或北方稻区制种，一般都能保证制种的种子纯度。但这类不育系在一般的气温条件下繁殖产量较低。

【操作规程 2】选择最佳的安全抽穗扬花期

由于两系制种的特殊性，对两系父母本的抽穗扬花期的安排要特别考虑，不仅要考虑开花天气的好坏，而且必须使母本处在稳定的不育期内抽穗扬花。

不同的母本稳定不育的时期不同，因此要先观察母本的育性转换时期，在稳定的不育期内选择最佳开花天气，即最佳抽穗扬花期，然后根据父母本播种到始抽穗期历时推算出父母本的播种期。

例如，母本播种到始抽穗期为105d，父本播种到始抽穗期为113d，父母本的抽穗扬花期定到8月13日左右，则父本播种期应为4月25日左右，母本播种期应为5月3日左右，父母本的播期差8d左右，叶差1.5片叶。

籼、粳两系制种播期差的参考依据有所不同。籼型两系制种以叶龄差为主，同时参考时差和有效积温差。粳型两系制种的播期差安排主要以时差为主，同时参考叶龄差和有效积温差。

【操作规程3】强化父本栽培

就当前应用的几个两系杂交组合父母本的特性来看，强化父本栽培是必要的。一方面，强化父本增加父本颖花数量，增加花粉量，有利于受精结实；另一方面，两系制种中的父本有不利制种的特征。一般来说，两系制种的父母本的生育期相差不是太大，但往往发生有的杂交组合父本生育期短于母本生育期，即母本生育期长的情况。在生产管理中，容易形成母强父弱的情况，使父本颖花量少，母本异交结实率低。像这样的杂交组合制种更要注重父本的培育。强化父本栽培的具体方法有：

1. 强化父本壮秧苗的培育　父本壮秧苗的培育最有效的措施是采用两段育秧或旱育秧。两段育秧可根据各制种组合的播种期来确定第一段育秧的时间，第一段育秧采取室内或室外场地育小苗。苗床按350～400g/m^{2}的播种量均匀播种，用渣肥或草木灰覆盖种子，精心管理，在二叶一心期及时寄插，每穴插2～3株谷苗，寄插密度根据秧龄的长短来定，秧龄短的可按10cm×10cm规格寄插，秧龄长的用10cm×13.3cm的规格寄插。加强秧田的肥水管理，争取每株谷苗带蘖2～3个。

2. 对父本实行偏肥管理　移栽到大田后，对父本实行偏肥管理。父本移栽后4～6d，施尿素45～60kg/hm^2，7d后，分别用尿素45kg/hm^2、磷肥30～60kg/hm^2、钾肥45kg/hm^{2}与细土750kg一起混合做成球肥，分两次深施于父本田，促进早发稳长，达到穗大粒多、总颖花多和花粉量大的目的。在对父本实行偏肥管理的同时，也不能忽视母本的管理，做到父母本平衡生长。

【操作规程4】去杂去劣，保证种子质量

两系制种比起三系制种来要更加注意种子防杂保纯，因为它除生物学混杂、机械混杂外，还有自身育性受光温变化、栽培不善、收割不及时等导致自交结实后的混杂，即同一株上产生杂交种和不育系种子。针对两系制种中易出现自身混杂，应采用下列防杂保纯措施：

1. 利用好稳定的不育性期　将光（温）敏核不育系的抽穗扬花期尽可能地安排在育性稳定的前期，以拓宽授粉时段，避免育性转换后同一株上产生两类种子。如果是光（温）敏核不育系的幼穗分化期，遇上了连续几天低于23.5℃的低温时，应采用化学杀雄的辅助方法来控制由于低温引起的育性波动，达到防杂保纯的目的。

具体方法是：在光（温）敏核不育系抽穗前8d左右，用0.02%的杀雄2号药液750kg/hm^{2}均匀地喷施于母本，隔2d后用0.01%的杀雄2号药液750kg/hm^{2}再喷母本一次，确保杀雄彻底。喷药时应在上午露水干后开始，在下午5:00前结束，如果在喷药后6h内遇雨应迅速补喷1次。

2. *高标准培育“早、匀、齐”的壮秧* 通过培育壮秧，以期在大田早分蘖、多分蘖、分蘖整齐，并且移栽后早管理、早晒田，促使抽穗整齐，避免抽穗不齐而造成的自身混杂。

3. *适时收割* 一般来说，在母本齐穗25d已完全具备了种子固有的发芽率和容重。因此，在母本齐穗25d左右要抢晴收割，使不育系植株的地上节长出的分蘖苗不能正常灌浆结实，从而避免造成自身混杂。

（三）水稻不育系繁殖技术要点

1. *水稻雄性不育系繁殖技术要点* 用不育系作母本，保持系作父本，按一定行比相间种在同一块田里，依靠风力传粉，采用人工辅助授粉，使不育系接受保持系的花粉受精结实，生产出下一代不育系种子，就叫不育系繁殖。繁殖出的不育系种子除少部分用于继续繁殖不育系新种外，大部分用于杂交制种，它是杂交水稻制种的基础。因此，不育系繁殖不仅要提高单位面积产量，而且要保证生产出的种子纯度达到99.8%以上。

不育系的繁殖技术与三系制种技术基本相同，均是母本依靠父本的花粉受精结实。其不同点在于：不育系和保持系属姊妹系，株高、生育期等都差别不大，而制种的父本恢复系比不育系繁殖的父本保持系植株高大、分蘖力强、成穗率高、穗大、花粉量充足、生育期长，因此，制种父本栽插的穴数宜少些，父母本的行比宜大些，母本栽插的穴数多些。其他技术措施则大同小异，可以通用。

【操作规程1】适时分期播种，确保花期相遇

（1）适时播种。选择最佳的抽穗扬花期和确定最佳的播种季节。要注意避开幼穗分化期遇低温和抽穗扬花期遇梅雨或高温。不育系繁殖的播期差比制种的播期差小得多，而且父母本在播种顺序上正好相反，制种时是先播父本，而繁殖时是先播母本（不育系）。

（2）父本分期播种。不育系从播种到始穗的时间一般比保持系（父本）长3d左右，而且不育系的花期分散从始花到终花需要9～12d，而保持系的花期集中，只需要5～7d。因此，为了使父母本花期相遇，父本应分两期播种，第一期父本比母本迟播3～4d，叶差0.8叶，第二期父本比母本迟播6～7d，叶差为1.5叶。粳稻不育系和保持系生育期相近，抽穗期也相近，第一期不育系与保持系可同时播种，第二期保持系比第一期保持系迟5～7d播种。不育系和保持系可同期抽穗。

【操作规程2】适宜行比与行向

在隔离区内，不育系和保持系以4∶1或8∶2行比种植。移栽时应预留父本空行，两期父本按一定的株数相间插栽，以利于散粉均匀。同时，为防止父本苗小受影响，父母本行间距离应保持26 cm左右。保持系和不育系种植的行向既要考虑行间光照充足，又要考虑风向。行向最好与风向垂直，或有一定的角度，以利风力传粉，提高母本结实率。

【操作规程3】合理密植

为了保证不育系有足够的穗数，必须保证其较高的密度，一般株行距为10cm×(13.2～16.5) cm。单本插植，便于除杂去劣。如果不育系生育期较长，繁殖田较肥沃，施肥水平较高，其株行距可采用（13.2～16.5）cm×（16.5～20）cm。

【操作规程4】强化栽培措施

为了便于去杂，不育系和保持系往往需要单株种植，应该强化栽培管理，保证足够的营养条件，特别是要注意使保持系的营养充分，因为不育系本身是杂交后代，具有杂种优势，而保持系同一般品种一样，普通栽培技术下往往长势不好，所以必须加强管理，使之均衡生长。若保持系生长不好，花粉不多，或植株矮于母本，就会影响母本的结实率。

【操作规程 5】去杂去劣

除注意严格隔离外，要多次进行去杂去劣，防止发生生物学混杂。特别是在抽穗开花期间，要反复检查，拔除父母本行内混入或分离的杂株。在收获前，再次逐行检查，拔除不育系行中的保持系植株。

【操作规程 6】收获

收获时通常先收保持系，再对不育系群体全面逐株检查，彻底清除变异株及漏网的杂株、保持系株，然后单收、单打、单晒、单藏。不育系种子收获时还要注意观察，去除夹在其中的保持系稻穗。

2. 水稻光（温）敏核不育系繁殖技术要点

【操作规程 1】合理安排“三期”

光（温）敏核不育系繁殖需要安排好“三期”，即适时播期、育性转换安全敏感期、理想扬花期，其中育性转换安全敏感期是核心，决定繁殖的成败。目前生产上所利用的光（温）敏核不育系的育性转换临界温度为 24℃，低于育性转换临界温度则恢复育性。在繁殖光（温）敏核不育系种子时，应掌握育性转换安全敏感期的低温范围为 20～23℃，这样既达到低温恢复育性获得高产，又不因低温而造成冷害或生理不育。可见，适宜的播期不但决定育性转换安全敏感期，也决定理想扬花期，是工作的重点。因此，必须根据当地多年的实践经验和气象资料，确定合理的播种期。

【操作规程 2】掌握育性转换部位与时期

育性转换敏感部位是植株幼穗生长点，育性转换敏感期是幼穗分化Ⅲ至Ⅵ期。在不育系繁殖时，必须掌握在整个育性转换敏感期，低温水（24℃以下）灌溉深度由 10cm 逐步加深到 17cm，使幼穗生长点在育性转换期自始至终都处于低温状态。

【操作规程 3】采用低温水均衡灌溉方法

由于气温和繁殖田的田间小气候对水温的影响，势必造成水温从进水口到出水口呈梯级上升的趋势，从而结实率也呈梯级下降。为克服这种现象，每块繁殖田都要建立专用灌排渠道，要尽量减少空气温度对灌渠冷水的影响，多口进水，多口出水，漏筛或串灌，使全田水温基本平衡，植株群体结实平衡。

【操作规程 4】运用综合措施，培育高产群体

采取两段育秧，合理密植，科学肥水管理，综合防治病虫害和有害生物，搭好丰产苗架，使主穗和分蘖生长发育进度尽可能保持一致，便于在育性转换敏感期进行低水温处理。对于培矮 64S，由于易感稻粒黑粉病，宜在后期喷施少量赤霉素，提高穗层高度，改善通风透光条件，增加产量。

实　践　活　动

1. 调查影响当地水稻雄性不育系繁殖产量和质量的因素。

2. 调查影响当地“三系”杂交水稻制种产量和质量的主要因素。

第四节　棉花种子生产技术

技　能　目　标

◆ 掌握棉花种子田去杂去劣技术。
◆ 掌握棉花原种生产中典型单株（穗）的选择和室内考种技术。
◆ 掌握棉花自交混繁法原种生产技术。
◆ 掌握棉花杂交种子生产中的人工去雄制种技术。

一、棉花常规种子生产技术

（一）棉花原种生产技术

棉花的原种生产可采用三圃制或育种家种子重复繁殖，也可采用自交混繁法生产原种。

1. 三圃制原种生产技术　三圃面积的比例南方为1∶10∶100，北方为1∶8∶80。具体技术如下：

【操作规程1】单株选择

（1）选择来源。在棉花原种圃、株系圃或纯度较高的种子田及大田中选择具有原品种典型性状的单株。

（2）选择时期。单株选择第一次在结铃盛期初选，根据株型、铃型、叶形等主要性状选择，入选单株在植株顶端拴上标牌；第二次在吐絮后收花前复选，在第一次入选株中根据结铃性、吐絮的绒长、色泽、成熟早晚等性状复选。抗病品种应进行劈秆鉴定，选择抗病单株。

（3）选择数量。选择数量根据下年株行圃的面积而定，一般每公顷株行圃需1 500个单株，按淘汰50%计算，每公顷株行圃需选3 000个单株。

（4）选择单株的收获。入选株统一收中部果枝内围铃正常吐絮的5个棉铃，一株一袋，晒干贮存供室内考种。

（5）室内决选。室内考种主要考查铃重、绒长、衣分、籽指、籽型等性状。决选单株编号分别轧花保存种子，下年种于株行圃。

【操作规程2】建立株行圃

（1）田间种植。将上年入选的单株种子按序号分别种于株行圃。根据种子量多少，株行圃的行长一般为10m，每隔9个株行设1行对照（本品种的原种）。每区段的行数要一致，区段间要留出0.8～1.0m的观察道。四周种本品种原种4～6行作保护行。播种前绘好田间种植图，按图播种。留苗密度略小于大田。

（2）鉴定选择。生育期间分别在苗期、花铃期、吐絮期进行田间鉴定。鉴定时期及依据性状见表4-6。

表 4-6　棉花株行鉴定时期和依据性状

苗　　期	花 铃 期	吐 絮 期	
		吐絮始期	吐絮盛期
鉴定出苗期、出苗率、抗病性、茎色	鉴定生长势、开花期、典型性及抗病性	鉴定生长势、成熟期、结铃性、纯度、病虫害发生情况	鉴定典型性、早熟性

（3）收获。对田间入选株行和对照行，每行先收中部果枝上吐絮完好的内围铃 20 个用于考种。

（4）室内决选。室内考查铃重、绒长、纤维整齐度、衣分、籽指、籽型，按株行收获计产。根据考种和测产结果，决选出具原品种典型性状的株行，分别轧花保存种子。株行决选率一般为 60%。

【操作规程 3】建立株系圃

（1）播种。将上年决选的株行种子分别种成小区。每个小区（株系）种 2～4 行，行长 15m，间比法排列，每隔 4 个株系设一对照（本品种原种）。

（2）鉴定、选择。田间观察、鉴定、测产同株行圃，淘汰杂株率超过 2%的株系。株系的决选率一般为 70%。

（3）收获。入选株系混合采收、轧花，作为下一年原种圃用种。

【操作规程 4】建立原种圃

（1）播种。将入选株系混合轧花的种子，采用单粒等距稀植点播或育苗移栽的方法进行高倍繁殖。

（2）去杂去劣。始花前和收花前认真进行去杂去劣。

（3）收获。霜前花和霜后花分摘，以霜前花留种。

对生产中退化较轻的或刚推广的棉花品种可采用“二圃制”生产原种，即所选单株只经株行圃的鉴定，淘汰杂劣株行后，把所选株行的种子混合，下年种于原种圃。

2. *自交混繁法原种生产技术*　采用自交混繁法生产棉花原种的方法是由陆作楣等人根据棉花的授粉和繁殖特点，以及传统的三圃制方法存在的不足而提出来的。棉花为常异花授粉作物，天然杂交率较高，因而其后代群体中不断发生分离和重组，出现各种变异，在自然授粉条件下，很难得到高度纯合的群体。通过多代自交和选择，可以提高品种的纯度，减少植株间的遗传差异。自交混繁法通过分系自交保种、混系隔离繁殖来减少个体的遗传差异，生产出高纯度的原种。

自交混繁法的原种生产需设置保种圃、基础种子田、原种生产田，三者的比例约为 1∶20∶500，其生产流程如图 4-2。

【操作规程 1】建立保种圃

保种圃是自交混繁法生产棉花原种的核心，保种圃建立以后，各自交株系体制就会相对稳定。

（1）选株自交。用育种单位提供的原种建立单株选择圃，进行单株选择和自交。单株选择应根据品种的典型性状，选择株型、铃型、叶形及丰产性、纤维品质、抗病性等主要性状符合原品种典型性的单株。第一次在蕾期选择典型单株并挂牌标记；第二次在结铃期根据结铃性选择典型单株并挂牌标记。对于第一次入选的单株，当中下部果枝开花时进行自交，每

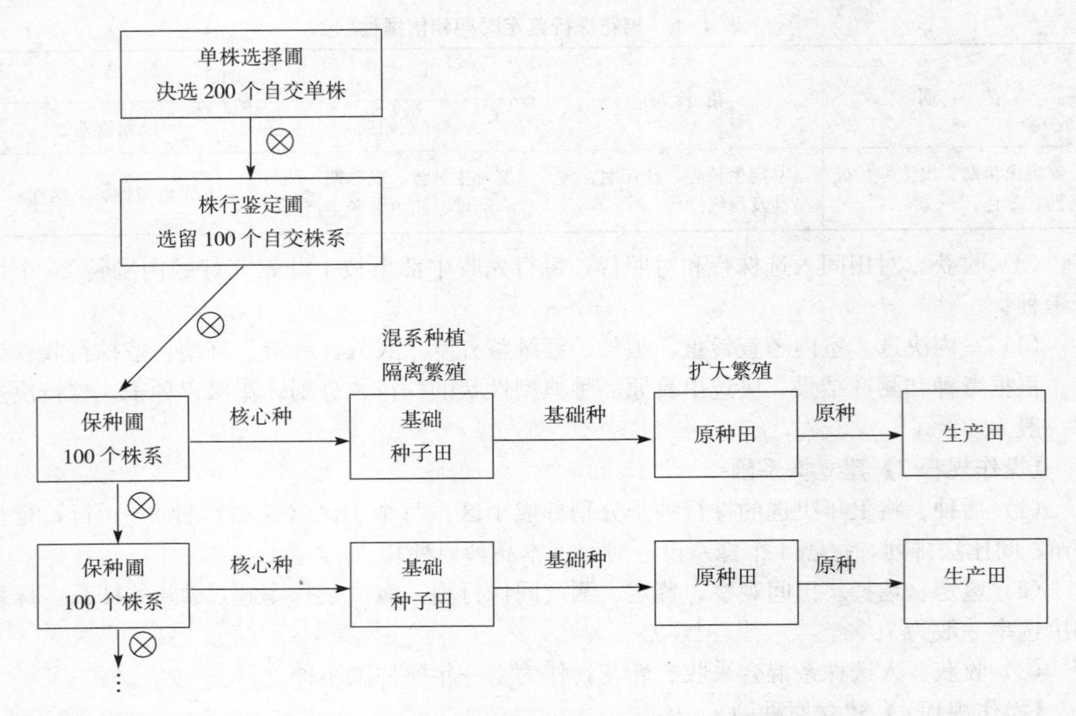

图4-2　自交混繁法棉花原种生产流程图

株自交15～20朵花。一般每个品种自交400个以上单株，每株至少有5个以上正常吐絮的自交棉铃。棉花自交的方法是用24cm长的棉线，一端捆住第二天要开花的花冠顶部，另一端系在自交花朵的花柄上，待花冠脱落后，棉线仍保留其上，可作为自交记号。也可在尚未开花的花冠上涂胶黏剂，使花冠不能张开，并将花萼涂上白漆，作为自交记号。

采收时，分株采收自交铃，随袋记录株号及铃数。晒干后经室内分株考种，根据单铃重、绒长、衣分、籽指、纤维整齐度等决选200个单株备用。

（2）株行鉴定。将上年决选单株的自交种子按序号分别种于株行圃，每个株行不少于25株，周围用该品种的原种作保护区。在生育期间，按品种典型性、丰产性、纤维品质和抗病性等进行鉴定，于初花期在生长正常、整齐一致的株行中继续选株自交，每个当选株行应自交30朵花以上。吐絮后，分株行采收正常吐絮的自交铃，并注明株号及收获铃数。经室内考种后，决选100个左右的典型株行。

（3）株系鉴定。将上一年当选株行的自交种子按编号分别种成株系，周围用该品种的原种作保护区。在生育期间进行多次观察记载，淘汰不符合要求的株系，入选株系进行严格的去杂去劣。开花期间，在中选株系中选符合本品种典型性状的单株，以内围棉铃为主进行人工自交。收花时，在田间进行复选，淘汰不良株系及单株。中选株系的自交棉铃分株系混合收获，轧花后得到各株系的自交系种子，分别装袋，注明系号保存，轧花后的种子供下一年保种圃用种。入选株系再分系混收自然授粉的正常吐絮棉铃，经室内考种淘汰不良株系后，将入选株系混合轧花留种，即为核心种，供下一年基础种子田用种。

（4）建立保种圃。将收获的自交株系种子按株系种植方法种植下去就是保种圃。在保种圃各株系内继续选株自交作为保种圃繁衍用种。保种圃建立后即连年不断地供应核心种。保种圃要注意隔离，周围500m以内不能种植其他棉花品种。

【操作规程 2】建立基础种子田

选择生产条件好的地块，集中建立基础种子田，其周围为原种生产田或保种圃，以免发生生物学混杂。在整个生育期间，注意观察个体的典型性和群体的整齐度，随时进行去杂去劣。开花期任其自然授粉，成熟后随机取样进行室内考种、计产。所收获的种子即为基础种子，作为下年原种田用种。

【操作规程 3】建立原种生产田

选择生产条件好的连片棉田建立原种生产田，要求在隔离条件下集中种植，采用高产栽培措施提高单产，在生育期间进行严格的去杂去劣。收获后轧花留种即为原种。

（二）棉花良种生产技术

原种数量有限，不能直接满足大田用种需要，必须进一步扩大繁殖，生产棉花良种，具体操作步骤如下：

【操作规程 1】种子田的选择和面积

1. 种子田的选择　选择土壤肥沃、地势平坦、土质良好、排灌方便的地块。合理规划，同一品种尽量连片种植，规模化生产。合理轮作，禁止在黄萎病、枯萎病棉田上生产种子。

2. 种子田的面积　种子田的面积应根据棉花种子的计划生产量来确定。

【操作规程 2】种子田的隔离

棉花为常异花授粉作物，异交率 8%～12%，易造成天然杂交。棉花种子田要求 100m 以内不得种植其他品种，或者利用山丘、树林、高秆作物等自然屏障进行隔离。

【操作规程 3】种子田的栽培管理

1. 种子准备　搞好棉花种子脱绒、精选、包衣工作。

2. 严把播种关　精细整地，合理施肥，适时播种，确保苗全、齐、匀、壮。更换不同品种时要严格清仓，防止机械混杂。

3. 加强田间管理　根据棉花生长情况合理施用肥水，搞好化控，加强病虫害的防治。

4. 严格去杂去劣　在棉花苗期、开花结铃期，严格去杂，确保种子的纯度。

5. 霜前花留种，确保种子质量　霜前花和霜后花分收，单独轧花，霜后花不能作种用。

6. 收获、轧花、贮藏过程中要防止机械混杂

二、棉花杂交种子生产技术

我国棉花杂种优势利用已有较长的研究历史，1990 年前后棉花杂交种大面积应用于生产。杂交种子生产技术有人工去雄、雄性不育、应用指示性状制种等，其中以人工去雄和利用核雄性不育制种的研究较多，利用较广。

（一）人工去雄制种技术

人工去雄制种是目前国内外应用最广泛的一种棉花杂交种生产技术，即用人工除去母本的雄蕊，然后授以父本花粉来生产杂交种。其优点是父母本选配不受限制，配制组合自由，扩大了其应用范围。虽然去雄过程费时费工，增加了杂交种生产成本，但近年来随着人工去雄技术改进，制种产量不断提高。同时，由于人工制种的杂交种无不育因子介入和亲本选配自由，在生产上可利用杂种二代，从而大大增加了棉花杂交种的使用面积。所以，人工去雄制种方法的应用日趋广泛。目前生产上应用的杂交种能将棉花抗虫性与丰产性融为一体，为

杂种优势的利用开辟了更为广阔的前景。

一般来说，采用人工去雄授粉法生产杂交种，一位技术熟练的工人一天可配制 0.5kg 种子，结合营养钵育苗或地膜覆盖等技术措施，可供 667m^2 棉田用种，所产生的经济效益是制种成本的十几倍，符合我国农村劳动力密集的国情。所以，只要有强优势组合，采用人工去雄配制杂交种是很有应用价值的。

人工去雄技术的操作步骤如下：

【操作规程 1】隔离区的选择

棉花是常异花授粉作物，为避免非父本品种花粉的传入，制种田周围必须设置隔离区或隔离带。一般隔离距离应在 200m 以上，如果隔离区带有蜜源作物，要适当加大隔离距离。若能利用山丘、河流、林带、村镇等自然屏障作隔离，效果更好。隔离区内不得种植其他品种的棉花或高粱、玉米等高秆作物。

【操作规程 2】播种及管理

1. *选地* 选择地势平坦、排灌方便、土壤肥沃或中上等肥力的地块，无或较轻枯萎病、黄萎病，底施农家肥及适量化肥。制种田需集中连片。

2. *播种* 播种时要注意调整父母本的播期，使双亲花期相遇。当双亲生育期差异不大时，一般父本比母本早播 3～5d；当双亲生育期差异较大时，可适当提早晚熟亲本的播种期。父母本种植面积比例通常为 1∶6～9（父本集中在制种田一端播种）。母本种植密度为 37 500～49 500 株/hm^2，父本种植密度为 56 500～60 000 株/hm^2，行距一般为80～100cm。

3. *管理* 苗期管理主攻目标是培育壮苗，促苗早发；蕾期管理主攻目标是壮棵稳长，多结大蕾；花铃期管理主攻目标是适当控制营养生长，充分延长结铃期；吐絮期管理主攻目标是保护根系吸收功能，延长叶片功能期。

【操作规程 3】人工去雄

1. *去雄时间* 大面积人工制种宜采用全株去雄授粉法。为了保证杂交种子的成熟度，一般有效去雄授粉日期为 7 月 5 日至 8 月 15 日，7 月 5 日前及 8 月 15 日以后的父母本花、蕾、铃则全部去除。在此期间，每天下午 2:00 至天黑前，选第二天要开的花去雄。在次日清晨授粉前逐行查找未去雄的花，并立即摘除。

2. *去雄方法* 棉花去雄主要采取徒手去雄的方法，当花冠呈黄绿色并显著突出苞叶时即可去雄。用左手拇指和食指捏住花冠基部，分开苞叶，用右手大拇指指甲从花萼基部切入，并用食指、中指同时捏住花冠，向右轻轻旋剥，同时稍用力上提，把花冠连同雄蕊一起剥下，露出雌蕊，随即做上标记，以备授粉时寻找。

3. *注意事项* 去雄时需注意：一是指甲不要掐入太深，以防伤及子房；二是防止弄破子房白膜和剥掉苞叶；三是扯花冠时用力要适度，以防拉断柱头；四是去雄时要彻底干净，去掉的雄蕊要带出田外，以防散粉造成自交；五是早上禁止去雄。

【操作规程 4】人工授粉

授粉时间以花药散粉时间为准，一般从上午 8:00～12:00 都可授粉。天气晴朗时温度高、湿度小，散粉较早；阴雨低温时，雄花散粉较晚。授粉方法主要有单花法、小瓶法、扎把法。现分别叙述如下：

1. *单花法* 将摘取的父本花放在阴凉处备用，授粉时左手拇指、食指捏住母本柱头基部，右手捏住父本花朵，让父本花药在母本柱头上轻轻转两圈，使柱头上均匀地沾上花粉。

一般每朵父本花可授 6～8 朵母本花。

2. 小瓶法　授粉前将父本花药收集在小瓶内，瓶盖上凿制一个 3mm 小孔，授粉时左手轻轻捏住已去雄的花蕾，右手倒拿小瓶，将瓶盖上的小孔对准柱头套入，并将小瓶稍微旋转一下或用手指轻叩一下瓶子，然后拿开小瓶，授粉完毕。

3. 扎把法　扎把法也叫集花授粉法，是将多个从父本上剥下来的雄蕊扎在一起，然后用其在母本柱头上涂抹。该法省时省力，效果较好。

无论采用哪种授粉方法，均要求授粉充分、均匀，否则会产生歪嘴桃和不孕子，严重者会造成脱落。

在雨水或露水过大，柱头未干时不能授粉，否则花粉粒会因吸水破裂而失去生活力。制种期间如预报上午有雨，不能按时授粉，可在早上父本花未开时，摘下当天能开花的父本花朵，均匀摆放在室内，雨停后棉棵上无水时再进行授粉；或在下雨前将预先制作好的不透水塑料软管或麦管（长 2～3cm，一端密封）套在柱头上，授粉前套管可防止因雨水冲刷柱头而影响花粉粒的黏着和萌发，授粉后套管可防止雨水将散落在柱头上的花粉冲掉。

当气温高达 35℃以上时，散粉受精均会受到一定程度的影响。制种期间若遇持续高温、干旱天气，可通过灌水降温增湿，可在夜间灌水，最好采用隔沟灌水或活水串灌，并维持 3～5d。

去雄授粉工作 8 月 15 日结束，不能推迟。结束的当天下午先彻底拔除父本，次日要清除母本的全部花蕾。以后每天检查，要求见花（含蕾、花和自交铃）就去，直至无花。

【操作规程 5】去杂去劣

苗期根据幼苗长势、叶形、叶色等形态特征进行目测排杂；蕾期根据棉株形状、节间长短、叶片大小、叶形叶色、有毛无毛等特征严格去杂；花铃期根据铃的形状、大小再进一步去杂。

【操作规程 6】种子收获与保存

为确保杂交种子的成熟度，待棉铃正常吐絮并充分脱水后才能采收。种子棉采收一般整个吐絮期进行 2～3 次。收花根据棉花成熟情况和气候条件一般截止到 10 月 25 日，之后收获的子棉不能作为种子棉。收购时要求统一采摘，地头收购，分户取样，集中晾晒，严禁采摘“笑口棉”、僵瓣花。不同级别的棉花要分收、分晒、分轧、分藏，各项工作均由专人负责，严防发生机械混杂。

（二）雄性不育系制种

棉花雄性不育制种方法有利用质核互作雄性不育系的“三系法”和利用核雄性不育系的“两系法”。“三系法”目前尚存在一些具体问题，如恢复系的育性能力低，得到的杂交种子少，不易找到强优势组合，传粉媒介不易解决等问题，因此目前应用较少。“两系法”即利用核不育基因控制的雄性不育系制种。我国研究和应用最多的是“洞 A”隐性核不育系及其转育衍生的不育系。在制种过程中，“洞 A”一系两用，与杂合可育株杂交，其后代产生不育株和可育株各一半，不育株用作不育系，可育株用作保持系，从而保持不育系，与恢复系杂交配制杂交种，但在制种过程中需要拔除 50%的可育株，影响制种产量和成本。目前利用“洞 A”不育系配制了川杂 1～6 号等多个优良杂交组合，使“两系法”制种得到推广。

雄性不育系制种技术的操作步骤如下：

【操作规程1】隔离区的选择

与人工去雄制种法选择隔离区的标准相同。

【操作规程2】播种

由于在开花前要拔除母本行中50%左右的可育株，因此就中等肥力水平而言，母本的留苗密度应控制在75 000株/hm^2左右，父本的留苗密度为37 500～45 000株/hm^2，父母本行比为1∶5～8。为了人工辅助授粉操作方便，可采用宽窄行种植方式，宽行行距80～100cm，窄行行距60～70cm。行向最好是南北向，有利于提高制种产量。

【操作规程3】拔除雄性可育株

可育株与不育株可通过花器加以识别。不育株的花一般表现为花药干瘪不开裂，内无花粉或花粉很少，花丝短，柱头明显高出花药；而可育株的花器正常。从始花期开始，逐日逐株对母本行进行观察，拔除可育株，对不育株进行标记。依此直到把母本行中的可育株全部拔除为止。为了提早拔除可育株，增大不育株的营养面积，使其充分生长发育，便于田间管理，可将育性的识别鉴定工作提前到蕾期进行，即在开花前1周花蕾长到1.5cm时剥蕾识别。不育花蕾一般是基部大，顶部尖，显得瘦长，手捏感觉顶部软而空，剥开花蕾可见柱头高，花丝短，花药中无花粉粒或只有极少量花粉粒，花药呈紫褐色，即为不育株。如果花蕾粗壮，顶部钝圆，手捏顶端感到硬，剥开花蕾可见柱头基本不高出花药或高出不明显，则为可育株，即可拔除。

【操作规程4】人工辅助授粉

棉花绝大部分花在上午开放，晴朗的天气上午8:00左右即可开放。当露水退后，即可在父本行（恢复系）中采集花粉或摘花，给不育株的花授粉。阴凉天气，可延迟到下午3:00授粉。授粉时，将父本的花粉收集到容器内，用毛笔蘸取花粉，涂授在母本花的柱头上，也可摘下父本花朵，直接在不育株花的柱头上涂抹，一朵可育花可授8～9朵不育花。授粉时要注意使柱头均匀接受花粉，以免出现歪铃。为了保证杂交种的成熟度，在8月中旬应结束授粉工作。

【操作规程5】种子收获与保存

同人工去雄制种法。

【操作规程6】"两用系"亲本的繁殖

1. "两用系"原种生产技术　可采用二圃制的方法生产"两用系"原种。在隔离条件下，将"两用系"种子分行种植。以拔除可育株的行作母本行，以拔除不育株的行作父本行，选择农艺性状和育性典型的可育株和不育株授粉，以单株为单位对入选的不育株分别收花、考种和轧花，决选的单株下一年种成株行。将其中农艺性状和育性典型的株行分别进行株行内可育株和不育株的姊妹交，然后按株行收获不育株，考种后将全部入选株行不育株的种子混合在一起，即为"两用系"原种，供进一步繁殖"两用系"使用。

2. "两用系"良种生产技术　将"两用系"原种分行种植，以拔除可育株的行作母本行，母本与父本的行比一般为4～6∶1，利用父本行的花粉自由授粉或人工辅助授粉，母本行收获的种子即为"两用系"良种种子，供制种田（大田）使用。

实 践 活 动

调查当地杂交棉种植面积、品种纯度、产量、抗虫性等方面的情况。

第五节　玉米种子生产技术

技　能　目　标

◆ 掌握玉米杂交制种田的播种技术及花期预测与调节技术。
◆ 掌握玉米杂交制种田母本去雄和辅助授粉技术。
◆ 掌握玉米杂交制种田去杂去劣技术。
◆ 掌握玉米自交系原种、良种生产技术要点。

玉米属异花授粉作物，雌雄同株异花，花粉量大，异交率高，易于人工去雄杂交。因此，玉米是农作物中最早利用杂种优势的作物。在玉米杂交制种中曾经大规模利用T型细胞质雄性不育系，后因为T型细胞质感染玉米小斑病T小种，导致该类杂种大面积致病，使得胞质雄性不育系的利用日渐减少。目前，我国主要采用自交系人工或机械去雄配制杂交种。

一、玉米杂交种子生产技术

(一) 玉米自交系及其杂交种的种类

1. *玉米自交系的概念和特点*　玉米自交系是指从优良的品种或杂交种中选株，经过连续多代的自交与选择，最后产生的基因型纯合、性状整齐一致的单株自交后代。这个单株自交后代内自交或姊妹交产生的群体，都是同一个自交系。

玉米自交系有两个明显的特点：一是基因型纯合，性状稳定；二是自交导致生活力衰退，使植株变矮、果穗变小、产量降低。可见，玉米自交系一般不能直接用于生产，只能用于选配玉米杂交种。

2. *玉米杂交种的种类*　根据组成杂交种的亲本数目及排列，玉米杂交种分为单交种、三交种、双交种、顶交种、综合种。目前生产上种植的多为单交种，其他种类只作搭配品种，很少大量使用。

(二) 玉米杂交制种技术

玉米杂交制种的任务是为大田生产提供量足优质的杂交一代商品种子。杂交制种质量好坏受一系列防杂保纯技术措施及其他因素的制约。实践证明，同样纯度的亲本自交系，由于制种技术操作规范化程度不同，杂交种种子质量和增产效果有明显的差别。因此，在杂交制种过程中，应抓好以下操作技术环节。

【操作规程1】建立相对稳定的制种基地

1. *制种基地的条件*　杂交制种田要选择地势平坦、土质肥沃、地力较均匀、排灌方便的地块，既有利于制种田植株生长整齐，花期较集中，便于田间去杂和母本去雄，又有利于提高杂交制种产量，保证制种质量。同时，要求制种地群众科学文化素质较高，制种田能集中连片。

2. *安全隔离*　常用的隔离方法有：

(1) 空间隔离。要求与其他玉米的隔离距离不小于300m。

（2）时间隔离。无霜期长、热量资源充足的地区，可以采取错期播种实现时间隔离。为了有效地错开花期，春播制种的播期与邻近其他玉米的播期要相隔 40d 以上；夏、秋播的要求相隔 30d 以上。

（3）屏障隔离。因地制宜利用山岭、林带、房屋等屏障，实施有效隔离。

（4）高秆作物隔离。在杂交制种田四周，利用种植高粱、红麻、甘蔗、向日葵等高秆作物实施有效隔离。高秆作物安全隔离的宽度应在 80m 以上，并要比制种田早播 10～15d。

3. 隔离区数目　配套繁育一个单交种（A 系×B 系），需要每年同时分别设置两个亲本自交系繁殖隔离区和一个单交种制种隔离区，共 3 个隔离区。

4. 隔离区面积计算　确定隔离区面积大小，要根据生产上需要杂交种种子数量，杂交制种的平均单产水平，以及亲本自交系平均单产水平，按比例安排亲本自交系繁殖和杂交制种面积，做到按计划配制杂交一代种子和繁殖相应的亲本自交系种子。具体计算方法如下：

$$\text{亲本自交系繁殖面积（hm}^2\text{）}=\frac{\text{下年需要种子数量（下年播种面积×每公顷播种量）}}{\text{亲本系平均单产×种子合格率（\%）}}$$

$$\text{杂交制种区面积（hm}^2\text{）}=\frac{\text{下年需要种子数量（下年播种面积×每公顷播种量）}}{\text{母本行平均单产×母本行比×种子合格率（\%）}}$$

【操作规程 2】规格播种

规格播种是保证杂交制种成功和提高制种产量的一个重要环节，必须抓好以下技术措施：

1. 确定合理的亲本行比　在保证父本行有足够的花粉，能满足对母本行授粉需要的前提下，尽可能增加母本的行数，是提高玉米杂交制种产量的重要措施之一。一般情况下，父母本行比以 1∶4～5 为宜。若是采用人工辅助授粉时，父母本行比可扩大为 1∶6 或1∶8。

此外，可在制种区四周或地头种植父本采粉区，以备一旦父母本花期相遇不好，作为人工辅助授粉的采粉用株。同时，还可起到保护和隔离作用。但采粉区的父本要晚播 5～7d。

2. 调节亲本播期　制种区父母本花期相遇良好，是制种成败的关键。玉米制种最理想的花期相遇是母本吐丝盛期比父本散粉盛期早 2～3d。玉米雌穗花丝的生活力一般可维持 7～10d，抽丝后 3～5d 接受花粉能力最强。雄穗的开花散粉期一般可维持 5～7d，其中第 2～5d 为散粉盛期，散粉量占总散粉量的 82％～93％，花粉的生活力一般可保持 5～6h。

调节花期的基本原则是：宁可母等父，不要父等母；迟熟早播，早熟晚播。调节花期的具体方法如下：

（1）用双亲的生育期确定播期。若母本的吐丝期比父本散粉期早 2～3d，则父母本同期播种；若双亲的抽穗期相同，则将母本浸种 8～12h 后，与父本同期播种，或父本晚播 3～4d。必须注意，双亲花期相差的天数并不等于播种期相差的天数。

（2）用双亲的总叶片数确定播期。调节的原则是在生育期间母本比父本领先 1～2 片叶。因此，若母本比父本的总叶片数少 1～2 片，则父母本同期播种；若父母本的总叶片数相同，则先播母本，待其长到 1～1.5 片叶时再播父本，或将母本浸种 8～12h 后与父本同期播种。

（3）采用父本分期播种法。若两亲本抽穗期相差较大或对两亲本的抽穗期差异不太了解，可采用父本分期播种，以保证花期相遇。一般父本可分为 2～3 期播种，春播时每期相隔 5～7d，秋播时相隔 3d 左右，对保证花期相遇和充分授粉有良好的作用。

3. 严格分清父母本行　若父母本同期播种，要有专人负责播种，严防播错种子；若父母本错期播种，要将晚播亲本的行距、行数在田间标记，以防重播、漏播；行向要正、直，不可交叉。

4. 制种区的种植行向　种植行向最好与当地在玉米散粉时的风向相垂直，以利于借助风力传粉，提高制种产量。

5. 合理密植　制种区的种植密度因亲本种类、栽培水平、土壤肥力等而异：单交制种，由于自交系植株较矮小，单株产量潜力小，一般密度为 52 500～90 000 株/hm^2；早熟或紧凑型自交系为 75 000～90 000 株/hm^2；在水肥条件较好的田块，可适当加大密度，增株增穗，提高制种产量。

【操作规程 3】花期预测与调节

制种区父母本花期是否相遇良好，是制种成败的关键。制种过程，虽然在播种时调整了父母本播期，但由于播种后气候、土壤或栽培条件的差异会使自交系花期发生变化，为此，应做好制种田花期预测与调节工作，使制种区父母本花期相遇良好。

1. 花期预测方法　花期预测方法很多，常用的方法有：

（1）据父母本已展叶片数预测。同一品种的叶片总数是相对稳定的，因此，可根据双亲已长出叶片数多少预测花期。方法是：在制种田里，选有代表性的点 4～5 个，每点选择父母本典型植株各 5～10 株，用红漆标记已展叶片数。拔节后，每隔 3d 定期观察 1 次，计算展出的叶片数，预测双亲是否花期相遇。判断标准是：① 若父母本总叶片数相同，母本展出的叶片数比父本多 1～2 片，可望花期相遇；② 若父母本总叶片数不相同，则保持母本叶数展出完毕，父本还有 1～2 片叶未展出为花期相遇。

（2）叶脉预测法。适用于已知双亲各自的总叶片数，但事先没有定点标记叶片的情况。玉米植株各叶片上的侧脉数（R）与叶龄数（n）成一定的关系：

$$\text{叶龄}\ (n) = \frac{R_1 + R_2}{2} - 2$$

通过这种方法，计算出当时的最高叶龄，然后再按上述第一种预测方法来判断父母本花期是否相遇。

（3）据父母本未展出的叶片数来预测（又称剥叶检查法）。在不知双亲各自的总叶片数时，可用比较双亲未展出叶片数来预测。方法是：玉米拔节后，在制种田里选择有代表性的 4～5 个点，每点选择具有代表性的典型父母本植株各 3～5 株，小心剥出未展出的叶片，并记下未展出的叶片数，根据双亲的未展出叶片数来测定双亲花期能否相遇。标准是：生育期间母本的未展出叶比父本少 1～2 片，说明花期可相遇良好。

（4）镜检雄幼穗法。该法的应用及原理同剥叶检查法，花期相遇的标准是：生育期间母本雄穗的发育早于父本一个时期。方法是：在双亲拔节后，选有代表性的父母本植株，小心剥去全部叶片，观察雄穗的幼穗。若母本的雄穗发育早于父本一个时期，则花期可相遇良好。

2. 花期调节方法　经过花期预测，发现花期可能不遇时，应及时采取促晚控早措施调节花期。具体方法有：

（1）母本比父本早，应促父控母。①加强对父本偏肥、偏水管理，促进父本生长。在苗期，父本早间苗、定苗，留中大苗，用 5%的碳酸氢铵对水灌根；拔节期发现父本晚，可加大父本肥水，如施尿素 180～225kg/hm^2，并喷施 2～3 次 200～300 倍的磷酸二氢钾和尿素混合液；大喇叭口期发现父本晚，对父本用20mg/kg赤霉素和1%尿素混合液喷叶，用量为225～300kg/hm²，根据发育情况喷1～2次，促使父本提前2～3d抽雄。② 将母本去雄时间推迟到即将要散粉时才进行，以延缓雌穗生长，吐丝推迟。③ 母本晚间苗、定苗，深中耕断根抑制其生长。在可见叶11～14叶时用铁锨靠近主茎6～7cm周围上下直切15cm深，断掉部分永久根控制其生长发育。④ 母本吐丝过早时，可将母本未授粉的花丝剪短，留2～3cm，避免花丝过长而相互遮盖，影响结实率。⑤ 若花期相差较大，可剥去母本第一苞，并及时追施速效氮肥，促进第二苞生长，以弥补制种损失。

（2）母本比父本晚，应促母控父。①加强对母本的肥水管理，如对母本偏施肥水，施尿素180～225kg/hm²。②对母本喷施生长素。如用生长素“204”3kg/hm²对水750kg喷施，或在母本雌穗露尖时，用赤霉素原粉（粉剂）15g对水900kg，分3次在雌穗上下喷洒，促进吐丝。③母本提早去雄。在将要抽雄时发现母本花期比父本晚，可采取母本扒苞去雄，甚至带叶去雄，这样可促使母本早吐丝2～3d。④剪短母本的苞叶。对母本雌穗苞叶太长的，可在雌穗伸出叶鞘12cm左右时，剪去顶端1/3～1/2，可使花丝早吐2～3d，利于授粉。⑤对父本进行深中耕或适当断根，以控制其生长。

【操作规程4】严格除杂去劣

除杂去劣工作原则是：自始至终，见杂就除，见劣就去。在制种田里，一般比较集中在苗期、抽雄期及收获后脱粒前3次进行。

1. *苗期去杂*　一般在幼苗3～4叶展开时，结合间苗、定苗进行去杂。根据幼苗的叶片形状、叶鞘颜色、幼苗长相及生长势强弱等综合性状，将苗色不一、生长过旺或过弱、长相不同的杂苗拔除。

2. *抽雄期去杂*　抽雄期去杂是防杂保纯的关键，尽量达到彻底干净。此时杂劣株形态特征较明显，易于鉴别。可根据植株生长势、株型、叶片宽窄、色泽以及雄穗形态等特征拔除杂劣株。拔除的杂株要带到制种田外或就地深埋。

3. *收获后去杂*　制种区留种果穗收回脱粒前，应根据原亲本的穗型大小、子粒类型及色泽、穗轴颜色等，对不符合原亲本典型性状的杂穗再进行一次去杂，然后脱粒。

【操作规程5】母本彻底去雄

玉米杂交制种区母本行去雄，使其接受父本行的花粉，从而获得杂交种子。国家规定在授粉期，如果母本散粉株率累计超过1%时，制种田报废。因此，母本去雄是获得高纯度杂交种子的关键措施。

1. *母本去雄*　要求及时、彻底、干净。及时是指在母本雄穗刚抽出散粉前，及时拔掉雄穗；彻底是指将母本行的雄穗一株不漏地拔除；干净是指每株母本雄穗全部拔净，不遗留分枝、残枝断穗。母本去雄拔下的雄穗要带出制种区外及时处理，以免拔下的雄穗的粉源引起串粉混杂。

2. *超前去雄*　即在雄穗抽出前带1～2片叶去雄的技术。当母本雄穗刚要抽出前，用手摸到雄穗，带1～2片叶去雄，对保证杂交种纯度极为有利。一次带叶去雄一般可拔去50%～70%的母本雄穗，可有效减少去雄次数，省时省工。

【操作规程6】加强人工辅助授粉

玉米进行人工辅助授粉是提高制种产量的有力措施。尤其是开花期遇到高温雨季，阴雨天较多、伏旱等气候条件，或由于自交系雄穗花粉量不足，生活力较弱，或雌穗包叶过长，抽丝困难等，进行工人辅助授粉，对提高结实率有良好的作用，增产效果十分显著。人工辅助授粉方法有两种，即晃株授粉和采粉授粉。

1. *晃株授粉*　在父母本花期相遇良好、父本花粉量较大的开花盛期，每天上午露水干后的8：00～11：00（阴天下午也可进行），用一细棍拨动父本茎秆的中上部或用手摇动父本植株，促进散粉。

2. *采粉授粉*　在父本花粉量不足、母本吐丝持续时间过长、母本行比例太大时，采用人工采集花粉给母本授粉的方法。做法是：在玉米开花期间，用采粉器采集正在开花的雄穗上的花粉。将花粉过细筛，筛下的花粉倒入授粉器，用授粉器把花粉均匀地摇落在雌穗花丝上；或将采集的花粉倒入塑料瓶内，瓶盖扎几圈小细孔，拧紧瓶盖，将盖向下对准雌穗花丝，用手挤压瓶身，花粉即从盖上小孔喷出，利用这种喷粉器授粉均匀、速度快。

【操作规程7】割除父本

杂交制种中父母本的用途不同。母本接受花粉受精，形成杂交种子，是收获的目的产品；而父本只提供花粉，散粉后即完成其历史使命，其种子不是目的产品，没有收获的必要性，且易造成混杂，应予割除。同时，割除父本可以改善母本行通风透光条件，减少父母本对养分和水分的竞争，从而提高光合强度，增加干物质积累和粒重，提高制种产量。割除父本时间应在授粉结束后进行。

【操作规程8】适时收获

当制种田的种子成熟后要及时收获，以免种子发芽或霉烂，影响种子质量和产量。

收获时，在没有割除父本的制种田，严格进行父母本分别收获、运输、脱粒、贮藏，严防混杂。一般先收父本，然后清除落地的果穗后，再收母本。在北方地区，由于秋季热量较差，或母本生育期偏长，为加快种子后期脱水，促进后熟，可在蜡熟期将植株上的果穗苞叶剥开晾晒，7～10d后再收获。

母本果穗在脱粒前要进行穗选，淘汰杂、劣果穗。当果穗晒干至含水量降到17%以下，方可脱粒、晾晒，并进行筛选、分级，除去秕粒、破粒和病虫粒。经晾晒或人工干燥达安全含水量后，才能入库贮藏。

包装入库时，袋内外都要有标签，并写明种子名称，注明质量等级、生产年份、数量及制种单位等。要专库或专堆存放，固定专人负责，定期检查翻晒，以保证种子质量。

二、玉米自交系亲本种子的生产

亲本种子是配制玉米杂交种的物质基础，而自交系原种又是亲本种子的基础，因此，玉米自交系亲本种子生产程序中最关键的环节是原种生产。自交系原种和良种生产的选地隔离、除杂去劣方法同制种技术，只是隔离条件、除杂去劣要求更严格。空间隔离时，与其他玉米花粉来源地至少相距500m；时间隔离至少40d。

（一）自交系原种生产

自交系原种生产方法与纯系品种原种生产相似，根据GB/T 17315—1998标准，原种生产分两种方法：一种是采用育种家种子直接繁殖；另一种是采用“二圃制”的穗行筛选法。

“二圃制”的穗行筛选法具体操作技术如下：

【操作规程 1】选株自交

在自交系原种圃内选择符合典型性状的单株套袋自交，制作袋纸以半透明的硫酸纸为宜。花丝未露前先套雌穗，待花丝外露 3.3cm 左右，当天下午套好雄穗，次日上午露水干后开始套袋授粉，一般应一次授粉，个别自交系雄雌不协调的可两次授粉，授粉工作在 3～5d 内结束。收获期按穗单收，彻底干燥，整穗单存，作为穗行圃用种。

【操作规程 2】穗行圃

将上年决选单穗在隔离区内种成穗行圃，每系不少于 50 个穗行，每行种 40 株。生育期间进行系统观察记载，建立田间档案，出苗至散粉前将性状不良或混杂穗行全部淘汰。每行有一株杂株或非典型株即全行淘汰，全行在散粉前彻底拔除。决选优行经室内考种筛选，合格者混合脱粒，作为原种圃用种。

【操作规程 3】原种圃

将上年穗行圃种子在隔离区内种成原种圃，在生长期间分别于出苗期、开花期、收获期进行严格去杂去劣，全部杂株最迟在散粉前拔除。雌穗抽出花丝占 5%以后，杂株率累计不能超过 0.01%；收获后对果穗进行纯度检查，严格分选，分选后杂穗率不超过 0.01%，方可脱粒，所产种子即为原种。

（二）自交系良种生产

将上年原种圃收获保存的原种种子，在扩大的隔离区中进行一次混粉繁殖。自交系良种生产隔离区面积大小，要根据下年杂交制种面积所需母本、父本自交系种子数量而定。除该隔离区采用的种子是混合种子播种外，其他一切生产技术与原种生产相同。其纯度要求略低于原种，要求全部杂株最迟在散粉前拔除，散粉杂株率累计不超过 0.1%；收获后要对果穗进行纯度检查，杂穗率不超过 0.1%，同时淘汰病、虫、劣穗，剔除霉、烂粒后混合脱粒，所产种子即为良种。

实 践 活 动

1. 调查制约当地玉米杂交制种产量和质量的因素。
2. 调查当地玉米自交系原种、良种生产中存在哪些问题？

第六节　油菜杂交种子生产技术

技 能 目 标

◆ 掌握油菜杂交制种过程中多效唑的使用技术。
◆ 掌握油菜杂交制种父母本花期的调节技术。
◆ 掌握高产、优质杂交油菜种子生产的主要技术措施。

杂交油菜种子生产，就是用不育性稳定、经济性状优良、品质合格的不育系作母本（A），用恢复力和配合力强、花药发达、花粉多、吐粉畅、品质合格的恢复系作父本（R），按照一定的行比相间种植，使母本接受父本的花粉受精结实，生产出杂交种子的过程。

油菜具有花期长、花器外露、繁殖系数大、品质相对稳定、用种量少的特点，这是杂交油菜种子生产的有利条件。但是，不利条件也很多。甘蓝型油菜属常异花授粉作物，借昆虫和风力授粉极易与其他品种或十字花科作物串粉，造成生物学混杂。因此，掌握杂交油菜制种技术，对提高杂交油菜制种产量和质量，满足大面积生产用种具有重要的意义。

一、油菜杂交制种技术

【操作规程 1】选好隔离区和制种田

1. 隔离区　选择安全的制种隔离区是很重要的。多采用空间隔离方法，制种区内及距制种区四周 2 000m 范围内无异种油菜、自生油菜和其他十字花科蔬菜植物。

2. 制种田　在隔离区内选择土壤肥沃，地势平坦，肥力均匀，排灌方便，旱涝保收，不易被人畜危害，且最近二三年内未种过油菜或十字花科作物的地块作为制种田。

【操作规程 2】培育壮苗

1. 苗床条件　土壤肥沃，地势平坦，肥力均匀，水源条件好，且两年未种过油菜或十字花科作物的地块（水田除外）。

2. 苗床面积　按计划制种面积留足苗床。苗床与制种田母本以 1∶10 配置，父本以 1∶20 配置。

3. 苗床耕整与底肥　播前耕整 2～3 次，要求土壤细碎疏松，表土平整。结合整地施足底肥，施纯氮 180kg/hm^2、纯磷（P_2O_5）120kg/hm^2、纯钾（K_2O）150kg/hm^2、硼砂 15kg/hm^2，严禁施用以油菜等十字花科作物秸秆沤制的农家肥。

4. 播种期和播种量

（1）播种期。父母本开花期相同，父本和母本可同期播种；父母本花期不相同则不能同期播种。黄淮地区一般直播在 9 月中旬播种，移栽于 9 月上旬育苗。长江流域一般在 9 月下旬播种育苗。此外，要根据各地区气候条件特点确定适宜播期。

（2）播种量。直播制种在父母本行比 1∶2 时，父本播种量 1 100g/hm^2，母本播种量 1 800g/hm^2；育苗移栽，苗床父母本播种量均按 0.6～0.8g/m^2。

（3）播种方式。父母本分畦或分厢定量均匀撒播，然后细土覆盖，不露种子。

5. 苗床管理

（1）间苗。一叶一心时开始间苗，除去拥挤苗，随后进行 2～3 次间苗。

（2）定苗。三叶一心时定苗，留苗 90～100 株/m^2。拔除混杂苗、异型苗、弱苗。结合定苗进行除草松土，抗旱追肥。

（3）化学药剂调控。三叶期喷施烯（多）效唑防止高脚苗，培育矮壮苗。每公顷用浓度 600mg/kg 烯效唑溶液（20%烯效唑可湿性粉剂 1g，加水 5kg）或 150mg/kg 多效唑溶液（15%多效唑可湿性粉剂 4g，加水 4kg）喷施。

（4）追施“送嫁肥”。移栽前 5～7d，施尿素 5～7g/m^2。

（5）苗床除杂。移栽前，根据亲本苗的典型性状，清除各种杂苗。移栽苗龄一般控制在 30～35d 以内。

（6）防治油菜害虫。用微生物杀虫剂防治蚜虫、跳甲、菜青虫、芜菁叶蜂、小菜蛾等。

【操作规程 3】制种田的耕整、施肥及移栽

1. 制种田的耕整　要求达到土壤细松散，厢平沟直，排灌方便。

2. 配方施肥　制种田肥力水平不宜过高，中等肥力田块即可。氮、磷、钾三要素按配方1：0.7：0.7，必施硼肥。应用腐熟的饼肥、土渣肥等优质有机肥，禁止使用十字花科蔬菜植物秸秆、果壳沤制的农家肥。一般施纯氮180kg/hm^2、纯磷（P_2O_5）120kg/hm^2、纯钾（K_2O）150kg/hm^2、硼砂15kg/hm^2，磷、钾、硼肥作底肥一次施用，氮肥按底肥、苗肥、薹肥比例为5：3：2施用，做到底肥足，苗肥早，薹肥轻，看苗追施薹肥。

3. 移栽

（1）移栽时期。北方地区要求10月20日前移栽完毕，南方地区一般在10月底移栽完毕。

（2）移栽方式。父母本分栽，即先栽母本，后栽父本。父母本行比一般为1：2或1：3，规范移栽。对大规模制种区，可采取宽窄行移栽，即窄行栽父本，宽行栽母本。

（3）大小苗分类移栽。父母本按“栽壮苗，去弱苗；先栽大苗，后栽小苗”的原则分批对应移栽。

（4）合理密植。一般栽母本12万～15万株/hm^2，父本3万～6万株/hm^2。

（5）移栽质量。适墒起苗，少伤根，带土移栽，行栽直，根栽稳，苗栽正，高脚苗栽深，浇足定根水肥。

【操作规程4】加强田间管理

1. 及时补种补栽　对缺苗断垄以及移栽出现死苗死株的田块，要及时补种或补栽，确保齐苗全苗。

2. 中耕松土追肥　直播油菜定苗以后和移栽油菜返青活棵后，要及时中耕松土。第一次中耕要浅，第二次中耕要深，越冬期前后中耕要浅。结合中耕除草，早施提苗肥。

3. 灌水蓄墒　灌水既有利于防冻保苗，又能蓄墒防旱。北方地区要浇好越冬水和返青水、扬花水。长江流域往往秋冬干旱，春夏多雨，因此，一般只灌越冬水。北方灌水时间：越冬水11月下旬至12月中旬，返青水2月下旬至3月上旬，扬花水在3月底4月初浇。12月中旬左右如遇强降温，出现严重干冻，可抓住冷尾暖头灌水补救，有明显防冻保苗效果。

4. 培土防冻　10月底11月初，结合中耕培土壅根，保护根颈，防止冻害。培土高度以埋好根颈为标准，12月中下旬要进行复培。北方地区冬季寒冷，复培时可以给母本心叶上覆土1～2cm，但不宜将全株捂实盖严，更不宜盖上心叶；开春解冻后，及时扒去盖苗土。越冬前的管理要追肥、培土、冬灌、中耕配套进行。一般先追肥，后培土，再冬灌，冬灌后合墒中耕松土，并将下沉的根颈土再度培好。

5. 春季病虫防治　以防菜茎象甲、蚜虫、菜青虫为主，要早防。同时后期注意防治菌核病。

【操作规程5】调整花期，确保花期相遇

父母本开花期相同，父本和母本可同期播种；父母本花期不相同，则不宜同期播种。如果母本开花期比父本迟2～3d，可在父本抽薹10cm时，隔株轻摘父本蕾薹，以推迟父本开花时间，同时加强父本栽培管理，促使父本多分枝、多现蕾，延长开花期，使父母本花期相遇良好，以提高制种产量和质量。

【操作规程6】辅助授粉

1. 人工辅助授粉　初花期和盛花期在晴天无风或多云天气用机动喷雾器或绳子、竹竿等工具进行人工辅助授粉。即用机动喷雾器吹风传播父本花粉，或取一定长度绳索，两人各持绳的一端，平行向前移动达到授粉目的；或用竹竿与行向平行拨动父本，使父本行花粉抖落在母本柱头上。辅助授粉时间为晴天上午 10:00～12:00 效果最好，每天进行1～2次。

2. 蜜蜂传粉　蜂群数量可按 2 000～3 000m^2 配置一箱蜂，在初花期规划安放地点，在父本终花期及时搬走。具体做法是：在初花期采摘少量父母本开放的鲜花浸泡于 1∶1 的糖浆中约 12h，在早晨工蜂出巢采蜜之前，给每箱蜂饲喂 200～250g，连续喂 2～3 次，以引导蜜蜂传粉，提高母本结实率。但配制花香糖浆不能用蜂蜜或在糖浆中混其他异味，否则会影响授粉效果。

【操作规程 7】防杂保纯，提高种子质量

1. 摘顶保纯　因花药发育早期遇到不适气温，雄性不育系在初花期容易出现微量花粉，以主花序和上部分枝早开的花为多。田间检查后，可采取摘除主花序和上部 1～2 个分枝，以保证制种纯度。方法是：在初花前 2～3d 摘除主花序和上部 1～2 个分枝。如果在父母本花期相同的情况下，母本打蕾的，父本也要同时打蕾，以保证花期相遇良好。

2. 除杂去劣　分别在五叶期后、抽薹和初花期把不符合亲本典型性状的杂株、畸形株、弱株和病株拔除，并注意拔除母本行中串进的父本植株。成熟期收获前，对母本行的植株全面检查一次，对结角不正常、分枝特多、开反花的杂株全部拔除干净。

【操作规程 8】砍除父本

砍除父本既可改善母本行的通风透光和肥水供应条件，增加母本粒重和产量，又可防止收获时机械混杂，保证种子纯度。通常在父本终花后 3d 内及时从地表处割除全部父本植株，并带出制种地集中处理，作畜禽饲料或堆沤肥料。

【操作规程 9】分收细打

1. 收获时间　全田有 70%～80%角果黄熟时收获，先收父本，后收母本，父本收后要进行 1～2 次清田，检查确实无父本残枝、断枝、漏株再收母本。如天气不好，母本收获可采取割头（花序）办法，以减轻堆藏体积，减少损失；如天气好，带秆收，有利于后熟和提高粒重。

2. 防止机械混杂　分别收获父母本后，分场堆放。收获后父母本分别摊晒于田间、地埂或堆垛后熟。堆垛方法是：垛高 2m 左右，果枝朝外，茎秆在内，整齐堆放 3～4d 再晒打、脱粒。在拉运和脱粒时，要注意清除所用工具中的杂种子，防止混杂。种子不宜在水泥场上暴晒，以免灼伤种胚，影响发芽。父母本要分别单晒、单藏，并附加标签。

二、杂交油菜亲本繁殖技术要点

三系杂交油菜种子生产分为亲本原种生产、亲本原种扩大繁殖和隔离区制种。其中亲本繁殖技术要点如下：

【操作规程 1】选地育苗

苗床要求土壤肥沃，地势平坦，肥力均匀，水源条件好，且 3 年未种过油菜或十字花科作物的地块。苗床最好选用水田。

【操作规程 2】隔离与移栽

不育系繁殖区的隔离区要求较严格，在隔离区四周 2 000m 范围内无异种油菜、自生油菜和其他十字花科蔬菜植物。恢复系隔离区要求隔离 1 500m 以上。适时移栽，并要注意先移栽一亲本后，再移栽另一亲本，以防栽错，导致混杂。移栽密度以 120 000～150 000 株/hm^2 为宜。移苗时，注意淘汰过大、过小的苗。

【操作规程 3】严格去杂去劣

杂交油菜亲本繁殖区都要严格去杂去劣，其措施贯穿于播种、移栽、花期、收获和脱粒等各个环节，彻底清除母本行内的异品种、优势株、变异株和花蕾饱满株、微量花粉株。

【操作规程 4】适时收获

当母本角果有 80%～85%黄熟时收获，要及时单收、单运、单垛、单打，严防人为混杂和机械混杂，以及连阴天气引起种子发芽霉变。脱粒后要充分晒干（注意不能暴晒在水泥地面），包装后单藏。

实 践 活 动

调查影响当地油菜杂交制种产量和质量的因素。

第七节 甘薯、马铃薯种子生产技术

技 能 目 标

◆ 掌握甘薯原种的茎尖培养生产脱毒种薯（苗）技术。
◆ 掌握加速甘薯原种、良种生产的方法。
◆ 掌握马铃薯茎尖培养生产脱毒种薯（苗）技术。

一、甘薯种子生产技术

甘薯是重要的高产、稳产、适应性强、具有多种用途的无性繁殖作物。由于甘薯块根、茎蔓等营养器官的再生能力较强，并能保持良种性状，故在生产上采用块根、茎蔓进行无性繁殖。但甘薯在无性繁殖过程中也会由于品种机械混杂、芽变和病毒感染等引起产量降低、品质变劣、适应性减弱等退化现象。因此，在甘薯种子生产中要采取防杂保纯措施，搞好原种生产，加速良种生产。

（一）甘薯原种生产技术

1. 甘薯原种的重复繁殖生产技术　由育种单位提供育种家种子，通过加代繁殖生产原原种，再由原原种加代繁殖生产原种，即育种家种子（种薯或薯苗）→原原种薯→原原种苗→原种薯→原种苗。在繁殖过程中，要严格去除杂薯、杂苗及劣薯、劣苗，以保持原品种的典型性和纯度。

2. 甘薯原种的两圃制生产技术　即采取单株选择、株行圃和原种圃的三年两圃制方法生产原种。不论在单株选择或分系比较时，都要以原品种的典型性状作为评定标准。封垄前要对植株地上部分的特征特性、植株的生长势、整齐度进行鉴定，收获期对地下部特征和结薯性等进行鉴定。分系比较时各株薯块要隔开育苗，混系繁殖时要严格去杂去劣。

3. 甘薯原种的茎尖脱毒培养生产技术 甘薯是应用分生组织培养容易成苗的作物，茎尖脱毒诱导成苗可以使甘薯脱去病毒，生产无病毒种薯（苗）。脱毒薯一般可增产20%～40%。具体技术措施如下：

【操作规程1】茎尖组织培养

（1）外植体选择与培育。选择适宜当地栽培的高产优质或有特殊用途的优良品种，每个品种选择品种特征特性纯正的种薯6～10块，在30～32℃下催芽，当幼苗长到30cm（3～4周时间），剪取茎尖顶端2～3cm，剪去茎叶，先用0.1%洗衣粉搅拌10～15min，然后用自来水冲洗30min。

（2）茎尖剥离。将清洗过的材料拿到超净工作台上，用70%酒精浸泡30s，再用2.5%～5%的次氯酸钠溶液消毒7～10min，用无菌水冲洗3～5次，置于30～40倍解剖镜下轻轻剥去叶片，切取附带1～2个叶原基（长度0.2～0.25mm）的茎尖分生组织，接种到以MS为基础的茎尖培养基上。

（3）培养条件。在光照度2 000～3 000lx，每日光照时间12～16h，温度26～30℃条件下培养15～20d，芽变绿后转入不加激素的1/2MS培养基上生长，经过60～90d培养，可得到2～3片叶的幼苗。

（4）建立株系档案。当幼苗长到5～6片叶时，将生长良好的试管苗进行切段（单节段繁殖），一般可切取4～5段，用MS培养基繁殖，1个月后形成多个株系，建立株系档案，一部分保存，另一部分则用于病毒检测。

【操作规程2】病毒检测

每个茎尖试管苗株系只有经过病毒检测才能确定是否已脱去病毒。常用的方法有血清学法和指示植物法。血清学法中最适宜的是酶联免疫吸附测定，该方法是利用硝化纤维素膜作载体的免疫酶联反应技术。指示植物法多采用嫁接接种法，大多数侵染甘薯的病毒可使指示植物巴西牵牛产生明显的系统性症状，从而作为淘汰带病毒株系的依据。

【操作规程3】生产性能鉴定

经病毒检测后得到的脱毒苗，需转移到防虫温室或网室内种植，进行农艺性状和生产能力鉴定，再从若干株系中选出符合本品种特征特性的株系，即高级脱毒苗（相当于育种家种子）。

【操作规程4】高级脱毒试管苗快繁

高级脱毒苗株系数量较少，可以采用试管单茎节繁殖。单茎节切段用不加任何激素的1/2MS培养基，在温度25℃，每日光照时间18h的条件下培养。该方法具有繁殖速度快，避免病毒再侵染，继代繁殖成活率高，不受季节、气候限制，可以进行工厂化生产的优势。

【操作规程5】脱毒原原种薯（苗）繁殖

诱导高级脱毒苗在防虫温室或网室内无病原土壤上生产的种薯叫原原种薯。将5～7片叶的脱毒试管苗打开瓶口，室温下加光照炼苗5～7d，再移栽到防虫温室或网室内，温度控制在25℃左右。由脱毒原原种薯生产的种苗叫脱毒原原种苗，在繁殖脱毒原原种苗时要注意以苗繁苗，加大繁殖系数，提高栽插密度，可采用建立采苗圃的方法扩繁。在繁殖脱毒原原种时还要注意防止病毒再侵染，如通过种植一些指示植物，或拔除病株等措施来确保原原种质量。

【操作规程6】脱毒原种薯（苗）繁殖

脱毒原原种苗结出的种薯叫原种薯，利用原种薯在防虫条件下生产的种苗叫脱毒原种苗。在田间集中连片大量繁殖脱毒原种苗时要进行隔离，隔离方法可采用四周500m内无带毒甘薯种植的空间隔离，也可用高秆作物（如高粱、玉米等）进行屏障隔离。在繁殖田块内也要种植少量的指示作物，观察其是否有毒源存在和发生过蚜虫传播，若有应及时拔除或降级使用。

（二）加速甘薯原种、良种生产的方法

原原种的数量比较少，繁殖原种时要尽早育苗，以苗繁苗，扩大繁殖面积，降低生产成本。用原种薯育苗，在普通无病毒田块上生产的种薯为一级良种，即生产用种。第二年大田生产的夏薯留种为二级良种，也可作为生产用种。第三年为纯商品薯，不能再作种薯。

甘薯繁殖能力强，在适宜条件下，根、茎、叶、薯块等都能生根发芽，形成独立的植株。利用这一特点，采用相应的农业技术，可以早采苗、多产苗、产壮苗。

1. 加温多级育苗法　根据甘薯喜温、无休眠性和连续生长的特性，利用早春或冬季提前育苗方法。一般利用火炕式甘薯育苗阳畦、酿热温床、电热温床、双层塑料薄膜覆盖温床或简易温室，进行种薯高温催芽，提早育苗。薯苗长出后，分批剪插到另外设置的较大面积的温床或加温塑料大棚内，加强水肥管理，产苗后再剪插到更大的塑料大棚内，利用太阳能促进幼苗生长，并继续以苗繁苗。待露地气温适宜时，不断剪苗栽入采苗圃，经多次栽插，最后定植到无病毒留种田。

2. 采苗圃育苗法　在露地设置采苗圃的作用是以苗繁殖苗，除可加大繁殖系数外，还可培育壮苗。采苗圃要加强水肥管理，勤松土，消灭病、草害，使茎蔓生长迅速，分枝多而苗壮，一次次剪苗再扩大繁殖。建设好采苗圃是甘薯良种繁育的关键措施之一。

3. 单、双叶节繁殖法　利用单、双叶节栽插是高倍扩繁的一种有效措施。这种繁殖方法又可分为两种：一种是把采苗圃的壮苗剪短节苗，直接栽到留种地；另一种是在春季育苗阶段，采用单、双叶节一级或多级育成苗，再从采苗圃剪长苗栽到留种地里。前一做法是利用采苗圃的壮苗，多次剪取一个叶节或两个叶节的苗，密植栽入留种地。剪苗时若用单叶节，每一节上端要留得短些，一般不超过0.5cm，下端要留得长些，然后选好繁殖地，于下午栽插。栽后多浇些水，次晨再浇一次水，盖上一层薄土，再盖沙封平窝；以后要加强田间管理，使幼芽及时出土。后一做法是将火炕或温床培育出的粗壮苗剪成单、双叶节苗，进行栽插。由于火炕苗上部叶片多、节间短，可将顶叶下约5cm长作为一段，向下再按单、双叶节剪法剪取。移栽前苗床先要浇透水，然后带泥直栽。单节苗栽插深度以保持叶腋在地下0.5cm为宜，如叶腋露出地面，就会降低成活率。双叶节则可一节栽入地下，另一节留在地表。一般株行距为（15～20）cm×（40～50）cm，这样能使植株生长比较一致。一般双叶节苗优于单叶节苗，繁殖系数则低于单叶节苗。

二、马铃薯种子（薯）生产技术

在无性繁殖作物中，马铃薯的退化现象最明显，并在世界各地普遍存在。退化的马铃薯植株束顶矮小，叶片皱缩卷曲，块茎变形龟裂，产量逐年下降，甚至绝收。现代科学研究证明，马铃薯在种植过程中极易感染病毒，在适宜条件下（如高温），病毒会迅速在植株体内

繁殖，并可运转和积累到块茎中。由于无性繁殖，病毒危害逐年加重，所以病毒侵染是引起马铃薯良种退化的根本原因。目前国内外普遍采用茎尖组织培养生产脱毒种薯技术及配套的良种繁育体系来解决马铃薯退化问题。

（一）茎尖培养生产脱毒种薯技术

由茎尖培养脱毒种薯的原理是病毒在马铃薯植株中分布不均匀，病毒侵染速度慢于幼嫩组织生长的速度。因而，在代谢活跃、生长较快的分生组织中没有病毒或很少病毒，特别是靠近茎尖端处的分生组织中没有病毒。因此，利用茎尖作为外植体经组织培养可得到无病毒植株。茎尖培养生产脱毒种薯技术可参见图 4-3。

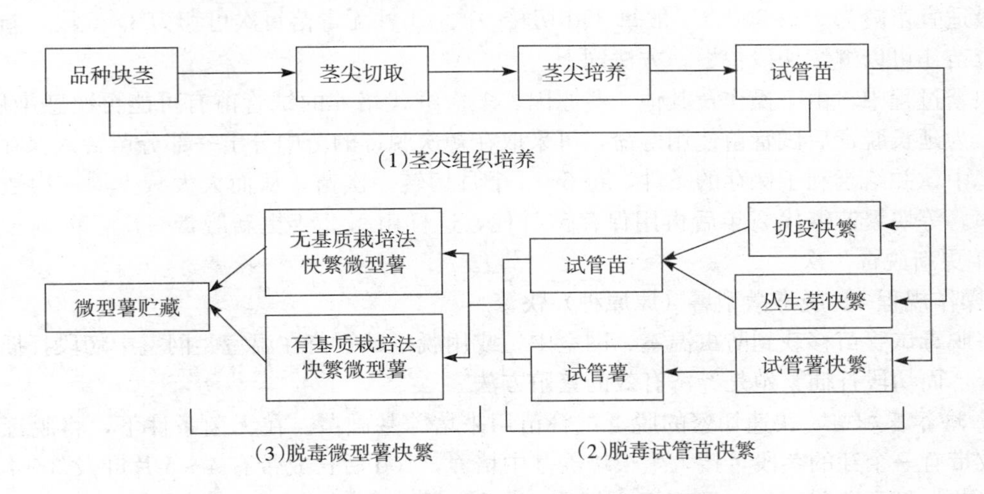

图 4-3 脱毒苗快繁与微型薯生产示意图

【操作规程 1】取材与鉴定

1. 取材　对准备脱毒的马铃薯品种，首先要选择具有本品种特征特性、生长势强、田间表现无病毒病的单株或块茎作为茎尖脱毒的基础材料。

2. 鉴定　由于 PSTV 是目前最难脱除的类病毒，所以在进行脱毒前，还要对入选的单株进行 PSTV 检测，淘汰带有 PSTV 病毒的单株。鉴定方法有田间观察、指示植物（如番茄幼苗等）接种鉴定、聚丙烯酰胺凝胶电泳等方法。无 PSTV 病毒的典型块茎用 1%硫脲+5mg/L 赤霉素浸种 5min 可打破休眠，在 37℃恒温培养箱中干热处理 30d 后作茎尖剥离。

【操作规程 2】茎尖剥离与培养

1. 消毒　用经过消毒的刀片将发芽块茎的茎尖切下 1～2cm，清水漂洗，剥去外面叶片，进行表面消毒。方法是：先将茎尖在 75%酒精中迅速蘸一下，随后用饱和漂白粉上清液或 5%～7%次氯酸钠溶液浸 20min，再用无菌水冲洗 3～4 次。

在无菌操作台上将消毒的芽置于 30～40 倍解剖镜下进行茎尖分离，用解剖针逐层剥去茎尖周围的叶原基，暴露出顶端圆滑的生长点，切取长 0.1～0.4mm、带有 1～2 个叶原基的茎尖用于培养。一般切取的茎尖越小，脱毒效果越好，但成活率越低。

2. 茎尖培养　将接种于试管中的茎尖放在培养室内培养，培养基以 MS 培养基较为理想，培养温度 18～25℃，光照度 2 000lx，每日光照 10h，培养诱导 4～5 个月可长成 3～4 个叶片的小植株，将其按单节切段，接种于有培养基的三角瓶或试管中进行扩繁。30d 后再按单节切段，分别接种于 3 个三角瓶或试管中，成苗后其中一瓶苗保留，另外两瓶苗用于病毒鉴定。

3. 病毒鉴定常用方法　病毒鉴定常用方法有 ELISA 血清鉴定法和指示植物接种鉴定法，检测结果为无病毒的才可将保留的一瓶苗进行扩繁，如有病毒时必须淘汰保留的那瓶苗。

【操作规程 3】脱毒试管苗切段快繁

获得一瓶脱毒试管苗后应进行数次的扩繁，才能生产无毒小薯。在严格隔离、消毒的条件下，将脱毒试管苗切成带 1～2 个芽的茎段，接种于快繁培养基上进行快繁，扩繁脱毒苗的培养基仍为 MS 培养基，培养温度 22～25℃，光照度 2 000～3 000lx，每日光照 16h。试管苗最适宜苗龄为 25～30d，一般每 25d 切转一次，1 株无毒苗每次可切为 3～6 段，新培养的无毒苗还可以继续切段快繁，方法同上。

快繁过程中，由于操作及其他一些原因，多次继代培养的试管苗有可能再次感染病毒。因此，为延长脱毒后试管苗使用寿命，可采取在初次脱毒的苗中分出一部分苗转入保存用的培养基中，并给予利于保存的条件，每 6～8 个月切转一次苗，从而大大减少周转次数及污染几率。等快繁苗继代 2 年后再用保存苗替代，这样由每 2 年更新脱毒一次，可延长到每 6～8 年更新脱毒一次。

【操作规程 4】脱毒微型薯（原原种）快繁

将脱毒试管苗移栽到防虫温室、网室中，或用脱毒试管苗在温室、网室中切段扦插生产微型薯，而切段扦插繁殖是经济有效的繁殖方法。

1. 培养基础苗　快速切繁的脱毒试管苗用来培养基础苗。在无菌条件下，将脱毒试管苗切成带有一个芽的茎段，接入生根培养基中培养，10d 后长成带有 4～5 片叶及 3～4 条小根的小苗，打开培养瓶封口置于温室锻炼 2d 后，就可以往温室中经过消毒的苗床上移栽，为提高幼苗成活率和繁殖系数，一般是将试管苗移栽至防虫、无毒的基质中，移栽后要遮阴，生根后要除去遮阴材料，还要注意浇水和喷营养液。移栽 10d 后，幼苗长出新根；20d 后，苗长至 5～8 片叶时，即可进行第一次剪切。剪切时要对所有用具及操作人员进行严格消毒，剪苗时要剪下带有 1～2 片叶的茎尖或带有 2～3 片叶的茎段。每次剪切后都要对基础苗加强管理，提高温湿度，喷施营养液，促进腋芽萌发，增加繁苗数量，以后每隔 20d 可剪切一次。

2. 扦插繁殖脱毒小薯（原原种）　上述剪切苗用于定植，在温室、网室内繁殖脱毒小薯。将从基础苗上剪下的茎段在生根液中浸泡 5～10min，然后扦插于苗床上，扦插用的苗床基质和扦插后的初期管理与基础苗移栽时相同。一般扦插后 60d 左右即可收获微型薯（原原种）。

（二）建立健全马铃薯脱毒种薯生产体系

1. 种薯分级　通过茎尖脱毒苗快繁获得的原原种数量有限，必须经过几个无性世代的扩繁，才能用于生产。目前，我国东北、西北、内蒙古、西南等高海拔、高纬度地区，普遍建立了四级脱毒种薯生产体系，即温室、网室生产原原种→原种基地生产原种→种薯生产基地生产一级种薯和二级种薯，二级种薯用于生产。

2. 生产基地的选择　马铃薯种薯基地应设置在气候冷凉、风速较大、地势开阔、有水源、生产条件较好、生产水平较高、交通便利的地区。种薯生产田周围至少有 500～600m 以上的空间隔离距离，隔离区内不能有其他马铃薯或马铃薯病毒的寄主，如苜蓿、烟草等。

3. 防止病毒再侵染　马铃薯种薯生产采用块茎繁殖，其繁殖系数低，生产速度较慢，而且在繁殖过程中很容易受到病毒和其他真菌、细菌的再侵染。因此，在加代扩繁时要配合农业技术措施，防止病毒再侵染，以保证原种和各级种薯的质量。

（1）早熟栽培促进植株成龄抗性形成。成龄抗性是指病毒易感染幼龄植株，病毒在幼龄植株内增殖和运转速度快，随着株龄的增加，病毒的增殖运转速度减慢。成龄抗性在块茎开始成龄时 2～3 周内完成，此时病毒不易侵染植株，也很难向块茎中运转和积累。具体措施：① 种薯催芽与早播可提前出苗，苗齐、苗壮，促进早结薯和成龄抗性的形成。催芽方法同一般大田生产。春播播期尽量提早，二季作地区秋播播期适当推迟，尽可能避开夏季高温的不利影响及蚜虫发生期和传毒高峰期。② 播种后覆盖地膜可显著提高地温，促进早出苗、早结薯。③ 适当加大种植密度，可收获更多的小薯块。④ 切块播种时，必须严格进行切刀消毒。⑤ 合理施肥应以充分腐熟的有机肥为主，适当增施磷、钾肥，可增强植株抗病毒能力，促进早结薯。避免过量施氮肥，以防茎叶徒长而延迟结薯和成龄抗性的形成。

（2）及时拔除病株和防蚜灭蚜。拔除病株是消灭病毒侵染源，防止病毒扩大蔓延的主要措施。在种薯生长期间应经常深入田间拔除病株，拔除病株在苗齐后蚜虫发生就应开始，逐垄检查，发现病株要及时、彻底拔除地上植株和地下母薯及新生块茎，小心装入密封袋中，防止蚜虫抖落或迁飞，将袋运出种薯田外深埋处理。从蚜虫出现开始，每隔 7～10d 喷施一次灭蚜药，以不同种类的农药交替喷施，效果更好。

（3）适期早收和灭秧。适期早收可避免病毒传到块茎。收获前毁灭茎叶，在一定程度上可阻止晚疫病菌和已感染的病毒传到块茎。灭秧的方法有拔秧、割秧、化学药剂杀秧等。

（4）其他途径。在中原两季作和南方两季作地区采用秋、冬留种，西南混作区采用高山留种等措施，对减轻马铃薯病毒病害也有一定效果。在两季作地区，如河南、山东等地不具备高纬度或高海拔的留种条件，可采用两季留种——春留秋繁的方法繁殖种薯，即用无病毒种薯于早春催芽播种，于 6 月中旬左右收获，避开蚜虫迁飞期，收获后短期贮藏，进行秋播繁殖，为来年春季提供大田用种薯。这种方法能有效防止病毒再侵染，延缓种薯退化。

实　践　活　动

调查当地甘薯或马铃薯种薯（苗）的生产情况或种薯（苗）的来源。

【知识拓展】高粱杂交种繁殖制种技术操作规程

一、原种生产技术（“三系”亲本繁殖）

（一）原种生产方法

可以利用育种家种子直接生产原种；也可根据亲本种子的混杂程度，采用“测交法”或“穗行法”生产原种。其中“测交法”操作技术规程如下：

1. 不育系、保持系“测交法”操作规程

【操作规程 1】选择单株，成对授粉

（1）播种。不育系、保持系单行相邻种植。一般要错期播种，待不育系发芽后播种保持系。

（2）套袋授粉。开花前根据原系特征特性选择典型保持系、不育系成对合套一袋，选套数量不少于100对，分别成对编号挂牌。开花期多次拍打纸袋辅助授粉。

（3）复选和收获。成熟后，在田间根据原系特征特性对初选穗进行复选，分别单收单脱，成对保存。

【操作规程2】穗行鉴定，测交制种

（1）播种。上年入选的不育系、保持系按序号成对单行相邻种植，要错期播种。每一穗行种植面积和留苗密度相等。并在附近种植若干行原定组合恢复系原种，供测交用，要注意调节好花期。

（2）穗行鉴定。开花前根据原系特征特性和整齐度进行鉴定，选择典型穗行不少于30对。在入选穗行中选择优良单株成对套袋留种，每穗行不少于10对，并编号挂牌。同时，入选不育系穗行每行套袋3～5穗，进行雄性不育性能鉴定。

（3）测交制种。在入选不育系穗行内，再选套20穗，同时选套恢复系。在盛花期，采集花粉，混合均匀，给不育系授粉，并编号挂牌。

（4）复选和收获。成熟后，对选套留种的不育系、保持系，根据特征特性及雄性不育性能鉴定结果，选留20对穗行，分别脱粒留种，测交穗按穗行收获，混合脱粒，妥善保管。

【操作规程3】穗系比较，测交种产量鉴定

（1）播种。上年入选的不育系、保持系按序号成对单行相邻种植，要错期播种，各穗系播种面积和留苗密度相等。

（2）穗系比较。开花前根据原系特征特性和生长整齐度进一步鉴定，如发现杂株、可疑株或生长不整齐的全系淘汰，入选穗系成对套袋授粉，并做标记，套袋数量根据繁殖面积而定。

（3）测交种产量鉴定。将上年测交种按品比试验要求种植，选用纯度较高的相同组合的种子作对照，进行产量鉴定。开花前，对每个供试种套3～5穗，进行恢复力鉴定。

（4）收获和决选。成熟后，不育系、保持系套袋穗分穗系混收，根据测交种比较试验的产量结果和恢复力鉴定结果，综合考察，决定取舍。入选的不育系、保持系的穗系即为原种。

2. 恢复系“测交法”操作规程

【操作规程1】套袋自交

选择单穗套袋自交，成熟后进行复选，单穗脱粒留种。

【操作规程2】穗行鉴定、测交制种

将上年入选穗种植穗行，并在附近种植同一来源的原组合不育系，根据原系特征特性选择典型穗行30个，在入选穗行内选株套袋自交，同时与不育系测交制种，每穗行不少于10对，编号挂牌，成熟后进行复选，恢复系、测交种按穗系分别脱粒留种。

【操作规程3】穗系比较，测交种产量鉴定

将上年入选穗行的自交穗按编号种植穗系，每系选套10穗。

测交种要选用质量符合GB 4404.1标准的相同组合的种子作对照，进行产量鉴定。同时在每个供试种内套袋3～5穗，测定恢复力。成熟后，根据测交种产量和恢复力鉴定结果进行选择，将入选穗系的套袋穗混合脱粒，即为原种。

（二）亲本种子的繁殖

操作规程如下：

【操作规程 1】隔离

亲本种子繁殖田与相邻同作物不同系的花粉源距离不得小于500m。

【操作规程 2】选地

选择地势平坦、地力均匀、土地肥沃、排灌方便、通风透光、旱涝保收的地块，切忌重茬。

【操作规程 3】播种

（1）适时播种，在地表 5cm 处，地温稳定通过 12℃时开始播种。

（2）为使不育系和保持系达到花期相遇，待不育系发芽后播种保持系。

（3）根据地力和亲本特性，确定合理密度为 90 000～120 000 株/hm^2。

（4）不育系繁殖田母本行数不应超过父本行数的4倍。

（5）可在保持系行内种植标志作物，以分辨不育系和保持系。

（6）直行播种，不种行头。

【操作规程 4】去杂去劣

在苗期、拔节后和开花前，分期将杂、病、劣株和怀疑株全部拔除。花期鉴定时，杂株和怀疑株散粉株率的总和，原种田不得超过 0.03%，原种一代不得超过 0.05%，原种二代不得超过 0.2%。花期一旦发现杂株，及时拔除，就地处理。

【操作规程 5】花期防杂

花期严防人为因素将异品系花粉带入隔离区内。

【操作规程 6】辅助授粉

不育系繁殖田要及时、多次进行人工辅助授粉，以提高结实率。

【操作规程 7】割除保持系

授粉结束后，将保持系彻底割除。

【操作规程 8】收获

在霜前，不育系、保持系分别收获。收获前进行一次全面的田间复检，彻底淘汰可疑株、病劣株，固定专人，分收、分运、分晒、分打。

二、杂交种子生产技术

【操作规程 1】选地

同亲本种子的繁殖。

【操作规程 2】隔离

制种田与相邻作物的花粉源距离不得小于 300m。

【操作规程 3】播种

（1）适时播种，要根据所配组合调节花期，母本一次播完，父本分期播种。

（2）按照土壤肥力和亲本的株型决定留苗密度。

（3）根据父母本植株高低和父本花粉量多少决定父母本种植行比。

【操作规程 4】去杂去劣

父母本都要严格去杂去劣，分 3 期进行。

（1）苗期根据叶鞘颜色、叶色及分蘖能力等主要特征，将不符合原亲本性状的植株全部拔除。

（2）拔节后根据株高、叶形、叶色、叶脉颜色以及有无蜡质等主要性状，将杂、劣、病株和可疑株连根拔除，以防再生。

（3）开花前根据株型、叶脉颜色、穗型、颖色等主要性状去杂，特别要注意及时拔除混进不育系行里的矮杂株。对可疑株可采用挤出花药的方法，观察其颜色和饱满度加以判断。

花期鉴定时，制种田一级种子的杂株率不得超过1%，二级种子的杂株率不得超过2%，父母本分别计算。

【操作规程5】花期的预测和调节

1. 花期预测　拔节后可采用解剖植株的方法，始终掌握母本内部比父本内部少0.5～1个叶片或母本生长锥比父本大1/3的标准来预测花期。

2. 花期调节　如发现花期相遇不好时，要采取早中耕、多中耕、偏水偏肥、根外追肥、喷洒激素等措施，促其生长发育，或采取深中耕断根、适当减少水肥等措施，控制其生长发育，从而达到母本开花后1～2d第一期父本开花，第二期父本的盛花期与母本的末花期相遇。因为干旱或其他原因，影响父母本不能按时出苗的，可采用留大小苗或促控的办法，调节花期。

【操作规程6】辅助授粉

授粉次数应根据花期相遇的程度决定，不得少于3次。花期相遇的情况越差，则辅助授粉的次数应越多。对花期不遇的制种田，可从其他同一父本田里采集花粉，随采随授，授粉应在上午露水刚干时立即进行。

【操作规程7】收获

要适时收获，应在霜前收完。父母本先后分收、分运、分晒、分打。

【技能训练】

技能4-1　种子田去杂去劣技术

一、技能训练目标

通过种子田去杂去劣的操作，使学生掌握种子田去杂去劣的方法。

二、技能训练材料

小麦、水稻、大豆、棉花等当地主要作物的种子田，也可在生产田中进行去杂去劣操作。

三、技能训练操作规程

在进行去杂去劣之前，应熟悉需要去杂品种的典型性状。去杂时期一般是在作物品种形态特征表现最明显的苗期、抽穗开花期和成熟期分次进行。因分次进行实训时间太长，可安排在成熟期进行。

1. 小麦　小麦种子田去杂主要在黄熟初期进行。根据成熟早晚、株高、茎色、穗型、颖壳色、小穗紧密度、芒的有无与长短等性状去杂。

2. 大豆　大豆种子田去杂一般在苗期、开花期、成熟期分3次进行。根据幼苗基部的颜色、花色、叶形、株高、株型、结荚习性、成熟早晚、荚形、荚色、茸毛色等性状去杂。

3. 水稻　水稻种子田去杂一般在抽穗期和成熟期分两次进行。根据成熟早晚、株高、剑叶长短、宽窄和着生角度、穗型、粒型和大小、颖壳和颖尖色、芒的有无和长短、颜色等性状去杂。

4. 棉花　棉花种子田去杂一般在苗期、花铃期、吐絮期分3次进行。根据茎色、叶形、茎秆粗细、颜色、苞叶缺刻深浅、花冠的颜色、果枝生长节位、角度、吐絮早晚、株型、铃型等性状去杂。

种子田去杂去劣时，发现的杂株要连根拔除，以免再生。去杂的同时还要注意拔除生长发育不良、感染病虫害的劣株和杂草。拔除的杂株、劣株和杂草等应带出种子田另作处理。

四、技能训练考核

任选一种作物的种子田（或生产田），分期或集中一次进行去杂去劣，每个学生分担一定的面积，拔除杂劣株统一放在田头，由指导老师检查其中有无拔错的植株，再检查田块中遗留杂株的多少。根据每人去杂去劣是否干净、拔除的杂劣株的正确与否评分。

技能4-2　水稻“三系”及“三系”杂交水稻杂种优势观察

一、技能训练目标

通过观察，使学生掌握鉴别水稻“三系”的方法，提高识别“三系”的能力。并通过“三系”杂交种与其“三系”亲本的比较，了解水稻杂种优势的表现。

二、技能训练材料与用具

1. 材料　水稻杂交种及其“三系”亲本，水稻雄性不育系及保持系、恢复系植株的花穗。

2. 用具　显微镜、镊子、碘—碘化钾溶液、盖玻片、载玻片、米尺、天平、记载表和铅笔等。

三、技能训练操作规程

1. 水稻“三系”的观察

(1) 田间鉴定。在水稻“三系”的抽穗开花期，根据水稻雄性不育系和保持系在分蘖力、抽穗时间、抽穗是否正常和开花习性、花药形状等外部性状，在田间比较鉴别不育系和保持系、恢复系。选取穗顶部有少数颖花已开放过的“三系”穗子若干分别挂牌标记，以备室内镜检。

(2) 室内镜检。在“三系”的稻穗上各选取1～2个发育良好、尚未开花的颖花，分别用镊子把花药取出，置于不同的载玻片上，压碎夹破，把花药里的花粉挤出，滴上一滴碘—碘化钾溶液，盖上盖玻片，置于显微镜下观察其花粉粒。观察记载标准可参见附录一（水稻）。

2. 杂种优势观察记载项目　包括最高分蘖数、成穗率、株高、抗逆性、抗病性、穗长、每穗粒数、空壳率、千粒重、主要生育期、比亲本及推广品种增产百分率等。观察记载标准可参见附录一（水稻）。

四、技能训练报告

1. 写出所观察的水稻“三系”的名称及其外部特征，绘制显微镜下“三系”花粉的形态图，并表示其着色情况。

2. 对杂种优势调查结果进行比较分析。

技能 4-3 杂交水稻繁殖和制种技术

一、技能训练目标

掌握杂交水稻制种和不育系繁殖的技术。

二、技能训练材料与用具

1. 材料　杂交水稻制种田和不育系繁殖田。

2. 用具　放大镜、记载本、铅笔。

三、技能训练说明

本实验因延续时间较长，可结合生产技能课或教学实习分阶段操作。重点应放在确定制种方案、花期预测与调整、去杂去劣和人工辅助授粉等项目。

四、技能训练操作规程

【操作规程 1】选地隔离

选用水利条件好、排灌方便、阳光充足的中上等肥田。空间隔离，在风力较小的地方，要求制种田、繁殖田不小于 50m；在风力较大的地方，不小于 100m。时间隔离，制种田与其他稻田的盛花期相距不少于 20d。

【操作规程 2】算准父母本花期相遇的时间

适时播种，根据当地的气候条件，掌握开花期最适温度和湿度（气温 28～32℃，田间相对湿度 65%～85%）的季节，安排好制种田、繁殖田的安全抽穗期。

1. 制种田的播种期　要使制种田父母本花期相遇，必须根据两系播种至始穗时间长短的差异，调节好不育系和恢复系的播种期。父母本错期播种通常以第一期恢复系（采用三期恢复系的制种田，则以第二期恢复系）作标准计算。制种方案确定时，一般采取“差期定大向，积温作参考，叶龄是依据”的原则。

2. 繁殖田的播种期　一般先播不育系，后分两期播种保持系。第一期父本比母本迟播 3～5d（或在不育系长出 1 片叶左右），第二期迟播 7～9d（或在不育系长出 2 片叶左右）。

【操作规程 3】培育壮秧

选择肥力中上等、排灌方便的田块作秧田，施足基肥。一般秧田播种 150kg/hm^2 种子。加强秧田管理。我国南方生产上应用的籼型三系材料多属感温类型，秧龄不宜过长，恢复系一般掌握 7～8 叶（IR30 秋季生育期较短，可提早至 6 叶）时移栽。

【操作规程 4】行比、行向、规格

1. 制种田　应根据父母本植株高矮和父本花粉量多少决定行比。父母本高矮相差不大，父本分蘖力弱、花粉量少，行比要小些；父本植株比母本高，分蘖力强，花粉量又多，行比可大些。一般可采用 1∶6～8 或 2∶10～18 的行比。恢复系与不育系之间要相隔 26～30cm，母本不育系的株行距以 13～16cm 为宜，行向则以东西向为好。

2. 繁殖田　一般采用 1∶2～4 的行比。不育系和保持系行距 20～23cm，不育系行距 13～16cm，不育系、保持系株距 13～16cm。

【操作规程 5】花期预测

制种田母本插秧后 25～30d 起，每隔 3d 选择有代表性的父母本各 1 株，仔细剥开主茎检查幼穗发育进度。在田间借助放大镜或凭肉眼进行粗略鉴别，其标准是：一期白圆锥，不明显；二期白毛尖，苞毛现；三期毛丛丛，似火焰；四期 1cm，粒粒见；五期 3.3cm，颖壳分；六期叶枕平，谷半长；七期穗定型，色微绿；八期大肚现，穗将伸。达到父母本花期相遇的要求是 1～3 期父本比母本早一期（倒三叶父本比母本早伸展 1/3 叶），4～6 期母本逐渐赶上父本（倒二叶父本比母本早 1/4～1/5 叶，剑叶父母本同时抽出），7～8 期母本比父本略早。

花期预测发现不遇时，要进行花期调整。

【操作规程 6】去杂去劣

制种田和繁殖田除杂去劣很重要，具体做法见技能 4-1。

【操作规程 7】喷赤霉素

为了减少不育系的包颈穗率，增加父本穗的高度，借以提高异交结实率，在主穗刚露出叶鞘时喷施赤霉素有良好效果。具体喷施量按剂型使用说明或经试验后确定。

【操作规程 8】人工辅助授粉

当父母本开花时，每隔 20min 左右用尼龙绳或竹竿横拉稻株一次，重复多次，直到父本当天开花结束为止，一般每天 3～4 次。

【操作规程 9】收获

先收父本，后收母本。单收、单脱、单藏。

五、技能训练报告

1. 制种田花期预测结果记录。

2. 根据制种全过程的实践及制种产量写成总结报告。

技能 4-4　棉花制种田人工去雄、杂交质量监控工作流程

一、技能训练目标

通过参加某种子公司杂交棉制种基地的顶岗实训，使学生熟悉棉花制种田人工去雄、杂交质量监控工作流程，能从事棉花种子生产技术员（质量监控员）工作，并为将来指导棉花种子生产奠定基础。

二、技能训练材料及用具

棉花杂交制种田。每 2～4hm^2 配备监控员 1 人，每公顷配备去雄授粉人员 45 人，配备作为标识用的红色绳或布条 90 000 根。

三、技能训练说明

为了确保棉花制种质量，使棉花制种工作管理向制度化、规范化和标准化发展，达到优质、高产、高效的目的，种子公司要安排专门的技术人员（质量监控员）对棉花制种基地的各个制种工作环节实行严格的质量监控和技术指导，这是保证和提高棉花种子质量和产量的重要途径。

四、技能训练操作规程

【操作规程 1】隔离区监控

要求棉花制种田集中连片，制种区内不得种植其他品种的棉花或玉米、高粱等高秆作物，空间隔离距离达到 300m 以上。隔离区检验一般在棉苗移栽期进行。

【操作规程 2】苗期监控

主要检查苗期去杂情况。不同的杂交棉亲本，其特征特性不同，在苗床上要经常鉴别，

根据幼苗长势、叶形、叶色等形态特征进行去杂。苗期去杂要细、要严，力争将80%以上的杂株在苗期去除。

【操作规程3】蕾期监控

主要检查蕾期去杂情况。蕾期根据棉株形状、节间长短、叶片大小、叶形叶色、有毛无毛等特征严格去杂。要求父本杂株率为0，母本杂株率在0.1%以下。

【操作规程4】去雄授粉期检验

去雄授粉期是整个制种过程中最关键的时期，要重抓该期的田间监控（表4-7）。去雄授粉期一般在7月5日至8月15日。在开始去雄授粉工作前，必须先清场，即将父母本所开的红、白花和已结的自交铃彻底清除。去雄授粉期还要根据棉铃形状和大小进一步去杂。

表4-7 去雄授粉期田间监控工作流程表

时间表	工作内容	工作标准	处理程序
早上 5:00～7:00	1. 检查早上去雄情况 2. 布点查花	早上禁止制种户进地剥花（去雄）	发现有剥花者，立即禁止。不服从者，记录并下处罚通知单
上午 7:00～9:00	检查清场情况及授粉情况，并填写《棉花杂交制种田间查花记录表》	1. 清场标准：制种田没有红、白花 2. 清场完毕方能授粉，授粉均匀充分 3. 严禁制种户偷剥大花	发现红、白花及偷剥大花者，立即纠正，并按制度规定及时处理，严重者列为重点监控户
下午 15:30～18:30	1. 检查去雄是否干净 2. 检查有无自交铃 3. 填写《棉花制种田质量调（抽）查表》	普查所管辖的地块，抽查15个点，每点30株，做好记录。每天应选择不同的检查路线，有重点地抽查	发现问题及时解决，对违规者按制度规定进行处罚
晚上 19:00～20:00	整理材料	1. 棉花制种田质量调（抽）查表 2. 棉花杂交制种重点制种户监控表 3. 棉花杂交制种田间查花记录表 4. 工作日志	晚上20:00前上交材料，并将不能解决的问题及时上报

【操作规程5】收获期监控

收花根据棉花成熟情况和气候条件决定，在中原地区一般截止到10月25日，之后收获的子棉不能作为种子棉。收购时要求统一采摘，地头收购，分户取样，集中晾晒，严禁采摘“笑口棉”、僵瓣花。9月初对制种田进行估产，收购标准：收购数量与估产误差不得超过5%。

五、技能训练报告

根据棉花制种田人工去雄、杂交质量监控工作全过程的实践，完成棉花制种田质量调（抽）查表、棉花杂交制种重点制种户监控表、棉花杂交制种田间查花记录表、工作日志。

技能4-5 玉米自交与杂交技术

一、技能训练目标

使学生了解玉米花器构造和开花习性，掌握玉米自交和杂交技术。

二、技能训练材料与用具

1. 材料　各种类型的自交系和选育玉米自交系的基本材料。

2. 用具　羊皮纸袋、剪刀、曲别针、小绳、70%酒精、棉球和铅笔。

三、技能训练操作规程

(一) 观察玉米的花器构造和开花习性

1. 玉米的花器构造　玉米是雌雄同株异花植物。雄花着生在植株顶端，为圆锥花序，由主轴和分枝构成。主轴顶部和分枝着生许多对小穗，有柄小穗位于上方，无柄小穗位于下方。每个小穗由2片护颖和2朵小花组成，小花位于护颖之间。每朵小花有内外颖各1片、3枚雄蕊和1片退化了的雌蕊（图4-4）。

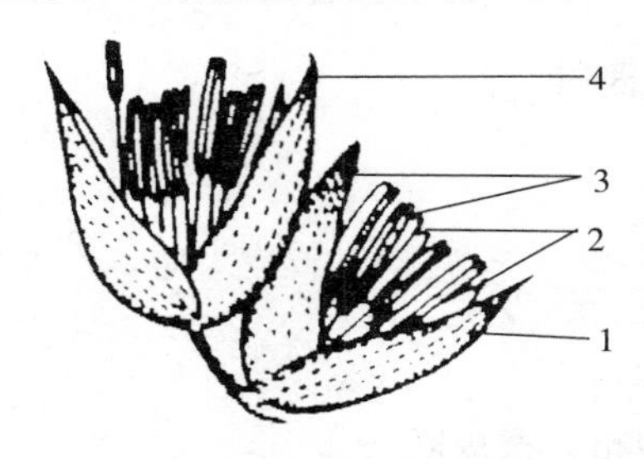

图4-4　玉米雄花小穗构造

1. 第一颖　2. 第一花　3. 第二花　4. 第二颖

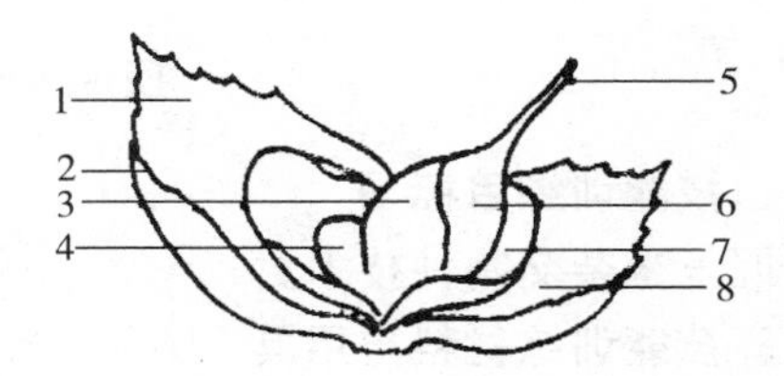

图4-5　玉米雌花构造

1. 第一颖　2. 退化花的外颖　3. 结实花的内颖　4. 退化花的内颖　5. 花柱　6. 子房　7. 结实花的外颖　8. 第二颖

雌花由叶腋的腋芽发育而成，由穗柄、苞叶、穗轴和雌小穗组成。穗轴上着生许多纵行排列的成对无柄雌小穗。每个小穗有2朵花，其中1朵花退化。正常的花由内颖、外颖、雌蕊组成。雌蕊由子房和花柱组成。花柱亦称花丝，它的每个部位均有接受花粉的能力（图4-5）。

2. 玉米的开花习性　同一植株的雄花比雌花一般早开2～4d。雄穗抽出2～3d开始开花散粉，开花顺序是主轴上部开始，依次由上向下开放。侧枝开花顺序也是如此。雄穗开花一般上午7:00左右开始，8:00～10:00开花最多，午后开花显著减少。开花适温25～28℃，相对湿度为70%～90%；温度低于18℃，高于38℃，花不开放；相对湿度低于60%开花很少。在温度28～30℃和相对湿度65%～80%的条件下，花粉生活力能保持5～6h，8h后生活力下降，24h则完全丧失生活力。一个雄花序始花至终花需5～8d。

雌穗吐丝顺序是中下部的花丝先伸出，依次是下部和上部。一个果穗开始吐丝至结束需5～7d。花丝从露出苞叶开始至第10天均有受精能力，但以第2～4天受精能力最强。

(二) 自交方法

1. 雌穗套袋　当选定的单株雌穗抽出叶鞘而花丝尚未吐露之前，用羊皮纸袋套上雌穗，并用回形针把袋口夹紧，以免昆虫入内或被风吹掉。

2. 雄穗套袋　当套袋雌穗的花丝从苞叶吐出3cm左右时，在授粉前一天下午，用较大的羊皮纸袋（30cm×16cm）套上雄穗，并把纸袋口外折成三角形，用回形针别紧，防止花粉漏出。

3. 采粉授粉　雄穗套袋后第二天上午露水干后，一般在8:00～10:00进行采粉。一手拿雄穗穗柄，把雄穗轻轻弯下并不断抖动，使新鲜花粉振落袋内，然后另一手取下纸袋，叠牢袋口，将花粉汇集于袋角处。

与此同时，迅速把雌穗套袋取出，将采集的本株花粉授到花丝上，随即套回纸袋，照旧用回形针别紧。授粉后挂上纸牌，写上品种名称、自交符号（⊗）、自交日期和授粉者姓名。

（三）杂交方法

玉米杂交方法与自交相似，不同之处是从父本自交系的雄穗采粉，授给母本自交系的雌穗。当母本的雌穗即将吐丝时，在给雌穗套袋的同时拔去同株的雄穗。授粉的前一天下午，选择父本自交系优良单株，将其雄穗套袋，第二天上午 8:00～10:00 采粉并给母本授粉。母本雌穗接受父本花粉后仍套回纸袋，挂牌写明杂交亲本名称、杂交符号（×）、杂交日期、授粉者姓名。

四、技能训练报告

每个学生自交和杂交各 2～3 个果穗，果穗成熟后检查结实情况，并写出实习报告。

技能 4-6　玉米杂交制种

一、技能训练目标

掌握玉米杂交制种技术。

二、技能训练材料与用具

1. *材料*　玉米杂交制种田。

2. *用具*　玉米采粉器［小竹筒（直径 5cm）、细纱布、橡皮圈］。

三、技能训练操作规程

【操作规程 1】选地隔离

选土壤肥沃的田块作玉米制种或亲本繁殖田，并在其四周设置隔离区。

【操作规程 2】制种地播种

1. *确定行比*　据亲本株高、花粉量多少等情况确定父母本行比及种植规格。

2. *调节播种期*　据父母本生育期的差异调节播种期，以求花期相遇。

3. *精细整地*　施足基肥，提高播种质量，力争一次全苗。

【操作规程 3】田间管理及除杂去劣

玉米制种的田间管理与一般栽培管理相似，但玉米自交系生活力较弱，因而要求较高的肥水管理。

1. *间苗补苗*　两叶期检查缺苗情况，及时移苗补缺，4～5 叶期结合除杂去劣，间苗、定苗和中耕追肥。

2. *施攻苞肥和攻粒肥*　拔节后一周，重攻苞肥，抽雄期补施攻粒肥，提高制种产量。

3. *除杂去劣*　这是保证种子质量的有效措施，分 3 次进行。

第一次（苗期）：4～5 叶期。根据叶鞘颜色、叶片形状和颜色，结合间苗进行，每穴留苗 2 株。拔节期再根据拔节迟早及生长势不同除杂去劣，拔掉那些长势特别旺盛、拔节较早的杂株，然后定苗，每穴留苗 1 株。

第二次（抽雄期）：根据雄穗分枝多少、花药色、花丝色不同清除杂株。

第三次（收获后）：根据果穗形状、粒色、粒型、轴色清除杂穗。

【操作规程 4】花期预测

拔节后 5～6d 即可预测花期是否相遇，若发现花期不遇，要及时采取措施进行调节。

【操作规程 5】去雄及人工辅助授粉

1. *母本去雄*　当母本雄穗刚抽出未散粉前及时进行母本去雄，母本去雄要做到及时、彻底、干净，坚持天天进行，风雨无阻。当全田95%的母本株已去雄时，可一次带顶叶把剩余母本全部去雄。

2. 人工辅助授粉　每天上午8:00～10:00采集花粉，放入授粉器对母本株进行辅助授粉，连续2～3次。

【操作规程6】收获

分别收获父本、母本，收获时袋内外写好标签。在运输、晒干、脱粒过程中严防机械混杂。

四、技能训练报告

1. 每个学生都要参加制种田播种、除杂去劣、去雄、人工辅助授粉以及收获的全部过程。

2. 通过田间实践，要求每个学生能识别2～3个当地推广的杂交种亲本的特征特性。

3. 收获后进行全面总结，提出提高玉米制种田产量和质量的综合技术措施。

【回顾与小结】

本章学习了小麦、大豆、水稻、棉花、玉米、油菜、甘薯和马铃薯等作物的常规品种的种子生产技术、杂交制种技术及杂交亲本的种子生产技术，进行了6个项目的技能训练。

在小麦、大豆、水稻、棉花常规品种的种子生产技术中，需要掌握的重点是：原种生产的方法及技术环节；在水稻、棉花、玉米、油菜杂交品种的种子生产技术中，需要掌握的重点是：杂交水稻、杂交油菜的“三系”法制种技术，杂交棉花、杂交玉米的人工去雄制种技术；在甘薯和马铃薯种子生产技术中，需要掌握的重点是：茎尖培养生产脱毒种薯（苗）技术。

通过本章的学习，要将主要农作物种子生产的各项技术环节联系起来，综合运用所学知识和技能解决种子生产上的问题，能制定出相应的种子生产技术操作规程和指导种子生产，实现种子生产的高产、优质、高效。

复习与思考

1. 名词解释：叶龄差法　玉米自交系　光（温）敏核不育系　单交种　自交系原种　自交系良种

2. 小麦原种的生产方法有哪些？

3. 确定水稻杂交制种的父母本播种差期，常采用哪些方法？如何进行？

4. 为确保杂交水稻种子质量，应采取哪些防杂保纯措施？

5. 简述杂交水稻制种花期预测和调节的方法。

6. 试述两系杂交水稻制种的主要技术措施。

7. 分别叙述水稻雄性不育系和光（温）敏核不育系繁殖的技术要点。

8. 试述利用自交混繁法生产棉花原种的程序和方法。

9. 试述棉花杂交制种田母本去雄和人工授粉的方法。

10. 如何提高玉米杂交制种的产量和质量？

11. 试述油菜杂交制种的技术要求。

12. 茎尖培养生产无病毒马铃薯种薯的原理是什么？主要技术环节有哪些？

第五章 蔬菜种子生产技术

学 习 目 标

◆ 掌握叶菜类常见蔬菜的常规种子生产技术和杂交种子生产技术。
◆ 掌握根菜类常见蔬菜的常规种子生产技术和杂交种子生产技术。
◆ 掌握茄果类常见蔬菜的常规种子生产技术和杂交种子生产技术。
◆ 掌握瓜菜类常见蔬菜的常规种子生产技术和杂交种子生产技术。

第一节 叶菜类种子生产技术

技 能 目 标

◆ 掌握大白菜和甘蓝原种生产的成株采种技术。
◆ 掌握大白菜和甘蓝良种生产的小株采种技术。
◆ 掌握大白菜和甘蓝利用自交不亲和系杂交制种技术。

叶菜类蔬菜种类很多，其中面积较大、种植较多的是白菜和甘蓝，均为十字花科芸薹属二年生蔬菜作物。

一、大白菜种子生产技术

大白菜，又称结球白菜，是我国广大北方地区和中原地区的主要秋冬菜，其种植面积占秋播菜总面积的50%～60%。近几年，随着耐抽薹、抗热品种的推广，对大白菜种子的需求量在不断增加。

大白菜属于喜低温、长日照蔬菜。大白菜从萌动种子开始到长成叶球的任何时期，在10℃以下经过10～30d都可通过春化阶段。由于萌动种子经低温春化后春播，当年可抽薹、开花、结实，所以称为萌动种子低温春化型。

大白菜为虫媒异花授粉作物，所以采种田必须严格隔离。生产原种需空间隔离2 000m以上，生产良种或杂交制种至少需隔离1 000m以上。

（一）大白菜常规品种的种子生产技术

1. 大白菜常规品种的原种生产　大白菜的原种生产采用成株采种法（大株采种法）。即在秋季播种，种株于初冬形成叶球，选择典型种株贮藏越冬，翌春栽于采种田中，使之抽薹、开花、自然授粉产生种子。

成株采种法的优点是可以在秋季对种株进行严格选择，从而能保证原品种的优良种性和纯度，种子纯度高。其缺点是占地时间长，种子成本高；种株经过冬季窖存，第二年定植后生长势较弱，易腐烂，种子产量低。

成株采种法的种子生产技术可以分为秋、冬、春 3 个阶段。

【操作规程 1】种株的秋季栽培与选择

大白菜种株的秋季栽培技术基本上与秋播商品菜相似，但应注意以下几点：

（1）播期适当推迟。早熟品种一般要比商品菜晚播 10～15d，中、晚熟品种要晚播 3～5d。若播种太早，种球形成早，入窖时生活力已开始衰退，既不利于冬季贮藏，春季定植又易感染各种病害；若播种太晚，到正常收获期叶球不能充分形成，给精选种株带来困难，会使原种的纯度下降。

（2）密度适当加大。一般出苗后间苗 2～3 次，拔除病、杂、劣苗，选留健壮苗，留苗密度为中、晚熟品种 60 000 株/hm^2 左右，早熟品种 65 000～70 000 株/hm^2，一般比商品菜密 15%～30%。

（3）增施磷钾肥，减少氮肥用量。施肥以基肥为主，一般施入有机肥45 000～75 000 kg/hm^2、过磷酸钙 375kg/hm^2、硫酸钾 180kg/hm^2 作基肥，生长期间的氮肥用量要低于商品菜田用量，一般氮肥控制在 150～300kg /hm^2。

（4）后期浇水要少。结球中期要减少浇水量，收获前 10～15d 停止浇水，以减少软腐病的发生，提高冬季的耐贮性。

（5）适当提早收获。为防止种株受冻，种株收获一般比商品菜早 3～5d。

（6）种株的选择。种株的选择分 4 次进行：第一次在种株收获前 10d 左右田间初选，选择在株高、叶形、叶色、刺毛、叶球形状、结球性等性状上符合原品种典型性状的无病虫株，进行插棍标记，初选株数为决选株数的 2～2.5 倍；第二次在收获时复选，将初选株连根掘起，根据主根的粗细和病害等性状复选，复选株数是决选株数的 1.5 倍；第三次在冬季贮藏期间根据耐贮性再选，淘汰不耐贮藏的种株；第四次在翌春定植后的初花期决选，根据种株的分枝性、叶形等性状拔除非典型株。

（7）种株的收获。收获最好选择在晴天的下午进行，以避免上午露水较大时收获造成的伤帮现象。收获时连根掘起，带土就地分排摆放晾晒，用前排的叶盖住后排的根（晒叶不晒根），每天翻动一次，直到外叶全部萎蔫时，根向内码成圆垛或双排垛，每隔 3d 左右倒垛一次，降温时夜盖昼揭，直到气温达 0℃时入窖。注意根上附土让其自然脱落。

【操作规程 2】种株的冬季贮藏及处理

（1）种株的冬季贮藏与淘汰。种株贮藏的适温为 0～2℃，空气相对湿度为 80%～90%，各地可视情况采用沟藏或窖藏，北方以窖藏方式较多。窖藏以在窖内架上单层摆放最好，也可码成垛，但不宜太高，以防发热腐烂。入窖初期，因窖内温度较高，要每 2～3d 倒菜一次，随着窖内温度逐渐降低，可每隔 7～15d 倒菜一次。每次倒菜时剔除伤热、受冻、腐烂、根部发红、脱帮多、侧芽萌动早、裂球及明显衰老的种株。

（2）种株定植前的处理。

①切菜头：定植前 15～20d，在种株缩短茎以上 7～10cm 处将叶球的上半部分切去，以利于新叶和花薹的抽出，菜头的切法有一刀平切、两刀楔切、三刀塔形切和环切 4 种，以三

刀塔形切最好。无论采用哪种切法，均以不切伤叶球内花芽为度。

②晒菜栽子：将切完菜头后的菜栽子（即种株）根向下竖放于向阳处，四周培土进行晾晒，促使刀口愈合和叶片变绿，使种株由休眠状态转为活跃状态，以利于定植后早扎根。

【操作规程 3】种株的春季定植与田间管理

（1）种株的春季定植。

①采种田的选择、施肥与做畦：采种田应选择 2～3 年内没种过十字花科蔬菜，四周至少 2 000m 内没有十字花科植物，土壤肥沃，排灌方便的地块作采种田。采种田仍以基肥为主。为防止软腐病，要做成垄距 50cm、垄高 15cm 的小高垄，或做成畦高 15cm、畦宽 60～70cm、畦间距 30～40cm 的小高畦。每隔 4 个小高垄或 2 个小高畦留一个 50cm 的走道，以便于后期的田间管理。

②种株的定植：在确保种株不受冻害的情况下，定植越早，根部发育越好，花序分化越多，种子产量和质量越高。所以，一般在耕层 10cm 深处地温 6～7℃时即可定植。例如，华北、东北地区的定植期在 3 月中旬至 4 月上旬。

在畦上或垄上挖穴定植，定植的深度以种株切口与垄面相平为度，寒冷地区要在切口上覆盖马粪等有机肥防寒。定植时要细心培土踩实，以防培土不严，主根不能靠紧土壤，新根发生后因漏风而干死。定植时若墒情好，最好不浇水，以防降低地温。在每个小高畦上栽 2 行，距畦边 10～15cm 定植；而在每个小高垄上栽 1 行。定植的密度为 52 500～75 000 株/hm^2。

（2）定植后的田间管理。

①肥水与中耕：大白菜种子生产的春季肥水管理原则是前轻、中促、后控。定植 5～6d 后，若种株成活，及时将种株周围土踏实，如果干旱可浇一次小水，然后及时中耕一次，以提高地温；始花后，拔除抽薹过早株和病、弱、杂株后，穴施氮磷钾复合肥 300～450kg/hm^2，然后浇水一次；开花期，尤其是盛花期不可干旱，可浇水 3～5 次，并在叶面喷施 2～3 次 0.2%的磷酸二氢钾；盛花期后控制肥水，结荚期少浇水，黄荚期停水，以防造成贪青徒长，延长种子成熟，即"浇花不浇荚"。

②辅助授粉：大白菜是虫媒花，蜂量的多少与产量高低关系密切，所以要在采种田的开花期放养蜜蜂，密度以 15 箱/hm^2 蜜蜂为宜。如果蜂源不足，应在每天上午 9:00、下午 4:00左右用喷粉器吹动花枝进行辅助授粉。在 75%的花序结束开花时撤走蜜蜂。为了保护昆虫授粉，在开花期最好避免使用杀虫剂，在开花前做好虫害防治。必须使用杀虫剂时，喷药时间应在傍晚蜜蜂回巢后进行。

③围架摘心：种株进入开花后期，摘去顶尖 2cm 左右，以集中养分，促进种子饱满；同时，在每 4 个高垄或 2 个小高畦的四周打柱，用铁丝拦起围架，以防结荚后因"头重脚轻"而倒伏断枝，造成减产。

④病虫害防治：常发生的病虫害有软腐病、霜霉病、病毒病、蚜虫等。应及时防治，但注意喷药时间最好避开开花期，以防伤害授粉昆虫，影响授粉，降低种子产量。

（3）种株的收获。在种株的第一、二侧枝的大部分果荚变黄时，于清晨一次性收割，以免果荚开裂。晾晒、后熟 2～3d 后打、压脱粒。在种株收获、脱粒、清选、晾晒、贮运过程中，要防止机械混杂。晴天晒种不可在水泥地上摊薄暴晒，以免烫伤种胚。未晒干的种子不可装袋或大堆存放，以避免种子发热丧失发芽力。待种子含水量降至 9%以下方可入库贮藏。

成株采种法生产的原种纯度最高，但种子产量低。为提高产量，有的地方采用半成株采种法。半成株采种比成株采种再晚播 10d 左右，秋收时，种株呈半结球状态，春季定植时密度可加大到 67 500～82 500 株/hm^2。半成株采种由于秋末无法对种株严格选择，所以纯度不及成株采种法。

在河南、湖北等南方冬暖地区有种株露地越冬的采种方法。即入选的种株提早 10d 左右收获，连根掘起定植于采种田；寒冬来临前浇足越冬水，并用马粪或其他有机肥堆围种株；翌春用刀在种株叶球顶部割“十”字，助引花薹抽出和开花、结子。这种方法的种株根系发达，地上部分生长健壮，种子产量较高。

2. 大白菜常规品种的良种生产　大白菜良种生产采用小株采种法，即利用大白菜具有萌动种子在低温下可通过春化阶段的特性，在冬季或早春育苗，春季栽植直接采种。小株采种的优点是生产周期短、种子成本低、种株生长旺盛、种子产量高；其缺点是无法进行种株的选择，纯度不如成株采种法。小株采种法在技术上应抓好冬季育苗和春季栽植两个阶段的工作。

【操作规程 1】冬季育苗

大白菜的育苗期由于需要低温使萌动种子通过春化阶段，所以育苗要求的温度不高，采用阳畦（又称冷床）、塑料大棚都可以。育苗方法中最简单的是一次性不分苗阳畦育苗法。

（1）播前准备。

①冬前做阳畦：冬前选择 2～3 年内没种过十字花科植物、没喷过杀双子叶植物除草剂的背风向阳处建北墙高 33～35cm、南墙高 15cm、宽 1.5～1.8m、东西向延长的阳畦，一般每公顷采种田需 450～675m^2 的阳畦。做阳畦时，先把 20cm 深的熟土挖出，放在畦南边过筛，再将 15cm 深的生土挖出，拍作北墙，然后将畦底整平，铺一层细沙或炉灰，以便于起苗，最后将过筛的熟土按每平方米阳畦拌入腐熟的有机肥 13～20kg、磷酸二铵 130～200g、尿素 6～7g，拌匀后填回畦内，踏实耧平（以保证定植时不散坨）后扣膜、盖帘。

②浸种催芽：适期播种是培育壮苗、获得高产的基础。阳畦育苗的适宜苗龄为 60～70d，6～8 片叶。各地的定植适期以 10cm 地温稳定在 5℃以上为宜，由当地的定植期向前推 60～70d 即为适宜播期。一般播种量为 450g/hm^2 左右。将种子用 55℃左右温水浸种10～15min，期间不断搅拌，待水温降至 30～35℃时再浸种 1～2h，然后于 25℃条件下催芽 24h 左右，待 70%以上的种子露白即可播种。如果不能马上播种，可于 4℃以下保存，以防播种时因芽太长而断芽。

（2）播种。播种最好在晴天的上午进行。播种前 1～2d 或当天将畦内放大水浇透，以满足整个育苗期的需水量。待水渗后按 8cm 见方的距离用刀划成营养土方，于每个营养方的中央播 1 粒发芽种子，随播种随覆 0.5～0.8cm 的过筛细土，播种后立即盖严畦膜，傍晚时加盖草帘。

（3）苗期管理。

①育苗期的温度管理：按高温出苗、平温长苗、低温炼苗的原则培育壮苗。在播种至出苗期尽量提高阳畦内的温度。上午晚揭帘，下午早盖帘，或者盖双层帘保温，畦内温度控制在白天 20～28℃、夜间 10℃以上。在出苗至定植前 1 周是幼苗生长和通过春化阶段的关键时期。白天畦温控制在 15～20℃，夜间 4～7℃；白天畦温过高要进行放风降温，随着外界气温的上升，白天放风量逐渐增大，夜间覆盖物逐渐减少；定植前十几天，白天全放风，夜

间逐渐加大放风量；在定植前1周昼夜全放风炼苗。在定植前5d浇一次透水，然后切割营养土方，并起苗成坨，就地囤苗3～5d，以使土坨在定植时不散坨，有利于缓苗和增加幼苗的抗寒、抗旱能力。

②育苗期的肥水管理：在施足底肥的前提下，一般不需再追肥。若底肥少，幼苗明显变黄脱肥，可浇一次尿素水。在播种时浇透水后，由于生长前期放风口小，床内失水少，不必浇水；生长后期，在放风口加大后，幼苗缺水可适当浇水，但严禁大水漫灌，以防徒长。

【操作规程2】春季采种田的定植与管理

(1) 采种田的选择、施肥与做畦。基本同原种生产。

(2) 采种田的定植。早春10cm地温稳定于5℃以上时为定植适期（北方各地在3月上旬至4月上旬）。一般掌握在小苗不冻伤的原则下，定植越早越有利于根系的发育和花芽的分化。定植密度为60 000～75 000株/hm^2。一般在晴天的上午采用暗水定植，即先开沟（或穴），在沟内浇满水，水半渗时放入苗坨，水全渗后培土封穴，尽量不浇明水，以防降低地温。定植的深度以苗坨与垄面相平为宜，徒长苗可略深，以露出子叶节为度。

(3) 采种田的田间管理。在定植前施足基肥，定植时浇足水后，一般在现蕾前不旱不浇水、不施肥，采取多中耕、浅中耕来提高地温和提墒保墒，直到75%以上植株抽薹10cm左右时才开始追肥浇水。此后的管理技术同成株采种技术。

小株采种的成熟期比成株采种晚10～15d，收获后与菜田的播种期相距时间很短，需抓紧时间脱粒，以便及时为生产提供良种。

（二）大白菜杂交种子的生产技术

目前大白菜的新品种均为杂交种。生产大白菜杂交种的形式有多种，以采用自交不亲和系杂交制种为主。

1. 自交不亲和系的种子生产　自交不亲和系自交不亲和的原因是开花时雌蕊的柱头上产生了阻止同一基因型的花粉萌发的隔离层，这种隔离层在花蕾期还未形成，所以若在花蕾期剥开花蕾，再用本株的花粉授粉可正常自交结实。

自交不亲和系原种生产一般采用成株采种法，良种（即杂交制种用的亲本种子）生产采用小株采种法，具体技术与常规品种相同。但是，由于自交不亲和系在开花期自交不结实，必须采取措施让其自交结实。促使自交不亲和系开花结实的方法有两种：

(1) 蕾期人工剥蕾授粉。蕾期剥蕾授粉的最适蕾龄为开花前2～4d，此时花蕾呈纺锤形，长5～7mm，宽约3.5mm，花萼顶端开裂，花冠微露出花萼。剥蕾时，用左手捏住花蕾基部，右手用镊尖轻轻打开花冠顶部或去掉花蕾尖端，使柱头露出，然后用毛笔尖蘸取当天或前一天开放的花朵中的花粉，涂在花蕾的柱头上即可。人工剥蕾授粉工作虽然全天均可进行，但气温低于15℃或高于25℃时，坐果率差；以上午10:00～12:00授粉效果最好。人工剥蕾授粉，一般每人每天可获得8～10g种子。该法的种子生产成本高，但种子纯度高，适用于自交不亲和系的原种生产。

若同时在温室或大棚内繁殖若干个自交不亲和系时，不同的材料可由专人负责授粉，或授完一个材料后在室外更换工作服，将手及授粉工具用75%的酒精擦洗后，再继续做下一个材料。当室内发现有蜜蜂或苍蝇等飞入，要立即杀死，以防造成生物学混杂。

(2) 花期NaCl溶液喷雾法。为了克服人工剥蕾的麻烦，可在自交不亲和系开花期的每天上午10:00左右，用2%～5%的NaCl溶液喷花，尽量使柱头接触到NaCl溶液。因为

NaCl 能够与雌蕊柱头上的识别蛋白发生反应，产生蒙导作用，使柱头与花粉的亲和力得以提高。待花朵上 NaCl 溶液干后，大面积生产时利用蜜蜂辅助授粉，小面积生产时可采用喷粉器吹动花枝或用鸡毛掸子在花上来回轻轻拂动等方法人工辅助授粉，从而获得自交种子。此方法简便，成本低廉，适用于自交不亲和系制种亲本（良种）的生产。

需要注意的是，喷 NaCl 溶液后自交不亲和系的结实率及产量，因自交不亲和系不同而差异较大。所以，在繁殖某一新的自交不亲和系前，最好先进行喷 NaCl 的浓度试验后，再大面积应用。

2. 利用自交不亲和系生产杂交种子　大白菜杂交制种一般采用小株采种法，其杂交双亲的育苗、隔离、定植、田间管理等技术同常规品种的小株采种法，而与之不同的技术环节如下：

（1）双亲行比和播种量的确定。播种量为父母本种子共 450g/hm^2。而双亲的具体播量则根据杂交组合特点及双亲的行比来确定。

① 若双亲均为自交不亲和系，而且正、反交获得的杂交种在经济效益和形态性状上相同，可采用父母本为 1∶1 的比例播种、定植，父母本上的种子均为杂交种，可以混合收获、脱粒、应用。

② 若母本为自交不亲和系，父本为自交系，则父母本按 1∶4～8 的行比播种、定植，只收母本行上的杂交种子脱粒用于生产。父本自交系种子不能作种用，可在父本散粉后割除。

（2）双亲的花期调节。双亲的开花期相遇是提高杂交制种产量的重要因素。可在以下两个时期进行调节：

① 播种时：早开花的亲本可适当晚播，晚开花的亲本可适当早播。根据双亲从播种到开花的天数进行播期调节。

② 开花初期：对开花早的亲本，采用增施氮肥、进行摘心等措施，促其增加分枝，减缓开花；对开花晚的亲本，采用叶面喷施磷酸二氢钾，促其早开花。

二、甘蓝种子生产技术

甘蓝，为结球甘蓝的简称，俗称为洋白菜、卷心菜、包心菜、大头菜等。我国除了南方炎热的夏季，北方除了寒冷的冬季外，其他季节均可种植，在蔬菜生产和供应中占有十分重要的地位。

甘蓝为绿体春化型植物，要求营养体长到一定大小，才能感受低温通过春化。幼苗达到感受低温时的大小及通过春化所需的时间长短，因品种而异。幼苗接受低温的范围是 0～10℃，最适温度为 2～5℃。

甘蓝为长日照作物，不同品种对长日照要求不同。尖球型及扁圆型品种对光照要求不严格，种株在冬季埋藏或窖藏，翌春定植后均可正常抽薹开花；圆球型品种对长日照要求严格，冬季贮存必须有光照，否则翌春不能正常抽薹开花。

甘蓝为虫媒异花授粉作物，所以采种田必须严格隔离。

（一）甘蓝常规品种的种子生产技术

甘蓝常规品种的种子生产基本与大白菜相似，原种生产采用成株采种法，但良种生产必须采用半成株采种法。

1. 成株采种法生产原种技术　秋季设种株培育田，早熟品种稍晚播，以防叶球在收获前开裂；晚熟品种稍提前播种，使叶球充实便于选择。田间管理措施同正常商品菜的生产。在叶球成熟期和定植期分两次选择，选择符合原品种典型特征、结球紧实的植株。华南、西南和长江流域植株露地越冬或移植越冬。东北、华北和西北地区植株带根贮藏或定植于阳畦越冬，翌春定植前，将球顶切成“十”字形，以利花薹抽出。植株栽植密度依品种而异，一般为 45 000～52 500 株/hm^2。前期多中耕松土，以提高地温，促进根系生长。从开花初期开始，要保证供水充足，盛花后控水，种荚开始变黄时及时收获，晾晒 2～3d 后脱粒。

2. 半成株采种法生产良种技术　此法采用秋季晚播，到冬前长成松散的叶球，要求早熟品种茎粗 0.6cm 以上，最大叶宽 6cm 以上，具有 7 片以上真叶；中晚熟品种茎粗 0.8～1cm，最大叶宽 7cm 以上，具有 10～15 片以上真叶。冬前收获叶球贮藏或定植于冷床越冬。其他管理工作同成株采种法。

（二）甘蓝杂交种子生产技术

甘蓝具自交不亲和性。目前，生产上主要利用自交不亲和系作杂交亲本配制杂交种，多采用半成株采种法生产自交不亲和系种子和杂交制种。

1. 自交不亲和系的种子生产　自交不亲和系的种子生产是在严格隔离的条件下，用人工蕾期剥蕾授粉或花期喷盐水法进行种子生产。主要操作规程如下：

【操作规程 1】 秋季种株的培育

（1）育苗。

①育苗畦的选择与整地：由于自交不亲和系的抗逆性较差，育苗时正值高温多雨季节，所以要选择地势高燥、排灌良好、2～3 年内没种过十字花科植物、没喷过杀双子叶植物除草剂的地块作育苗畦。一般施入腐熟的有机肥 60 000kg/hm^2 左右，然后耕翻耙平，做成长 10～12m、宽 1m、高 10～15cm 的小高畦，畦间挖宽 30～50cm 的排水沟，以利于大雨后排水。

②适时播种：一般中、晚熟品种在 7 月下旬至 8 月上旬播种育苗，而早熟或中早熟品种在 8 月中旬至 9 月初播种育苗。播种一般在下午进行，播前浇足底墒水，水渗后筛覆一层细土，均匀撒播种子 2～3g/m^2，播后覆 0.5～0.7cm 厚的过筛细土。播种后马上搭棚遮阴，出齐苗后及时在早晨或傍晚撤掉覆盖物，并在苗床上再覆土 0.5cm 厚，以防畦面龟裂和保墒。

③分苗及苗期管理：按育苗畦的要求做好分苗畦，当幼苗达二叶一心时按苗距 10cm 见方分苗。分苗要在阴天或傍晚进行，分苗后立即浇水。过 5～7d 缓苗后再浇一次缓苗水，然后进行中耕蹲苗，当幼苗长到 6～7 片真叶时，移栽于种株田。

（2）种株田的管理及种株的选择。

①种株田的管理：种株田要提前整地，施入腐熟的有机肥 60 000～75 000kg/hm^2、过磷酸钙 450～750kg/hm^2，然后做成平畦。中、晚熟品种按株行距 33～40cm 定植，早熟及中早熟品种按株行距 27～33cm 定植。定植后的肥水管理及病虫害防治与菜田基本相同。

②种株的选择：在种株田根据植株开展度、叶色、叶形、叶面蜡粉的多少、叶柄、叶缘等性状是否符合原品种的典型性状进行初选，入选株插棍标记。越冬前长成半结球状态时，根据叶球的形状、包球紧实度等复选，拔除杂劣株。入选株在华南、西南和长江流域可露地

越冬，而华北及其以北地区则在冬前定植于温室越冬。

【操作规程 2】冬春季温室采种田的管理

（1）温室采种田的定植。10 月末对温室进行整地做畦，施入腐熟的有机肥75 000kg/hm^2、过磷酸钙 450～750kg/hm^2。11 月上旬采用宽窄行的形式定植种株，宽行行距 80～90cm，窄行行距 33～40cm，株距 27～33cm。

（2）采种田的管理。

①定植后至现蕾：要适当控制浇水，以中耕为主，提高地温，促进根系生长。室内温度控制在夜间 5～10℃，白天 10～15℃，可根据室内温湿度及外界气候条件酌情放风。

②抽薹至开花授粉期：随着外界温度升高，室内加大放风，温度控制在白天不超过25℃，夜间不低于 10℃。草苫可早揭晚盖，当夜间温度高于 10℃时可不盖草苫。在抽薹期、初花期、盛花期分别追施尿素 150kg/hm^2、225kg/hm^2、150kg/hm^2 和氮磷钾复合肥各150kg/hm^2；进入结荚期后要减少浇水，以防贪青晚熟，可进行叶面喷施 0.2%～0.4%的磷酸二氢钾 2～3 次，以增加种子千粒重。

③种株开花前：罩上纱罩，以防昆虫传粉。

④角果坐种后：及时撤去温室上的塑料膜，避免温度过高，影响种子发育。

（3）促进自交不亲和系自交结实。由于自交不亲和系在开花期自交不结实或结实很少，必须采用人工蕾期剥蕾授粉或喷盐水诱导自交亲和的方法强迫其自交结实。

①人工蕾期剥蕾授粉法：按开花时间计算，以开花前 2～4d 的花蕾授粉结实率最好；按花蕾在花枝上的位置计算，可从已开花的最后一朵花往上数第 6～20 个花蕾授粉结实最好。

剥蕾授粉时，左手扶住花蕾，右手用剥蕾器轻轻转动花蕾顶部的萼片和花冠，以不扭伤花柄和柱头、剥开花冠为度，露出柱头后，用棉签蘸取同系的新鲜花粉涂于柱头即可。为避免自交不亲和系的生活力衰退，最好采用系内各株的混合花粉进行授粉。

人工蕾期剥蕾授粉法由于纯度高，适用于自交不亲和系的原种生产。

②开花期喷盐水诱导自交亲和法：在开花期每隔 1～2d 用 5%食盐水于上午 9：00 左右喷花一次，盐水要尽量喷到柱头上，以诱导自交亲和，产生自交种子。喷盐水诱导自交亲和的方法在不同自交不亲和系上使用的效果不同，要先试验后再大面积使用。

开花期喷盐水诱导自交亲和法适用于自交不亲和系的良种生产。

【操作规程 3】种子采收

当种角果开始变黄，种子变褐时及时分期分批采收。采收过早，种子不饱满，影响发芽率；采收过迟，种角果易开裂造成损失。种子的采收、脱粒、晾晒、清选、保管要专人负责，严防机械混杂。

2. 甘蓝杂种一代种子生产技术　目前，甘蓝的杂种一代种子主要采用半成株法制种。主要技术如下：

【操作规程 1】杂交亲本的种株培育

杂交双亲的秋季种株培育与自交不亲和系的种子生产相同，只是要按双亲的行比分别计算双亲的播种量及面积，分别进行播种、田间管理及去杂选择。

【操作规程 2】亲本种株的越冬

甘蓝种株的越冬有露地越冬和保护地越冬两种方式。

（1）露地越冬。华南、西南和长江流域的种株采用露地越冬。方法是：在秋季即按双亲行比定植，冬前浇冻水后及时中耕培土，培土至叶球的1/2～2/3处，培土时要把种株的叶片扶起，用细土培好。翌春天气转暖后，逐渐将土扒开，直接进行杂交采种。这种方法既省工，又不伤种株根系，植株生长旺盛，种子产量也高。

（2）保护地越冬。东北、西北和华北地区的种株采用阳畦或埋藏等方式越冬。

①阳畦越冬：圆球型亲本系对光照敏感，越冬期要见到光照，翌春才能顺利抽薹开花，这类亲本系应采用阳畦越冬。方法是：选择背风向阳、土壤肥沃、前茬没种过十字花科蔬菜的地块，建长10～15m，宽1.5～1.8m、深35～45cm的阳畦。挖畦时将生土和表土分开，挖好后将表土按阳畦的面积混入基肥，一般施入腐熟有机肥7～10kg/m^2、磷酸二铵30～50g/m^2，土与肥混合均匀后填入畦中。入冬前将双亲按行比定植于阳畦内，封冻前及时浇冻水，夜间气温降到0℃以下时傍晚盖草帘，白天气温降到0℃以下时加盖塑料薄膜。草帘要白天揭、晚上盖，使植株充分见光、均匀见光。翌春随气温升高，逐渐撤掉覆盖物，对种株进行低温锻炼，并及时定植于制种田。

②埋藏越冬：此法适用于对光照不敏感的扁圆型和尖球型亲本系的越冬。方法是：立冬至小雪前，将种株连根掘起，就地晾晒1～2d（只晒叶不晒根）。在田间挖南北向贮存沟，沟宽1m，深度以达冻土层以下为度，长度依种株多少而定。待种株外叶萎蔫后将种株根向下排放，挤满一排后，用土将根基部围住，再排一排，直到将种株排完、沟填满为止。根据天气变化，在贮存沟的上方加或去覆盖物，使种株在越冬期间不至于受冻或伤热，贮存温度一般控制在1～4℃为宜。

【操作规程3】春季制种田的定植及管理

甘蓝杂交制种有露地、保护地、露地与保护地相间排列等方式。

（1）露地制种。当双亲的花期一致或大面积制种时，可采用露地制种。

①选地整地：甘蓝为虫媒异花授粉作物，制种田必须选择不连作的地块，空间隔离必须在1 000m以上。一般施入有机肥60 000～75 000kg/hm^2、过磷酸钙450～750kg/hm^2，然后做成1m宽的平畦。

②适期定植：一般定植时间在3月中旬左右，各地掌握在种株不受冻的情况下尽早定植。定植密度一般为60 000～75 000株/hm^2，土地肥沃或晚熟品种宜稀，肥力较差或早熟品种宜密，行距为50cm左右。一般双亲按1∶1的行比定植，双亲长势差异较大的组合可采用2∶2的行比。早春定植由于气温、地温均较低，种株应带土坨，并采用暗水定植方式，以防降低地温。

③田间管理：定植后采用多中耕、浅中耕来提高地温，促发根缓苗；在寒流过后及时将种株的叶球顶部呈“十”字形割开，以利抽薹。在抽薹期、初花期、盛花期分别穴施氮磷钾复合肥150～225kg/hm^2；开花期每5～7d浇一次水；进入结荚期要减少肥水，可喷施0.3%～0.5%的磷酸二氢钾2～3次，以增加粒重。开花期利用蜜蜂（以15箱/hm^{2}的密度分开摆放）辅助授粉，严防蚜虫危害；开花后期要进行围架和摘心，防止后期倒伏和提高粒重。当种荚变色、种子变褐时收割。一般父母本混收，双亲上结的种子都为杂交种子。

（2）利用改良阳畦或阳畦与露地相间排列制种。这两种制种方法适用于双亲花期相差较大的组合，以便于调节双亲的花期。阳畦制种：可于10月下旬至11月下旬将种株按双亲行比定植于阳畦。阳畦与露地相间排列制种：可将准备定植于阳畦间夹畦的种株先囤在空闲阳畦内，待翌年惊蛰左右再定植于阳畦间的夹畦内。定植密度为75 000～90 000株/hm^2。越冬前浇冻水，翌春返青后田间管理同露地制种。

【操作规程 4】调节双亲花期

双亲花期相遇是确保制种产量和质量的重要前提，为使双亲花期相遇，可采取以下措施调节：

（1）采用半成株或小株采种。开花晚的圆球型亲本系，采用半成株采种比成株采种的开花期可提早 3～5d；用具有 12 片叶左右的小株越冬，开花期比半成株采种还可提早 3～5d。因此，可根据双亲的花期，将开花晚的亲本采用半成株或小株采种育苗。例如，扁圆型×圆球型或尖球型×圆球型的杂交组合，可将母本扁圆型或尖球型的亲本系在适期播种，在冬前形成成株或半成株，而将父本圆球型亲本系适当晚播，在冬前形成半成株或小株，以利于双亲的花期相遇。

（2）利用风障或阳畦不同位置的小气候差异调节花期。将抽薹晚的亲本在冬前定植于靠近风障的阳畦北侧，使其在温度高、光照好的条件下生长，促使其早开花；而把抽薹早的亲本定植于阳畦的南侧，使其在温度较低、光照较差的条件下生长，以延迟其开花，从而促成双亲花期相遇。

（3）利用整枝法调节花期。如果双亲的花期相差 7～10d，可将开花早的亲本的主茎及一级分枝的顶端掐掉，促使 2～3 级分枝的花期与另一亲本相遇；如果双亲花期相差不多，只将开花早的亲本的主茎掐掉即可；如果仅末花期不一致时，可将花期长的亲本花枝末梢打掉。

（4）利用地膜覆盖调节花期。对开花晚的亲本进行地膜覆盖，促其花期提早。

【操作规程 5】去杂去劣

为了确保种子纯度，必须彻底去杂去劣。一般至少要进行 5 次，分别在分苗、定植、割包前、抽薹、开花时各进行一次，把杂、劣、病株及抽薹、开花特别早的种株拔除。

实 践 活 动

将学生分成若干组，每组 5～7 人，分别进行下列活动：

1. 大白菜或甘蓝自交不亲和系的喷盐水试验，找出适宜的盐水浓度。
2. 大白菜或甘蓝自交不亲和系的蕾期剥蕾授粉试验。

第二节　根菜类种子生产技术

技 能 目 标

◆ 掌握萝卜和胡萝卜原种生产的成株采种技术。
◆ 掌握萝卜和胡萝卜良种生产的小株采种技术。
◆ 掌握萝卜和胡萝卜利用自交不亲和系杂交制种技术。

凡是以肥大的肉质直根为产品的蔬菜都属于根菜类。根菜类蔬菜作物很多，如萝卜、胡萝卜、根用芥菜等。这类蔬菜生长期短，适应性强，产量高，病虫害少，耐贮运，在全国各地均有栽培。本节主要介绍萝卜和胡萝卜的种子生产技术。

一、萝卜种子生产技术

萝卜为十字花科萝卜属一二年生植物。萝卜的种类很多，生产上按栽培季节的差异分为秋冬萝卜、春萝卜、夏萝卜及四季萝卜。萝卜的栽培面积大，分布极广，如气候条件适宜，四季均可栽培，但多数地区以秋季栽培为主，是秋冬季节的主要蔬菜之一。

萝卜与大白菜相似，都属于喜冷凉、长日照、二年生、虫媒异花授粉作物。在低温条件下，萌动的种子、植株及肉质根都能通过春化阶段，而后在长日照条件下通过光照阶段，也属于萌动种子低温春化型。

(一) 萝卜常规品种的种子生产技术

1. *常规品种的原种生产* 萝卜的原种生产可采用成株采种法和半成株采种法。

(1) 原种的成株采种技术。秋冬萝卜不论是常规品种、自交系、自交不亲和系还是雄性不育系，都可采用成株采种法生产原种。成株采种法的优点是能充分进行选择，保持原品种的优良种性，种子纯度高。缺点是种子生产占地时间长，种子成本高；种株经冬季贮藏后，生活力弱，易发生病害，种子产量低。成株采种法生产原种的具体技术如下：

【操作规程 1】秋季种株的培育

①选地、做垄与播种：由于成株采种法的播种期正值高温多雨季节，所以要选择 2～3 年内没种过十字花科蔬菜、没喷过杀双子叶植物的除草剂、地势高燥、排灌良好、土壤疏松的壤土或沙壤土田块，施入腐熟的有机肥 45 000～75 000kg/hm^2、过磷酸钙 450kg/hm^2，深耕、耙平，做成垄高 5～10cm、垄距 40～45cm 的小高垄。

成株采种的播期比生产田晚播 10～15d，播量为穴播 4～8kg/hm^2、条播 8～15kg/hm^2，播深 1.5cm 左右。播前或播后灌水，以利于种子发芽。

②田间管理：大部分种子出苗后浇一次小水，以保全苗。在 1～3 片真叶期间苗，5～6 片真叶期按株距 13～16cm 定苗，结合间苗、定苗进行去杂去劣。定苗后浇一次水，然后蹲苗 15～20d，期间中耕 3～4 次，中耕深度由浅到深，并注意培土，封垄后停止中耕。肉质根进入膨大期要及时浇水，保持土壤湿润。收获前 5～6d 停水，以提高种株的耐贮性。结合浇水，分别在定苗后、莲座期、肉质根生长盛期分别追施尿素 225kg/hm^2 或硫酸铵 300kg/hm^2，莲座期加施过磷酸钙 150kg/hm^2。

③种株的选择：种株在收获前进行初选，淘汰在叶色、叶片数、叶形上不符合原品种特征的杂、劣株。收获时进行复选，选择符合原品种特征、根痕少、根尾细、表面光滑、色泽纯正、无病虫害的种株。入选的种株收获后留 1～2cm 长的叶柄，去掉叶片，在田间稍加晾晒后贮藏。

【操作规程 2】种株的冬季贮藏

萝卜的种株冬季贮藏多采用埋藏法。事先挖好贮藏沟，沟的深度依当地冻土层的厚度而定，气温低、冻土层厚的地区要深一些，否则可浅一些。例如，华北的中南部地区可挖宽 100cm、深 80～100cm 的贮藏沟，沟长依种株多少而定。摆一层种株撒一层 5cm 厚的细湿土，贮藏层数不超过 5 层；否则，易造成萝卜糠心、发芽，甚至伤热腐烂。当种株层高达 60～70cm 时，上面覆盖 10cm 左右的细湿土。以后随气温降低，分 2～3 次增加覆土，覆土厚度相当于冻土层的厚度。春季随着气温升高，逐渐去掉覆土，以免种株伤热。萝卜适宜的贮藏温度为1～2℃。

在寒冷地区可采用窖藏法。在立冬前后种株入窖，窖藏最适宜的温度为1℃左右，若窖温高于3℃，应及时倒堆降温。在南方，种株去掉叶丛后，可直接栽入采种田，在田间越冬。

【操作规程3】种株的春季定植与田间管理

①种株的春季定植：采种田应选择2～3年内没种过十字花科蔬菜，四周至少2 000m内没有其他萝卜品种，地势高燥、土壤肥沃、排灌方便、土层深厚的地块。施肥同秋季种株的培育。做成垄距40～50cm、垄高10cm左右的小高垄，每隔4个小高垄留1个50cm的走道，以便于后期的田间管理。

当耕层10cm深处的地温达6～7℃时即可定植。定植前将种株取出，淘汰黑心、糠心、腐烂和抽薹过早的种株。在垄上单行定植，定植的株距因品种而异：一般小型品种10～15cm，中型品种15～25cm，大型品种25～40cm。为了防止新芽被冻，定植时要在种根上培土，并镇压，以防土壤漏风跑墒。长型品种可以斜栽。定植时如果土壤墒情好，为了避免降低地温，一般不浇水。

②采种田的田间管理：定植后10d左右新芽长出，扒去壅土，浇缓苗水，并及时中耕、松土，提高地温，以促进根系的发育。以后的管理基本同大白菜原种生产的春季管理（参见大白菜的原种生产）。唯始花期不易浇水过多，以防花薹徒长，造成薹粗蕾小或产生“肉薹”而降低种子产量。

正常情况下，南方在5月下旬，北方在7月上中旬种子成熟。待种荚变色后，一次性集中收割，种株晒干后打落种子，待种子晒至标准含水量后装袋保存。

（2）半成株采种法生产原种。春萝卜的原种生产常采用半成株法采种。半成株法采种的优点是种株基本形成，可以去杂去劣；播种期晚，占地时间短，有利于倒茬，降低了种子成本；种株易贮藏，生活力较强，病虫害少，种子产量高。其缺点是肉质根未充分膨大，品种的特征特性未能充分表现，影响了选择，种子纯度不如成株采种法高。

半成株采种法与成株采种法的管理方法基本相同，不同之处是播种期比成株采种法晚10～15d，冬前长成半成株，肉质根未充分膨大；春季种株的定植密度较大，大型品种的株距在20～25cm。

2. 常规品种的良种生产　萝卜的良种生产常采用半成株采种法和小株采种法。

（1）半成株采种法生产良种。其技术同原种生产技术。

（2）小株采种法生产良种。小株采种法是利用萝卜具有萌动种子在低温下可通过春化阶段的特性，采用当年早春顶凌直接播种；或播种前进行浸种催芽，将种子放在低温下通过春化处理后，直接播种；或冬季在阳畦育苗，春季定植于露地采种。小株采种法的优点是当年播种，当年收获，种子生产占地时间短，成本低；种株的生长旺盛，种子产量高。缺点是不能进行选择，种子易混杂退化，纯度低。

（二）萝卜杂交品种的种子生产

目前，萝卜的杂交种子主要采用自交不亲和系或雄性不育系制种。

1. 杂交亲本的种子生产

（1）萝卜自交不亲和系的种子生产。

①自交不亲和系的原种生产采用成株采种法：将种株定植在大棚内，开花期用人工剥蕾混合授粉法促进自交不亲和系结实。具体做法是：选择开花前1～3d的花蕾，用剥蕾器轻轻转动把花蕾顶部的萼片和花冠剥去，使柱头露出，然后授上本系的混合花粉。花粉要取开花当天或前一天开花的本系内各株的混合新鲜花粉，以避免自交代数过多造成生活力衰退。

为便于人工蕾期授粉，原种生产采用宽窄行种植，宽行行距80～90cm，窄行行距33～40cm，种株开花前罩上纱罩，花期注意不使花枝触及纱罩，防止昆虫传粉发生生物学混杂。

②自交不亲和系的良种生产采用半成株采种法：可在开花期采用喷2%～5%的盐水，以促进自交亲和产生种子，具体做法同大白菜半成株采种法。

（2）萝卜雄性不育系、保持系、恢复系的种子生产。萝卜雄性不育系、保持系、恢复系的原种生产采用成株采种法，良种生产采用半成株采种法。三系最好分别在纱网棚内进行生产。在不育系的种子生产中，不育系与保持系的定植行比为4∶1。为了增加花粉量，保持系的株距可适当缩小。

2. 杂种一代的种子生产　杂种一代的种子生产可用半成株采种法或小株采种法生产。

（1）半成株采种法杂交制种。双亲的播期、田间管理、冬季贮藏及春季的栽培管理与半成株原种生产相同。不同之处是：

①利用雄性不育系制种：在制种区内，父母本按1∶4～5的行比定植，不育系上收获的种子即为杂交种。

②利用自交不亲和系制种：在制种区内，父母本按1∶1或1∶2的行比定植，如果正反交的经济效益和性状相同，父母本上的种子可混收、混用；否则，分别收获、脱粒、应用。

（2）小株采种法杂交制种。采用小株采种法杂交制种，以冬季育苗移栽法产量最高。其具体技术如下：

【操作规程1】播前准备

①冬前做阳畦：在育苗期，由于需要低温使萌动种子通过春化阶段，所以采用不分苗阳畦育苗法。育苗阳畦的选地、营养土的配方及做阳畦的方法参见大白菜。父母本阳畦的面积按采种田双亲的行比进行计算，分别做畦。

②浸种催芽：萝卜阳畦育苗的适宜苗龄为60d左右，5～6片真叶。各地由当地的定植期向前推60d即为母本的适播期，父本的播期根据双亲开花期相差的天数提前或延后，以保证双亲的花期相遇。按总播种量1.5～2kg/hm^{2}和双亲的行比分别计算父母本的用种量。父母本要分期进行浸种催芽，具体方法参见大白菜。

【操作规程2】播种与育苗期管理

①父母本分期播种：播种前1～2d或当天将畦内放大水浇透，以满足整个育苗期的需水量。待水渗后按6～8cm见方的距离用刀划分成营养土方，最好在晴天的上午于每个营养方的中央播1粒发芽种子，随播种随覆土1～1.5cm厚，播种后立即盖严薄膜，傍晚时加盖草帘。

②育苗期管理：按高温出苗、平温长苗、低温炼苗的原则培育壮苗。

播种至出苗，畦内温度控制在白天20～25℃、夜间8～10℃以上。出苗后，白天畦温控制在20℃左右，夜间5～8℃，早晨揭草帘时畦温在1～4℃为宜。随着外界气温上升，要及时放风，当幼苗长到5～6片真叶时，夜间不低于0℃可不覆膜，使幼苗进行低温锻炼。其他苗期管理技术参见大白菜。

【操作规程 3】春季采种田的定植与管理

①采种田的选择、施肥与做畦：同原种生产。

②采种田的定植：早春 10cm 地温稳定在 6～7℃以上时，父母本分别定植。利用自交不亲和系制种时，父母本按 1∶1 的行比定植，株距 25～33cm；利用雄性不育系制种时，不育系与恢复系按 4∶1 的行比定植，父本要缩小株距，以增加父本的花粉量。为了保证杂交种的纯度，一般在盛花期后，将父本恢复系割除。其他管理技术参见原种生产。

二、胡萝卜种子生产技术

胡萝卜为伞形科胡萝卜属二年生草本植物，在我国南北各地均有种植。胡萝卜由于营养丰富，深受人们欢迎，年种植面积占根菜类蔬菜的 1/2 以上。

胡萝卜为绿体低温感应型长日照虫媒异花授粉作物。当植株长到一定大小时，在 1～3℃条件下，经 60～80d 方可通过春化阶段，在温暖和 14h 长日照条件下抽薹、开花、结子。少数品种也可在种子萌动后和较高温度下通过春化阶段。

（一）胡萝卜常规品种的种子生产

1. 胡萝卜常规品种的原种生产　为了保证原品种的优良种性，一般采用成株采种法。其技术操作规程如下：

【操作规程 1】种根的秋季培育与选择

（1）播种。选择 2～3 年内没种过伞形科蔬菜、排灌良好、耕层深厚、土壤疏松的壤土或沙壤土田块，前茬作物收获后及时清园灭茬，施入腐熟的有机肥 75 000kg/hm^2、过磷酸钙 450kg/hm^2，深耕 20～30cm，耙碎、耙平，做成平畦。

播种期比普通栽培胡萝卜晚 10d 左右，可撒播或条播，条播的行距为 15～20cm，沟深 3～5cm，播种后覆土，轻度镇压后浇水，而后用碎草覆盖畦面保湿。播种量为 15～22.5kg/hm^2。为保证出苗整齐，播种前应搓去种子表面的刺毛。

（2）田间管理。胡萝卜苗期生长缓慢，要及时拔除杂草。在幼苗 2 片真叶时，按株距 3cm 间苗；3～4 片真叶时，按株距 13cm 定苗。定苗后追施尿素 150kg/hm^2，6 片真叶时追施尿素 300kg/hm^2，肉质根直径 1cm 时进行第三次追肥，用量与第二次相同。结合间苗、定苗进行中耕，封垄前进行最后一次中耕培土，将细土培至根头部。生长后期要避免肥水过多，以免引起裂根和降低耐贮性。

（3）种根的选择与收获。当胡萝卜的心叶呈黄绿色，外叶稍有枯黄时就可收获。收获时边刨边进行选择，要选择叶色、根形、根色等方面具有原品种特征特性，不裂口，无病虫害的种根留种。入选种株切去叶片，留 10cm 长的叶柄，在田间稍加晾晒后贮藏。

【操作规程 2】种根的冬季贮藏

胡萝卜的种根贮藏多用沟藏法。事先挖好贮藏沟，沟深依当地冻土层的厚度而定，气温低、冻土层厚的地区要深一些，否则可浅一些。在华北中部地区，一般沟深 80～100cm，宽 100cm 左右，沟长依种株多少而定。放一层种株撒一层 5cm 厚的细湿土，贮藏厚度约 35cm，上面覆盖 7cm 左右的细湿土。以后随气温降低，随时覆土，覆土厚度相当于冻土层的厚度。第二年春季随着气温升高，逐渐去掉覆土。

在寒冷地区，当气温降至4～5℃时入窖贮藏，窖内采用沙层堆积法，即一层胡萝卜一层细沙土，堆高在1m左右。冬季贮藏适温为1～3℃。

在冬暖地区，种根摊晾1～2d后，直接栽入采种田越冬。

【操作规程3】种株的春季定植与田间管理

（1）采种田的选择与做畦。采种田应选择2～3年内没种过伞形科蔬菜，四周至少2 000 m没有其他胡萝卜品种，土壤肥沃、排灌方便、土层深厚的地块。土壤解冻后及时整地，施入腐熟的有机肥75 000kg/hm²、过磷酸钙750kg/hm²或磷酸二铵300kg/hm²。深耕、耙平，做成1～2m宽的平畦。

（2）种株的定植。一般在耕层地温达8～10℃时定植，如华北中部地区在3月中旬定植。定植前将种株取出，淘汰黑心、糠心和抽薹过早的种株。定植时将肉质根斜插入土壤中，深度以顶部与地面相平为宜，寒冷地区可以在顶部再埋3cm厚的潮土或腐熟的马粪，以防春寒冻伤顶芽。定植行距50～60cm，株距25～30cm。定植时如果土壤墒情好，为了避免降低地温，一般不浇水。

（3）采种田的田间管理。定植后10d左右新芽长出，扒去壅土，浇一次缓苗水，然后进入中耕蹲苗，促进根系的发育。开花前追施氮磷钾复合肥225kg/hm²，盛花前再追肥一次，数量同前。整个花期保持土壤见干见湿。为了使种子饱满和成熟一致，每株只留主枝和4～5个健壮的一级侧枝，其余全部摘除。为防花枝倒伏减产，在开花期后应立架保护。

（4）种子采收。由于胡萝卜花期长，各花序的种子成熟期极不一致。因此，当花序由绿变褐、边缘翻卷，花序下部茎叶失绿时，将花序分批剪下，放在通风处风干后，打下种子，再晾晒2～3d，搓去刺毛，装袋贮藏。

2. 胡萝卜常规品种的良种生产　胡萝卜良种生产采用半成株采种法。半成株采种法与成株采种法的管理方法基本相同，不同之处是：播种期比普通栽培胡萝卜晚1个月左右，冬前长成半成株，肉质根未充分膨大；春季种根的定植密度较大，因此其种子产量也略高于成株采种法。但是，由于播种晚，肉质根未充分膨大，品种的特征特性未能充分表现，影响选择，且种子纯度低于成株采种法。采种田的空间隔离距离在1 000m以上即可。

（二）胡萝卜的杂交种子生产技术

胡萝卜由于花小，单花形成的种子少，因此，配制杂交种以采用雄性不育系制种为主。目前发现的雄性不育花有两种类型：一种是瓣化型，即雄蕊变形似花瓣，瓣色红或绿；另一种是褐药型，花药在开放前已萎缩，黄褐色，不开裂，花开后花丝不伸长。

胡萝卜杂交制种的空间隔离距离至少在1 000m以上，主要采用半成株采种法和小株采种法。

1. 半成株采种法杂交制种　杂交双亲的播种、田间管理、冬季贮藏及春季的栽培管理与半成株采种法生产良种相同。不同之处是父母本的用种量为1∶3，春季可按1∶4定植。盛花期后，将父本割除，只收母本株上的杂交种子。

2. 小株采种法杂交制种　双亲的育苗阳畦按父母本1∶3的比例，于冬前分别做好。播种前将畦内浇足底墒水，待水渗后，在畦面上用刀划成5cm见方的小方格，在每个方格的中央点播1～2粒种子，然后覆土1～1.5cm，盖严塑料薄膜，傍晚加盖草帘。

父母本的用种量为1∶3。播种后要尽量提高畦温，促进出苗。当幼苗长到5～6片真叶时，进行低温锻炼。土壤解冻后，父母本按1∶4的行比定植于制种田，定植后及时浇水、中耕、松土，以增温保墒。其他管理同一般采种田。盛花期后，将父本割除，只收母本株上的杂交种子。

实 践 活 动

将学生分成若干组，每组5～7人，分别进行下列活动：

1. 萝卜自交不亲和系的喷盐水试验，找出其高产的适宜盐水浓度。
2. 萝卜自交不亲和系的蕾期剥蕾授粉试验。

第三节 茄果类种子生产技术

技 能 目 标

◆ 掌握茄果类常见的番茄、辣（甜）椒、茄子的原种生产技术、良种生产技术和杂交制种技术。

茄果类蔬菜主要有番茄、茄子和辣椒，是我国人们最喜爱的果菜类。茄果类蔬菜的杂种优势利用在美国、日本、荷兰等发达国家已十分普遍，我国生产上杂交种的面积也在逐年扩大，目前番茄已达90%以上，辣椒、茄子也已达60%以上。

一、番茄种子生产技术

番茄为茄科番茄属一年生自花授粉植物。番茄开花受精的适宜温度为23～26℃。从授粉到果实成熟需40～50d。种子在果实完全变色时发育成熟，一般每个果实内有100～300粒种子。风干种子的千粒重为3～4g。

（一）番茄常规品种的种子生产技术

1. 常规品种的原种生产　番茄的原种生产一般在春夏季露地进行，其主要技术操作规程如下：

【操作规程1】培育壮苗

培育壮苗是提高种子产量的基础。番茄壮苗的标志是：根系发达，叶色浓绿，茎秆粗壮，株高20cm左右，有7～8片真叶，定植时见花蕾。番茄育苗的方法很多，各地最常用的是阳畦育苗法。

（1）播前准备。播前准备包括苗床和种子的准备。

①苗床的准备：冬前选择3～5年内没种过茄科植物、没喷过杀双子叶植物除草剂的背风向阳处，按每公顷种子田需要育苗床75m²、分苗床450～600m²的要求做好阳畦。阳畦宽1.5m，畦内铺10～15cm厚的营养土，营养土用没种过茄科作物的园田土、腐熟的圈粪和腐熟的马粪以4∶3∶3的比例充分混匀而成。阳畦的做法参见大白菜。

②种子的准备：播种期可按当地的定植期和苗龄来估算。一般阳畦育苗的苗龄为70～90d，温室育苗的苗龄为55～60d。播种量一般为450g/hm²。

为了预防和减轻病毒病，可先用10%的磷酸三钠溶液浸种20min（或用1%高锰酸钾浸种30min）后，再用清水冲洗干净。将消过毒的种子放入55℃的温水中，不停搅拌至不烫手后，再浸种6～8h，待种皮泡透后捞出，洗净种子上的黏液，用湿布包好，于25～30℃下催芽2～4d，待70%以上种子露白时播种。

（2）播种及育苗床的管理。

①播种：播种前烤畦10～15d。播种要在晴天的上午进行，先浇透水，水渗后向畦面撒一层细土找平，然后均匀撒种，种子上盖1cm厚的细沙土（1/3的细沙+2/3的细土配成），再在地面上盖一层地膜，撒上杀鼠药，最后盖好阳畦薄膜，傍晚前加盖草帘。

②育苗床的管理：可分为3个阶段。

从播种至顶土，重点是提温保温，以利出苗。白天适温25～28℃，夜间15℃以上，草帘要晚揭早盖，塑料薄膜要保持干净透光，当幼苗顶土时，及时揭去地膜，再覆0.5cm厚的“脱帽土”。

从顶土至二叶一心，齐苗后适当降温。保持白天20～25℃，夜间10～15℃为宜，超过25℃时要逐渐放风，放风口要由小到大。草帘即使在阴雨天也要揭开，以防由于光弱造成徒长；雨雪停后要适当放风，以降低畦内空气湿度，若湿度太大，可于间苗后覆一层干土，以防止立枯病和猝倒病。

二叶一心时，准备分苗。分苗前要放风降温炼苗，白天20℃，夜间10℃，分苗前3d在没有寒流的情况下白天可大揭盖。

（3）分苗及分苗床的管理。

①分苗：选择阴天尾、晴天头的上午进行暗水分苗。在分苗床上按8cm的行距开沟，沟内浇满水，水半渗时按8cm的株距坐苗，水渗完后盖土。随栽苗随盖好畦膜及草帘。分苗时按原品种典型性状剔除病、杂、劣株。

②分苗床的管理：可分为两个阶段。

从分苗至缓苗，要保持较高的温度，白天25～28℃，夜间20℃。在分苗前3～4d的中午阳光过强时，要回帘遮阴。一般缓苗6～7d。

从缓苗至定植，缓苗后逐渐降低温度，白天20～25℃，夜间10～15℃，放风口由小到大，草苫由早揭晚盖至全揭。定植前7～10d，白天揭去覆盖物，温度控制在白天20℃左右，夜间10℃左右；定植前5d，夜间也去掉覆盖物，夜间的温度可降至5℃左右，并给苗床浇透水，待床土不黏时，将苗床切成8cm见方的土坨，起苗、囤苗3～5d，使土坨变硬，以利于定植时运苗和定植后缓苗。

定植前喷一次杀菌剂和杀虫剂，以防病害和蚜虫的危害。

【操作规程2】定植及定植后的田间管理

（1）原种田的选择及整地。番茄忌连作，所以最好选择在3年内没种过茄科作物，四周至少300m内没有其他品种的番茄，土质肥沃、地势高燥、排灌方便、光照充足的沙壤土田块。施入有机肥75 000～105 000kg/hm^2、过磷酸钙375～750kg/hm^2，然后做成宽1.2m、长7～10m的平畦，每畦栽2行。

（2）定植。定植时期掌握在当地晚霜过后，10cm地温稳定在10℃以上，幼苗不受冻害为宜。因为早春地温低，宜采用暗水定植。定植的深度以地面与子叶相平，徒长苗可采取卧栽方法。定植密度为37 500～67 500株/hm^2。

定植时，根据叶形、叶色、茎色、初花的节位等性状，剔除不符合原品种特征的病、杂、劣株。

（3）定植后的田间管理。

①追肥、浇水与中耕除草：为提高地温，定植后的次日即可浅中耕。3～5d后浇一次缓苗水，然后深中耕1～2次，并开始蹲苗。在"一穗果核桃大，二穗果蚕豆大"时结束蹲苗，开始浇"催果水"、施"催果肥"，一般穴施氮磷钾复合肥225～300kg/hm^2；第二、三穗果膨大时再按上述用量追一次复合肥。结果期间，叶面喷施0.2%尿素+1%过磷酸钙+0.2%磷酸二氢钾的混合液1～2次。催果水以后，植株达需肥水高峰期，一般4～6d浇一次水，保持土壤见干见湿。

②插架、绑蔓与整枝：在早春风大的地区，为了防风，可在定植后即插架。插架后随即绑蔓，第一道蔓绑在第一果穗下面，以后在每穗果的下面都要绑一道。自封顶品种采用双干或三干整枝，即将第一花序下面的第一节或二侧枝留下；非自封顶品种采用单干整枝或双干整枝。

③病虫害防治：病害主要有病毒病、早疫病、晚疫病、叶霉病、脐腐病等，虫害主要有棉铃虫、蚜虫等，针对病虫种类及时用药防治。

【操作规程3】选种与采种

（1）选种。原种生产要严格选种，株选与果选结合进行。在分苗和定植时分别去杂去劣的基础上，果实成熟时再次株选，选择生长健壮、无病虫害、生长类型符合原品种特征的植株；再从入选株中选择坐果率高，果形、果色、果实大小整齐一致，不裂果的第2～5穗果。在种果全部着色、果肉变软、种子已充分发育成熟的完熟期进行分批收获。收获后将种果于通风处后熟2～3d，以提高种子的发芽率和千粒重。

（2）采种。将种果横切，挤出种子于干净无水的非金属容器中（量大时可用脱粒机将果实捣碎），发酵1～3d，当液面形成一层白色菌膜，或经搅动果胶与种子分离时，表明已发酵好。用木棒搅拌种液，待种子与果胶分离、种子沉淀后，倒去上层污物，捞出种子，用水冲洗干净，立即放于架起的细纱网上晾晒，并经常翻动揉搓，以防止结块。当种子含水量降至8%～9%时，即可装袋保存。晒干的种子为灰黄色，毛茸茸有光泽。

注意事项：种液在发酵的容器内装八成满即可，否则发酵后会溢出；在发酵过程中，忌容器内进水或在阳光下暴晒，否则种子会发芽或变黑，影响发芽率；晾晒时，湿种子不要直接于水泥地面或金属器皿上暴晒，以防烫伤种子。在晾晒、加工、包装、贮运等过程中要防止机械混杂。

2. 常规品种的良种生产　常规品种的良种生产技术基本同原种生产。要求空间隔离距离在100m以上；用原种繁殖良种；在分苗、定植、果实成熟、采收前按原品种特征特性淘汰杂、劣、病株，以保持原品种的纯度。

（二）番茄杂种一代的种子生产技术

目前，生产番茄杂交种子主要采用自交系人工去雄杂交制种。番茄杂交亲本的原种与良种（制种亲本）生产技术同常规品种的种子生产。

利用自交系进行人工去雄授粉，生产杂种一代番茄种子的技术应抓好以下5个环节。

【操作规程1】制种田的亲本准备

由于番茄的花芽在2～3片真叶时就已经开始分化，一般在7～8片真叶时定植，已分化出3层花序的花芽。因此，培育适龄壮苗是提高制种产量的重要基础。壮苗的标志及培育壮苗的方法基本同原种生产，只是由于涉及两个亲本，要保证杂交双亲的花期相遇，就要分别计算双亲的育苗面积、播种期与播种量。

1. *双亲育苗阳畦的准备*　为了保证杂交双亲的花期相遇，番茄制种田的父母本多数必须分期播种，由此导致了双亲的苗期管理不一致。因此，双亲的育苗阳畦必须分别准备。双亲阳畦的面积可根据定植时双亲的行比来定。例如，分苗畦的总面积是40m²，畦宽为1.5m，则应做27m长的阳畦。假设父本与母本的行比为1∶5，则其中父本阳畦的长度为27m×1/6＝4.5m，母本阳畦的长度为27m×5/6＝22.5m。

2. *双亲播种期的确定*　适宜的播种期是实现双亲花期相遇，提高制种产量的基础。双亲的播种期应以当地的定植期、育苗方式和双亲的始花期这三个因素而定。

（1）定植期。在当地晚霜过后，10cm地温稳定在10℃以上为适宜定植期。

（2）育苗方式。采用日光温室育苗的苗龄为55～60d，阳畦育苗的苗龄为70～90d。

（3）杂交双亲从播种至始花期的天数。若双亲始花期基本一致，将父本提前15～20d育苗，以保证母本开花时有充足的父本花粉供应；若双亲始花期有明显差异时，则重点以始花期的长短调节播期，始花期长的早播。

3. *双亲的播种及苗期管理*　总播种量仍以450g/hm² 计，但需要按父母本为1∶5～1∶10的种植比计算双亲所需的种子量，并按要求的播期分别进行播种、管理。

【操作规程2】制种田的定植及管理

1. *制种田的选择与做畦*　制种田宜选择耕层深厚，排灌方便，富含有机质，在3年内未种过茄科作物，与其他品种的番茄空间隔离100m以上的田块。基肥用量同原种田。

由于父本在采花后没有果实，一般在授粉结束后拔除。所以，制种田的母本与父本应分别集中做畦：父本做成宽1m、长不超过15m的平畦；母本做成畦高10～15cm、畦宽60～70cm、畦间距40cm的小高畦。

2. *制种田的定植*　由于春季地温较低，一般采用暗水定植。先在平畦中栽父本，每畦栽2行，株距30cm左右，密度为67 500株/hm²；母本晚定植，在每个小高畦上距畦边10～15cm处开沟，每畦栽2行，株距27～40cm，密度为45 000～67 500株/hm²。具体定植技术同原种生产。

3. *制种田的田间管理*　定植后母本要及时插架，将两个相邻小高畦的各一行插为一架，以便于开花期在高畦间适时浇水，在高畦上仍能进行正常的去雄授粉作业。绑蔓时注意把花序移到架外，以利于杂交操作。一般自封顶留2～4个枝干，非自封顶留2个枝干。其他田间管理同原种生产。

父本植株不插架也不整枝，以利于多开花，便于采粉，但要及时去除腋芽和徒长枝条。其他田间管理同原种生产。

【操作规程3】去杂保纯

为保证杂交种子的纯度，对双亲种株的纯度要严格检查。在分苗时和定植时分别根据叶形、叶色等性状剔除杂、劣、病株。在去雄授粉之前，再根据株型、叶形、叶色、长势等严格拔除杂、劣、病株，尤其是父本，必须进行逐棵检查，对可疑株宁拔勿漏，否则一棵杂株的花粉就可能使全制种区混杂，造成全制种区报废；在母本的种果成熟后、采收前，根据果型、果色等特征摘除杂果。

【操作规程 4】人工去雄授粉

人工去雄授粉是保证制种产量和纯度的重要环节。在定植缓苗后，用第一个花序进行授粉工的培训。在每个人都熟练掌握了去雄和授粉技术，并且第二个花序要开花前结束技术培训，彻底摘除第一个花序，并正式分工。每个授粉工可负责 500～550 株的去雄与授粉工作。每公顷需 7.5 个采粉工。每个去雄授粉工必备镊子、授粉器、装有 75%酒精棉球的小瓶各一个，每个采粉工需要采粉器、干燥器、100～150 目的花粉筛各一个。从第二个花序开花时正式开始去雄杂交，去雄授粉工作持续 25～30d。具体方法是：

1. 父本花粉的采集与制取　每天上午 8:00～10:00，在父本田摘取花冠半开放、花冠鲜黄色、花药金黄色、花粉未散出的花朵，去掉花冠，保留花药，放于采粉器中带回。

将花药在室内或室外花荫下摊开，自然阴干；也可将花药放在 25～30℃的烘箱中烘干，但注意温度不能超过 32℃；或将花药放入自制的生石灰干燥器中将水吸干。待花药干燥至用手捏花药不碎，但花粉能散出时为止。

取一大一小的两个碗，大碗上铺放花粉筛，将干燥的花药放在筛上，并加入几个弹珠以撞击花药，扣上小碗，筛取花粉于下方大碗内。将筛取的花粉装入授粉管内，用棉花塞紧授粉管的上下口，置于 4～5℃下存放。最好是当天采集的花粉次日用，用剩的花粉可在 4～5℃下密封存放，一般在常温下干燥的花粉可保存 2～3d。

2. 母本人工去雄　选择开花前一天的花蕾进行去雄，开花前一天的花蕾为花冠伸出花萼、要开而未开，花冠乳白色或黄白色，雄蕊的花药黄绿色。花药黄绿色为主要选蕾标准，若花药全绿色说明花蕾小，授粉后坐果率低；若花药呈黄色说明花蕾大，易夹破花药造成自花授粉。

去雄一般在每天的清晨或下午 5:00 以后的高湿低温阶段进行。去雄时用左手夹扶花蕾，右手用镊尖将花冠轻轻拨开，露出花药筒，将镊尖伸入到花药筒基部，将花药筒从两侧划开分成两部分，然后再夹住每一部分的中上部，向侧上方提，即可将花药从基部摘除。

去雄时的注意事项：不要碰伤子房、碰掉花柱、碰裂花药；要严格将花药去净；保留花冠，以利于坐果；若碰裂花药，将该花去掉，并将镊子用酒精消毒；去掉具 8 个以上花冠或柱头粗大的畸形花。

3. 人工授粉　应在每天上午露水干后的 8:00～11:00 或下午 2:00～5:00，气温在 15～28℃的条件下进行，上午授粉效果最好。授粉时选择前一天已去雄，花冠鲜黄色并全开放，柱头鲜绿色并有黏液的花朵。先检查花药是否去净，摘除去雄不彻底的花朵；然后撕去相邻的 2～3 片花萼作为杂交标记；最后将雌蕊的柱头插入授粉管内，使柱头蘸满花粉。为了提高结实率，也可采用两次授粉，每次撕去一片花萼作为一次授粉的标记。

授粉注意事项：授粉后 5h 内遇雨重授；授粉的次日柱头仍鲜绿色的重授；气温高于 28℃时和有露水时不授；在高温干燥有风时，应在清晨早授；尽量用新鲜的花粉，在花粉不足时，可掺入不超过 50%的贮备花粉；杂交标志要明显；一般大中果型的品种每个花序授粉 4～6 朵花，樱桃番茄品种每个花序授粉 6～10 朵花后，其余花打掉；每株杂交 4～5 个花序后，在最上部花序的上面留 3 个叶片后摘心。

4. 授粉结束后的清理工作　清除每个花序上无标记的自交果及小尾花；清除新长出的枝芽及花序；清除病、老黄叶及畦内杂草，以利于通风透光、减轻病害；清除父本种下茬；清除果型、果色、结果习性等不符合母本特征的杂株。

【操作规程 5】种果的收获及采种

当杂交果完全着色、果肉变软时采摘种果。收获时坚持“五不采”的原则：无标志果不采；落地果不采；已腐烂或发育不良的果不采：枯死株上的果不采；未完全着色的果不采。采种技术同原种生产。

二、辣（甜）椒种子生产技术

辣（甜）椒为茄科辣椒属一年生或多年生草本植物。甜椒是辣椒的一个变种。

（一）辣（甜）椒常规品种的种子生产技术

1. 辣（甜）椒常规品种的原种生产　生产辣（甜）椒原种的最简便、可靠的方法是利用育种家种子直接繁殖原种。如果无育种家种子，而且生产上使用的原种又已混杂退化，则采用三圃制法生产原种，其原种生产程序基本同农作物种子生产。具体操作规程如下：

【操作规程 1】单株选择

（1）选株的对象。从该品种的原种圃、株系圃、种子田中选择具有原品种典型性状的单株。无原种田、种子田的，也可从纯度较高、生长条件一致的生产田中选单株。

（2）选株的时期、方法及数量。一般分 3 个时期进行：

①坐果初期初选：门椒开花后，根据株型、株高、叶形、叶色、第一花着生的节位、花的大小与颜色、幼果色、植株开张度等性状，选择符合原品种典型性状的植株 100～150 株，入选株用第三层（四门斗）果留种，为确保自交留种，应将入选株已开的花及已结的果摘除，然后将各入选株扣上网纱隔离，或用极薄的脱脂棉层将留种花蕾适时包裹隔离。

②果实商品成熟期复选：果实达到商品成熟期后，在第一次入选的单株内根据果实形状、大小、颜色、果肉薄厚、胎座大小、辣味浓淡、果柄着向、生长势、抗病性等性状选择符合原品种典型性状的单株 30～50 株。

③种果成熟期决选：种果红熟后，在第二次入选的植株中按熟性、丰产性、抗病性等决选出 10～15 株，将入选株编号，分株收获留种。

【操作规程 2】株行比较（株行圃）

将上年入选单株的种子，按株分别播种育苗，并适时定植于株行圃中，为了避免留种对性状鉴定的影响，株行圃分设观察区和留种区，前者只用作性状的鉴定，后者只用作优良株行的留种。

（1）观察区。每个株行定植不少于 50 株，间比法设计，每隔 9 个株行设 1 个原品种的原种株行作对照。对各株行的整体表现进行观察鉴定，着重对叶、花、果进行比较鉴定，并记载始收期、采收高峰期、前期与中后期的产量，同时对各株行的一致性进行鉴定，淘汰不符合原品种典型性状或纯度低于 95％的株行。观察区只进行性状的比较鉴定，其果实不留种，按商品菜的标准收获计产。

（2）留种区。各株行定植 20 株左右，不同株行要用网纱或其他方法隔离，根据观察区的选择结果，选留相应株行分别留种，留种时注意拔除入选株行内的杂、病、劣株。各株行分别收获自交果，掏子留种。

【操作规程 3】株系比较（株系圃）

鉴定上年入选各株行的后代——株系的群体表现，从中选出符合原品种典型性状的、整齐一致的株系。

将上年入选株行的种子和对照种子分别育苗，适时定植于株系圃中，株系圃仍分别设观察区和留种区。留种区和观察区田间鉴定的项目、标准和方法同株行圃。最后决选出完全符合原品种典型性状、纯度达100%、产量显著高于对照的株系若干个，将其留种区的相应株系种果混合收获留种。

【操作规程4】混系繁殖原种（原种圃）

将上年决选的各株系混合种子或育种家种子及时播种育苗，适时定植在原种圃，原种圃与周围的其他辣（甜）椒空间隔离500m以上。在种株生长发育过程中严格去杂去劣，以第二、三层果实留种，其种子经田间检验和室内检验，符合国家规定的原种标准后，即为原种。

2. 辣（甜）椒常规品种的良种生产　辣（甜）椒的良种生产以获得高产优质的种子为目的，种子的产量在很大程度上取决于第2～4层果实的产量。因此，在技术上应抓好以下几个环节：

【操作规程1】培育壮苗

（1）播前准备。为生产种性纯正的良种，必须用原种育苗。温室育苗的苗床要在播前用50%多菌灵100倍液喷洒床面消毒，再用塑料薄膜密封2～3d后播种。采用阳畦播种的播前15d要烤畦。一般种子田需育苗床105～120m^2/hm^2，播种量为1～1.2kg/hm^2。播种期可由当地的定植期向前推60～70d的苗龄来估算。

先用55℃温水浸种10～15min，期间不断搅拌，使种子受热均匀，捞出后用1%硫酸铜溶液浸种5min，用清水冲洗3～4次；再用10%磷酸三钠或2%氢氧化钠溶液浸种15min，然后用清水冲洗3～4次；再浸种8h左右，淘洗后在25～30℃下催芽3～4d，待70%以上种子露白时播种。

（2）播种。播种选择在晴天的上午进行。先将苗床浇透水，水渗后撒0.5cm厚细土，然后均匀撒播，播后覆细沙土1cm左右，再盖上地膜增温保湿，最后用塑料薄膜扣严苗床，夜间盖草帘保温。

（3）苗期管理。播种后苗床温度宜保持在白天30～35℃，夜间18～20℃。当幼苗顶土时，揭去地膜，并覆0.5cm厚的“脱帽土”；齐苗后，床内温度白天保持25～28℃，夜间16～18℃；1～2片真叶时，喷洒0.2%磷酸二氢钾和0.1%尿素混合液一次，以促花芽分化和幼苗健壮；二叶一心时按7～8cm见方分苗，宜选择在晴天的上午采用暗水分苗，随分苗随盖膜和草帘。分苗后1周内不放风，白天保持30～35℃，夜间18～20℃，以促根系生长。草帘要晚揭早盖，在中午要及时回帘遮阴，以防日晒萎蔫。约7d缓苗后逐渐加强放风，白天保持25～27℃，夜间16～18℃。在秧苗4～5片真叶和8～9片真叶时各浇水一次，结合浇水追施尿素200g/m^2。定植前10～15d逐渐降温、控水、炼苗，以适应定植后的露地环境。

【操作规程2】良种田的定植与管理

（1）良种田的选择及整地。辣（甜）椒为常异花授粉作物，所以应选择近3～5年内没种过茄科作物，四周至少300m以上没有其他品种的辣（甜）椒，排灌方便、肥力较好的沙壤土地块。在整地前沟施优质农家肥75 000～105 000kg/hm^2、过磷酸钙750kg/hm^2、硫酸钾300kg/hm^2，做成畦宽60～70cm、畦高10～15cm、畦间沟宽40～50cm的小高畦。

（2）适时定植。在晚霜过后，10cm 地温稳定在 16℃时定植，定植密度为 67 500 株/hm^2 左右，一般平均行距为 50～60cm，穴距 25～30cm，每穴双株。由于早春地温较低，宜采用暗水定植。结合定植剔除病、劣、杂株。

（3）良种田的管理。辣（甜）椒具有喜温、喜水、喜肥，但又不耐高温、不耐肥、不耐涝的特点。因此，田间管理要促进早发育、早结果，在高温季节到来之前保证封垄，以保丰产。

①肥水管理：前期地温低，不宜浇明水。4～5d 缓苗后可浇稀粪水一次，在定植和缓苗后浅中耕 2～3 次，以提高地温，促发根发棵。50%的植株门花开放时，浇大水一次，结合浇水穴施尿素 75kg/hm^2，然后人工摘除门花。第二层种果长到纽扣大小时，穴施磷酸二铵 225～300kg/hm^2 和硫酸钾 150kg/hm^2，然后浇水一次，以后每 6～7d 浇水一次，保持地面湿润即可。暴雨后要及时排除田间积水。种果将要红熟时每 6～7d 喷一次 0.2%的磷酸二氢钾，以提高种子千粒重。

②整枝：为使养分集中供应种果，要及时剪除门花下部的侧枝，种果坐住后将上部非留种花、果及时摘除，并摘除下部的衰老黄叶。

③病虫害防治：辣（甜）椒病虫害较多，要及时防治。

【操作规程 3】良种田的去杂去劣及种果选留

（1）良种田的去杂去劣。在分苗和定植时剔除病、劣、杂株的基础上，开花结果期再严格株选一次，严格拔除不符合原品种典型性状的病、劣、杂株。

（2）种果的选留。一般留对椒和四门斗作种果，长势强的植株可留部分八面风果作种果，这样既能提高种子产量，又能保证种子质量。更高部位的果实因不能在植株上充分红熟，种子质量差而不宜留种。一般甜椒每株可留种果 5～6 个，辣椒可留种果 10～20 个/株以上。

【操作规程 4】种果的收获与采种

（1）种果的收获。种果达红熟时种子发育成熟，要及时分批采收，采收回的种果后熟 2～3d 即可进行采种。

（2）种果的采种。用手掰开果实或用小刀从果肩环割一圈，轻提果柄，取出子胎座，然后剥下种子，将种子铺晒于通风处的纱网上晾干，切勿将种子直接放在水泥地或金属器皿上于阳光下暴晒，以免烫伤种子。从种果上剖取的种子不可用水淘洗。晾晒好的种子呈淡黄色并具光泽。当种子含水量降至8%以下时即可装袋。其种子经田间检验和室内检验，符合国家规定的良种标准后，即为良种。

（二）辣（甜）椒杂种一代种子的生产

目前，辣（甜）椒的杂交种多数是利用自交系人工去雄授粉制种，少部分是利用雄性不育系杂交制种。

1. 杂交亲本的种子生产

（1）自交系的种子生产。自交系的原种与良种生产具体技术同常规品种的原种与良种生产。

（2）雄性不育系的种子生产。目前生产上利用的雄性不育系有两种，即核基因控制的雄性不育“两用系”及质核互作的“三系”。雄性不育系的原种与良种生产具体技术同常规品种的原种与良种生产。

2. 辣（甜）椒杂种一代的种子生产技术

（1）利用自交系采用人工去雄授粉杂交制种技术。目前，利用自交系人工去雄授粉是辣（甜）椒杂交制种上普遍采用的方法。该杂交制种方式有露地制种和塑料大棚制种两种方法。露地制种的产量较低，但成本低，可大面积进行，因而是目前最基本的方法。用大棚制种可使产量成倍提高，但成本较高。具体技术如下：

【操作规程 1】培育壮苗

制种田的育苗技术同常规品种的良种生产，只是要父母本分期播种。采用露地制种时，母本的播种期用当地的定植期向前推 70d 左右的苗龄来估算。当双亲始花期相同或相近时，父本的播种期要比母本早 8～10d。采用大棚制种时，双亲的播种期比露地制种再早半个月左右。父母本的播种量之比为 1∶4～5。

【操作规程 2】制种田的定植及田间管理

制种田的选地做畦、隔离、田间管理同良种生产。但定植时采用父母本分别集中连片定植，父本比母本早定植 7～15d。母本采用宽窄行定植，宽行行距 50～60cm，窄行行距 40cm，株距 25～27cm，单株栽植。辣椒定植的密度为 52 500～60 000 株/hm^2，甜椒的定植密度为 49 500～52 500 株/hm^2；父本可适当缩小株行距，也可双株栽植。

【操作规程 3】人工去雄授粉

辣（甜）椒开花结果对环境条件，尤其是湿度条件较敏感。去雄授粉以气温 20～25℃为宜，甜椒偏低些，辣椒偏高些。空气相对湿度在 55%～75%时坐果率最高，低于 40%或高于 85%时坐果率均下降。辣（甜）椒的集中授粉期为 20～25d，具体技术如下：

①去雄授粉前的准备工作：辣（甜）椒人工去雄授粉的用具与用工基本与番茄制种相同，只是要多准备一些做杂交标记用的彩色线。门椒开花前，用门椒进行制种工的技术培训工作，在每个制种工都熟练掌握去雄、授粉、采粉、去杂等工作后，摘除门椒，进行分工，责任到人。

在去雄前先根据株高、株型、叶形、叶色等性状严格去杂去劣，尤其是父本的去杂更要严格。然后将母本植株上已开的花、已结的果及门椒以下的侧枝全部摘除。

②母本去雄：母本去雄授粉一般选择第 2～5 层花蕾。生长势强的亲本从对椒（第二层）开始，生长势差的可从四门斗（第三层）开始。在去雄工作开始 10d 后仍很小的植株，可从对椒甚至门椒开始。选择开花前一天的肥大花蕾，其花冠由绿白色转为乳白色，花冠端比萼片稍大，即含苞待放，用手轻轻一捏即可开裂的花蕾。

适宜的去雄时间是上午 8：00 以前和下午 4：00 以后，不可在中午前后去雄，否则柱头易失水而枯萎变褐，使结实率明显降低。去雄时用左手拇指与食指夹持花蕾，右手持镊子轻轻拨开花冠，从花丝部分钳断后将花药分别夹出，然后在花柄上拴一条白线进行标记。也有从花蕾一侧用镊尖划开，连花冠带花药一同去掉的。由于辣（甜）椒的花蕾较小、花柄易断、雌蕊易脱落，所以去雄要格外小心。若遇到已散粉的花蕾及已开的花朵，应及时摘除。

③父本花粉的采制及授粉：在开花期的每天下午，在父本植株上选择花冠全白色，将开而未开的最大花蕾摘下，去除花冠，取下花药放入采粉器中带回。将取回的花药在 35℃以下尽快干燥，花药干燥及花粉筛取方法同番茄。最好是当天采集的花粉次日授粉用，以提高结子率。

辣（甜）椒以开花当天授粉结实率最高，所以在去雄后的当天或第二天授粉最佳。授粉时间最好是在上午露水干后尽早进行，这时湿度大，结实率高。午后不宜授粉。授粉时以20～25℃最适宜，当气温超过28℃或低于15℃时不宜授粉。授粉时将柱头插入授粉管中蘸满花粉即可，柱头上的花粉分布越均匀，杂交果内的种子越多。

为了提高结实率，辣（甜）椒采用两次授粉：第一次授粉时选择拴白线的花，授粉后换成红线；第二次授粉时选择拴红线的花，授粉后换成黑线；凡是拴黑线的花表示已授粉成功。

注意事项：授粉后遇雨要重授；授粉时及授粉后24h内碰掉柱头，要将此花摘除；一般在每株辣椒授粉25～30朵花、甜椒授粉15～20朵花时，结束授粉。

④授粉后的清理工作：清除母本株上的无标记自交果及小尾花，一般每3～4d进行一次，共进行4～5次；清除基部病、老叶及田间杂草，以通风透光，减轻病害发生；清除父本株种下茬；按果型、果色等特征清除杂株。

【操作规程4】种果采收

在授粉后50～60d，果实完全红熟时及时分批收获。采收时坚持“五不采原则”，即无杂交标记果不采；病、烂果不采；落地果不采；枯死株上的果不采；未完全成熟的果不采。采摘后的种果置于阴凉处后熟2～3d采种。采种技术同良种生产。

（2）利用雄性不育系杂交制种技术。此法省去了人工去雄手续，授粉结束后不必打花，使杂交制种更省时省工，降低了制种的难度和成本，并能提高杂种纯度。目前生产上采用的雄性不育系有两类，现将其与人工去雄制种技术的不同点分述如下：

【操作规程1】利用雄性不育两用系杂交制种技术要点

①播种量及定植密度：由于雄性不育两用系中的不育株与可育株各占50%，因此，育苗时母本的播种量和播种面积应比人工去雄制种增加1倍。制种田母本的定植密度以120 000～135 000株/hm^2 为宜，行距不变，只缩小株距即可，但是必须单株定植，以便于拔除淘汰株。

②母本中可育株的鉴别及拔除：在母本的门椒开花时逐棵检查花药的育性，不育株的花药瘦小干瘪，不开裂或开裂后看不到花粉，柱头发育正常。凡是不育株采用打去基部老叶的方法进行标记。可育株的花药饱满肥大，花药开裂后布满花粉。通过育性鉴别，彻底拔除母本中约占50%的可育株，该项工作要一直坚持到母本株全部开花，并有鉴定标记（去除老叶）为止。

③授粉：授粉前必须将不育株上已开的花和已结的果全部摘除，然后选择当天开放的新鲜花朵授粉。授粉花的标记同人工去雄制种。

【操作规程2】利用三系杂交制种技术要点

用三系中的雄性不育系制种，由于该不育系的不育株率为100%，因此，杂交制种更简单，只需授粉前拔除杂劣株，摘除已开的花和已结的果，选择当天开放的新鲜花朵授粉。其他栽培管理技术同人工去雄制种。

三、茄子种子生产技术

（一）茄子常规品种的种子生产技术

1. *茄子常规品种的原种生产*　茄子为茄科茄属一年生自花授粉植物，天然杂交率一般在5%以下，但也有高达7%～8%的。因此，原种生产应严格采取隔离措施，隔离方法与标准可参见番茄。原种生产一般安排在春季进行，主要技术有：

【操作规程1】培育壮苗

茄子壮苗的标准是：苗龄60（早熟品种）～90d（晚熟品种），具有8片左右真叶，叶色浓绿或紫绿，叶片肥厚，茎秆粗壮，节间短，根系发育粗大、完整，株高不超过20cm，刚现蕾的幼苗。

（1）播前准备。

①确定播期：播期的确定可用当地的定植期及苗龄向前推算。中、早熟品种在当地定植前2个月播种育苗，晚熟品种在定植前3个月播种育苗。

②育苗床：一般每公顷种子田需75m^{2}的育苗床、375m^{2}的分苗床。苗床一般设在温室内，做成1～1.2m宽的南北向苗床，铺12～15cm厚的营养土，营养土用60%的未种过茄科作物的园田土和40%的腐熟有机肥过筛后混合而成。在分苗床的营养土下要垫0.5cm厚的细沙或炉灰，以便于起苗。

③浸种催芽：原种田的用种量为0.75～1.2kg/hm^2。茄子催芽较慢，可采用变温催芽。做法是：先将种子在55℃的热水中浸泡，并不断搅拌，待水温降至常温时再泡24h，彻底清洗后将种子捞出稍晾，用湿布包好，白天保持30℃，夜间20～25℃，每天翻动3～4次，3～4d后，当70%以上种子露白时即可播种。

（2）播种及育苗期管理。

①播种：播种当天浇足底墒水，水渗后撒一层营养土，把苗床找平，然后均匀撒种子，播后覆盖1cm厚的营养土，再盖一层地膜提温保湿，撒上杀鼠毒饵后起小拱，扣严拱膜，夜间加盖草帘。

②播种至齐苗阶段：主要是增温保湿。最适气温为25～30℃，草帘要晚揭早盖，用电热温床育苗的应昼夜通电，地温不低于17℃。当幼苗顶土时，及时揭除地膜，断电，并覆0.5cm的“脱帽土”。出苗70%～80%时可渐渐揭去拱膜。

③齐苗至分苗阶段：齐苗后要适当降温，防苗徒长。白天最适气温为20～25℃，夜间15～20℃。并适当间苗，增强光照。干旱时喷水，兼叶面喷施0.2%尿素与0.2%磷酸二氢钾混合液，为花芽分化提供足够的营养。

④2片真叶时：进行降温炼苗，白天20℃，夜间15℃，昼夜温差保持在5℃为宜。

（3）分苗及分苗床管理。

①分苗：2～3片真叶时选择晴天的上午分苗。分苗前喷透水，按8cm见方的距离栽苗。随栽苗随盖薄膜和草帘，以防日晒萎蔫。

②分苗至缓苗阶段：主要是增温管理，不放风。白天25～28℃，夜间15～20℃，晴天的上午10:00至下午3:00回帘遮阴，以防日晒萎蔫。

③缓苗至定植阶段：随气温逐渐回升，应逐渐放风。畦内温度控制在20～25℃，如苗床太干，在4～5片叶时可浇一次小水并中耕。定植前7～10d浇一次大水，放风渐至最大量，直至全揭膜。浇水后3～4d苗床干湿适中时，进行切苗、起苗，囤苗3～5d，终霜过后方可定植。

【操作规程2】定植及田间管理

（1）原种田的选择与定植。原种田的选地、施肥与做畦基本同辣椒的原种生产，空间隔离距离不小于300m。

茄子耐寒力较弱，定植应选择在当地终霜期过后，10cm地温稳定在16℃以上时的温暖晴天进行。定植密度为早熟品种45 000～52 500株/hm^2，晚熟品种37 500～45 000株/hm^2。宽窄行定植，宽行行距55～60cm，窄行行距40～45cm。因早春地温低，应采用暗水定植。

（2）田间管理。

①追肥、浇水与中耕：定植后及时中耕，以提高地温，促进发根，并进行蹲苗。一般在门茄“瞪眼”时结束蹲苗，追一次催果肥，一般穴施尿素180kg/hm^2。结合施肥，浇催果水一次；对茄和四门斗迅速膨大时，对肥水的要求达到高峰，可追施尿素与磷酸二铵1∶1混合肥375kg/hm^2，以后视天气情况和植株长势每隔4～6d浇水一次，每隔一水追施尿素与磷酸二铵1∶1混合肥75～150kg/hm^2。进入雨季要特别注意排水防涝，以防沤根烂果和后期早衰。

②整枝打杈：一般将对茄和四门斗留种，其中以四门斗的种子产量最高，四门斗以上留2～3个叶片后掐尖。对育苗晚的原种田，为防雨季烂果，可留门茄和对茄。大果型品种留2～3个种果，中、小果型品种留3～5个种果。

③去杂去劣：在定植时根据株型、叶形、叶色去除不符合原品种典型性状的杂、劣、病株；在开花坐果期，根据商品果的果型、果色、花色、株型拔除不符合原品种典型性状的杂、劣、病株；种果采收前，再根据果型、果色彻底去除杂、劣、病株。

【操作规程3】种果的收获与采种

（1）种果的收获。种果在授粉后50～60d，当果实黄褐色、果皮发硬时可分批收获，收获后于通风干燥处后熟1～2周，使种子饱满并与果肉分离。

（2）种果的采种。采种量少时可将果实装入网袋或编织袋中，用木棍敲打搓揉种果，使每个心室内的种子与果肉分离，最后将种果敲裂，放入水中，剥离出种子。采种量大时，可用经改造的玉米脱粒机打碎果实，放入水中投洗，将沉在水底的饱满种子捞出，放在通风的纱网上晾晒，晒干后装袋贮藏。经室内检验，符合国家规定原种标准的种子即为原种。

2. *茄子常规品种的良种生产*　常规品种的良种生产空间隔离距离为100m以上。良种生产要用原种种子育苗，在分苗、定植、开花结果期及收获前严格剔除不符合原品种特征特性的杂、劣、病株。其他各项技术可参照原种的种子生产。

（二）茄子杂种一代的种子生产技术

由于茄子的花器较大，人工去雄较容易。所以，茄子杂交制种一般采用自交系人工去雄授粉。自交系的原种与良种生产同常规品种。利用自交系人工去雄杂交制种技术如下：

【操作规程1】培育壮苗

北方多采用在温室内育苗、春露地定植的方法进行茄子杂交制种。

1. *调节双亲的播期*　为了使父母本花期相遇和让母本处于最适合受精结实的环境范围内，应先根据当地的定植期和育苗的苗龄来推算出母本的适宜播期，然后根据父母本的初花期确定父本的播期，若父母本始花期相近，父本应比母本早播5～15d。

2. *播种及苗期管理*　培育壮苗是杂交制种高产、优质的基础。所以，最好用温室或温室加电热温床育苗。一般父母本的用种量比例为1∶4～5。父母本必须分期播种、分别管理，具体播种与管理技术参见原种生产。

【操作规程2】定植及田间管理

1. *制种田的选择与做畦*　制种田要与其他的茄子生产田空间隔离100m以上，其他技术同原种生产。

2. *定植*　父母本要分别集中连片定植，一般父本早定植3～5d。母本最好采用小高畦地膜覆盖，栽植密度及其他技术同原种生产；父本的密度略大于母本。

3. *田间管理*　为促使母本植株早发根、早结果、提高结果能力和促种果成熟，制种田要增施基肥和磷钾肥。一般留对茄和四门斗进行人工去雄授粉，门茄要尽早摘除。其他管理技术参见原种生产。父本植株由于授完粉后没有果实而拔除，可减少施肥量，不进行整枝打杈。

【操作规程3】人工去雄授粉

1. *去雄授粉前的准备工作*　由于茄子花器大，容易去雄授粉，每株只授5～6朵花即可。所以，每个授粉工可负责1 000株左右。授粉用具同番茄制种。

对制种工在门茄初花期进行培训，在每个制种工都熟练掌握去雄、授粉技术后，进行分工，以便责任到人。

在分苗、定植时严格去杂去劣的基础上，去雄授粉前再彻底去杂去劣1次，尤其是父本田的杂、劣、病株要彻底拔除，宁可错拔不能漏拔。

2. *父本花粉的制取*　每天上午8:00左右在父本田选择当日盛开或微开的花朵，只摘取花药于采粉器内带回室内，花药干燥和筛取花粉的方法参见番茄制种。制取的花粉在常温下干燥，花粉的生活力可保持2～3d；在4～5℃干燥条件下，花粉的生活力可保持30d左右。

3. *母本去雄*　在下午4:00后选择萼片张开，花蕾的先端平齐，花冠尚未开裂，花蕾已从淡紫色转为紫色，预计次日上午能开花的大花蕾进行去雄。去雄时，左手捏扶花蕾，右手用镊子拨开花冠，夹断花丝后将花药摘除。发现已散粉的大花蕾，要及时将该大花蕾摘除；短花柱的花因结实率低，也要摘除；如果一杈有双花或多花的，应选择最强健的花去雄，其余花摘除。去雄花要在花柄上绑绳标记。

4. *授粉*　在去雄的次日上午，选择花冠全展开的去雄花授粉。授粉前，先去掉2～3个相邻萼片作杂交标记，然后进行授粉。授粉方法及注意事项参见番茄制种。一般每株去雄授粉5～6朵花，保证可结3～4个果后，即可结束授粉。结束授粉后的清理工作参见番茄。

【操作规程4】种果的收获及采种

种果果皮老黄时，按杂交标记收获杂交果。杂交果上必须既要有绳，又缺2个萼片，否则为非杂交果。杂交果收回后于通风干燥处后熟1～2周后采种，采种技术同原种生产。

实践活动

将学生分成若干组，每组1～2人，分别进行番茄、辣（甜）椒、茄子的采粉、去雄、授粉训练。

第四节　瓜类种子生产技术

技能目标

◆ 掌握黄瓜的原种生产技术、良种生产技术和杂交制种技术。
◆ 掌握西葫芦的原种生产技术、良种生产技术和杂交制种技术。

瓜类蔬菜均为葫芦科植物。我国栽培的瓜类蔬菜有十余种，主要有黄瓜、北瓜、南瓜、冬瓜、西瓜、苦瓜、甜瓜、西葫芦等。现以黄瓜和西葫芦为例介绍瓜类的种子生产技术。

一、黄瓜种子生产技术

黄瓜为黄瓜属一年生蔓生或攀缘草本植物，是我国蔬菜生产中种植面积较大的瓜类之一，全国各地均有栽培，保护地和露地均可生产。因此，各地对黄瓜品种及种子质量的要求也较高。

黄瓜为雌雄同株，由昆虫传粉的异花植物。黄瓜的雌花在授粉不良时仍能结果，但果实内无种子或种子极少，这种习性叫单性结实现象。因此，种子生产必须做好人工辅助授粉工作。黄瓜授粉后50～60d果实达到生理成熟。一般单瓜可结80～200粒种子，多者达400～500粒种子。千粒重16～30g。

（一）黄瓜常规品种的种子生产

1. 黄瓜常规品种的原种生产　在我国，黄瓜可在不同栽培季节（春、夏、秋、冬季保护地）进行四季生产、周年供应。不同栽培方式要求相应的专用品种。为了保持不同类型、不同品种的特征特性，黄瓜的原种生产也应在相应的栽培季节进行。因此，黄瓜的原种生产分为春季露地、夏季露地、秋季露地和保护地采种技术，以春季露地采种用得最多。

（1）春季露地采种技术。

【操作规程1】培育壮苗

黄瓜的壮苗标准：株高15cm左右，3～4片真叶，子叶完好，节间短粗，叶片浓绿，肥厚，根系发达，健壮无病，苗龄35d左右。

①育苗床的准备：由于黄瓜的根受伤后再生能力很差，所以生产上多采用营养钵、纸筒或营养方育苗，以减少伤根。旧营养钵要用300倍的福尔马林或0.1%的高锰酸钾溶液消毒后再用。

育苗床在阳畦、大棚或温室内。一般种子田需$450m^2/hm^2$的育苗床。苗床的营养土可用优质堆肥、大粪或鸡粪、3～4年内没种过葫芦科植物的园田土以4∶1∶5的比例过筛后混合而成，并加入磷酸二铵$0.15kg/m^2$、多菌灵可湿性粉剂和福美双铵1∶1混合的药粉8～$10g/m^2$。营养土混匀后装入营养钵或铺入阳畦内，阳畦盖膜与帘。播种前10d左右开始白天揭帘烤畦。

②种子准备：春季露地生产的适宜播期一般以当地的定植期和育苗的苗龄推算，苗龄一般为35d左右。播种量一般为$2.25kg/hm^2$。

没包衣的种子用55℃温水浸10～15min，期间不断搅拌，至水温降到40℃以下时洗去种子表面黏液，再用30℃温水浸种4～6h，然后捞出于28～30℃下催芽1～2d，当70%以上种子露白时马上播种，否则放在0～2℃条件下存放。有包衣的种子在25～30℃温水中浸3～5h，捞出后于25～30℃下催芽即可。

③播种：在晴天的上午进行播种，播种前一天将苗床或营养钵浇透，苗床按8cm见方划成营养土方。第二天在每钵或每方的中间按一小坑，每坑播一粒发芽的种子，将种子胚根向下平放，播完后覆1.5～2cm厚的营养土，然后覆一层地膜，若为阳畦育苗马上盖好塑料膜和草帘。

④育苗期的管理：播种至出苗阶段，5cm 土层地温要保持在 20℃以上，气温白天 28～30℃，夜间 20℃以上。大部分种子顶土时揭去地膜，覆 0.5cm 厚的“脱帽土”。齐苗后开始放风降温，白天 25～27℃，夜间 13～16℃，地温 20℃。第 1 片真叶展开后要加大昼夜温差，促进雌花分化，白天 23～25℃，夜间 10～15℃。第 2 片真叶展开后要逐渐加大通风量，防止徒长。3～4 片真叶时即可定植，定植前 10d 浇透水，然后将苗床切成 8cm 见方的土坨，并开始炼苗，逐渐加大放风量，减少夜间覆盖，到定植前 3～5d 将营养土方或营养钵移动起苗，原地囤苗 3～5d，使营养土方干燥，以利于定植时的运苗和定植后的缓苗。

【操作规程 2】原种田的定植及田间管理

①原种田的选择与做畦：原种田应选择在 3～5 年内没种过瓜类作物，没用过杀双子叶植物除草剂，原种田四周 2 000m 内没有其他品种的黄瓜，200m 以上没有其他瓜类作物的肥沃田块。施入有机肥 75 000～112 500kg/hm^2、磷酸二铵 375kg/hm^2、硫酸钾 225kg/hm^2 作基肥，然后做成 1.2～1.5m 宽的平畦或畦宽 60～70cm、高 15cm、畦间沟宽 30～40cm 的小高畦，每畦栽 2 行。

②定植：北方露地春黄瓜应在不受霜冻的前提下尽量早定植，一般在晚霜过后、10cm 地温稳定在 12℃以上时定植，由于定植时地温低，应采用暗水定植，定植密度为 67 500～90 000 株/hm^2，定植深度以苗坨与畦面相平或稍露苗坨为宜。

③肥水管理：定植的次日及时浅中耕，注意不要松动苗坨。待 4～5d 缓苗后，浇一次小水，然后进入中耕蹲苗，蹲苗期间每隔 4～5d 中耕一次，以保墒提温，促进根系生长。至根瓜坐果、叶片变深绿色时结束蹲苗，穴施尿素 75～105kg/hm^2，并浇水一次。以后每 3～5d 浇一次水，每隔两次水追肥一次，用量同前。盛果期 1～2d 浇一次水，每隔一水穴施硫酸钾 120kg/hm^2，不可缺肥水，并喷施 2～3 次 0.3%～0.5%的磷酸二氢钾和 0.5%～1%的尿素混合液。种瓜采收前 10d 停水，以防烂瓜。

④插架、整枝、绑蔓：北方露地春黄瓜宜在定植的当天或次日插架，以降低风速护秧苗，两个相邻小高畦的各一行插为一架，以便架下沟内浇水，畦上田间作业。

节成性品种主要靠主蔓结瓜，将主蔓第 7 片叶以下的侧枝、瓜、花全打去，从第 8 节开始每隔 1 叶留 1 瓜。枝成性品种靠侧枝结瓜，将第 7 节以下的侧枝及时去除，从第 7 节开始留侧枝。

每隔 3～4 片叶在花下 1～2 节绑蔓一次。一般每株留 1～4 个种瓜：大型瓜品种每株留 1～2 个种瓜，小型瓜品种每株留 3～4 个种瓜。种瓜留够、坐稳后掐尖，并摘除非留种瓜，以将营养集中于种瓜，促种子高产。

⑤病虫害防治：定植后每隔 7～10d 喷杀菌剂一次，注意不要连用一种药，授粉后每次喷药要加入 0.2%的磷酸二氢钾，既防病又可增粒重。种瓜拖地后，及时把种瓜支起，以防种瓜接触湿土而烂瓜。

【操作规程 3】单株选择

选择典型单株是原种生产的重要环节，一般分 3 次进行。

①第一次选择：在根瓜开花前，根据第一雌花的节位、雌花间隔的节位、花蕾形态、叶形、抗病性等，选择符合原品种特征的植株标记，并在入选株的第二雌花开花的前一天下午，将要开的雌雄大花蕾分别用棉线或花夹子扎、夹花冠隔离，次日上午用隔离的雄花花粉给隔离的雌花授粉，最后重新扎好雌花的花冠隔离，并在花柄上拴牌标记。一般早熟品种选

根瓜留种，而中、晚熟品种选腰瓜留种，腰瓜的种子产量高于根瓜。

②第二次选择：在大部分种瓜达到商品成熟时，根据瓜型、雌花的多少、节间长短、分枝性、结果性、抗性等性状复选，凡是淘汰株摘除标记，并将其上的瓜摘除。

③第三次选择：在种瓜收获前，根据种皮色泽、刺棱、瓜型等特征决选，进一步淘汰不符合原品种特征特性的植株及种瓜。

【操作规程 4】种瓜的收获

种瓜成熟时，白刺种的果皮呈黄白色，无网纹；黑刺种的果皮呈褐色或黄褐色，有明显网纹。当种瓜果皮变黄褐、褐色或黄白色，果肉稍软时分批采收，注意不收无标记的种瓜，收获后在阴凉处后熟 7～10d，以提高种子的千粒重和发芽率。

【操作规程 5】种瓜的采种

黄瓜种子周围有胶胨状物质，不易洗掉，可用下述方法除去：

①发酵法：将种瓜纵剖，把种子连同瓜瓤一同挖出，放在非金属容器内使其自然发酵，发酵时间因温度而异，15～20℃需 3～5d，25～30℃需 1～2d。发酵过程中严防雨水漏入，每天用木棒搅拌几次，使之发酵均匀，促使种子与胶胨状物质分离。当种子与瓜瓤分离下沉后，倒出上层污物，捞出种子，用清水搓洗干净。

②机械法：用黄瓜脱粒机将果实压碎后，再次加压，使种子与胶胨状物质分离。此法省工省时，但种表的胶胨状物质去除不彻底，这些黏性物质中含有抑制发芽的物质。

③化学处理法：每 1 000ml 的果浆中加入 35％的 HCl5ml，搅拌，30min 后用水冲洗干净。清洗干净的种子摊在离地的纱网上自然风干晾晒。注意不要直接放在水泥地或金属器皿上暴晒，以防烫伤种子，中午光太强时收回不晒。当种子含水量降至 10％以下时，装袋贮存。

（2）夏、秋露地采种技术。黄瓜夏季或秋季露地采种，可采用浸种催芽后直播或防雨遮阴育苗。由于苗期正值高温多雨季节，所以苗期较短，该采种法的播种期以确保早霜到来之前种瓜正常成熟为宜。种植密度为 75 000～90 000 株/hm^2。除淘汰病、杂苗外，还应选择雌花节位较低的植株，必须采用人工辅助授粉和隔离措施。

（3）保护地采种技术。利用温室和塑料大棚育苗采种，管理技术同菜田生产，为提高采种量必须人工辅助授粉，选第三节位以上雌花授粉 3～4 朵，选留 1～4 条种瓜。

2. 黄瓜常规品种的良种生产　黄瓜的良种生产多采用春露地采种，具体栽培技术同原种生产，但空间隔离的距离应在 1 000m 以上，良种生产田在进行严格去杂去劣后，可采用自然授粉留种，即在黄瓜良种生产田的开花期放养蜜蜂，若蜜蜂较少时，应进行人工辅助授粉，以提高采种量。

（二）黄瓜杂种一代的种子生产技术

1. 杂交亲本的种子生产　黄瓜杂交制种的亲本主要有自交系和雌性系两大类。

（1）自交系的种子生产。黄瓜自交系也分为原种与良种（制种用的亲本）两级，其原种与良种的生产技术同常规品种。

（2）雌性系的种子生产。雌性系是指只长雌花不长雄花的品系。用其作制种的母本，既可省去人工去雄或扎花隔离的用工，降低种子成本，又能保证种子纯度。雌性系的种子生产技术基本同常规品种的原种、良种生产技术，只是由于雌性系没有雄花，无法自我繁殖，繁种时必须人工诱导产生雄花。

①具体做法：将其中1/5～1/3的种子提早7～10d播种，在苗期人工诱导产生雄花，作为雌性系生产中的父本；其余2/3～4/5的种子作母本，晚7～10d播种。定植时父母本按1∶2～4的行比相间栽植，任昆虫自由授粉，父母本上收的种子均为雌性系。

②诱导雌性系产生雄花的方法：在早熟雌性系的2～3片真叶期，中、晚熟雌性系的4～5片真叶期，拔除病、杂、劣株后，喷300～500mg/L的硝酸银，喷药时以喷新叶和生长点为主，每隔4～5d喷一次，共喷两次，经硝酸银处理后的叶面会出现皱缩或有黄褐色斑点的暂时药害现象，再长出的新叶逐渐正常。因喷药后雄花的形成和开花需一定时间，所以作父本用的雌性系要提早7～10d播种，以确保父母本的花期相遇。

③田间管理：由于雌性系节节有雌花，生殖生长和营养生长同时进行，要求较高的肥水条件，所以定植后不宜长时间蹲苗，当植株生长缓慢时，应及时浇水施肥，防止出现花打顶现象。其他栽培技术同常规品种的原种生产。

2. 杂种一代的种子生产　目前，黄瓜杂种一代的种子生产有利用自交系人工去雄杂交制种、利用自交系化学杀雄杂交制种和利用雌性系杂交制种3种方式。制种过程中的育苗及栽培管理等与常规品种的原种生产相似。以下仅介绍3种制种方式的主要技术。

【操作规程1】利用自交系人工去雄、授粉杂交制种技术

（1）保证双亲的花期相遇。要根据双亲开花期的早晚分期播种，开花晚的亲本要适当早播，开花早的亲本适当晚播。在双亲始花期相近的情况下，为保证父本花粉的充足供应，父本应比母本早播和早定植7～10d，父母本的播种量及定植的比例一般为1∶3～6。

（2）去杂去劣。在开花授粉前，应根据双亲的特征特性严格拔除病、杂、劣株，并摘除母本上已经开过的雌花和已结的果。

（3）人工去雄杂交。有两种方法：

①人工去雄、昆虫授粉：适用于在保护地进行杂交制种。每天下午将母本株上的所有雄花在开放前摘除，然后在大棚内放蜂授粉，母本上所结的种子即杂交种。

②人工去雄、授粉：适用于用种量较少的杂交制种或隔离较差的杂交制种。一般每公顷需45个授粉工，授粉期仅需10d左右。每天下午将次日要开放、明显膨大变黄的父本雄花和母本雌花用棉线或夹子扎、夹花隔离，注意扎、夹在花冠的1/2以上处，不要弄伤母本的柱头。次日上午6:00～10:00，摘下隔离的父本雄花，用其花粉直接涂至隔离的母本雌花柱头上。也可将父本雄花在前一天傍晚采下，置于保湿的容器内，封闭贮存在8～20℃条件下，次日授粉前分批用60～100W电灯照射花冠0.5h，待花冠开放后进行授粉。授粉后将母本雌花重新扎、夹花隔离，并在花柄上拴绳作杂交标记。

授粉中注意事项：要及时去除母本上没有扎、夹的雌花；授粉后遇雨要重授，以防“单性结实”；最好用2～3朵父本花重复给一朵母本雌花授粉，以提高结实率；每节只授一花，每株可授4～6朵花，最后选留1～4条种瓜后结束授粉；授粉后要定期检查，摘除母本上未经标记的自交瓜，只保留具有杂交标记、瓜顶膨大、发育好的杂交瓜。

（4）杂种瓜的收获。种瓜收获时，严格注意只收有标记的种瓜。其他技术环节同常规品种的原种生产。

【操作规程2】利用自交系化学杀雄、自然授粉杂交制种技术

（1）双亲的播期、播量及行比确定。双亲的播期确定同人工去雄杂交制种，父母本播种量及定植的比例为1∶2～4。

（2）母本的化学杀雄。在育苗期，当母本的第一片真叶达 2.5～3.0cm 时，喷浓度为 250mg/L 的乙烯利；3～4 片真叶时喷第二次，浓度为 150mg/L；再过 4～5d 喷第三次，浓度为 100mg/L，每次喷至叶面开始滴水为止。母本植株经 3 次喷乙烯利后，20 节以下的花基本上都是雌花，在隔离区内靠昆虫自然授粉杂交，在母本株上收获的种子即为杂交种子。

（3）化学杀雄杂交制种在技术上应注意的问题。制种地四周至少 1 000m 内不得种植其他品种的黄瓜；通过调节播期或其他栽培手段使父本雄花先于母本雌花开放；进入现蕾阶段后要经常检查并摘除母本株上出现的少量雄花；授粉期如遇阴雨天气，要进行人工辅助授粉。

【操作规程 3】利用雌性系杂交制种技术

用雌性系作母本，与父本隔行种植，任其与父本靠昆虫天然授粉杂交，母本上收的种子即为杂交种。这种方法既可省去人工去雄和化学杀雄的麻烦，降低制种成本，又可提高杂交种的纯度。其主要技术如下：

（1）父母本行比及调节花期。父母本行比可为 1∶3～5。栽培密度为 60 000～75 000 株/hm^2。通过调节播期使父本雄花先于母本雌花开放。

（2）去杂去劣。开花前认真检查和拔除母本雌性系中有雄花的杂株，以免产生假杂种。

（3）人工辅助授粉。授粉期如遇连阴雨，要进行人工辅助授粉，以提高种子产量。

（4）选优质瓜留种。授粉结束后，及时摘除没有授粉或授粉后发育不良的尖嘴瓜，以减少养分损耗，只选择瓜顶膨大、发育良好的瓜留种。

二、西葫芦种子生产技术

西葫芦又称白瓜、番瓜、角瓜、美洲南瓜、夏南瓜。目前，在我国保护地栽培中已成为仅次于黄瓜的一大类蔬菜。

西葫芦为雌雄同株，靠昆虫传粉的异花授粉作物。一般第一雌花的结子数较少，而第二、三雌花的结子数最多，所以西葫芦的种子生产一般用第 2～3 个瓜作种瓜。单瓜可结 200～300 粒种子，千粒重 130～200g。

（一）西葫芦常规品种的种子生产技术

1. 西葫芦常规品种的原种生产 西葫芦的原种生产一般采用早春育苗移栽采种法，此法可使种瓜成熟前避开因高温引起的病毒病。具体技术措施如下：

【操作规程 1】培育壮苗

（1）确定播期。西葫芦的播种期为当地春季的定植期向前推 30～35d。

（2）播前准备。西葫芦的育苗方法大致与黄瓜相同，但营养面积需保证在 10～12cm 见方。可在阳畦或大棚内用营养钵或纸筒育苗，营养土的配方同黄瓜种子生产。西葫芦的播种量为 6～9kg/hm^2。浸种催芽的方法同黄瓜。

（3）播种。播前浇透底墒水，喷洒杀虫剂和杀菌剂，然后在每个营养钵的中心按一小坑，平放一粒发芽种子，种子上覆土 2cm 厚。然后盖好地膜、阳畦上的塑料膜及草帘。

（4）育苗期管理。播种后至出苗前保持温度 25～28℃；出苗后白天降到 20～25℃，夜间 10～15℃，加大昼夜温差和低夜温有利于雌花的形成和防止徒长；在苗龄 30～35d、3～4 片真叶时定植。定植前 10d 开始逐渐揭膜降温炼苗，定植前 3～5d 起苗、囤苗。其他技术可参考黄瓜育苗。

【操作规程 2】定植

（1）原种田的选地做畦。选择 3～5 年内没有种过葫芦科作物、土壤肥沃的沙壤土，四周与其他品种的西葫芦和南瓜空间隔离 2 000m 以上。施入腐熟的有机肥 75 000kg/hm^2、磷酸二铵 375kg/hm^2、硫酸钾 225kg/hm^2 作基肥。做成高 15cm、垄距 60～65cm 的小高垄；也可做成 1.3m 宽的平畦，每畦栽 2 行。

（2）定植。晚霜过后，当 10cm 地温稳定在 10～14℃，外界气温稳定在 15℃时即可定植。为了提高地温，最好采用暗水定植。在小高垄上单行定植，定植深度以土坨与地面相平为宜，定植密度为 30 000～33 000 株/hm^2。定植时要尽量减少对根的伤害。

【操作规程 3】田间管理

定植后的前期以提高地温、蹲苗、促进根系发育为主，结瓜后以调节好营养生长和生殖生长的关系为主。

（1）中耕与蹲苗。定植后的次日可浅中耕一次；缓苗后结合追肥，浇水一次，然后及时中耕，进入蹲苗；直到第一个种瓜坐住后，结束蹲苗，开始浇水。在蹲苗期间，要多中耕以提温提墒。

（2）水肥管理。第一个种瓜坐住后追施硫酸铵或氮磷钾复合肥 150～225kg/hm^2，然后浇水一次，以后每隔 5～7d 浇一次水，保持土壤湿润。每隔一水追一次肥，每次追施尿素 105～150kg/hm^2。种瓜成形后叶面喷施 0.2%～0.3%的磷酸二氢钾和 0.2%的尿素 2～3 次，以增加种子产量。

（3）整枝留瓜。为了减少养分损耗，应打掉蔓上多余的侧枝，当第二雌花的种瓜坐住后及时去掉根瓜，留第 2～4 个雌花结的瓜作种瓜。早熟品种每株留 2～3 个种瓜，中晚熟品种每株留 1～2 个种瓜。

【操作规程 4】去杂去劣与保纯

在第一雌花开放后第二雌花开放前，拔除不符合原品种特征特性的植株，剩余植株在隔离条件下任昆虫自然授粉。种瓜达商品成熟时，根据瓜色、瓜形、植株生长情况等特征，淘汰不符合原品种特征的植株。

对隔离条件较差的地块可采用人工隔离，人工授粉。即每天下午将入选株上次日要开放的雌花和雄花的大花蕾用线或花夹子扎、夹住花冠，次日上午 6:00～8:00 用隔离的雄花的花粉均匀地涂抹到隔离的雌花的柱头上，授粉后仍扎或夹住雌花的花冠隔离，并在其花柄上用棉线拴上标记。

【操作规程 5】种瓜的收获及采种

西葫芦授粉后约 50d 种子成熟。分批带瓜柄收获，不要碰伤瓜柄，注意轻拿轻放。采收后，于阴凉处后熟 10～15d，以提高种子的饱满度和发芽率。

采种时将种瓜纵剖，将种子从瓜瓤中挤出，在水中搓洗干净，放到架空的席上晒干。严禁将种子直接放在水泥地或金属器皿上于强光下暴晒，以防烫伤种子。

2. 西葫芦常规品种的良种生产　良种生产常采用田间隔离下的自然授粉法。即播种原种的种子，种子田与其他品种的西葫芦及南瓜空间隔离在 1 000m 以上。授粉前彻底拔除病、杂、劣株，然后在种子田放养蜜蜂，靠昆虫授粉，选留第 2～4 个雌花结的瓜留种，其余雌花及时打掉。种瓜成熟后，再进行一次去杂，最后收获的种瓜混合取种。其栽培管理技术同原种生产。

(二) 西葫芦杂种一代的种子生产

由于西葫芦花大，易操作，所以西葫芦杂交种子的生产主要利用自交系人工杂交制种。

1. 杂交亲本的种子生产　杂交亲本的原种和良种生产分别同常规品种的原种和良种生产。

2. 杂交一代的种子生产

【操作规程 1】培育壮苗

西葫芦杂交制种的双亲育苗技术同原种生产，但是要根据双亲的始花期调节好双亲的播种期。为了增加前期授粉时的父本花粉供应，父本一般比母本早播 10～12d。父母本的用种量为 1∶3～4。

【操作规程 2】定植

制种田的选择同原种生产，采用田间隔离或网棚隔离，品种间田间隔离的距离在1 000 m以上，空间隔离距离不够时，可在网棚内制种。定植时父母本按 1∶3～4 的行比定植，父本早定植 5～10d。定植方法、密度及田间管理同原种生产。

【操作规程 3】人工扎花隔离、授粉

(1) 扎花隔离。采用田间隔离的，在开花期，每天下午将次日要开放的父本雄花和母本第二节以上的雌花的花冠用棉线或花夹子扎、夹隔离，同时去除母本上的所有雄花花蕾。如果遇阴雨天，需将父本的雄花大花蕾摘下放在塑料袋中或保湿的容器内保存，防止花粉遇雨吸水胀破死亡。网棚内制种的不用扎、夹花隔离，只摘除母本上的雄花蕾即可。

(2) 授粉。每天上午 6：00～8：00，取父本隔离的雄花，去掉花冠，同时打开隔离的母本雌花，用父本雄花的雄蕊轻轻涂抹母本雌蕊的柱头，至柱头上粘满花粉为止，授完粉后重新将母本的花冠扎、夹隔离，并在花柄上绑绳或挂牌作杂交标记。网棚隔离制种可直接选用当天开放的父本雄花给当天开放的母本雌花授粉，在花柄上做好杂交标记。

扎花时随时打掉畸形瓜和节位太低的瓜，同时打掉所有的侧枝，每株扎花授粉 4～5 朵花。当已有 2～3 个杂交瓜坐住后，可以在 30 节上掐尖。以保证杂交瓜种子的养分供应。

【操作规程 4】种瓜的收获与采种

种瓜的收获及采种同原种生产，但注意只收有杂交标记的种瓜，无标记或标记不清、不典型、畸形瓜不收。采种技术同原种生产。

实　践　活　动

将学生分成若干组，每组 1～2 人，分别进行黄瓜、西葫芦的人工去雄、授粉训练。

【知识拓展】西瓜种子生产技术

西瓜属雌雄同株，昆虫传粉的异花授粉植物，其种子有常规品种和杂交种之分。种子生产包括原种生产和良种生产。

一、西瓜原种生产技术

原种（常规品种和杂交种亲本）生产用育种家种子繁殖。无育种家种子时，可用两圃制提纯生产原种。用育种家种子繁殖原种的技术规程如下：

【操作规程1】选好地块，做好隔离

选择不重茬、土质疏松肥沃、排灌方便的地块。空间隔离距离要求1 000m以上，小面积繁殖可用网纱、套袋、夹花等器械隔离。隔离对象是西瓜的不同品种、不同亲本的花粉。

【操作规程2】培育壮苗，合理密植

采用直播或育苗移栽均可，育苗方法与黄瓜基本相同。当地温稳定在15℃以上时，便可定植。大型果品种定植密度一般为0.9万～1.2万株/hm^2，小型果品种密度一般为1.2万～1.5万株/hm^2。单蔓或双蔓整枝均可，每株留1～2个瓜。

【操作规程3】采种田管理

施足腐熟有机底肥，注意增施磷钾肥。甩蔓期及时整枝、压蔓，防止跑秧不坐瓜。结瓜期要保证水肥供应，后期要注意保秧、壮粒、防治病虫害。

【操作规程4】人工辅助授粉

每天上午7:00～11:00前，将当日开放的雄花或前一天预先摘好的雄花的花粉均匀涂于当日开花的雌花柱头上，然后摘去两片萼片作标记。

【操作规程5】严格去杂

1. 苗期　观察植株叶形、叶色、分枝习性、第一雌花出现节位，严格去杂。

2. 结瓜期　观察种株生长势、坐果特性和瓜形、皮色、花纹、蜡粉等特性，严格去杂。

3. 种瓜成熟期　观察植株抗性、丰产性和瓜形、皮色、花纹等特征，严格去杂。

4. 破瓜时　观察瓜瓤颜色及子粒形状、颜色，严格去杂。

【操作规程6】采种瓜取子

种瓜老熟时，采摘果实性状符合本品种（亲本）特征特性的健康种瓜。破瓜时，还要淘汰果肉异色、有病的种瓜。把符合本品种（亲本）特征特性的种瓜混合取子，子瓤装入非铁器容器中不发酵或稍发酵（无子瓜不许发酵）。用木棒搅碎果肉，漂去杂物，捞出种子，洗净、晾干。在晾晒、加工、包装、贮运等过程中防止机械混杂。

二、西瓜良种生产技术

西瓜良种生产包括常规品种和杂交一代种子生产。

（一）杂交一代种子生产技术

杂交种西瓜分为二倍体（有子）西瓜和三倍体（无子）西瓜。

1. 杂交种子生产技术

【操作规程1】选好地块，做好隔离

选地要求同原种生产，但空间隔离距离要求1 000m以上。

【操作规程2】培育壮苗，确定适宜行比

培育壮苗同原种生产，但父母本要按比例播种。采用空间隔离制种法，父母本行比一般为1∶4～5。采用人工授粉制种法，父母本行比一般为1∶10～15，常将父母本单独种植，即将父本种在母本田的一端。为使母本适期授粉，要依据父母本花期特点分期播种，一般父本早播7～10d。

【操作规程3】制种田管理

制种田管理基本同原种生产。但父母本在同一块地的，授粉结束后拔除父本。

【操作规程 4】杂交授粉

（1）母本去雄套袋。授粉前，结合整枝、压蔓摘除所有的雄花蕾。授粉期间，每天下午逐株检查，摘除全部雄花蕾，并埋入土中。同时，把次日要开花的雌花蕾套上纸帽或用花夹把花夹住，并做明显标记。

（2）取父本花粉授粉。授粉前，对父本植株严格检查，根据植株特征特性去杂去劣。在第二天早晨，把即将开放的父本雄花摘下放入纸盒等容器内，等母本开花时进行人工授粉（涂抹于母本套纸帽或夹花的雌花柱头上）。授粉后仍然套纸帽或夹花，并做明显标记。

【操作规程 5】采收种瓜

种瓜老熟时逐一检查，先摘除不符合本品种特征特性的无标记或感病的瓜，然后再摘种瓜。

【操作规程 6】破瓜取子

破瓜时要观察瓤色、粒形、粒色，严格去杂。把符合本品种特征特性的种瓜混合取子。子瓤装入非铁器容器中不发酵或稍发酵（无子瓜不许发酵）。用木棒搅碎瓜瓤，漂去杂物，捞出种子洗净，晾干。在晾晒、加工、包装、贮运等过程中防止机械混杂。

2. *无子西瓜种子生产技术*　三倍体无子西瓜是四倍体西瓜与二倍体西瓜的杂种一代，无子西瓜含糖量高，甜而无子。其种子生产技术与杂交种子生产技术基本相同。但要注意以下环节：

（1）四倍体西瓜的人工诱变技术。四倍体的获得通常是用人工的方法把二倍体西瓜的染色体加倍来实现的，最常用的方法是用秋水仙碱处理西瓜的种子或刚出土不久的幼苗，其中以处理幼苗效果最佳。使用浓度一般为0.2%～0.4%的水溶液，在幼苗出土不久，2片子叶的开张度为30°时开始用药液点滴生长点，连续点滴4d。植物的生长点有3层分裂旺盛的细胞层，得到完全多倍性，即分生组织的细胞染色体均被加倍。

（2）搞好四倍体母本和二倍体父本的原种生产。无子西瓜的采种量低，只有准备足够数量的父母本的纯种，才能保证配制到足够数量的无子西瓜种子。在高配合力的杂交组合中，只能用四倍体作母本，反交不能结出饱满有生活力的种子。四倍体亲本在品质好、坐果率高、种子小、单瓜种子含量多的基础上，尽可能选用具有可作为标记性状的隐性性状，如浅绿果皮、黄叶脉、全缘叶、主蔓不分枝等。

（3）选择合适的父母本种植比例。进行无子西瓜的种子生产时，若主要依靠昆虫传粉，人工辅助的方式，在田间父母本的比例应为1∶3～4较好，并在边行种植二倍体父本品种，以利授粉。若生产中主要运用人工授粉的方式制种，父母本的比例可达1∶10，父本可集中种植在母本田的一侧，便于集中采集花粉。

（4）无子西瓜的采种。无子西瓜的种子发芽率比普通二倍体西瓜低，故在采种技术上应注意提高其发芽率。种瓜必须充分成熟才能采种，采种时不进行发酵处理。

（5）种植三倍体西瓜时的注意事项。配备种植二倍体西瓜提供花粉。三倍体无子西瓜花粉没有生活力，不能授粉，这就需要由正常可育的花粉为其提供必要的激素，来刺激子房膨大发育成果实。

（二）西瓜常规品种良种生产技术

西瓜常规品种良种生产技术与原种生产技术基本相同。

【技能训练】

技能5-1 制定叶菜类蔬菜杂交制种技术操作规程

一、技能训练目标

掌握叶菜类蔬菜进行杂交制种的工作程序与方法，练习制定大白菜（或甘蓝）杂交制种的技术操作规程，为将来从事该项工作奠定基础。

二、技能训练材料与用具

1. 作物种类 大白菜（或甘蓝）。

2. 参考资料 作物种子生产、蔬菜栽培、土壤肥料等。

三、技能训练操作规程

1. 制定杂交制种的技术操作规程的意义 在杂交制种上，只有事先有正确、具体的技术操作规程，才能使各阶段的工作有条不紊地进行，才便于及时进行工作检查与总结经验。所以，详细、具体、正确的技术操作规程是制种成功的基础。

2. 具体条件 双亲均为自交不亲和系；父母本的行比为1∶3；采用阳畦育苗；定植的密度为67 500株/hm^2；双亲的开花期相近，可同时播种。

3. 技术操作规程的格式、内容及要求

（1）封面的格式与内容。包括课程设计、项目名称、专业、班级、姓名、指导老师、年、月。

（2）技术规程的格式与内容。包括题目、姓名、班级、引言（制定技术规程的意义）、具体实施内容、技术路线及关键技术。

（3）要求。

①以本县种子公司技术员的身份为本县制种户写规程。所以，农民听不懂的话、看不懂的符号不写。

②按操作程序的先后顺序写。

③各技术环节要具体、简练，句子要完整、正确，每项技术写成一段。

④按技术环节列标题，每个技术环节写一段，既不能将一个时期的所有技术写成一段，也不能写成一句话一段的太多段落，要适当归纳，使应用者便于理解和正确操作。

四、技能训练报告

1. 写初稿 按时间顺序写，句子要完整，层次要清楚，技术要具体、正确。

2. 讨论、修改、定稿 讨论安排：进行1h左右的安排，要求同学积极发言，敢于发言，以利于今后开展工作。

（1）学生自由主动发言。

（2）同学提异议、答辩。

（3）老师总结、指导，同学再次修改，最后定稿。

3. 打印出定稿，评定成绩 每人一份。对每个学生的技术能力和写作能力进行考核。

技能5-2　茄果类蔬菜的人工去雄杂交技术

一、技能训练目标

了解茄果类蔬菜的花器构造与开花习性，掌握茄果类蔬菜的人工去雄杂交技术。

二、技能训练材料与用具

1. *材料*　正处于开花期的番茄（或茄子、辣椒）。

2. *用具*　镊子、70%的酒精、授粉管等。

三、技能训练说明

1. *番茄的花器构造*　番茄的花为两性花，由花柄、花萼、花冠、雄蕊、雌蕊组成。花萼、花冠及雄蕊通常为5～7枚。雄蕊的花丝较短，花药聚合成筒状包围着雌蕊，所以极易自交，属自花授粉作物。但也有少数花朵的花柱较长，露在花药筒的外面，易接受外来花粉。

2. *番茄的开花结果习性*　番茄的开花顺序是基部的花先开，依次向上有序开放。通常是第一花序的花尚未开完，第二花序基部的花已开放。

番茄在花冠展开180°时为开花。此时，雄蕊成熟，花药纵裂，花粉自然散出；雌蕊柱头上有大量黏液，是授粉的最佳时期。雌蕊虽然在开花前2d至开花后2d均可授粉结实，但以开花当天授粉的结实率最高。番茄的花在一天当中无定时开放，但晴天比阴天多，上午比下午多。从授粉到果实成熟需40～50d。种子在果实变色时发育成熟，一般每个果实内有100～300粒种子。

四、技能训练操作规程

【操作规程1】母本人工去雄

1. *母本去雄花蕾的选择*　在每天的清晨或下午5：00以后的高湿低温阶段，选择花冠刚伸出萼片、要开而未开，花冠乳白色或黄白色，花药黄绿色的花蕾。花药黄绿色为主要选蕾标准，若花药全绿色说明花蕾小，授粉后坐果率低；若花药呈黄色说明花蕾大，易夹破花药造成自花授粉。

2. *去雄方法*　左手夹扶花蕾，右手用镊尖将花冠轻轻拨开，露出花药筒，将镊尖伸入到花药筒基部，将花药筒从两侧划裂分成两部分，然后再夹住每一部分的中上部，向侧上方提，即可将花药从基部摘除。

3. *去雄时的注意事项*　不要碰伤子房、碰掉花柱、碰裂花药；要严格将花药去净；保留花冠，以利于坐果；若碰裂花药，将该花去掉，并将镊子用酒精消毒；去掉8个以上花冠或柱头粗大的畸形花。

【操作规程2】父本花粉的采集与制取

每天上午8:00～10:00，在父本田摘取花冠半开放、花冠鲜黄色、花药金黄色、花粉未散出的花朵，去掉花冠，保留花药，放于采粉器中带回；将花药自然干燥或在烘箱中烘干；将干燥的花药置于筛上在弹珠撞击下筛取花粉，装入授粉管内直接用于授粉即可。

【操作规程3】人工授粉

在每天上午露水干后的8:00～11:00或下午2:00～5:00进行，上午授粉效果最好。授粉时选择前一天已去雄，花冠鲜黄色并全开放，柱头鲜绿色并有黏液的花朵。先检查花药是否去净，摘除去雄不彻底的花朵；然后撕去相邻的2片花萼作为杂交标记；最后将雌蕊的柱头插入授粉管内，使柱头蘸满花粉。为了提高结实率，也可采用两次授粉，每次撕去一片花萼作为一次授粉的标记。

授粉的注意事项：授粉后5h内遇雨重授；授粉的次日柱头仍鲜绿色的重授；上午11:00后气温高于28℃时和有露水时不授；在高温干燥及有风时，应在清晨早授；尽量用新鲜的花粉，在花粉不足时，可掺入不超过50%的贮备花粉；杂交标志要明显。

五、技能训练报告

1. 每个学生分别进行练习，杂交10朵花以上。

2. 逐人进行技能考核，分母本花蕾的选择、母本去雄、父本花蕾的选择、人工授粉与标记4步考核，每步25分。

技能5-3　常见蔬菜的采种技术

一、技能训练目标

了解和掌握各类常见蔬菜的收获与采种技术。

二、技能训练材料与用具

1. 材料　番茄、茄子、辣椒、黄瓜、冬瓜等常见蔬菜。

2. 用具　瓷盘、塑料桶、小刀。

三、技能训练操作规程

蔬菜的分类有多种，不同蔬菜种子的收获与采种技术不同。

（一）叶菜类、根菜类

主要种类有白菜、甘蓝、萝卜、芹菜、菠菜等，多为二年生草本植物，只有先通过春化阶段后才抽薹开花结实。

十字花科蔬菜，如白菜、甘蓝、萝卜等，待第一、二侧枝的大部分角果、荚果成熟时，于清晨一次性割下，放到塑料布上包好，运至晒场，后熟晾晒2～3d后脱粒。待种子含水量降到9%以下时，方可装袋。

伞形科蔬菜，如芹菜、胡萝卜等，在花序由绿变褐，外缘翻卷时，分批剪下成熟的花序，捆成束或装袋，于通风处晒干后脱粒，种子含水量降到8%以下时，方可装袋。

（二）茄果类

1. 番茄

（1）收获。种果实全着色，果肉变软时分批收回，于阴凉处后熟2～3d。收获时坚持凡是无杂交标志、落地、枯死、腐烂、未完全着色的果实不收。

（2）采种。

①剖果取种：种果横切，挤出种子于非金属容器内（量大时用脱粒机捣碎），装八成满，不能进水，不能暴晒，否则发芽变黑。

②发酵：发酵1～3d，当液面出现一层白色菌膜时（绿色、灰黑色菌膜为进水或发酵过了），或用棍搅拌后观察，上层污物中没有种子，说明种子已与果胶分离并沉淀了，证明发酵好了。

③清洗：用棍搅拌，待种子沉淀后，倒去上层污物，捞出种子，用水清洗干净。

④晾晒：将洗净的种子放在架起的细纱网上晾晒，至含水量降到8%以下时方可装袋。注意事项：不能放在金属器皿及水泥台上晾晒，以防烫伤种子；中午光太强时回收；将种子

团搓开，以促进脱水，防止种子团内部长期不干而发芽。

2. 辣（甜）椒

（1）收获。果实红熟，无青肩时分批收获，于阴凉处后熟2～3d。

（2）采种。用手掰开或用小刀从果肩环割一圈，轻提果柄，取出子胎座，剥下种子，直接在通风处的纱网上晒干，待种子含水量降到8%以下时，方可装袋。注意事项：不能用水淘洗，否则色浅、无光泽；晾晒同番茄。

3. 茄子

（1）收获。黄褐色，果皮发硬时分批收获，于通风干燥处后熟1～2周。

（2）采种。数量少时，装网袋中敲打揉搓，使种子与果肉分离，最后将果实敲裂放入水中淘洗，马上将沉在底下的饱满种子捞出，同番茄一样晾晒干燥。数量大时用脱粒机打碎。

（三）瓜类

1. 黄瓜

（1）收获。白刺种的瓜皮变成黄白色或褐色；黑刺种的瓜皮变成黄褐色，网纹明显，果肉稍软时分批收获，于阴凉通风处后熟7～10d。

（2）采种。

①发酵法：种瓜纵切，将瓜瓤挖出于非金属容器内发酵1～5d，同番茄，每天搅拌至种子分离下沉后，用清水搓洗干净（种表果胶抑制发芽），晾晒至种子含水量降至10%以下时装袋。

②机械法：用黄瓜脱粒机挤压出种子，此法除不净果胶。

③化学处理：1 000ml果浆中加入35%的HCl 5ml，30min后用水冲洗干净即可。

2. 西葫芦、冬瓜、南瓜、北瓜

（1）收获。瓜皮变色、长白霜时分批采收，后熟5～7d。

（2）采种。剖瓜取种，用水搓洗，马上晾晒即可。

3. 葫芦（瓢）

（1）采收。外皮变硬，老熟后采回，按原样放1～2周。

（2）采种。将果实的花端（大粗端）锯去一部分，能露出种子腔即可。将果实倒置，使伤口汁液倒流至腔内，促使腐烂，5d左右，将种子和瓤倒出，清洗晾晒。

4. 丝瓜

（1）收获。褐黄色且硬化时收获，于通风阴凉防雨处晾至种瓜完全干燥。

（2）采种。果实顶端开一小口，用力拍打抖动使种子散出晒干即可。

四、技能训练报告

每人每种蔬菜练习1～3个果实，并能简述常见蔬菜种子的收获与采种技术。

【回顾与小结】

本章学习了叶菜类、根菜类、茄果类、瓜菜类等常见蔬菜的常规品种种子生产技术、杂交制种技术及杂交亲本的种子生产技术，进行了3个项目的技能训练。在常规品种的种子生产中，需要重点掌握的是：原种与良种生产的各技术规程。在杂种一代的种子生产中，需要重点掌握的是：杂交亲本的种子生产与杂交制种技术，主要掌握双亲的播期、播量、育苗和制种面积的确定，去杂与人工去雄杂交技术，种子或种果的收获与采种技术。

通过本章的学习，要将常见蔬菜作物种子生产的各项技术联系起来，综合运用所学知识和技能解决蔬菜种子生产中的问题，能制定出相应的种子生产技术操作规程和指导种子生产，实现蔬菜种子生产的高产、优质、高效。

复习与思考

1. 名词解释：成株采种法　半成株采种法　小株采种法　单性结实现象
2. 大白菜常规品种的原种生产、良种生产、杂交制种及亲本种子生产各采用哪种采种方式？
3. 大白菜秋季的种株栽培与商品菜栽培有何不同？
4. 大白菜成株采种与小株采种在春季定植与管理技术上有何不同？
5. 使自交不亲和系结实的具体技术有哪些？
6. 试述萝卜与胡萝卜种子生产的异同点。
7. 如何确定番茄制种的双亲播期、播量、做畦的面积？
8. 番茄制种如何做好人工去雄授粉工作？
9. 茄科的3种作物制种时在确定双亲的播期、播量和人工去雄授粉技术上有何不同？
10. 春露地黄瓜杂交制种如何选地，确定播期、播量？
11. 试述黄瓜自交系的化学杀雄和雌性系的化学诱雄技术要点。
12. 简述常见蔬菜作物的收获与采种技术。

第六章　种子检验

学　习　目　标

◆ 明确种子检验的含义和作用，掌握种子检验的内容和程序，了解有关种子质量评定和签证的基本知识。
◆ 掌握扦样员专业技术知识。
◆ 掌握室内检验员专业技术知识。
◆ 掌握田间检验员专业技术知识。

第一节　种子检验的含义和内容

技　能　目　标

◆ 熟悉种子检验的程序，树立种子质量意识，确保农业用种安全。

一、种子检验的含义

种子检验是采用科学的技术和方法，对种子质量进行分析测定，判断其优劣，评定其种用价值的一门应用科学。

种子质量是由种子不同特性综合而成的一种概念。过去按照农业生产上的要求，将种子质量分为品种质量和播种质量，可用真、纯、净、壮、饱、健、干、强8个字概括。而在农业部2005年发布的《农作物种子检验员考核大纲》中，实际上是将种子质量特性分为以下四大类：

1. 物理质量　采用种子净度、其他植物种子数目、水分、重量等项目的检测结果来衡量。

2. 生理质量　采用种子发芽率、生活力和活力等项目的检测结果来衡量。

3. 遗传质量　采用品种真实性和品种纯度、特定特性检测（转基因种子检测）等项目的检测结果来衡量。

4. 卫生质量　采用种子健康等项目的检测结果来衡量。

虽然种子质量特性较多，但我国开展最普遍的检测项目是净度分析、水分测定、发芽试验和品种纯度测定，这些项目称为必检项目，其他项目是非必检项目。

种子检验的对象是农作物种子，主要包括植物学上的种子（如大豆、棉花、洋葱、紫云英等）和果实（如水稻、小麦、玉米的颖果，向日葵的瘦果）等。

二、种子检验的目的和作用

（一）种子检验的目的

种子检验的最终目的是选用高质量的种子播种，杜绝或减少因种子质量所造成的缺苗减产的风险，控制有害杂草的蔓延和危害，充分发挥良种的作用，确保农业用种安全。

（二）种子检验的作用

种子检验的作用是多方面的，一方面是种子企业质量管理体系的一个重要支持过程，也是非常有效的种子质量控制的重要手段；另一方面又是一种非常有效的市场监督和社会服务手段。具体地说，种子检验的作用主要体现在以下几个方面：

1. 把关作用　通过对种子质量进行检测，可以实现两重把关：一是把好商品种子出库的质量关，防止不合格种子流向市场；二是把好种子质量监督关，避免不符合要求的种子用于生产。

2. 预防作用　通过对种子生产过程中原材料（如亲本）的控制、购入种子的复检以及种子贮藏、运输过程中的检测等，防止不合格种子进入下一过程。

3. 监督作用　通过对种子质量的监督抽查、质量评价等形式实现行政监督的目的，监督种子生产、流通领域的种子质量状况。

4. 报告作用　种子检验报告是国内外种子贸易必备的文件，可以促进国内外种子贸易的发展。

5. 其他作用　监督检验机构出具的种子检验报告可以作为调节种子质量纠纷的重要依据；检验报告还有提供信息反馈和辅助决策的作用。

三、种子检验的内容和程序

（一）种子检验的内容

种子检验就其内容而言，可分为扦样、检测和结果报告3部分。扦样是种子检验的第一步，由于种子检验是破坏性检验，不可能将整批种子全部进行检验，只能从种子批中随机抽取一小部分相当数量的有代表性的供检验用的样品。检测就是从具有代表性的供检样品中分取试样，按照规定的程序对包括净度、发芽率、品种纯度、水分等种子质量特性进行测定。结果报告是将已检测质量特性的测定结果汇总、填报和签发。

（二）种子检验的程序

种子检验必须按种子检验规定的程序进行操作，不能随意改变。种子检验程序可详见图6-1。

实　践　活　动

将学生分成若干组，每组4～5人，利用课余时间到图书馆（或上互联网）查阅下列资料：《农作物种子检验员考核管理办法》、《农作物种子检验员考核大纲》。

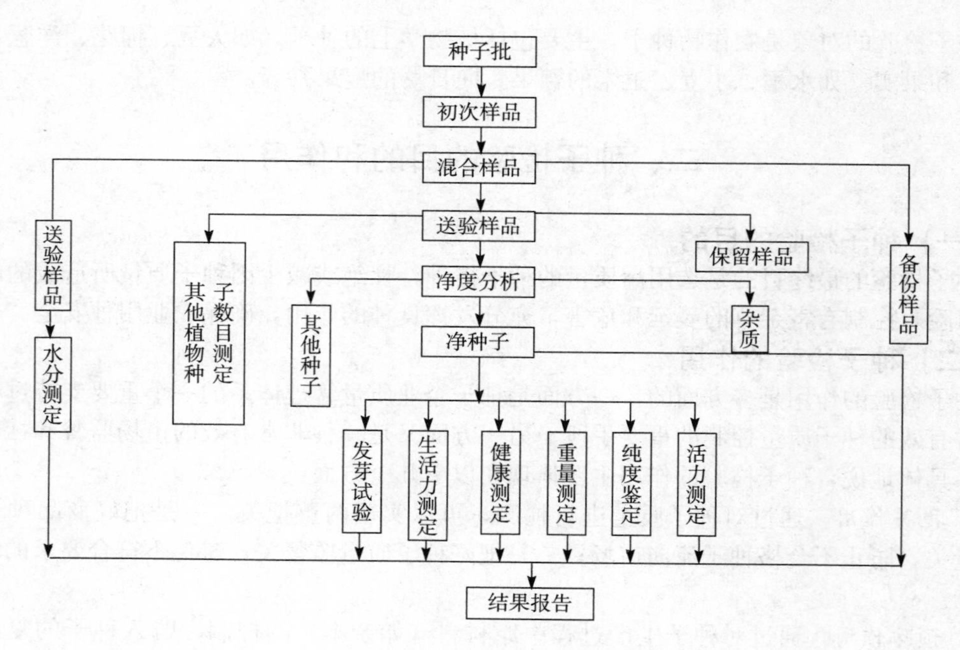

图 6-1　种子检验程序图

（潘显政，2006）

第二节　扦　　样

技 能 目 标

◆ 能熟练使用扦样器和分样器。

◆ 能掌握扦取送验样品和分取试验样品的操作程序和方法。

扦样是种子取样或抽样的名称，由于抽取种子样品通常要使用扦样器，所以在种子检验上就称为扦样。扦样是种子检验的重要环节，扦取的样品有无代表性，决定着种子检验的结果是否有效。如果扦取的样品缺乏代表性，那么无论检测多么准确，都不会获得符合实际情况的检验结果。

一、扦样的概念

（一）扦样

扦样是从大量的种子中，随机取得一个重量适当、有代表性的供检样品。

（二）种子批

同一来源、同一品种、同一年度、同一时期收获和质量基本一致、在规定数量之内的种子。

（三）样品定义

种子扦样是一个过程，由一系列步骤组成。首先从种子批中取得若干个初次样品，然后将全部初次样品混合为混合样品，再从混合样品中分取送验样品，最后从送验样品中分取供某一检验项目测定的试验样品。扦样过程涉及一系列的样品，有关样品的定义和相互关系说明如下：

1. *初次样品* 初次样品是指对种子批的一次扦取操作中所获得的一部分种子。

2. *混合样品* 混合样品是指由种子批内所扦取的全部初次样品合并混合而成的样品。

3. *次级样品* 次级样品是指通过分样所获得的部分样品。

4. *送验样品* 送验样品是指送达检验室的样品，该样品可以是整个混合样品或是从其中分取的一个次级样品。送验样品可再分成由不同包装材料包装以满足特定检验（如水分或种子健康）需要的次级样品。

5. *备份样品* 备份样品是指从相同的混合样品中获得的用于送验的另外一个样品，标识为“备份样品”。

6. *试验样品* 试验样品是指不低于检验规程中所规定重量的、供某一检验项目之用的样品，它可以是整个送验样品或是从其中分取的一个次级样品。

上述定义采用了国际种子检验协会（ISTA）2006 年编辑的《国际种子检验规程》中的规定，与《农作物种子检验规程》（GB/T 3543—1995）比较，增加了“次级样品”和“备份样品”的定义。

二、扦样的方法和程序

【操作规程 1】准备器具

根据被扦作物种类，准备好各种扦样必需的仪器用品，如扦样器、样品盛放容器、送验样品袋、供水分测定的样品容器、扦样单、标签、封签、粗天平等。

【操作规程 2】检查种子批

在扦样前，扦样员应向被扦单位了解种子批的有关情况，并对被扦的种子批进行检查，确定种子批是否符合《农作物种子检验规程》的规定。

1. *种子批大小* 种子批与数量有很大的关系，一批种子数量越大，其均匀程度就越差，要取得一个有代表性的送验样品就越难，因此种子批有数量方面的限制。

检查种子批的袋数和每袋的重量，从而确定其总重量，再与附录二第 2 纵栏所规定的重量（其容许差距为 5%）进行比较。如果种子批重量超过规定要求，就必须分成两个或若干个种子批，并分别扦样。

在种子批均匀一致（无异质性）的情况下，包衣种子的种子批的最大重量可与附录二第 2 纵栏所规定的最大重量相同。

2. *种子批处于便于扦样状态* 被扦的种子批的堆放应便于扦样，扦样人员至少能靠近种子批堆放的两个面进行扦样，如果达不到这一要求，必须移动种子袋。

3. *检查种子袋封口和标识* 所有的种子袋都必须封口（封缄），并有统一编号的批号或其他标识。有了标识，才能保证样品能溯源到种子批。此标识必须记录在扦样单或样品袋上。

4. *检查种子批均匀度* 确信种子批已进行适当混合、掺匀和加工，尽可能达到均匀一致，不能有异质性的文件记录或迹象。如有怀疑，可按规定的异质性测定方法进行测定。

【操作规程 3】确定扦样频率

扦取初次样品的频率（通常称为点数）要根据扦样容器（袋）的大小和类型而定，主要有以下几种情况：

1. 袋装种子　袋装种子是指在一定量值范围内的定量包装，其质量的量值范围规定在15～100kg之间。对于袋装种子，可依据种子批袋数的多少确定扦样袋数，表6-1规定的扦样频率是最低要求。扦样前先了解被扦种子批的总袋数，然后按表6-1规定来确定至少应扦取的袋数。扦样点应均匀分布在种子堆的上、中、下各个部位，在各个扦样点扦取相等的种子数量。

表6-1　袋装种子的最低扦样频率

种子袋（容器）数	扦样的最低袋（容器）数
1～5	每袋都扦取，至少扦取5个初次样品
6～14	不少于5袋
15～30	每3袋至少扦取1袋
31～49	不少于10袋
50～400	每5袋至少扦取1袋
401～560	不少于80袋
561以上	每7袋至少扦取1袋

2. 小包装种子　小包装种子是指在一定量值范围内装在小容器（如金属罐、纸盒）中的定量包装，其质量的量值范围规定等于或小于15kg。小包装种子扦样采用以100kg重量的种子作为扦样的基本单位，小容器合并组成基本单位，其总重量不超过100kg。如6个15kg的容器，20个5kg的容器。将每个基本单位视为一“袋装”种子，再按表6-1规定扦取初次样品。如有一种子批共有500个容器，每一容器盛装5kg种子，据此，可推算共有25个基本单位，因此至少应扦取9个初次样品。

具有密封性的小包装种子（如瓜菜种子）重量只有200g、100g、50g，可直接取一小包装袋作为初次样品。

3. 散装种子或种子流　散装种子是指大于100kg容器的种子批（如集装箱）或正在装入容器的种子流。对于散装种子或种子流，应根据散装种子数量确定扦样点数，并随机从种子批不同部位和深度扦取初次样品。表6-2规定的散装种子扦样点数是最低标准。

表6-2　散装种子的扦样点数

种子批大小（kg）	扦样点数
50以下	不少于3点
51～1 500	不少于5点
1 501～3 000	每300kg至少扦取1点
3 001～5 000	不少于10点
5 001～20 000	每500kg至少扦取1点
20 001～28 000	不少于40点
28 001～40 000	每700kg至少扦取1点

【操作规程 4】扦取初次样品

根据种子种类、包装和容器选择适宜的扦样器和扦样技术扦取初次样品。扦样器具与使用方法见技能训练 6-1。

【操作规程 5】配制混合样品

将扦取的初次样品放入样品盛放器中组成混合样品。在混合这些初次样品之前，先将它们分别倒在样品布上或样品盘内，仔细观察，比较这些初次样品在形态、颜色、光泽和水分等品质方面有无显著差异，无明显差异的初次样品才能充分混合合并成混合样品。如发现有些初次样品的品质有明显差异，应把这部分种子从该批种子中分出，作为另一个种子批单独扦取混合样品。

【操作规程 6】送验样品的分取和处理

送验样品是在混合样品的基础上配制而成的。当混合样品的数量与送验样品规定的数量相等时，即可将混合样品作送验样品。当混合样品数量较多时，需从中分出规定数量的送验样品。

1. 送验样品的重量　针对不同的检验项目，送验样品的数量不同，在种子检验规程中规定了以下 3 种情况下的送验样品的最低重量。

（1）水分测定需磨碎的种类为 100g，不需磨碎的种类为 50g。

（2）品种纯度测定按照品种纯度测定的送验样品重量规定（表 6-3）。

（3）所有其他项目测定（包括净度分析、其他植物种子数目测定，以及采用净度分析后的净种子作为试样的发芽实验、生活力测定、重量测定、健康测定等），其送验样品的重量按附录二第 3 纵栏规定。

表 6-3　品种纯度测定的送验样品重量

种　类	限于实验室测定（g）	田间小区及实验室测定（g）
豌豆属、菜豆属、蚕豆属、玉米属、大豆属及种子大小类似的其他属	1 000	2 000
水稻属、大麦属、燕麦属、小麦属、黑麦属及种子大小类似的其他属	500	1 000
甜菜属及种子大小类似的其他属	250	500
所有其他属	100	250

当送验样品小于规定重量时，应通知扦样员补足后再进行分析，但某些较为昂贵或稀有品种、杂交种可以例外，允许较少数量的送验样品，如不进行其他植物种子数目测定，送验样品至少达到附录二第 4 纵栏净度分析试验样品的规定重量。

2. 送验样品的分取　通常在仓库或现场获得混合样品后称其重量，若混合样品的重量与送验样品重量相符，即可将混合样品作为送验样品。若混合样品数量较多时，应使用分样器或分样板从中分出规定数量的送验样品。分样应按照对分递减或随机抽取原则进行。

3. 送验样品的处理　供净度分析等测定项目的送验样品应装入纸袋或布袋，贴好标签，封口；供水分测定的送验样品应装入防湿密封容器中。

送验样品应由扦样员尽快送往种子检验室进行检验。如果不得不延后时，需将样品保存在凉爽和通风良好的样品储藏室内，尽量使种子质量的变化降到最低程度。

【操作规程 7】填写扦样单

扦样单一般为一式两份，一份交检验室，一份交被扦单位保存。扦样单格式可参见表 6-4。

表 6-4　种子扦样单

受检单位	名称				
	地址			电话	
作物名称		品种名称		生产单位	
种子批号		批重		容器数	
种类级别		样品编号		样品重量	
种子处理说明				扦样时期	
检测项目					
备注或说明					
受检单位法人代表签字（被签单位公章）			扦样员签字和证号（扦样单位公章）		

实　践　活　动

在参观种子仓库或种子加工厂时，注意观察种子批的扦样过程。

第三节　室内检验

技　能　目　标

- ◆ 掌握主要作物的净种子鉴定标准及净度分析操作程序。
- ◆ 能正确使用种子水分测定的仪器设备进行水分测定。
- ◆ 使用发芽设备及选择发芽床、发芽试验操作程序及主要作物的幼苗鉴定标准。
- ◆ 能进行有关作物种子的形态测定和快速测定。

一、净度分析

（一）净度分析的目的

种子净度即种子清洁干净的程度，是指种子批或样品中净种子、杂质和其他植物种子组分的比例及特性。

净度分析的目的是通过对样品中净种子、其他植物种子和杂质 3 种成分的分析，了解种子批中可利用种子的真实重量，以及其他植物种子、杂质的种类和含量，为评价种子质量提供依据。

（二）净度分析组分的划分和净种子定义

1. 净种子　净种子是指送验者所叙述的种（包括该种的全部植物学变种和栽培品种）

符合净种子定义要求的种子单位或构造。

（1）一般原则。在种子构造上凡能明确地鉴别出它们是属于所分析的种（已变成菌核、黑穗病孢子团或者线虫瘿除外），即使是未成熟的、瘦小的、皱缩的、带病的或发过芽的种子单位都应作为净种子。净种子通常包括完整的种子单位和大于原来种子大小一半的破损种子单位。

（2）根据上述原则，在个别的属或种中有一些例外。①豆科、十字花科其种皮完全脱落的种子单位应列为杂质。②即使有胚芽和胚根的胚中轴，并超过原来大小一半的附属种皮，豆科种子单位的分离子叶也列为杂质。③甜菜属复胚种子超过一定大小的种子单位列为净种子，但单胚品种除外。④在燕麦属、高粱属中，附着的不育小花不需除去而列为净种子。

2. 其他植物种子　其他植物种子是指净种子以外的任何植物种类的种子单位（包括其他植物种子和杂草种子）。其鉴别标准与净种子的标准基本相同。但甜菜属种子单位作为其他植物种子时不必筛选，可用遗传单胚的净种子定义。

3. 杂质　杂质是指除净种子和其他植物种子以外的所有种子单位、其他物质及构造。包括：

（1）明显不含真种子的种子单位。

（2）按净种子定义，不将这些附属物作为净种子部分或定义中尚未提及的附属物。

（3）脆而易碎呈灰白色至乳白色的菟丝子种子。

（4）脱落的不育小花、内外稃、茎叶、线虫瘿、真菌体、土块、沙粒及所有其他非种子物质。

各个属或种按表 6-5 净种子定义来确定。

表 6-5　主要作物的净种子定义

作物名称	净种子定义（标准）
花生属（*Arachis*）、芸薹属（*Brassica*）、辣椒属（*Capsicum*）、西瓜属（*Citrullus*）、大豆属（*Glycine*）、甘薯属（*Ipomoea*）、番茄属（*Lycopersicon*）、萝卜属（*Raphanus*）、茄属（*Solanum*）	有或无种皮的种子；超过原来大小一半，有或无种皮的破损种子；豆科、十字花科其种皮完全脱落的种子单位应列为杂质；即使有胚中轴、超过原来大小一半以上的附属种皮，豆科种子单位的分离子叶也列为杂质
棉属（*Gossypium*）	有或无种皮、有或无绒毛的种子；超过原来大小一半，有或无种皮的破损种子
大麦属（*Hordeum*）	有内外稃包着颖果的小花，当芒长超过小花长度时，需将芒除去；超过原来大小一半，含有颖果的破损小花；颖果；超过原来大小一半的破损颖果
稻（*Oryza*）	有颖片、内外稃包着颖果的小穗，当芒长超过小花长度时，需将芒除去；有或无不孕外稃，有内外稃包着颖果的小花，当芒长超过小花长度时，需将芒除去；有内外稃包着颖果的小花，当芒长超过小花长度时，需将芒除去颖果；超过原来大小一半的破损颖果
黑麦属（*Secale*）、小麦属（*Triticum*）、小黑麦属（*Triticosecale*）、玉米属（*Zea*）	颖果；超过原来大小一半的破损颖果
燕麦属（*Avena*）	有内外稃包着颖果的小穗，有或无芒，可附有不育小花；颖果；超过原来大小一半的破损颖果 注：①由两个可育小花构成的小穗，要把它们分开；②当外部不育小花的外稃部分包着内部可育小花时，这样的单位不必分开；③从着生点除去小柄；④把仅含有子房的单个小花列为杂质

（续）

作物名称	净种子定义（标准）
高粱属（*Sorghum*）	有颖片、透明状的外稃或内稃（内外稃也可缺乏）包着颖果的小穗，有穗节片、花梗、芒，附有不育或可育小花；有内外稃的小花，有或无芒；颖果；超过原来大小一半的破损颖果
甜菜属（*Beta*）	复胚种子：用筛孔为1.5mm×20mm的200mm×300mm长方形筛子筛理1min后留在筛上的种球或破损种球（包括从种球突出程度不超过种球宽度的附着断柄），不管其中有无种子；遗传单胚：种球或破损种球（包括从种球突出程度不超过种球宽度的附断柄），但明显没有种子的除外；果皮/种皮部分或全部脱落的种子；超过原来大小一半，果皮/种皮部分或全部脱落的破损种子 注：当断柄长度超过种球的宽度时，需将整个断柄除去

（三）净度分析程序

【操作规程1】重型混杂物检查

在送验样品中，若有与供检种子在大小或重量上明显不同且严重影响结果的混杂物，如小石块、土块或小粒种子中混有大粒种子等，先挑出这些重型混杂物并称重，再将其分为其他植物种子和杂质。

【操作规程2】试验样品的分取

试验样品应按规定方法从送验样品中分取。试样应估计至少含2 500粒种子单位的重量或不少于附录二第4纵栏所规定的重量，可用规定重量的一份试样或两份半试样进行分析。

试验样品必须称重，精确至表6-6所规定的小数位数，以满足计算各种成分百分率达到一位小数的要求。

表6-6 称重与小数位数

试样和半试样及其组分重量（g）	称重至下列小数位数
1.000 0以下	4
1.000～9.999	3
10.00～99.99	2
100.0～999.9	1
1 000或10 000以上	0

【操作规程3】试样的分析、分离、称重

1. 试样的分析、分离　一般采用人工分析进行分离和鉴定，也可借助一定的仪器将试样分为净种子、其他植物种子和杂质。如放大镜和双目解剖镜可用于鉴定和分离小粒种子单位和碎片；反射光可用于禾本科可育小花和不育小花的分离，以及线虫瘿和真菌体的检查；筛子可用于分离试样中的茎叶碎片、土壤及其他细小颗粒；种子吹风机可用于从较重的种子中分离出较轻的杂质，如皮壳和空小花。

按净种子的定义对样品仔细分析，将净种子、其他植物种子、杂质分别放入相应的容器。当不同植物种之间区别困难或不能区别时，则填报属名，该属的全部种子均为净种子，并附加说明。

对于损伤种子，如没有明显地伤及种皮或果皮，则不管是空瘪或充实，均作为净种子或其他植物种子；若种皮或果皮有一裂口，必须判断留下的部分是否超过原来大小的一半，如不能迅速地作出决定，则将种子单位列为净种子或其他植物种子。

2. 试样的称重　分离后各组分分别称重（g），精确至表 6-6 所规定的小数位数。

【操作规程 4】结果计算和数据处理

1. 核查分析过程中试样的重量增失　将各组分重量之和与原试样重量进行比较，核对分析期间物质有无增失。如果增失超过原试样重量的 5%，必须重做；如增失小于原试样重量的 5%，则计算各组分百分率。

2. 计算各组分的重量百分率　各组分百分率的计算应以分析后各种组分的重量之和为分母。各组分重量百分率应计算到 1 位小数（半试样分析时计算到 2 位小数）。

3. 有重型混杂物时的结果换算　送验样品有重型混杂物时，最后净度分析结果应按如下公式计算：

（1）净种子。

$$P_2 = P_1 \times \frac{M-m}{M} \times 100\%$$

（2）其他植物种子。

$$OS_2 = OS_1 \times \frac{M-m}{M} + \frac{m_1}{M} \times 100\%$$

（3）杂质。

$$I_2 = I_1 \times \frac{M-m}{M} + \frac{m_2}{M} \times 100\%$$

式中：M——送验样品的重量（g）；

m——重型混杂物的重量（g）；

m_1——重型混杂物中的其他植物种子重量（g）；

m_2——重型混杂物中的杂质重量（g）；

P_1——除去重型混杂物后的净种子重量百分率（%）；

I_1——除去重型混杂物后的杂质重量百分率（%）；

OS_1——除去重型混杂物后的其他植物种子重量百分率（%）。

4. 容许差距　分析两份半试样时，分析后任一组分的相差不得超过表 6-7 第三栏所示的重复分析间的容许差距。若所有组分的实际差距都在容许范围内，则计算各组分的平均百分率。若差距超过容许范围，则按下列程序处理：

（1）重新分析成对试样，直到 1 对数值在容许范围内为止（但全部分析不必超过 4 对）。

（2）凡 1 对数值间的差值超过容许差距的 2 倍时，均略去不计。

（3）各种组分百分率的最后记录，应从全部保留的几对加权平均数计算而得。

分析全试样时，如在某种情况下有必要分析第二份试样时，两份试样各组分的实际差距不得超过表 6-7 第四栏中的容许差距。若所有组分都在容许范围内，取其平均值。如超过，再分析一份试样，若分析后的最高值和最低值差异没有大于容许误差的 2 倍，填报三者的平均值。如果这些结果中的一次或几次显然是由于差错而不是由于随机误差所引起的，需将不准确的结果除去。

表 6-7 同一实验室内同一送验样品净度分析的容许差距

两次分析结果平均		不同测定之间的容许差距			
		半试样		试样	
50%以上	50%以下	无稃壳种子	有稃壳种子	无稃壳种子	有稃壳种子
99.95～100.00	0.00～0.04	0.20	0.23	0.1	0.2
99.90～99.94	0.05～0.09	0.33	0.34	0.2	0.2
99.85～99.89	0.10～0.14	0.40	0.42	0.3	0.3
99.80～99.84	0.15～0.19	0.47	0.49	0.3	0.4
99.75～99.79	0.20～0.24	0.51	0.55	0.4	0.4
99.70～99.74	0.25～0.29	0.55	0.59	0.4	0.4
99.65～99.69	0.30～0.34	0.61	0.65	0.4	0.5
99.60～99.64	0.35～0.39	0.65	0.69	0.5	0.5
99.55～99.59	0.40～0.44	0.68	0.74	0.5	0.5
99.50～99.54	0.45～0.49	0.72	0.76	0.5	0.5
99.40～99.49					

5. 最终结果的修正 各种组分的最终结果应保留 1 位小数，其和应为 100.0%，小于 0.05%的微量组分在计算中应除外。如果其和是 99.9%或 100.1%，应从组分最大值（通常是净种子部分）增减 0.1%。如果修约值大于 0.1%，则应检查计算有无差错。

【操作规程 5】结果报告

净度分析的结果应保留一位小数，各种组分的百分率总和必须为 100.0%。若某一组分少于 0.05%，应填报“微量”。若一种组分的结果为 0，需填“—0.0—”。

当测定某一类杂质或某一种其他植物种子的重量百分率达到或超过 1%时，该种类应在结果报告单上注明。

(四) 净度分析实例

对某批小麦种子送验样品 1 020g 进行净度分析，测得重型其他植物种子 1.420g，重型杂质 4.520g。从送验样品中分取两份半试样，第一份半试样为 63.66g，其中净种子 63.22g，其他植物种子 0.048 0g，杂质 0.370 0g；第二份半试样为 61.52g，其中净种子 61.15g，其他植物种子 0.021 5g，杂质 0.320 2g。求各组分的重量百分率。

先求净种子、其他植物种子、杂质的重量百分率（P_1、OS_1、I_1），将结果填入表 6-8。

表 6-8 净度分析结果记载表

样品编号： 作物： 品种：

重型混杂物检查：M（送验样品）=1 020g m（重型混杂物）=5.940g m_1=1.420g m_2=4.520g

		净种子	其他植物种子	杂质	重量合计	样品原重	样品增失
第一份半试样	重量（g）	63.22	0.048 0	0.370 0	63.64	63.66	0.02
	百分率（%）	99.34	0.08	0.58			0.03
第二份半试样	重量（g）	61.15	0.021 5	0.320 2	61.49	61.52	0.03
	百分率（%）	99.45	0.03	0.52			0.05
平均百分率（%）		99.40	0.06	0.55			
百分率样品间差值		0.11	0.05	0.06			
容许误差		0.76	0.33	0.76			

表 6-8 中的两份半试样原重与分析后 3 种组分之和相比增失百分率均在 5%以内，两份半试样各组分重量百分率差值也在容许误差范围内，因此得出 $P_1=99.40$，$OS_1=0.06$，$I_1=0.55$。

根据已知条件，求出 P_2、OS_2、I_2。

$$P_2=P_1\times\frac{M-m}{M}\times100\%=99.40\%\times\frac{1\,020-5.940}{1\,020}\times100\%=98.8\%$$

$$OS_2=OS_1\times\frac{M-m}{M}+\frac{m_1}{M}\times100\%=0.06\times\frac{1\,020-5.940}{1\,020}+\frac{1.420}{1\,020}\times100\%=0.2\%$$

$$I_2=I_1\times\frac{M-m}{M}+\frac{m_2}{M}\times100\%=0.05\times\frac{1\,020-5.940}{1\,020}+\frac{4.520}{1\,020}\times100\%=1.0\%$$

以上 3 种组分相加值正好等于 100.0%，不需修正，即该样品净度分析的最终结果为：净种子 98.8%，其他植物种子 0.2%，杂质 1.0%。

【操作规程 6】其他植物种子数目测定

1. 完全检验　试验样品不得小于 25 000 个种子单位的重量或附录二所规定的重量。借助于放大镜、筛子和吹风机等器具，按规定逐粒进行分析鉴定，取出试样中所有的其他植物种子，并数出每个种的种子数。当发现有的种子不能准确确定所属种时，允许鉴定到属。

2. 有限检验　检验方法同完全检验，但只限于从整个试验样品中找出送验者指定的其他植物的种子。

3. 简化检验　如果送验者所指定的种难以鉴定时，可采用简化检验。简化检验是用规定试样重量的 1/5（最少量）对该种进行鉴定，方法同完全检验。

结果用实际测定试样中所发现的种子数表示。通常折算为样品单位重量（每千克）所含的其他植物种子数。其他植物种子数的计算公式为：

$$\text{其他植物种子数（粒/kg）}=\frac{\text{其他植物种子粒数}}{\text{送验样品的重量（g）}}\times1\,000$$

将测定种子的实际重量、学名和该重量中找到的各个种的种子数填写在结果报告单上，并注明采用完全检验、有限检验或简化检验。

二、种子水分测定

（一）种子水分含义

种子水分也称种子含水量，是指按规定程序把种子样品烘干所失去水分的重量占供验样品原始重量的百分率。

种子中的水分按其特性可分为自由水和束缚水两种。种子水分也指种子内自由水和束缚水的重量占种子原始重量的百分率。

1. 自由水　自由水也称游离水，存在于种子表面和细胞间隙内，具有一般水的特性，易受外界环境条件的影响，容易蒸发，因此在种子水分测定前和水分测定操作过程中要防止这种水分的损失。

2. 束缚水　束缚水也称吸附水或结合水，是被种子中的淀粉、蛋白质等亲水胶体吸附的水分。该部分水不具普通水的性质，较难从种子中蒸发出去，因此用烘干法测定水分时，需适当提高温度或延长烘干时间，才能把这种水分蒸发出来。

但在高温烘干时，必须严格掌握规定的温度和时间，否则易造成种子内有机物质的分解变质而释放出分解水，使水分测定结果偏高。

一些蔬菜种子和油料种子含有较高的油分，尤其是芳香油含量较高的种子，温度过高时易挥发，也使水分测定结果偏高。

测定种子水分必须保证使种子中自由水和束缚水充分而全部除去，同时要尽最大可能减少氧化、分解或其他挥发性物质的损失，尤其要注意烘干温度、种子磨碎和种子原始水分等因素的影响。

（二）种子水分测定方法和仪器设备

目前常用的种子水分测定方法是烘干法和电子水分仪速测法。一般正式报告需采用烘干法测定种子水分，而在种子收购、调运、干燥加工等过程中可以采用电子水分仪速测法测定种子水分。以下是烘干法水分测定所需仪器设备。

1. 干燥箱　干燥箱有电热恒温干燥箱和真空恒温干燥箱。目前常用的是电热恒温干燥箱，它主要是由箱体（保温部分）、加热部分和恒温控制部分组成。箱体工作室内装有可移动的多孔铁丝网，顶部孔内插入一支200℃温度计，可测得工作室内的温度。用于测水分的电烘箱，应是绝缘性能良好，箱内各部位温度均匀一致，能保持规定的温度，加温效果良好，即在预热至所需温度后放入样品，可在5～10min内回升到所需温度。

2. 电动粉碎机　用于磨碎样品，常用的有滚刀式和磨盘式两种。要求粉碎机结构密闭，粉碎样品时尽量避免室内空气的影响，转速均匀，不致使磨碎样品时发热而引起水分损失，可将样品磨碎至规定细度。

3. 分析天平　称量快速，感量达到0.001g。

4. 样品盒　常用的是铝盒，盒与盖标有相同的号码，紧凑合适。规格是直径4.6cm，高2～2.5cm，盛样品4.5～5g，可达到样品在盒内的厚度每平方厘米不超过0.3g的要求。

5. 干燥器　用于冷却经过烘干的样品或样品盒，防止回潮。干燥器内需放干燥剂，一般使用变色硅胶，其在未吸湿前呈蓝色，吸湿后呈粉红色。

6. 其他　洗净烘干的磨口瓶、称量匙、粗纱线手套、毛笔、坩埚钳等。

（三）烘箱标准法水分测定程序

1. 低恒温烘干法　将样品放置在103℃±2℃的烘箱内烘干8h，适用于葱属、花生、芸薹属、辣椒属、大豆、棉属、向日葵、亚麻、萝卜、蓖麻、芝麻、茄子等的种子水分测定。具体操作规程如下：

【操作规程1】铝盒恒重

在水分测定前的预先准备。将待用铝盒（含盒盖）洗净后，置于103℃±2℃的烘箱内烘干1h，取出后置于干燥器内冷却后称重，再继续烘干30min，取出后冷却称重，当两次烘干结果误差小于或等于0.002g时，取两次重量平均值；否则，继续烘干至恒重。

【操作规程2】预调烘箱温度

将电烘箱的温度调节到110～115℃进行预热，之后让其稳定在103℃±2℃。

【操作规程3】制备样品

水分测定送验样品必须装在防湿容器中，并且尽可能排除其中的空气。首先，取样时先将密闭容器内的样品充分混合，从中分别取出两个独立的试验样品15～25g，放入磨口瓶中。其次，进行样品磨碎，需磨碎的样品按表6-9要求进行处理后，立即装入磨口瓶中备用，最好立即称样，以减少样品水分变化。

表 6-9　必须磨碎的种子种类及磨碎细度

作物种类	磨碎细度
燕麦属、水稻、甜荞、苦荞、黑麦、高粱属、小麦属、玉米	至少有50%的磨碎成分通过0.5mm筛孔的金属丝筛，而留在1.0mm筛孔的金属丝筛子上不超过10%
大豆、菜豆属、豌豆、西瓜、巢菜属	需要粗磨，至少有50%的磨碎成分通过4.0mm筛孔
棉属、花生、蓖麻	磨碎或切成薄片

【操作规程 4】称样烘干

将处理好的样品在磨口瓶内充分混合，从中取试样2份，分别放入经过恒重的铝盒内进行称重，每份试样重4.500～5.000g，记下盒号、盒重和样品的实际重量。

摊平样品，立即放入预先调好温度的烘箱内，将铝盒放入烘箱的上层（距温度计水银球约2.5cm处），样品盒盖套于盒底，迅速关闭烘箱门，当箱内温度回升至103℃±2℃时开始计时，烘干8h后，戴好纱线手套，打开箱门，迅速盖上盒盖，取出铝盒放入干燥器内冷却到室温（需30～45min）后称重。

【操作规程 5】结果计算

根据烘后失去水的重量计算种子水分百分率，保留1位小数。种子水分的计算公式如下：

$$种子水分=\frac{M_2-M_3}{M_2-M_1}\times 100\%$$

式中：M_1——样品盒和盖的重量（g）；

M_2——样品盒和盖及样品的烘前重量（g）；

M_3——样品盒和盖及样品的烘后重量（g）。

【操作规程 6】结果报告

若一个样品的两次重复之间的差距不超过0.2%，其结果可用两次测定值的算术平均数表示。否则，需重新进行两次测定。结果精确到0.1%。

2. 高恒温烘干法　将样品放置在130～133℃的烘箱内烘干1h。适用于芹菜、石刁柏、燕麦属、甜菜、西瓜、甜瓜属、南瓜属、胡萝卜、大麦、莴苣、苜蓿属、番茄、烟草、水稻、菜豆属、豌豆属、小麦属、菠菜、玉米等的种子水分测定。测定程序及计算水分公式与低恒温烘干法相同，需磨碎的种子种类及磨碎细度见表6-9。

3. 高水分种子预先烘干法　当需磨碎的禾谷类作物种子水分超过18%，豆类和油料作物种子水分超过16%时，必须采用预先烘干法。

（1）测定。称取2份样品各25.00g±0.02g，置于直径大于8cm的样品盒中，在103℃±2℃烘箱中预烘30min（油料种子在70℃下预烘1h），取出后在室温下冷却和称重。然后立即将这2份半干样品分别磨碎，并从磨碎物中各取一份样品按低恒温烘干法或高恒温烘干法继续进行测定。

（2）计算。样品的总水分含量可用第一次烘干和第二次烘干所得的水分结果换算样品的原始水分。样品的总水分含量为：

$$种子水分=S_1+S_2-\frac{S_1\times S_2}{100}$$

式中：S_1——第一次整粒种子烘后失去的水分（%）；

S_2——第二次磨碎种子烘后失去的水分（%）。

三、发芽试验

（一）发芽试验的目的和意义

发芽试验的目的是测定种子批的最大发芽潜力，据此可以比较不同种子批的质量，也可估测田间播种价值。

发芽试验对种子生产经营和农业生产具有重要意义。种子收购入库时做好发芽试验，可掌握种子的质量状况；种子贮藏期间做好发芽试验，可掌握种子发芽率的变化情况，确保安全贮藏；种子经营时做好发芽试验，避免销售发芽率低的种子，造成经济损失；播种前做好发芽试验，可选用发芽率高的种子播种，利于苗齐、苗壮。

（二）发芽试验的有关术语

1. 发芽　在实验室内幼苗出现和生长达到一定阶段，幼苗的主要构造表明在田间适宜的条件下能进一步生长成为正常的植株。

2. 发芽率　在规定的条件和时间内长成的正常幼苗数占供检种子数的百分率。

3. 正常幼苗　在良好土壤及适宜水分、温度和光照条件下，具有继续生长发育成为正常植株的幼苗。

4. 不正常幼苗　在良好土壤及适宜水分、温度和光照条件下，不能继续生长发育成为正常植株的幼苗。

5. 复胚种子单位　能够产生一株以上幼苗的种子单位，如伞形科未分离的分果、甜菜的种球等。

6. 未发芽的种子　在规定条件下，试验末期仍不能发芽的种子，包括硬实、新鲜不发芽种子、死种子（通常变软、变色、发霉，并没有幼苗生长的迹象）和其他类型（如空的、无胚或虫蛀的种子）。

7. 硬实　硬实指那些种皮不透水的种子。如某些棉花种子，豆科的苜蓿、紫云英种子等。

8. 新鲜不发芽种子　由生理休眠所引起，试验期间保持清洁和一定硬度，有生长成为正常幼苗潜力的种子。

（三）发芽试验的设备及用品

1. 发芽箱和发芽室　发芽箱是提供种子发芽所需的温度、湿度或水分、光照等条件的设备。对发芽箱的要求是控温稳定，保温保湿良好，调温方便，箱内各部位温度均匀一致，通气良好。

发芽室可以认为是一种改进的大型发芽箱，其构造和原理与发芽箱相似，只不过是容量扩大，在其四周置有发芽架。

2. 数种设备　目前常用的数种设备有两种，即活动数种板和真空数种器。

（1）活动数种板。适用于大粒种子，如玉米、大豆、菜豆和脱绒棉子等种子的数种和置床。数种板由固定下板和活动上板组成，其板面大小刚好与所数种子的发芽容器相适应。上板和下板均有与计数种子大小和形状相适应的25或50个孔。使用时可将数种板放在发芽床上，把种子撒在板上，并将板稍微倾斜，以除去多余的种子。当每孔只有一粒种子时，移动上板，使上板孔与下板孔对齐，种子就落在发芽床的相应位置。

（2）真空数种器。适用于小、中粒种子，如水稻、小麦种子的数种和置床。通常由数种头、气流阀门、调压阀、真空泵和连接皮管等部分组成。使用时选择与计数种子相应的数种头，在产生真空前，将种子均匀撒在数种头上，然后接通真空泵，倒去多余种子，使每孔只吸一粒种子，将数种头倒转放在发芽床上，再解除真空，种子便落在发芽床的适当位置。

3. *发芽皿*　发芽皿是用来安放发芽床的容器。发芽皿要求透明、保湿、无毒，具有一定的种子发芽和发育空间，确保一定的氧气供应，使用前要清洗和消毒。

4. *发芽床*　发芽床由供给种子发芽水分和支撑幼苗生长的介质和盛放介质的发芽皿构成。种子检验规程规定的发芽床有纸床、沙床和土壤床等种类，常用的是纸床和沙床。对各种发芽床的基本要求是保水、通气性好，pH为6.0～7.5，无毒、无病菌和具有一定强度。

（1）纸床。多用于中、小粒种子发芽。供做发芽床用的纸类有专用发芽纸、滤纸和纸巾等。纸床的使用方法主要有纸上（TP）和纸间（BP）两种。

①纸上是将种子摆放在一层或多层湿润的发芽纸上发芽。可以将发芽纸放在发芽皿内，也可将发芽纸直接放在“湿型”发芽箱的盘上，还可放在雅可勃逊发芽器上。

②纸间则是将种子摆放在两层湿润的发芽纸中间发芽，有盖纸法和纸卷法。盖纸法是把一层湿润的发芽纸松松地盖在种子上；纸卷法是把种子置于湿润的发芽纸上后，再用一张同样大小的发芽纸覆盖在种子上，底部折起2cm，然后卷成纸卷，两端用橡皮筋扎住，竖放于保湿容器内。

（2）沙床。沙床发芽更接近种子发芽的自然环境，特别是对受病菌感染或种子处理引起毒性或在纸床上幼苗鉴定困难的种子，选用沙床发芽更合适。

用做发芽试验的沙粒应选用无任何化学药物污染的细沙，并在使用前进行洗涤（用清水洗）、消毒（在130～170℃高温下烘干约2h）、过筛（要求粒径在0.05～0.80mm）、拌沙（加水量为其饱和含水量的60%～80%）。

一般情况下，沙可重复使用，使用前必须洗净和重新消毒，但化学药品处理过的种子发芽所用的沙子不能重复使用。

沙床的使用方法有沙上（TS）和沙中（S）两种：

①沙上适用于小、中粒种子。将拌好的湿沙装入发芽皿中至2～3cm厚，再将种子压入沙的表层。

②沙中适用于中、大粒种子。将拌好的湿沙装入发芽皿中至2～4cm厚，播上种子，覆盖1～2cm厚的松散湿沙。

除了规程规定使用土壤床外，当纸床或沙床的幼苗出现中毒症状时或对幼苗鉴定有疑问时，可采用土壤床。

（四）发芽试验程序

【操作规程1】选用发芽床

按附录二第6纵栏的规定，选择其中最适宜的发芽床。一般来说，小、中粒种子可纸上（TP）发芽，中粒种子可纸间（BP）发芽；大粒种子或对水分敏感的小、中粒种子宜用沙床。

在选好发芽床后，按不同植物的种子和发芽床的特性，调节到适当的湿度。

【操作规程 2】数种置床

1. 试样来源和数量　从充分混合的净种子中，用数种设备或手工随机数取 400 粒。一般小、中粒种子以 100 粒为一重复，试验为 4 次重复；大粒种子以 50 粒为一重复，试验为 8 次重复；特大粒种子以 25 粒为一重复，试验为 16 次重复。

复胚种子单位可视为单粒种子进行试验，无需弄破（分开），但芫荽除外。

2. 置床要求　种子要均匀分布在发芽床上，种子之间留有 1～5 倍间距，以防发霉种子的相互感染和保持足够的生长空间。每粒种子应接触水分良好，使发芽条件一致。

3. 贴（放）标签　在发芽皿或其他发芽容器底盘的内侧面贴上标签，注明样品编号、品种名称、重复序号和置床日期等，然后盖好容器盖子或套上塑料袋保湿。

【操作规程 3】在规定条件下培养

按附录二第 7 纵栏的规定选择适宜的发芽温度。虽然各种温度均为有效，但一般来说，以选用其中的变温或较低恒温发芽为好。变温即在发芽试验期间一天内较低温度保持 16h，较高温度保持 8h。用变温发芽时，要求非休眠种子应在 3h 内完成变温，休眠种子应在 1h 或更短时间内完成变温。

需光型种子发芽时必须有光照促进发芽。需暗型种子在发芽初期应放置在黑暗条件下培养。对于大多数种子，最好在光照下培养，因为光照有利于抑制霉菌的生长繁殖和幼苗子叶、初生叶的光合作用，并有利于正常幼苗鉴定，区分黄化和白化的不正常幼苗。

【操作规程 4】检查管理

种子发芽期间，应进行适当的检查管理，以保持适宜的发芽条件。发芽床应始终保持湿润，水分不能过多或过少。温度应保持在所需温度的±2℃范围内，防止因控温部件失灵、短电、电器损坏等意外事故造成温度失控。如发现有霉菌滋生，应及时取出洗涤去除霉菌。当发霉种子数超过 5%时，应及时更换发芽床。如发现有腐烂死亡种子，应及时将其除去并记载。还应注意通气，避免因缺氧影响发芽。

【操作规程 5】观察记载

1. 试验持续时间　每个种的试验持续时间详见附录二第 8 纵栏的规定。试验前或试验中用于破除休眠处理的时间不作为发芽试验时间计算。如果样品在规定试验时间内只有几粒种子开始发芽，试验时间可延长 7d 或延长规定时间的一半；若在规定试验时间结束前样品已达到最高发芽率，则该试验可提前结束。

2. 鉴定幼苗和观察计数　每株幼苗均应按规定的标准进行鉴定，鉴定要在幼苗主要构造已发育到一定时期进行。在初次计数时，应把发育良好的正常幼苗进行记载后从发芽床中捡出；发霉的死种子或严重腐烂的幼苗应及时从发芽床中除去，并随时增加计数；对可疑的或损伤、畸形或不均衡的幼苗，通常到末次计数时处理。末次计数时，按正常幼苗、不正常幼苗、新鲜不发芽种子、硬实和死种子分类计数和记载。复胚种子单位作为单粒种子计数，试验结果用至少产生一个正常幼苗的种子单位的百分率表示。

【操作规程 6】结果计算和表示

试验结果用粒数的百分率表示。当一个试验的 4 次重复（每个重复以 100 粒计，大粒、特大粒种子可合并重复至 100 粒计副重复合并成 100 粒的重复），其正常幼苗百分率都在最大容许差距内（表 6－10），则以其平均数表示发芽百分率。不正常幼苗、新鲜不发芽种子、硬实和死种子的百分率均按 4 次重复平均数计算。

平均数百分率修约到最近似的整数。正常幼苗、不正常幼苗、新鲜不发芽种子、硬实和死种子的百分率的总和必须修正为 100%（从舍去的硬实或次大值中增减）。

表 6-10　同一发芽试验 4 次重复间的最大容许差距

平均发芽率		最大容许差距
50%以上	50%以下	
99	2	5
98	3	6
97	4	7
96	5	8
95	6	9
93～94	7～8	10
91～92	9～10	11
89～90	11～12	12
87～88	13～14	13
84～86	15～17	14
81～83	18～20	15
78～80	21～23	16
73～77	24～28	17
67～72	29～34	18
56～66	35～45	19
51～55	46～50	20

【操作规程 7】破除休眠

当试验结束还存在硬实或新鲜不发芽种子时，可采用表 6-11 中所列的一种或几种方法进行处理，再重新试验。如预知或怀疑种子有休眠，这些处理方法也可用于初次试验。

表 6-11　破除种子休眠的方法

休眠种类	破除方法	
生理休眠	预先冷冻	发芽试验前，将各重复种子放在湿润的发芽床上，在 5～10℃下进行预冷处理，如麦类在 5～10℃下处理 3d，然后在规定温度下进行发芽
	硝酸处理	水稻休眠种子可用 0.1mol/L 硝酸溶液浸种 16～24h，然后置床发芽
	硝酸钾处理	禾谷类、茄科等许多休眠种子可用 0.2%硝酸钾溶液湿润发芽床
	赤霉酸处理	燕麦、大麦、黑麦和小麦种子可用 0.05%GA_3 溶液湿润发芽床，休眠浅的种子用 0.02%浓度，休眠深的种子用 0.1%浓度。芸薹属可用 0.01%或 0.02%浓度的溶液
	双氧水处理	可用于小麦、大麦和水稻休眠种子的处理。用 29%浓双氧水处理时，小麦浸种 5min，大麦浸种 19～20min，水稻浸种 2h，处理后，需马上用吸水纸吸去种子上的双氧水。用淡双氧水处理时，小麦用 1%浓度，大麦用 1.5%浓度，水稻用 3%浓度，均浸种 24h
	去稃壳处理	水稻用出糙机脱去稃壳；有稃大麦剥去胚部稃壳；菠菜剥去果皮或切破果皮；瓜类磕破种皮
	加热干燥	将发芽试验的各重复种子摊成一薄层，放在通气良好的条件下，于 30～40℃干燥数天

（续）

休眠种类	破除方法	
硬实	开水烫种	适用于棉花和豆类的硬实。发芽试验前将种子用开水烫种 2min，再进行试验
	机械损伤	小心地将种皮刺穿、削破、锉伤或用砂纸摩擦。豆科硬实可用针直接刺入子叶部分，也可用刀片切去部分子叶
抑制物质存在	除去抑制物质	甜菜、菠菜等种子单位的果皮或种皮内有发芽抑制物质时，可把种子浸在温水或流水中预先洗涤，甜菜复胚种子洗涤 2h，遗传单胚种子洗涤 4h，菠菜种子洗涤 1～2h，然后将种子干燥，干燥时最高温度不得超过 25℃

【操作规程 8】重新试验

当试验出现下列情况时，应重新试验。

（1）怀疑种子有休眠（即有较多的新鲜不发芽种子）时，应在进行破除休眠处理后重新试验。

（2）由于真菌或细菌的蔓延而使试验结果不一定可靠时，可采用沙床或土壤发芽床重新试验。如有必要，应增加种子之间的距离。

（3）当正确鉴定幼苗有困难时，可采用发芽技术规程中规定的一种或几种方法用沙床或土壤发芽床重新试验。

（4）当发现试验条件、幼苗鉴定或计数有差错时，应采用同样方法重新试验。

（5）当 100 粒种子重复间的差距超过表 6-12 规定的最大容许差距时，应采用同样方法重新试验。如果第二次试验结果与第一次试验结果的差异不超过表 6-12 所示的容许差距，则填报两次试验结果的平均值；如两者之差超过容许差距，则以同样方法进行第三次试验，填报未超过容许差距的两次结果的平均值。

表 6-12　同一或不同实验室来自相同或不同送验样品间发芽试验的容许差距

平均发芽率		最大容许差距
50%以上	50%以下	
98～99	2～3	2
95～97	4～6	3
91～94	7～10	4
85～90	11～16	5
77～84	17～24	6
60～76	25～41	7
51～59	42～50	8

【操作规程 9】结果报告

填报发芽结果时，需填报正常幼苗、不正常幼苗、硬实、新鲜不发芽种子和死种子的百分率。若其中任何一项结果为 0，则将符号“—0—”填入该格中。同时还需填报采用的发芽床种类和温度、试验持续时间以及为促进发芽所采取的处理方法。

（五）幼苗鉴定标准

正确鉴定幼苗是发芽试验中一个最重要的环节，全面掌握正常幼苗和不正常幼苗鉴定标准，认真鉴别正常幼苗和不正常幼苗，对获得正确可靠的发芽试验结果是非常重要的。

1. 正常幼苗的种类和鉴定标准　正常幼苗的种类和鉴定标准如下：

（1）正常幼苗种类。幼苗主要构造生长良好、完全、匀称和健康。因种不同，应具有：①发育良好的根系；②发育良好的幼苗中轴；③具有特定数目的子叶；④具有展开、绿色的初生叶；⑤具有一个顶芽或苗端。

（2）带有轻微缺陷的幼苗。幼苗主要构造出现某种轻微缺陷，但在其他方面能均衡生长，并与同一试验中的完整幼苗相当。例如：①初生根局部损伤或生长稍迟缓，初生根有缺陷但次生根发育良好，麦类只有1条强壮的种子根；②下胚轴、中胚轴或上胚轴局部损伤；③子叶或初生叶局部损伤，但其组织总面积的1/2或1/2以上仍保持着正常功能；④芽鞘从顶端开裂的长度不超过芽鞘的1/3，芽鞘轻度扭曲或形成环状，芽鞘内的绿叶至少达到芽鞘的一半。

（3）次生感染的幼苗。由真菌或细菌感染引起，使幼苗主要结构发病和腐烂，但有证据表明病源不来自种子本身。

2. 不正常幼苗的种类和鉴定标准　不正常幼苗的种类和鉴定标准如下：

（1）受损伤的幼苗。由机械处理、加热干燥、冻害、化学处理、昆虫损害等外部因素引起，使幼苗构造残缺不全或受到严重损伤，以至不能均衡生长的幼苗。

（2）畸形和不匀称的幼苗。由于内部因素引起生理紊乱，幼苗生长细弱，或存在生理障碍，或主要构造畸形或不匀称的幼苗。

（3）腐烂的幼苗。由初生感染（病菌来自种子本身）引起，使幼苗主要构造发病和腐烂，并妨碍其正常生长的幼苗。

在实际应用中，由于不正常幼苗只占少数，所以关键是要能鉴别不正常幼苗，凡幼苗带有表6-13中所列的一种或一种以上的缺陷，则可视为不正常幼苗。

表6-13　不正常幼苗主要构造及缺陷

幼苗主要构造	缺　陷
根	初生根残缺，粗短，停滞，缺失，破裂，从顶端开裂，缢缩，纤细，卷缩在种皮内，负向地性生长，水肿状，由初生感染所引起的腐烂；种子没有或仅有1条生长力弱的种子根
下胚轴、中胚轴或上胚轴	缩短而变粗，深度横裂或破裂，纵向裂缝，缺失，缢缩，严重扭曲，过度弯曲，形成环状或螺旋形，纤细，水肿状，由初生感染所引起的腐烂
子叶	肿胀卷曲，畸形，断裂或其他损伤，分离或缺失，变色，坏死，水肿状，由初生感染所引起的腐烂
初生叶	畸形，损伤，缺失，变色，坏死，由初生感染所引起的腐烂；虽形状正常，但小于正常叶片大小的1/4
顶芽及周围组织	畸形，损伤，缺失，由初生感染所引起的腐烂
胚芽鞘和第一片叶	胚芽鞘畸形，损伤，缺失，顶端损伤或缺失，严重过度弯曲，形成环状或螺旋形，严重扭曲，裂缝长度超过从顶端量起的1/3，基部开裂，纤细；由初生感染所引起的腐烂；第一叶延伸长度不到胚芽鞘的一半，缺失，撕裂或其他畸形
整个幼苗	畸形，断裂，子叶比根先长出，两株幼苗连在一起，黄化或白化，纤细，水肿状，由初生感染所引起的腐烂

四、品种真实性与品种纯度的室内测定

（一）品种纯度的含义及意义

品种纯度检验应包括两方面的内容，即品种真实性和品种纯度。

1. 品种真实性　品种真实性是指一批种子所属品种、种或属与文件描述是否相符。如果品种真实性有问题，品种纯度检验就毫无意义。

2. 品种纯度　品种纯度是指品种个体与个体之间在特征特性方面典型一致的程度，用本品种的种子数（或株、穗数）占供检验本作物种子数（或株、穗数）的百分率表示。

3. 异型株　在纯度检验时主要鉴别与本品种不同的异型株。异型株是指一个或多个性状（特征、特性）与原品种的性状明显不同的植株。品种纯度检验的对象可以是种子、幼苗或较成熟的植株。

品种真实性和纯度是保证良种优良遗传特性充分发挥的前提，是正确评定种子质量的重要指标。品种真实性和品种纯度检验在种子生产、加工、贮藏及经营中具有重要意义和应用价值。

（二）室内纯度测定的基本程序

从送验样品中随机数取一定数量的种子，测定异品种的种子，再计算品种纯度。

品种纯度测定的送验样品的最小重量应符合品种纯度测定的送验样品重量规定，并按下列公式计算：

$$\text{品种纯度}=\frac{\text{供检样品种子数}-\text{异品种种子数}}{\text{供检样品种子数}}\times 100\%$$

（三）品种纯度测定的方法

品种纯度检验的方法很多，根据其所依据的原理不同主要可分为形态鉴定、物理化学法（快速）鉴定、生理生化法鉴定、分子生物学方法鉴定、细胞学方法鉴定。在实际应用中可根据检验目的和要求的不同，本着简单、易行、经济、准确、快速的原则，选择合适的方法，以下主要介绍形态鉴定和物理化学法（快速）鉴定。

1. 品种纯度的形态鉴定　品种纯度的形态鉴定是纯度测定中最基本的方法，又可分为子粒形态鉴定、种苗形态鉴定和植株形态鉴定。在形态鉴定时主要从被检品种的器官或部位的颜色、形状、多少、大小等区别不同品种。

（1）种子形态鉴定。种子形态鉴定适合于子粒形态性状丰富、子粒较大的作物。其操作规程如下：

【操作规程 1】数取试样

随机从送验样品中数取 400 粒种子，鉴定时需设重复，每个重复不超过 100 粒种子。根据种子的形态特征，逐粒观察区别本品种、异品种，计数，计算品种纯度。也可借助放大镜、立体解剖镜等观察种子，鉴定时必须备有标准样品或鉴定图片等有关资料。

【操作规程 2】鉴定依据性状

①水稻种子根据谷粒的形状、长宽比、大小、稃壳和稃尖色、稃毛长短及稀密、柱头夹持率等性状进行鉴定。

②玉米种子根据粒形、粒色、粒顶部形状、顶部颜色及粉质多少、胚的大小及形状、胚部皱褶的有无及多少、花丝遗迹的位置与明显程度、稃色深浅、子粒上棱角的有无及明显程度等进行鉴定。

③小麦种子根据粒色、粒形、质地、种子背部性状（宽窄、光滑与否）、腹沟、绒毛、胚的大小、子粒横切面的模式、子粒的大小等性状进行鉴定。

④大豆种子可根据种子大小、形状、颜色、光泽、脐色、脐形等性状进行鉴定。

⑤十字花科作物种子根据种子大小、形状、颜色、胚根轴隆起的程度、种脐形状、种子表面附属物有无、多少及表面（网脊、网纹、网眼）特性进行鉴定。

【操作规程 3】结果计算

测定的结果（x）是否符合国家种子质量标准值或合同、标签值（a）要求，可利用容许差距来判别。如果 $|a-x| \geqslant$ 容许差距，则说明不符合国家种子质量标准值或合同、标签值的要求。容许差距可以通过下列公式计算：

$$T=1.65\times\sqrt{p\times q/n}$$

式中：T——容许差距；

p——标准值或合同、标签值；

q——$100-p$；

n——样品的粒数或株数。

（2）生长箱鉴定。生长箱鉴定可用于幼苗和植株的形态鉴定。该方法可保证全部幼苗和植株都生长在同样的条件下，其品种形态特征的差异是遗传基础的表达。生长箱鉴定可采用两种方法：一种方法是给予幼苗加速生长发育的条件，可以鉴定如田间植株一样的许多性状，从而大大缩短鉴定时间；另一种方法是将种子或植株种植在特殊逆境条件下，可对品种进行逆境反应差异的鉴定。

随机数取净种子 400 粒，设置重复，每重复不超过 100 粒。在培养室或温室中可以用净种子 100 粒，2 次重复。生长箱鉴定品种的适合方法可参见表 6-14。

表 6-14　生长箱鉴定条件下幼苗和植株性状鉴定方法

作物	培养基质	播种密度（cm）	播种深度（cm）	浇灌	光周期（h）	温度（℃）	特征性状	播后时间
苜蓿	沙或土壤	2.5×2.5	0.6	No. 1 培养液①	24	25	花色	5 周
小麦	沙或土壤	2.0×4.0	1.0	缺磷培养液②	24	25	芽鞘和茎的颜色	7d
	发芽纸	1.5×1.5	表面	水	24	25	抽穗	约 30d
菜豆	沙或土壤	2.5×5.0	2.5	No. 1 培养液	20	25	花色、开花天数	4～6 周
莴苣	沙	1.0×4.0	1.0	No. 1 培养液	24	25	下胚轴颜色、叶色、叶缘、叶皱褶、子叶形状	3 周
玉米	沙	2.0×4.5	1.0	水	24	25	芽鞘颜色、苗端颜色	出苗至 14d
燕麦	沙或土壤	2.0×4.0	1.0	缺磷培养液	24	25	芽鞘和叶鞘颜色、绒毛	10～14d
大豆	沙	2.5×5.0	2.5	No. 1 培养液	24	25	茎的色素	10～14d
							绒毛颜色、绒毛角度、叶形	21d
							开花（光周期）	75d
							赛克津敏感性	30d

注：①Hoagland No. 1 培养液：每升蒸馏水中加入 1mol/L $Ca(NO_3)_2$ 5ml，1mol/L $MgSO_2$ 2ml，1mol/L KNO_3 5ml 和 1mol/L KH_2PO_4 1ml。

②缺磷 Hoagland No. 1 培养液：每升蒸馏水中加入 1mol/L $Ca(NO_3)_2$ 4ml，1mol/L $MgSO_4$ 2ml 和 1mol/L KNO_3 6ml。

2. 品种纯度的快速鉴定 通常把物理法鉴定、化学法鉴定等在短时间内鉴定品种纯度的方法归为快速鉴定方法。以下主要介绍以国际标准和国家标准为依据的几种品种纯度快速鉴定法。

(1) 麦类种子苯酚染色法。关于苯酚染色法的机理有两种观点，一种认为是酶促反应，另一种认为是化学反应。该反应受 Fe^{2+}、Cu^{2+} 等双价离子催化，可加速反应进行。

数取净种子 400 粒，每重复 100 粒。将小麦、大麦、燕麦种子浸入水中 18～24h，用滤纸吸干表面水分，放入垫有已经 1%苯酚溶液湿润滤纸的培养皿内（腹沟朝下）。在室温下小麦保持 4h，燕麦 2h，大麦 24h 后即可鉴定染色深浅。小麦观察颖果颜色，大麦、燕麦观察内外稃的颜色。一般染色后颜色可分为不染色、淡褐色、褐色、深褐色、黑色 5 种，与基本颜色不同的种子即为异品种。

(2) 大豆种子愈伤木酚染色法。愈伤木酚是专门用于大豆品种鉴别的方法。其原理是大豆种皮内的过氧化物酶可催化过氧化氢分解产生游离氧基，游离氧基可使无色的愈伤木酚氧化产生红褐色的邻甲氧基对苯醌，由于不同品种过氧化物酶活性不同，溶液颜色也有深浅之分，据此区分不同品种。

将大豆种皮逐粒剥下，分别放入指形管内，然后注入 1ml 蒸馏水，在 30℃下浸泡 1h，再在每支试管中加入 10 滴 5%愈伤木酚溶液，10min 后，每支试管加入 1 滴 0.1%过氧化氢溶液，1min 后根据溶液呈现的颜色差异区分本品种和异品种。

(3) 种子荧光鉴定法。取净种子 400 粒，分为 4 次重复，分别排在黑板上，放在波长为 360nm 的紫外分析灯下照射，试样距灯泡最好为 10～15cm，照射数秒或数分钟后即可观察，根据发出的荧光鉴别品种或类型。如蔬菜豌豆发出淡蓝或粉红色荧光，谷实豌豆发出褐色荧光；十字花科不同种发出荧光不同，白菜为绿色，萝卜为浅蓝绿色，白芥为鲜红色，黑芥为深蓝色，田芥为浅蓝色。

实 践 活 动

将全班分为若干组，每组 4～5 人，利用业余时间到当地种子市场取样检验种子净度、水分、发芽率和纯度

第四节 田间检验

技 能 目 标

◆ 能设计并完成主要作物的田间检验程序。

一、田间检验

(一) 田间检验目的

田间检验是指在种子生产过程中，在田间对品种真实性进行验证，对品种纯度进行评

估，同时对作物的生长状况、异作物、杂草等进行调查，并确定其与特定要求符合性的活动。田间检验的目的一是核查种子田的品种特征特性是否名副其实（真实性），二是检查影响种子质量的各种情况，从而根据这些检查的质量信息，采取相应的技术措施，确保种子收获时符合规定的要求。为做好田间检验工作，田间检验员必须熟悉被检品种的特征特性，掌握田间检验的方法和程序，独立报告检验的种子田情况。

（二）田间检验项目

田间检验项目因作物种子生产田的种类不同而异，一般把种子生产田分为常规种子生产田和杂交种子生产田。

1. 生产常规种的种子田　主要检查前作，隔离条件，品种真实性，杂株百分率，其他植物植株百分率，种子田其他情况（倒伏、病虫、有害杂草等）。

2. 生产杂交种的种子田　主要检查隔离条件，父母本纯度（三系制种田还应检查母本的雄性不育程度），串粉或散粉程度，花粉授粉情况，收获方法（适时收获母本或先收父本）。

（三）田间检验时期

田间检验可以在作物不同生育时期根据品种的特征特性分多次进行。条件不允许时，至少应在品种特征特性表现最充分、最明显的时期检查一次。一般常规种至少在成熟期检验一次；水稻、玉米、高粱、油菜等杂交种花期必须检验 2～3 次；蔬菜作物在商品器官成熟期必须检验。

（四）田间检验程序

【操作规程 1】调查基本情况

田间检验前应全面了解生产企业、作物种类、品种名称、种子类别（等级）、农户姓名和联系方式、种子田位置、田块编号、面积、前作情况、种源情况（种子标签和种子批号）、种子纯度、种子世代、田间管理等情况。

【操作规程 2】检查隔离情况

依据种子田（包括周边田块）的分布图，围绕种子田绕行一圈，核查隔离情况。若种子田与花粉污染源的隔离距离达不到要求，必须采取措施消灭污染源，或淘汰达不到隔离条件的部分田块。

【操作规程 3】鉴定品种真实性

绕田行走核查树立在田间地头的标签或标牌，了解种子来源的详细情况。实地检查不少于 100 个植株或穗子，比较品种田间的特征特性与品种描述的特征特性，确认其真实性与品种描述是否一致。

【操作规程 4】检查种子生产田的生长状况

对种子田的状况进行总体评价，确定是否有必要进行品种纯度的详细检查。对于严重倒伏、杂草危害或另外一些原因引起生长不良的种子田，不能进行品种纯度评价，而应被淘汰。当种子田处于中间状态时，检验员可以使用田间小区鉴定结果作为田间检验的补充信息。

【操作规程 5】鉴定品种纯度

1. 取样　同一品种、同一来源、同一繁殖世代、耕作制度和栽培管理相同而又连在一起的地块可划分为一个检验区。为了评定品种纯度，必须遵循取样程序，即集中在种子田小范围（样区）进行详细检查。取样程序和方法应能覆盖种子田，有代表性并符合标准要求，还应充分考虑样区大小、样区数目和样区位置及分布。

对于大于10hm^{2}的禾谷类常规种子的种子田，可采用大小为1m宽、20m长，面积为20m^2，与播种方向成直角的样区。对于面积较小的常规种如水稻、小麦、大麦、大豆等，每样区至少含500株（穗）。对于宽行种植的高秆作物如玉米、高粱，样区可为行内500株。

对于生产杂交种的种子田，应将父母本行视为不同的“田块”，分别检查计数。水稻杂交制种田每样区500株；玉米和高粱杂交制种田每样区为行内100株或相邻两行各50株。

样区数目可参见表6-15。

表6-15 种子田样区计数最低数目

面积（hm^2）	样区最低数目		
	生产常规种	生产杂交种	
		母 本	父 本
少于2	4	4	2
3～4	8	8	4
5～7	12	12	6
8～10	16	16	8

2. 分析检验　通常是边设点边检验，直接在田间进行分析鉴定。在熟悉供检品种特征特性的基础上逐株（穗）观察（最好有标准样品作对照）。尽量避免在阳光强烈、刮风、大雨的天气下进行检查。每点分析结果按本品种、异品种、异作物、杂草、感染病虫株（穗）数分别记载，同时注意观察植株田间生长等是否正常。杂交制种田还应检查记录杂株散粉率及母本雄性不育的质量。

【操作规程6】结果计算和表示

检验完毕，将各点检验结果汇总，计算各项成分的百分率。

1. 品种纯度＝1－异品种百分率

2. 异品种$=\dfrac{\text{异品种株（穗）数}}{\text{供检本作物总株（穗）数}}\times 100\%$

3. 异作物$=\dfrac{\text{异作物株（穗）数}}{\text{供检本作物总株（穗）数}+\text{异作物株（穗）数}}\times 100\%$

4. 杂草$=\dfrac{\text{杂草株（穗）数}}{\text{供检本作物总株（穗）数}+\text{杂草株（穗）数}}\times 100\%$

5. 病虫感染$=\dfrac{\text{感染病虫株（穗）数}}{\text{供检本作物总株（穗）数}}\times 100\%$

杂交制种田，应计算母本散粉株及父母本散粉杂株百分率。

6. 母本散粉株$=\dfrac{\text{母本散粉株数}}{\text{供检母本总株数}}\times 100\%$

7. 父（母）本散粉杂株$=\dfrac{\text{父（母）本散粉杂株数}}{\text{供检父（母）本总株数}}\times 100\%$

【操作规程7】检验报告

田间检验完成后，田间检验员应及时填写田间检验报告。田间检验报告应包括基本情况、检验结果和检验意见。

二、田间小区种植鉴定

（一）小区种植鉴定的目的

小区种植鉴定的目的一是鉴定种子样品的真实性与品种描述是否相符；二是鉴定种子样品纯度是否符合国家规定标准或种子标签标注值的要求。

（二）小区种植鉴定的作用

小区种植鉴定主要用于两方面：一是在种子认证过程中，作为种子繁殖过程的前控和后控，监控品种的真实性和品种纯度是否符合种子认证方案的要求；二是作为种子检验的目前鉴定品种真实性和测定品种纯度的最可靠、准确的方法。小区鉴定可作为种子贸易中的仲裁检验，但小区鉴定费工、费时。

（三）标准样品的收集

田间小区种植鉴定应有标准样品作为对照。标准样品可提供全面的、系统的品种特征特性的标准。要求标准样品最好是育种家种子，或是能充分代表品种原有特征特性的原种。

（四）小区种植鉴定的程序

【操作规程 1】试验地选择

为了使品种特征特性充分表现，鉴定小区要选择气候环境条件适宜、土壤均匀、肥力一致、前茬无同类和密切相关的种或相似的作物和杂草的田块，以避免自生植物污染的危险。

【操作规程 2】小区设计

为便于观察，应将同一品种、类似品种及相关种子批的所有样品连同提供对照的标准样品相邻种植。小区种植鉴定试验设计要便于试验结果的统计分析，以使试验结果达到置信度水平之上。当性状需要测量时，需要一个较正式的试验设计，如随机区组设计。每个样品至少两个重复。

试验设计种植的株数要根据国家种子质量标准的要求而定。一般来说，如品种纯度为 $X\%$，则种植株数 $N=400/(100-X)$。例如，标准规定纯度为 99%，种植 400 株即可达到要求。小区种植鉴定应有适当的行距和株距，以保证植株生长良好，能表现原品种特征特性。必要时可用点播或点栽。

【操作规程 3】小区管理

小区的管理通常与一般大田生产相同，需要注意的是，要保持品种的特征特性和品种的差异。小区种植鉴定只要求观察品种的特征特性，不要求高产，所以土壤肥力应中等。对于易倒伏作物（特别是禾谷类）的小区鉴定，尽量少施化肥。使用除草剂和植物生长调节剂必须小心，避免影响植株的特征特性。

【操作规程 4】鉴定和记录

小区种植鉴定在整个生长季节都可观察，有些种在幼苗期就有可能鉴别出品种真实性和纯度，但成熟期（常规种）、花期（杂交种）和商品器官成熟期（蔬菜种）是品种特征特性表现最明显的时期，必须进行鉴定。仔细检查那些与大部分植株特征特性不同的变异株，通常用标签、塑料牌或红绳子等标记在植株上。

【操作规程 5】结果计算与表示

品种纯度结果表示有以下两种方法：

1. *变异株数目表示* 国家种子质量标准规定纯度要求很高的种子，如育种家种子、原种是否符合要求，可利用淘汰值判定。淘汰值是在考虑种子生产者利益和有较少可能判定失误的基础上，把在一个样本内观察到的变异株与质量标准比较，再充分考虑作出有风险接受或淘汰种子批的决定。不同纯度标准与不同样本大小的淘汰值见表6-16，如果变异株大于或等于规定的淘汰值，就应淘汰种子批。

表6-16 不同纯度标准与不同样本大小的淘汰值

纯度标准（%）	不同样本（株数）大小的淘汰值						
	4 000	2 000	1 400	1 000	400	300	200
99.9	9	6	5	4	—	—	—
99.7	19	11	9	7	4	—	—
99.0	52	29	21	16	9	7	6

注："—"表示样本太少。

2. *以百分率表示* 将所鉴定的本品种、异品种、异作物和杂草等均以所鉴定植株的百分率表示。小区种植鉴定的品种纯度结果可采用下式计算：

$$品种纯度=\frac{本作物的总株数-变异株（非典型株）数}{本作物的总株数}\times 100\%$$

品种纯度结果保留1位小数。

【操作规程6】结果填报

田间小区种植鉴定结果除品种纯度外，可能时还填报所发现的异作物、杂草和其他栽培品种的百分率。田间小区种植鉴定的原始记录可参照表6-17的格式填写。

表6-17 田间小区真实性和品种纯度鉴定原始记载表

样品登记号： 种植地区：

作物名称	小区号	品种或组合名称	鉴定日期	鉴定生育期	供检植株	本品种株数	杂株种类及株数					品种纯度（%）	病虫危害株数	杂草种类	检验员	校核人	审核人
检测依据																	
备 注																	

第五节 种子质量评定与签证

技 能 目 标

◆ 掌握主要农作物种子质量分级标准。

一、种子质量评定与分级

（一）种子质量的评定

1. 品种纯度评定的一般原则　品种纯度的评定应以田间和室内纯度检验结果为依据，当田间和室内纯度检验结果不一致时，应以纯度低的为准。若品种纯度检验结果达不到国家农作物种子质量分级标准，就不能作种用，否则将会给农业生产带来损失。

2. 杂交种品种纯度的评定　杂交种品种纯度受多种因素影响。首先，双亲品种纯度的高低直接影响杂交种子的纯度；其次，杂交制种过程中各个环节也影响杂交种子的纯度，如隔离区、去雄等技术环节。所以，对杂交种子进行纯度评定时，除察看亲本纯度、制种田的隔离条件是否符合制种要求外，还要看田间杂株（穗）率（父本杂株率、父本杂株散粉率、母本杂株率和母本散粉株率）是否符合要求。

（二）种子质量分级标准

依据种子检验结果，对照种子质量分级标准将不同质量的种子按等级分开，这是种子质量标准化的要求。种子质量分级标准是衡量种子质量优劣的统一尺度。明确种子质量分级的依据，严格执行分级标准，对发挥品种的优良种性是十分必要的。

我国1996年修订和颁布的《农作物种子质量标准》（GB 4404）是以纯度为中心的质量分级制，即以纯度分级，净度、发芽率、水分采用最低标准，即任何一项指标不符合规定等级的标准都不能作为相应等级的合格种子。分级时将常规品种、亲本种子分为原种和良种，杂交种分为一级和二级。我国主要农作物种子质量标准见表6-18。

表6-18　主要农作物种子质量分级标准（%）

<table>
<tr><th colspan="2">项目
作物名称</th><th>级别</th><th>纯度不低于</th><th>净度不低于</th><th>发芽率不低于</th><th>水分不高于</th></tr>
<tr><td rowspan="6">水稻</td><td rowspan="2">常规种</td><td>原种</td><td>99.9</td><td rowspan="2">98.0</td><td rowspan="2">85</td><td rowspan="2">13.0</td></tr>
<tr><td>良种</td><td>98.0</td></tr>
<tr><td rowspan="2">不育系
保持系
恢复系</td><td>原种</td><td>99.9</td><td rowspan="2">98.0</td><td rowspan="2">80</td><td rowspan="2">13.0</td></tr>
<tr><td>良种</td><td>99.0</td></tr>
<tr><td rowspan="2">杂交种</td><td>一级</td><td>98.0</td><td rowspan="2">98.0</td><td rowspan="2">80</td><td rowspan="2">13.0</td></tr>
<tr><td>二级</td><td>96.0</td></tr>
<tr><td colspan="2" rowspan="2">小麦</td><td>原种</td><td>99.9</td><td rowspan="2">98.0</td><td rowspan="2">85</td><td rowspan="2">13.0</td></tr>
<tr><td>良种</td><td>99.0</td></tr>
<tr><td rowspan="6">玉米</td><td rowspan="2">常规种</td><td>原种</td><td>99.9</td><td rowspan="2">98.0</td><td rowspan="2">85</td><td rowspan="2">13.0</td></tr>
<tr><td>良种</td><td>97.0</td></tr>
<tr><td rowspan="2">自交系</td><td>原种</td><td>99.9</td><td rowspan="2">98.0</td><td rowspan="2">85</td><td rowspan="2">13.0</td></tr>
<tr><td>良种</td><td>99.0</td></tr>
<tr><td rowspan="2">单交种</td><td>一级</td><td>98.0</td><td rowspan="2">98.0</td><td rowspan="2">85</td><td rowspan="2">13.0</td></tr>
<tr><td>二级</td><td>96.0</td></tr>
</table>

（续）

作物名称		级别	纯度不低于	净度不低于	发芽率不低于	水分不高于
玉米	双交 三交种	一级	97.0	98.0	85	13.0
		二级	95.0			
棉花	棉花毛子	原种	99.0	97.0	70	12.0
		良种	95.0			
	棉花光子	原种	99.0	99.0	80	12.0
		良种	95.0			
大豆		原种	99.9	98.0	85	12.0
		良种	98.0			

二、签　证

种子质量评定完毕后，需签发检验证书。

（一）国际种子检验证书

国际种子检验证书是由国际种子检验协会印制的，发给其授权的检验站用于填报检验结果的证书，包括种子批证书和种子样品证书。

1. *种子批证书*　种子批证书分为橙色证书和绿色证书。橙色证书适用于种子批所在国家的授权种子站扦样、封缄和检验时签发的证书。绿色证书适用于由种子批所在国的授权成员站负责扦样、封缄，送到另一国家的授权检验站检验时所签发的证书。

2. *种子样品证书*　种子样品证书为蓝色证书，适用于种子批的扦样不在成员站监督下进行，授权成员站只负责对送验样品的检验，不负责样品与种子批的关系。

（二）我国种子检验报告

种子检验报告是指按照种子检验规程进行扦样与检测而获得检验结果的一种证书表格。检验报告的内容通常包括标题、检验机构的名称和地址、用户名称和地址、扦样及封缄单位的名称、报告的唯一识别编号、种子批号及封缄、来样数量及代表数量、扦样时期、接收样品时期、样品编号、检验时期、检验项目和结果、有关检验方法的说明、对检验结论的说明、签发人。检测结果要按照规程规定的计算、表示和报告要求进行填报，如果某一项目未检验，填写“—N—”表示“未检验”。若在检验结束前急需了解某一项目的测定结果，可签发临时检验报告，即在检验报告上附有“最后检验报告将在检验结束时签发”的说明。

【知识拓展】其他项目检验

一、种子重量测定

（一）种子千粒重

种子重量测定通常是指测定1 000粒种子的重量，即千粒重。种子千粒重是指种子质量标准规定水分的1 000粒种子的重量，以克为单位。种子千粒重反映种子的充实饱满程度，是种子质量的重要指标之一。我国《农作物种子检验规程　其他项目检验》(GB/T 3543.7—1995) 中列入了百粒法、千粒法和全量法。我国常用千粒法。

（二）千粒法测定的操作规程

【操作规程1】数取试样

从充分混合的净种子中，随机数取试验样品两个重复，每个重复大粒种子为500粒，中、小粒种子为1 000粒。

【操作规程2】试样称重

两个重复分别称重，保留规定的小数位数。

【操作规程3】检查重复间容许差距，计算实测千粒重

两个重量的差数与平均数之比不应超过5%，如果超过，则需再分析第三份重复，直至达到要求。

【操作规程4】换算成国家种子质量标准规定水分的千粒重

换算公式：$\text{千粒重（规定水分，g）}=\dfrac{\text{实测千粒重（g）}\times[1-\text{实测水分（\%）}]}{1-\text{规定水分（\%）}}$

【操作规程5】结果报告

测定结果保留小数的位数与测定时所保留的小数位数相同。

二、种子生活力的四唑测定

（一）生活力概念和测定意义

种子生活力是种子发芽的潜在能力或种胚具有的生命力。生活力测定既可用于测定休眠种子的生活力，也可用于快速估测种子发芽能力。

（二）试剂与原理

四唑，全称2,3,5-氯化（或溴化）三苯基四氮唑，为白色或淡黄色的粉剂，易溶于水，具有微毒。四唑染色法测定种子生活力的原理，是指有生活力的种子胚由于脱氢酶的作用，使无色四唑变成稳定而不扩散的红色物质，从而指示种子的生活力状况。具体地说，四唑染色通常使用浓度为0.1%～1.0%的四唑溶液。作为一种无色的指示剂，四唑被种子活组织吸收后，参与活细胞的还原反应，从脱氢酶接受氢离子，在活细胞里产生红色、稳定、不扩散、不溶于水的物质，从而使有生活力的种子胚染成红色，然后根据着色部位和面积大小来判断种子有无生活力的方法。即可根据四唑染成的颜色和部位，区分种子红色的有生活力部分和无色的死亡部分。除完全染色的有生活力种子和完全不染色的无生活力种子外，还可能出现一些部分染色的种子。判断其有无生活力，主要看胚和（或）胚乳不染色坏死组织的部位及面积大小。

（三）四唑测定程序

四唑测定程序包括试验样品的数取、种子预措预湿、染色前的样品准备、四唑染色、鉴定前处理、观察鉴定等步骤。

三、种子健康测定

（一）健康测定目的

种子健康测定主要是测定种子是否携带有病原菌（如真菌、细菌及病毒）、有害的动物（如线虫及害虫）等健康状况。

（二）健康测定方法

种子健康测定方法主要有未经培养检查和培养后检查。未经培养检查包括直接检查、吸胀种子检查、洗涤检查、剖粒检查、染色检查、相对密度检查和X-射线检查等。培养后检查包括吸水纸法、沙床法和琼脂皿法等。

【技能训练】

技能6-1 扦　　样

一、扦样器具与使用方法

针对不同的作物种子类型以及包装形式，选择不同的扦样器扦取初次样品。

（一）袋装种子扦样器

1. 单管扦样器及其使用　单管扦样器（图6-2a）的管由金属制成，手柄为木制。金属管上有纵形斜槽形切口，管的先端尖锐，管下端略粗与手柄相连，手柄中空，便于种子流出。选择扦样器时应掌握一条原则，即扦样器的长度略短于被扦容器的斜角长度。使用扦样器扦样的操作规程为：

【操作规程1】检查

确定扦样器与盛样器清洁干净，确定种子袋不要超过两货盘高。

【操作规程2】扦样方法

具体方法为：用扦样器尖端拨开袋一角的线孔，扦样器凹槽向下，自袋角处尖端与水平成30°向上倾斜地慢慢插入袋内，直至到达袋的中心；手柄旋转180°，使凹槽旋转向上，稍稍振动，使种子落入孔内，使扦样器全部装满种子；抽出扦样器，打开孔口，将种子倒入盘内盛样器中；用扦样器尖端在扦孔处拨好扦孔，也可用纸粘好扦孔。

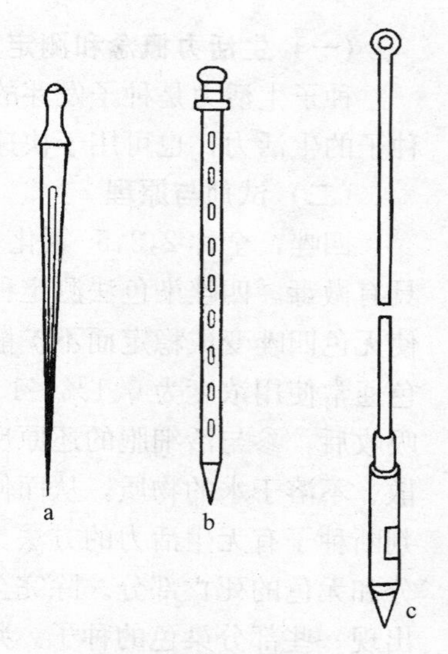

图6-2　各种类型的扦样器
a. 单管扦样器　b. 双管扦样器
c. 长柄短筒圆锥形扦样器

2. 双管扦样器及其使用　双管扦样器（图6-2b）有金属制成的两个圆管形开孔的管子，两管的管壁紧密套合，外管尖端有一实心的圆锥体，便于插入种子，内管末端与手柄连接，便于转动。孔与孔之间有柄壁隔开，向相反方向旋转手柄就可使孔关闭。扦样时应注意切勿过分用力，以免夹破种子。其扦样操作规程为：

【操作规程1】检查

确定扦样器与盛样器清洁干净，确定种子袋不要超过两货盘高。

【操作规程2】扦样方法

具体方法为：旋转手柄，使孔关闭；扦样时，用扦样器尖端拨开袋一角的线孔，自袋角处尖端与水平成30°向上倾斜地慢慢插入袋内，直至到达袋的中心；手柄旋转180°，打开孔口稍稍振动，使种子落入孔内，使扦样器全部装满种子；抽出扦样器，即可打开孔口，将种子倒入盛样器中；用扦样器尖端在扦孔处拨好扦孔，也可用纸粘好扦孔。

（二）散装种子扦样器

1. *长柄短筒圆锥形扦样器* 长柄短筒圆锥形扦样器（图6-2c）全部由铁制成，分长柄和扦样筒两部分。柄长约300cm，由3～4节组成，节与节之间由螺丝连接，柄长可以调节，依种子堆高而定，最后一节有圆环形握柄。扦样筒由圆锥体、套筒、进谷门、活动塞和定位鞘等构成。其扦样操作规程为：

【操作规程1】检查

确定扦样器与盛样器清洁干净。

【操作规程2】扦样方法

具体方法为：关闭进谷门，插入袋中；到达一定深度后，用力向上一拉，使活动塞离开进谷门，略加振动，种子即掉入门内；关闭进谷门，然后抽出扦样器，把种子倒入盛样器中；从不同层次（上、中、下）扦取样品。

2. *自动扦样器* 自动扦样器可以定时从种子流动带的加工线上扦取样品，扦样间隔和每次扦取的种子数量可以调节。混合样品的大小取决于加工速率、初次样品的频率和扦取初次样品的时间。使用自动扦样器的注意事项：采用自动扦样器扦样，种子流应是一致的和连续的；不同种子批的扦样器必须清洁，必要时应重装；应定期对扦样器进行校准和确认。

二、分样器具与使用方法

常见的分样器有钟鼎式分样器、横格式分样器和离心式分样器。

（一）钟鼎式分样器

钟鼎式分样器的构造由漏斗、圆锥体及一组使种子通向两个出口的挡格组成。这些挡格形成相间的凹槽通向一个出口，空格则通向相对的出口。在漏斗底部有一个活门或开关以控制种子。当活门打开时，种子由于重力下落到圆锥体上而均匀分布到凹槽及空格内，然后通过出口落到盛接盘内。使用钟鼎式分样器分样的操作规程为：

【操作规程1】准备

检查分样器和盛样器是否干净，确定分样器处于比较坚固的水平表面。

【操作规程2】混合

把盛样器放在一边，称为盛样器A和B；把混合样品放入盛样器C，把C的种子放入漏斗，铺平，用手很快拨开活门，使种子迅速下落；把A和B的种子倒入C重新混合，空的盛样器A和B放在分样器两边，C再倒入漏斗中；重复上一步骤2～3次。

【操作规程3】分样

经混合后，在分样器漏斗下的A和B，每一个含有混合样品的一半种子。把A中种子放入另一盛放器后再把A放在漏斗下，移去B，用空C来代替。需要注意的是，这一步骤，《农作物种子检验规程 扦样》（GB/T 3543.2—1995）与《国际种子检验规程》规定有所不同。倒B至漏斗，这样A有1/4种子，C有1/4种子；A移到另一混合样品盛放器中，把空盛放器A和B放在漏斗下；把C倒入漏斗中；继续这一过程，直至取得规定重量的送验样品为止。

（二）横格式分样器

横格式分样器适用于大粒种子和有稃壳种子。横格式分样器由一个附有凹槽或格子的漏斗、一个支持漏斗的框架、两个承接盘和一个倾倒盘组成。格子或凹槽长方形，由漏斗通到承接盘，有12～18个凹槽间隔通到相反的两边。使用时，将承接盘、倾倒盘等清理干净，并将其放在合适的位置，把样品倒入倾倒盘摊平，迅速翻转倾倒盘，使种子落入漏斗内，经过格子分两路落入承接盘，即将样品一分为二。

（三）离心式分样器

离心式分样器是应用离心力将种子混合，并将种子撒布在分离面上。离心分样器中，种子经过漏斗到旋转器内向下流动，由马达带动旋转，种子即被离心力抛出落下，种子落下的面积由固定的隔板相等地分成两部分，这样，一半种子流到一个出口，其余一半流到另一出口。

技能6-2 净度分析

一、技能训练目标

掌握种子净度分析技术，能正确识别净种子、其他植物种子和杂质。

二、技能训练材料与用具

1. 材料　送验样品一份。

2. 用具　净度分析工作台、分样器、分样板、套筛、感量0.1g的台秤、感量0.01g和0.001g的天平、小碟或小盘、镊子、小刮板、放大镜、小毛刷、电动筛选机、吹风机等。

三、技能训练操作规程

【操作规程1】重型混杂物检查

从送验样品中挑出重型混杂物，称重得出重型混杂物的重量，并将其分为属于其他植物种子的和杂质的重型混杂物，再分别称重。

【操作规程2】试验样品的分取

用分样器从送验样品中分取试验样品一份或半试样两份，用天平称出试样或半试样的重量。

【操作规程3】试样的分析、分离、称重

1. 筛理　选用筛孔适当的两层套筛，要求小孔筛的孔径小于所分析的种子，而大孔筛的孔径大于所分析的种子。使用时将小孔筛套在大孔筛的下面，再把底盒套在小孔筛的下面，倒入试样或半试样，加盖，置于电动筛选机上筛动2min。

2. 分析、分离　筛理后将各层筛及底盒中的分离物分别倒在净度分析工作台上，一般是采用人工分析进行分离和鉴定，也可借助一定的仪器（放大镜、双目解剖镜、种子吹风机等）将试样分为净种子、其他植物种子和杂质，并分别放入相应的容器。

3. 称重　分离后将每份试样或半试样的净种子、其他植物种子和杂质分别称重。

【操作规程4】结果计算

计算包括重量增失百分率、各组分的重量百分率，核对容许差距和百分率的修约。

【操作规程5】其他植物种子数目测定

1. 检验　将取出试样或半试样后剩余的送验样品按要求取出相应的数量或全部倒在检验桌上或样品盘内，逐粒进行观察，找出所有的其他植物种子或指定种的种子并计数每个种的种子数，再加上试样或半试样中相应的种子数。

2. 结果计算　用单位试样重量内所含种子粒数来表示。

四、技能训练报告

要求填写净度分析结果记载表（表 6－7）和其他植物种子数目测定记载表（表 6－19），填报净度分析结果报告单（表 6－20）。

表 6－19　其他植物种子数目测定记载表

试样重量（g）	其他植物种子种类和数量							
	名称	粒数	名称	粒数	名称	粒数	名称	粒数
净度半试样Ⅰ								
净度半试样Ⅱ								
剩余样品								
合计								

表 6－20　净度分析结果报告单　　　　样品编号：

作物名称：　　　　　　学　　名：

成　分	净种子	其他植物种子	杂质
百分率			
其他植物种子名称及数目或每千克含量（注明学名）			
备　注			

负责人：　　　校核人：　　　检验员：　　　　　年　月　日

技能 6－3　发芽试验

一、技能训练目标

掌握主要作物种子的标准发芽技术规定、发芽方法、幼苗鉴定标准和结果计算方法。

二、技能训练材料与用具

1. 材料　水稻、大豆、辣椒等作物种子。

2. 用具　发芽皿、发芽纸、消毒沙、光照发芽箱、真空数种仪等。

三、技能训练操作规程

1. 水稻种子发芽方法

【操作规程 1】选用发芽床

水稻种子发芽技术规定可选用 TP、BP 或 S。本试验选用方形透明塑料发芽皿，垫入两层发芽纸，充分湿润。

【操作规程 2】数种置床

用真空数种器（配方形数种头）或活动数粒板数种置床，每皿播入 100 粒净种子，4 次重复，在发芽皿的内侧面贴上标签，注明置床日期、样品编号、品种名称及重复序号等，然后盖好盖子。新收获的休眠种子需 50℃预先加热 3～5d，或用 0.1mol/L HNO_3 浸种 24h。

【操作规程3】在规定条件下培养

水稻种子的发芽温度可选用20～30℃的变温或25℃的恒温。在光照下培养。

【操作规程4】检查管理

种子发芽期间，应进行适当的检查管理，以保持适宜的发芽条件。

【操作规程5】观察记载

初次计数时间为5d，应把发霉的死种子或严重腐烂的幼苗及时从发芽床中除去。末次计数时间为14d，按正常幼苗、不正常幼苗、新鲜不发芽种子、硬实或死种子分类计数和记载。

2. *大豆种子发芽方法* 大豆种子发芽技术规定为：发芽床BP或S，温度20～30℃变温或25℃恒温，计数时间分别为5d和8d。本试验选用长方形透明塑料发芽皿，把已调到适宜水分（饱和含水量的80%）的湿沙装入发芽皿内，厚度2～3cm，播上50粒种子，覆盖上1～2cm的湿沙，共8个重复，放入规定条件下培养。

3. *辣椒种子发芽方法* 辣椒种子发芽技术规定为：发芽床TP、BP或S，温度20～30℃变温，计数时间分别为7d和14d。新收获休眠种子需用0.2% KNO_3 湿润发芽床。

四、技能训练报告

要求填写发芽试验结果记载表（表6-21）。

表6-21 发芽试验结果记载表

<table>
<tr><td>样品编号</td><td colspan="4"></td><td>置床日期</td><td colspan="2"></td></tr>
<tr><td>作物名称</td><td colspan="2"></td><td colspan="2">品种名称</td><td></td><td>每重复置床种子数</td><td></td></tr>
<tr><td>发芽前处理</td><td></td><td>发芽床</td><td></td><td>发芽温度</td><td></td><td>持续时间</td><td></td></tr>
<tr><td colspan="8">重　复</td></tr>
<tr><td colspan="2">Ⅰ</td><td colspan="2">Ⅱ</td><td colspan="2">Ⅲ</td><td colspan="2">Ⅳ</td></tr>
<tr><td colspan="2"></td><td colspan="2"></td><td colspan="2"></td><td colspan="2"></td></tr>
</table>

试验结果：正常幼苗　　%　　　　附加说明：

硬实种子　　%

新鲜未发芽种子　　%

不正常幼苗　　%

死种子　　%

负责人：　　　　校核人：　　　　检验员：　　　　年　月　日

技能6-4 田间检验

一、技能训练目标

掌握水稻、小麦、玉米等作物的田间检验方法和程序，观察不同品种的植株、穗部或子粒性状，并熟悉鉴定品种的主要性状。

二、技能训练材料与用具

1. 材料　水稻、小麦或玉米种子田。

2. 用具　米尺、放大镜、铅笔、记录本、标签等。

三、技能训练操作规程

【操作规程 1】基本情况调查

主要是隔离情况的检查和品种真实性检查。实地检查不少于100个植株或穗子，确认其真实性与品种描述一致。

【操作规程 2】取样

每个实验小组随机设5个样区，水稻、小麦常规种子田每样区至少调查500株（穗），玉米杂交制种田每样区为行内100株。

【操作规程 3】检验

直接在田间进行分析鉴定，在熟悉供检品种主要特征特性的基础上逐株（穗）观察，每点分析结果按本品种、异品种、异作物、杂草、感染病虫株（穗）数分别记载，同时注意观察植株田间生长等是否正常。

四、技能训练报告

要求填写田间检验结果单（表6-22、表6-23）。

表6-22　农作物常规种田间检验结果单　　　字第　号

繁种单位				
作物名称			品种名称	
繁种面积			隔离情况	
取样点数			取样总株（穗）数	
田间检验结果	品种纯度（%）		杂草（%）	
	异品种（%）		病虫感染（%）	
	异作物（%）			
田间检验结果建议或意见				

检验单位（盖章）：　　检验员：　　检验日期：　　年　月　日

表6-23　农作物杂交种田间检验结果单　　　字第　号

繁种单位				
作物名称			品种（组合）名称	
繁种面积			隔离情况	
取样点数			取样总株（穗）数	
田间检验结果	父本杂株率（%）		母本杂株率（%）	
	母本散粉株率（%）		异作物（%）	
	杂草（%）		病虫感染（%）	
田间检验结果建议或意见				

检验单位（盖章）：　　检验员：　　检验日期：　　年　月　日

【回顾与小结】

本章学习了种子检验的内容和程序，并从种子扦样员、种子室内检验员、种子田间检验员3个方面学习了种子检验员应具备的种子检验基本知识和应掌握的基本技能。进行了4个项目的技能训练。在扦样员专业技术知识中，需要重点掌握的是：扦样目的、样品定义、扦样程序及扦样器和分样器的使用方法；在室内检验员专业技术知识中，需要重点掌握的是：种子净度分析、水分测定、发芽试验、品种真实性与品种纯度鉴定4个检测项目的操作程序及相关仪器设备的使用方法；在田间检验员专业技术知识中，需要重点掌握的是：田间检验的操作程序。

通过本章的学习，不仅要掌握种子检验的基本知识和技能，还要树立种子检验员职责和种子质量意识，以提高种子质量，确保农业生产安全。

复习与思考

1. 名词解释：种子批　初次样品　混合样品　送验样品　发芽　品种真实性　品种纯度　田间检验

2. 种子检验的内容有哪些？

3. 某仓库里有44 000kg玉米种子，每包10kg，问：①需要划分为几个种子批？②需要扦取多少个初次样品？

4. 小麦、水稻净种子定义。

5. 现对某批水稻种子进行净度分析。从送验样品中分取两份半试样，第一份半试样为20.14g，经分析后其中净种子19.55g，其他植物种子0.212 0g，杂质0.408 3g；第二份半试样为21.15g，经分析后其中净种子19.50g，其他植物种子0.210 5g，杂质0.410 3g。求各组分的重量百分率。

6. 简述玉米标准发芽试验的测定程序。

7. 生产常规种的种子田和生产杂交种的种子田的检验项目各有哪些？

8. 简述田间小区种植鉴定程序。

第七章 种子加工和贮藏

学 习 目 标

◆ 掌握主要作物种子清（精）选、干燥、包衣及包装技术。
◆ 掌握主要作物种子贮藏条件和贮藏技术。

第一节 种子加工技术

技 能 目 标

◆ 掌握主要作物种子清（精）选技术。
◆ 了解种子常用干燥方法。
◆ 了解种子包衣方法及注意事项。
◆ 熟悉种子包装方法及工艺流程。

种子加工是把新收获的种子加工成为商品种子的工艺过程，包括种子清选、精选、干燥、包衣、包装等一系列工序，以达到提高种子质量和商品价值，保证种子安全贮藏，促进田间成苗及提高产量的要求。

一、种子清选与精选

种子清选主要是将混入种子中的茎、叶、穗和损伤种子的碎片、杂草种子、泥沙、石块、空瘪种子等夹杂物通过机械分离出来，以提高种子净度，并为种子干燥、包装、安全贮藏做好准备。

种子精选主要是清除混入种子中的异作物或异品种的种子，以及不饱满的、虫蛀或劣变的种子，以提高种子的净度、利用率、纯度、发芽率和种子活力。

（一）种子的清选和精选

种子清选、精选主要根据种子间及与杂质的尺寸大小、空气动力学特性、表面特性、种子密度、种子弹性等的差异进行，达到农用种子净、纯、发芽率高、发芽势强。其主要技术和操作规程如下：

【操作规程 1】根据种子的尺寸特性进行清选和精选

各种种子和杂质都有长、宽、厚 3 个基本外形参数。在清选中，可根据种子和杂物的参数大小不同，用不同的方法把它们分离开。

1. 用长孔筛分离不同厚度的种子　长孔筛的筛孔有长和宽两个量度，但一般筛孔长度均大于种粒长度，所以限制种子通过筛孔的因素是筛孔的宽度。由于种子在筛面上可处于侧立、平卧或竖立等各种状态，所以筛孔的宽度只能限制种子的最小尺寸，即厚度。凡种子厚度大于筛孔宽度的，就不能通过；厚度小于筛孔宽度的，就能通过。其过筛情况如图 7-1。

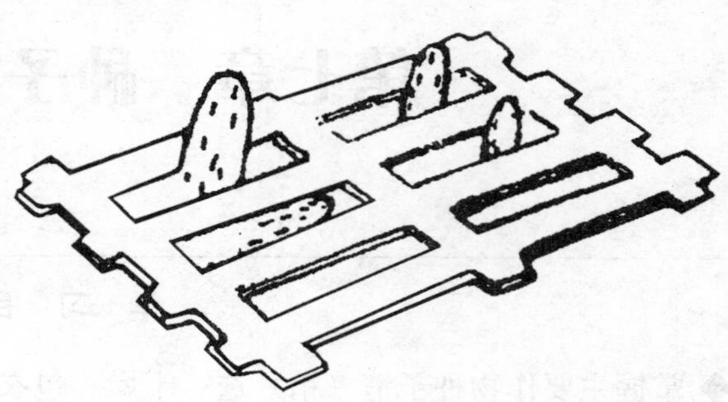

图 7-1　长孔筛

2. 用圆孔筛分离不同宽度的种子　圆孔筛的筛孔只有直径这一量度，这一因素只限制种子的宽度。因为粒长大于孔径的种子可竖起来通过，粒厚小于粒宽，不影响通过，只有粒宽大于孔径的种子才不能通过。其过筛情况如图 7-2。

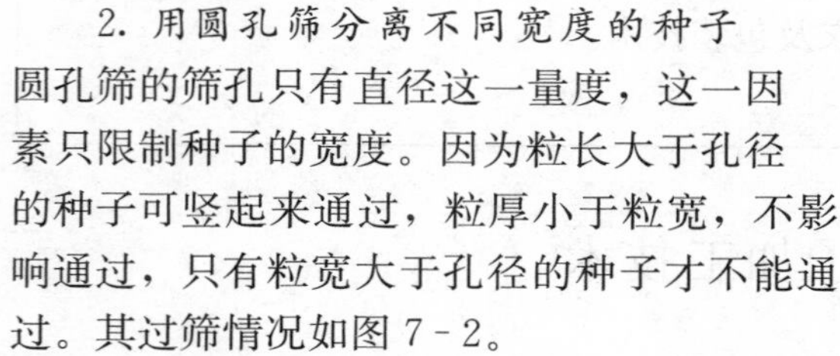

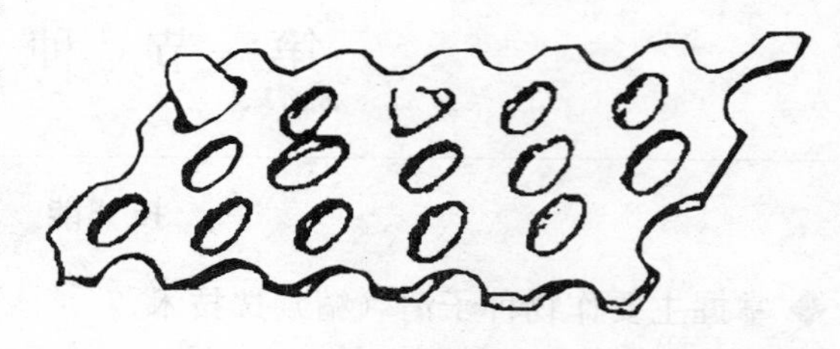

图 7-2　圆孔筛

3. 用窝眼筒分离不同长度的种子　窝眼筒是一个在圆壁上带有许多圆形窝眼的圆筒，筒内有 V 字形承种槽（图 7-3）。工作时，种子进入旋转的筒内，在筒底形成翻转的谷粒层。长度小于圆窝直径的短种粒（或短杂物）进入窝眼内，被筒带到较大高度后滑落到承种槽内，被送出筒外；长种粒（或长杂物）不能进入窝眼，因而与短种粒分开，从筒的出口端流出。

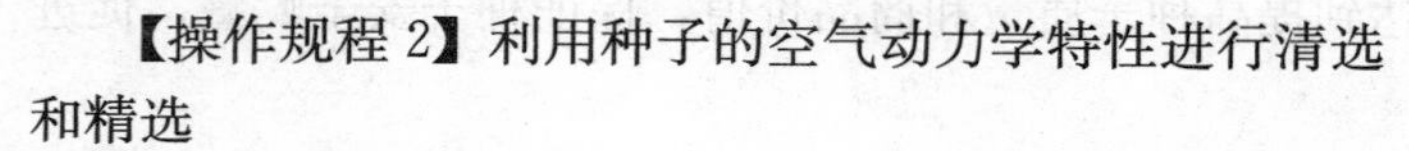

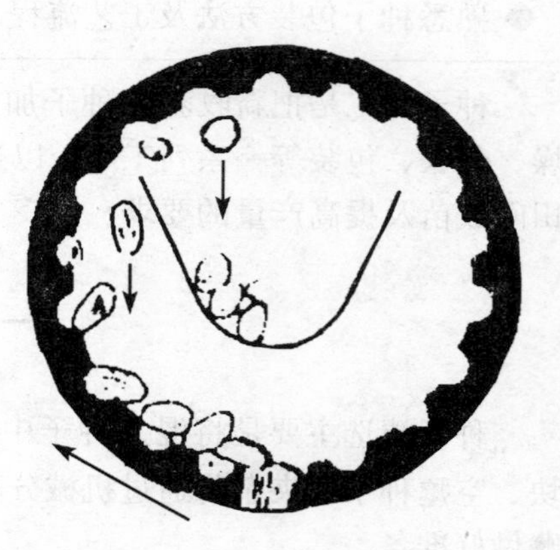

图 7-3　窝眼筒

【操作规程 2】利用种子的空气动力学特性进行清选和精选

种子和各种杂物在气流中的飘浮特性是不同的，其影响因素主要是种子的重量及其迎风面积的大小。根据这一原理，可以采取多种方式进行种子清选，如目前使用的带式扬场机就属于这类机械（图 7-4）。

【操作规程 3】利用种子的表面特性进行清选和精选

利用种子与混杂物的表面形状和光滑程度不同及在斜面上的摩擦阻力不同进行分选。目前最常用的种子表面特性分离机具是帆布滚筒。

【操作规程 4】根据种子的密度特性进行清选和精选

种子的密度因作物种类、饱满度、含水量以及受病虫害程度的不同而有差异，密度差异越大，其分离效果越显著。目前最常用的方法是利用种子在液体中的浮力不同进行分离，当种子的密度大于液体的密度时，种子就下沉；反之则浮起，然后将浮起部分捞去，即可将轻、重不同的种子分离开。一般用的液体可以是水、盐水、黄泥水等。

【操作规程 5】利用种子的弹性特性进行清选和精选

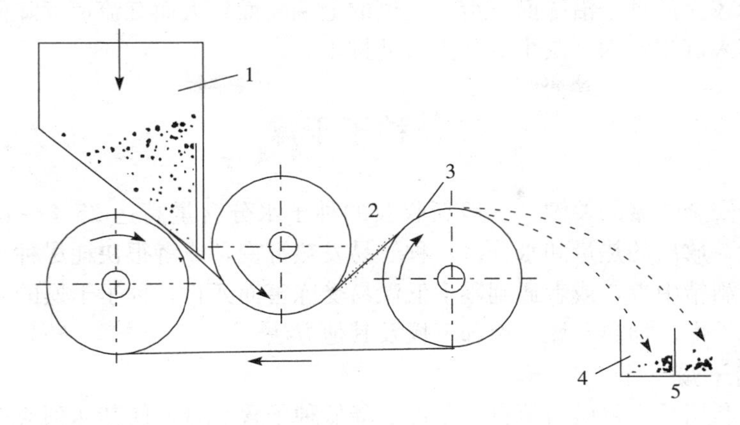

图 7-4　带式扬场机工作示意图

1. 喂料斗　2. 滚筒　3. 皮带　4. 轻的种子　5. 重的种子

（颜启传，2001）

利用不同种子的弹力和表面形状的差异进行分离。如大豆种子中混入水稻和麦类种子，或饱满大豆种子中混入压伤压扁粒。由于大豆的饱满种子弹力大，弹跳的较远，而其他种子弹力较小，跳跃距离也小，即可将弹力不同的种子分开。

（二）常用的种子清选、精选机械

1. 空气筛选机　空气筛选机是利用种子的空气动力学特性和种子尺寸特性，将空气流和筛子组合在一起的种子清选装置，是目前使用最广泛的种子清选机。

典型的空气筛选机有 4 个筛子，种子从漏斗中喂入，靠重量从喂料斗自行流入喂送器，喂送器定时地把喂入的带有混杂物的种子送入气流中，气流先去除掉较轻的颖穗类物质，剩下的种子散布在最上面的那层筛子上，通过此筛将大块状的物质除去。从最上层筛子落下的种子在第二筛上流动，在此筛上种子将按大小进行粗分级。接着，第二筛的种子又转移到第三筛，第三筛又一次对种子进行精筛选，并使种子落到第四层，以供最后一次分级，种子流遍第四筛后，便通过一股气流，重的、好的种子掉落下来，而轻的种子及颖糠被升举而除去。

2. 5XZ—1.0 型重力式种子精选机　该机主要用于种子外形尺寸相同而其密度不同的各类种子的清选分级，它由配套吸风机、上料装置和重力精选机主体 3 部分组成。使用时由上料装置将种子运送至入口进料管，靠种子自身重量推开由弹簧控制的活门落入振动筛，并均匀地分布在筛面上。由于子粒自身重量不同，轻粒浮在上层，未被吸起的重粒下沉贴在筛面上，因受振动筛振动而向上移动。分离后的种子从 3 个橡皮套筒流出。饱满子粒从出口 A 流出，混合子粒从出口 B 流出，瘦瘪粒从出口 C 流出。居中的混合子粒在出料分料槽内又被回进入口，再次筛选。

3. 5XF—1.3A 型种子复式精选机　该机是由按宽度和厚度分离用的各种筛子，按长度分离用的圆窝眼筒和按重量及空气动力学特性用的风机等部分组成。该机筛选采用的筛片为冲孔筛，孔型及相互间位置都较精确，精选种子效果好。窝眼筒的窝眼直径为 5.6mm。风选是采用垂直气流的作用，气流与筛子配合，当种子从喂入口落下时由气流输送到筛面。在筛面下滑时，受到气流的作用，较轻的种子和夹杂物，由于临界速度低于气流的速度，就随气流向上，重量较大的种子沿筛面下滑。气道的上端断面扩大而气流速度降低，被吸上的轻杂物和轻种子落入沉积室内。灰尘等从出口处排出。

二、种子干燥

干燥是种子安全贮藏的关键。一般新收获的种子水分含量高达25%～45%。高水分种子的呼吸强度大，放出的热量和水分多，种子易发热霉变，或者很快耗尽种子堆中的氧气而因厌氧呼吸产生酒精中毒，或者遇到零下低温易受冻害而死亡。种子干燥的主要方法有自然干燥、机械通风干燥、加热干燥、冷却干燥及其他方法。

（一）自然干燥

自然干燥是利用日光、风力等自然条件，降低种子含水量，使其达到或接近种子安全贮藏水分标准。其优点是节约能源，经济安全，一般情况下种子不易丧失生活力，且日光中紫外线还可起到杀菌杀虫作用。其缺点是易受天气和场地条件的限制，劳动强度大，特别是气候湿润、雨水较多的地区，干燥效果亦受影响。

自然干燥分脱粒前干燥和脱粒后干燥。脱粒前干燥可在田间或收后搭晾棚架、挂藏等方法干燥。脱粒后干燥多在土晒场或水泥场上进行。在晒场上干燥时应注意以下几点：

1. 清场预热　选择晴朗天气，清理好场地，即“晒种先晒场”。出晒时间在上午9:00以后，过早易造成地面的种子结露，影响干燥效果。

2. 薄摊勤翻　摊晒不宜太厚，一般小粒种子可摊5～10cm，中粒种子可摊10～15cm，大粒种子可摊15～20cm，最好摊成垄行，增大晾晒面积。此外，在晒种时要适当翻动几次，使种子上下层干燥均匀。

3. 适时入仓　除需热进仓的种子外，暴晒后的种子需冷却后入仓，否则热时入仓，遇冷地板后易发生底部结露，不利种子贮藏。

（二）种子机械通风干燥

对新收获的较高水分种子，因遇到天气阴雨或没有热空气干燥机械时，可利用送风机将外界凉冷干燥空气吹入种子堆中，把种子堆间隙的水汽和呼吸热量带走，以达到不断吹走水汽和热量，使种子变干和降温的目的。这是一种暂时防止潮湿种子发热变质，抑制微生物生长的干燥方法。

通风干燥是利用外界的空气作为干燥介质，因此，种子水分蒸散的速度受外界空气相对湿度所影响。一般只有当外界相对湿度低于70%时，采用通风干燥是最为经济和有效的方法。

（三）加热干燥

加热干燥法利用加热空气作为干燥介质（干燥空气）直接通过种子层，使种子水分汽化，从而干燥种子的方法。在温暖潮湿的热带、亚热带地区，特别是大规模生产的种子或长期贮藏的种子，需利用加热干燥方法。

加热干燥根据加热程度和作业快慢可分为低温慢速干燥法和高温快速干燥法。

1. 低温慢速干燥法　所用的气流温度一般仅高于大气温度8℃以下，采用较小的气流流量，一般1m^3种子可采用6m^3/min以下的气流量。干燥时间较长，多用于仓内干燥。

2. 高温快速干燥法　用较高的温度和较大的气流量对种子进行干燥。可分为加热气体对静止的种子层干燥和对移动的种子层干燥两种。

常用种子加热干燥机械主要有堆放式分批干燥设备（图 7－5、图 7－6）和连续流动式干燥设备（图 7－7）两大类型。

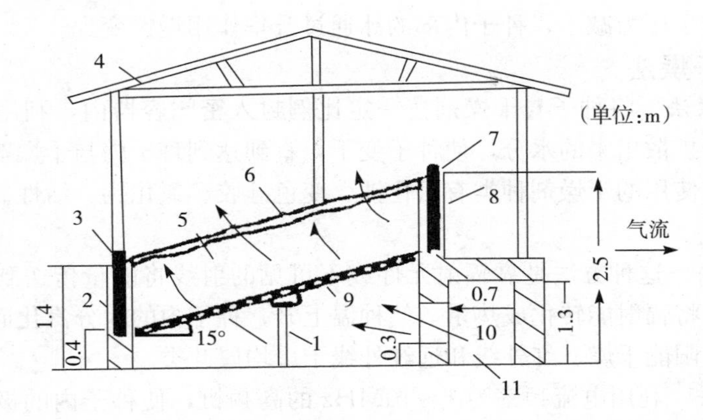

图 7－5　斜床堆放式种子干燥床结构示意图

1. 支架　2. 出料口　3. 出料口挡板　4. 棚盖　5. 种层　6. 床壁
7. 进料口挡板　8. 进料口　9. 种床　10. 进风口　11. 扩散风道

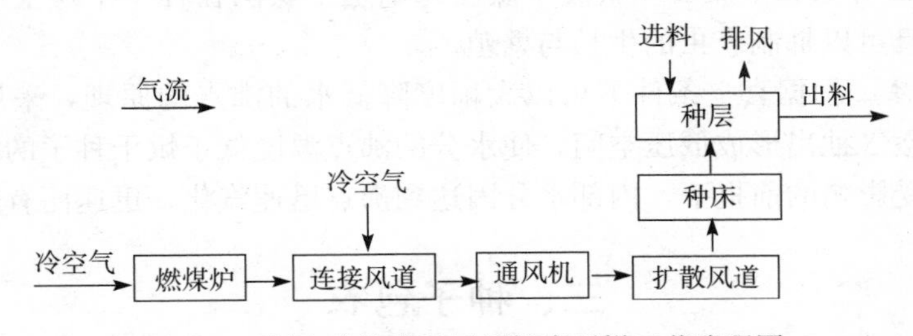

图 7－6　斜床堆放式种子干燥床干燥工艺流程图

加热干燥对操作技术要求严格，因为如果操作不当容易使种子生活力降低。因此，干燥前种子要清选，保证烘干均匀；干燥时必须严格掌握出机温度，高水分种子应采用间歇干燥法，防止种子生活力降低；烘干后的种子必须冷却，防止种子结露或长时间受热而导致生活力降低。

（四）冷冻干燥

冷冻干燥也称冰冻干燥，这一方法是使种子在冰点以下的温度产生冻结的方法，也就是在这种状况下进行升华作用以除去水分达到干燥的目的。

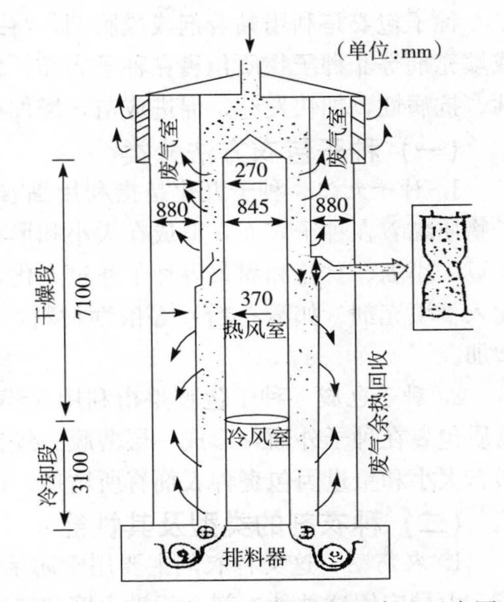

图 7－7　贝力科 930 型塔式干燥机断面示意图

（颜启传，2001）

冷冻干燥通常有以下两种方法：

1. 常规冷冻干燥法　将种子放在涂有聚四氟乙烯的铝盒内，铝盒体积为 254mm×38mm×25mm。然后将置有种子的铝盒放在预冷到－10～－20℃的冷冻架上，达到使种子干燥的目的。

2. *快速冷冻干燥法* 首先将种子放在液态氮中冷冻，再放在盘中，置于温度为－10～－20℃的架上，再将箱内压力降至40Pa左右，然后将架子置于温度为25～30℃的条件下给种子微微加热，由于压力减小，种子内部的冰通过升华作用慢慢变少。

（五）其他干燥法

1. *干燥剂干燥法* 将种子与干燥剂按一定比例封入密闭容器内，利用干燥剂的吸湿能力，不断吸收种子扩散出来的水分，使种子变干，直到达到种子内与干燥剂间平衡水分为止的干燥方法。当前使用的干燥剂种类有氯化锂、变色硅胶、氯化钙、活性氧化铝、生石灰和五氧化二磷等。

2. *辐射干燥法* 这种方法是靠辐射元件或不可见的射线将能量传送到湿种子上，湿种子吸收辐射能后，将辐射能转化成热量，使种温上升，种子内的水分汽化而逸出，达到干燥种子的目的。如太阳能干燥、红外线和远红外线干燥均属此类。

3. *高频干燥法* 利用电流频率为1～10MHz的高频机，使种子内的极性分子在高频电场的作用下，迅速改变极化方向，从而引起类似摩擦作用的热运动，使种子温度升高，水分迅速蒸发。

4. *微波干燥法与电阻干燥法* 微波干燥法与电阻干燥法在种子干燥上应用，不仅干燥迅速、均匀，而且可以抑制仓虫的生长与繁殖。

5. *真空干燥法* 根据真空条件下可以大幅度降低水的沸点的原理，采用机械手段，用真空泵将干燥室空气抽出形成低压空间，使水分的沸点温度低于烘干种子的极限温度，在种子本身生活力不受影响的前提下，内部水分因达到沸点迅速汽化，迅速而有效地干燥种子。

三、种子包衣

种子包衣是利用黏着剂或成膜剂，将杀菌剂、杀虫剂、微肥、植物生长调节剂、着色剂或填充剂等非种子物质包裹在种子表面，使种子呈球形或基本保持原有形状，从而提高抗逆性、抗病性，加快发芽，促进成苗，增加产量，提高质量的一项种子新技术。

（一）种子包衣方法分类

1. *种子丸化* 种子丸化是指利用黏着剂，将杀菌剂、杀虫剂、着色剂、填充剂等非种子物质黏着在种子表面，形成在大小和形状上没有明显差异的球形单粒种子单位。如玉米、大豆、小麦、甘蓝和甜菜等种子通过丸化，利于精量播种。因为这种包衣方法在包衣时，都加入了填充剂（如滑石粉）等惰性材料，所以种子的体积和重量都有增加，千粒重也随着增加。

2. *种子包膜* 种子包膜是指利用成膜剂，将杀菌剂、杀虫剂、微肥、着色剂等非种子物质包裹在种子外面，形成一层薄膜。经包膜后，形成与原种子形状相似的种子单位。但其形态大小和重量因包裹种衣剂有所增加。这种包衣方法适用于大粒或中粒种子。

（二）种衣剂的类型及其性能

1. *农药型* 这类种衣剂主要用于防治种子和土壤传播的病害。种衣剂中主要成分是农药。大量应用这种种衣剂会污染土壤和造成人畜中毒，因此，应尽可能选用高效低毒的农药加入种衣剂。

2. 复合型　这种种衣剂是为防病、提高抗性和促进生长等多种目的而设计的复合配方类型。因此，种衣剂的化学成分包括农药、微肥、植物生长调节剂或抗性物质等。目前许多种衣剂都属这种类型。

3. 生物型　生物型种衣剂是世界上新开发的种衣剂。根据生物菌类之间拮抗原理，筛选有益的拮抗根菌，以抵抗有害病菌的繁殖、侵害而达到防病的目的。从环保角度看，开发天然、无毒、不污染土壤的生物型包衣剂是一个发展趋向。

4. 特异型　特异型种衣剂是根据不同作物和目的而专门设计的种衣剂类型。如高吸水树脂抗旱种衣剂、水稻浸种催芽型种衣剂等。

（三）种衣剂的理化特性

1. 合理的粒径　种衣剂外观为糊状或乳糊状，具流动性，有合理的粒径，产品粒径标准为：2μm 及 2μm 以下的粒子在 92%以上，4μm 及 4μm 以下的粒子在 95%以上。

2. 适当的粘度　粘度是种衣剂的重要物理特性，与包衣均匀度和牢固度有关。不同植物种子包衣所要求的粘度不同。如棉种包衣要求粘度较高，0.25～0.4Pa・s；水稻、玉米要求 0.18～0.27Pa・s。

3. 适宜的 pH　pH（酸碱度）影响包衣种子的贮藏性，更重要的是影响种子的发芽率和发芽势，一般要求种衣剂 pH 在 3.8～7.2 范围内，即微酸性至中性，使之贮存稳定、药效好。

4. 良好的成膜性　成膜是种衣剂的关键特性，与包衣质量和种衣光滑度有关，合格产品包衣的种子，在聚丙烯编织袋中成膜时间为 20min 左右，种子间互不粘连，不结块。

5. 牢固的附着力　种衣附着力是种衣成膜性的使用指标，在振荡器上模拟振荡（1 000r/min），种衣脱落率应为包衣剂药剂干重的 0.4%～0.7%。

6. 稳定的贮存性　种衣剂在冬季不结冻，夏季不分解，经过贮存后虽有分层和沉淀，使用前振荡摇匀后成膜性不变，含量变化不大，一般可贮存 2 年。

7. 良好的缓释性　种衣能透气透水，有再湿性，但在土壤中遇水只能溶胀而几乎不溶于水，一般持效期接近 2 个月。

（四）种子包衣技术和包衣机械

1. 种子包衣技术　种子包衣作业是把种子放入包衣机内，通过机械的作用把种衣剂均匀地包裹在种子表面的过程。

种子包衣属于批量连续式生产，在包衣作业中，种子被一斗一斗定量地计量，同时药液也被一勺一勺定时地计量。计量后的种子和药液同时下落，下落的药液在雾化装置中被雾化后喷洒在下落的种子上，种子丸化或包膜，最后搅拌排出。

2. 种子包衣机械　目前，种子包衣机械主要分为种子丸化包衣机、种子包膜包衣机和多用途种子包衣机等。

图 7-8 为 5BY—5A 型种子（包膜）包衣机。该机由机架、喂入配料装置、喷涂滚筒机构、排料装袋机构、供气系统、电气系统、供液系统等部分构成。种子在翻滚搅拌过程中，一方面由入口端向较低的出口端移动，另一方面在抄板和导向板的作用下，随滚筒上下运动，形成了“种子雨”。与此同时，种衣剂也经计算后流入喷头，随气流雾化，与“种子雨”形成一定夹角，反复喷涂各粒种子表面，形成薄膜，完成种子包衣，也可实现种子染色、包肥等多种功能。

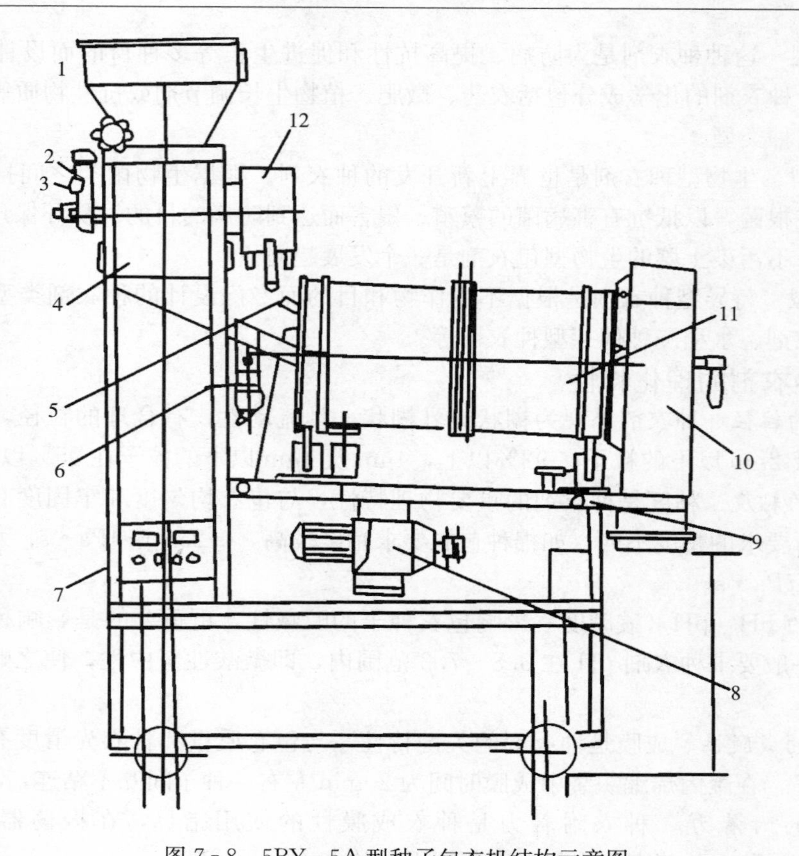

图 7-8　5BY—5A 型种子包衣机结构示意图

1. 喂料斗　2. 计量摆杆　3. 配重块　4. 配料箱　5. 喷头
6. 调压阀组合　7. 配电箱　8. 减速机　9. 倾角调节手轮
10. 排料箱　11. 滚筒　12. 药液箱

（颜启传，2001）

种子包衣作业开始前应做好机具的准备、药剂的准备和种子的准备。

3. 人工方法包衣　在无包衣机械的情况下，还可采用以下人工方法进行种子包衣。

（1）圆底大锅包衣法。把圆底大锅固定好，称取种子放入锅内，按比例称取种衣剂倒入锅内种子上面，立即用预先准备好的大铲子快速翻动，拌匀并阴干成膜后留作播种。

（2）大瓶或小铁桶包衣法。准备好能装 5kg 种子的有盖大瓶子或小铁桶，称取 2.5kg 种子装入瓶或桶内，按药种比例称取一定数量的种衣剂倒入盛有种子的瓶或桶内，封好盖子，再快速摇动，拌匀为准，倒出并阴干成膜后留作播种。

（3）塑料袋包衣法。采用塑料袋包衣种子时，首先准备好两个大小不同的塑料袋，然后将两个袋套装在一起，称一定比例的种子和种衣剂装到里层塑料袋内，扎好袋口，双手快速揉搓，拌匀后倒出并阴干成膜后留作播种。

（五）使用种衣剂注意事项

1. 安全贮存保管种衣剂　种衣剂应装在容器内，贴上标签，存放在单一的库内阴凉处，严禁与粮食、食品等存在一个地方；搬动时，严禁吸烟、吃东西、喝水；存放种衣剂的地方必须加锁，有专人严加保管；存放种衣剂的地方，要准备有肥皂、碱性液体物质，以备发生意外时使用。

2. 安全处理种子

（1）种子销售部门严禁在无技术人员指导下，将种衣剂零售给农民自己使用。

（2）进行种子包衣的人员，严禁徒手接触种衣剂，或用手直接包衣，必须采用包衣机或其他器具进行种子包衣。

（3）负责种子包衣人员在包衣种子时必须使用防护措施，如穿工作服、戴口罩及乳胶手套，严防种衣剂接触皮肤，操作结束时立即脱去防护用具。

（4）工作中不准吸烟、喝水、吃东西，工作结束后要用肥皂彻底清洗裸露的脸、手后再进食、喝水。

（5）包衣处理种子的地方严禁闲人、儿童进入。

（6）包衣后的种子要保管好，严防畜禽进入场地吃食包衣的种子。

（7）包衣后必须晾干成膜后再播种，不能在地头边包衣边播种，以防药未固化成膜而脱落。

（8）使用种衣剂时，不能另外加水使用。

（9）播种时不需浸种。

3. 安全使用种衣剂

（1）种衣剂不能同除草剂同时使用，如先使用种衣剂，需30d后才能再使用除草剂；如先使用除草剂，需3d后才能播种包衣种子，否则容易发生药害或降低种衣剂的效果。

（2）种衣剂在水中会逐渐水解，水解速度随pH及温度升高而加快，所以不要与碱性农药、肥料同时使用，也不能在盐碱地较重的地方使用，否则容易分解失效。

（3）在搬运种子时，检查包装有无破损、漏洞，严防经种衣剂处理的种子被儿童或禽畜误食而发生中毒。

（4）使用包衣后的种子，播种人员要穿防护服、戴手套。

（5）播种时不能吃东西、喝水，徒手擦脸、眼，以防中毒，工作结束后用肥皂洗净手、脸后再用食。

（6）装过包衣种子的口袋，严防误装粮食及其他食物、饲料，将袋深埋或烧掉以防中毒。

（7）盛过包衣种子的盆、篮子等，必须用清水洗净后再作他用，严禁再盛食物。洗盆和篮子的水严禁倒在河流、水塘、井池边，可以将水倒在树根、田间，以防人或畜、禽、鱼中毒。

（8）出苗后，严禁用间下来的苗喂牲畜。

（9）凡含有呋喃丹成分的各型号种衣剂，严禁在瓜、果、蔬菜上使用，尤其叶菜类绝对禁用，因呋喃丹为内吸性毒药，残效期长，蔬菜类生育期短，残效毒药对人有害。

（10）严禁用喷雾器将含有呋喃丹的种衣剂用水稀释后向作物喷施，因呋喃丹的分子较轻，喷施污染空气，对人造成危害。

（11）食用种衣剂后的死虫、死鸟严防家禽、家畜再食，以防发生二次中毒。

四、种子包装

种子经清选干燥和精选加工后，加以合理包装，可防止种子混杂、病虫害感染、吸湿回潮、种子劣变，并能提高种子的商品特性，保持种子旺盛的活力，保证种子安全贮藏、运输以及便于销售等。

（一）种子包装要求

1. 防湿包装要求　防湿包装的种子必须达到包装所要求的种子含水量和净度等标准，确保种子在贮藏和运输过程中不变质，保持原有的质量和活力。

2. 包装容器要求　包装容器必须防湿、清洁、无毒、不易破裂且重量较轻。种子是一个活的生物体，如不防湿包装，在高温条件下种子会吸湿回潮，产生的有毒气体会伤害种子，而导致种子丧失生活力。

3. 包装数量要求　应按不同作物种类、播种量、不同生产面积等因素，确定适合的包装数量，以利使用或销售。

4. 其他要求　保存时间长的，则要求包装种子水分更低，包装材料更好。在低温干燥气候地区，对贮藏条件要求较低；而在潮湿温暖地区，则要求严格。《中华人民共和国种子法》要求在种子包装容器上或容器内必须附有种子标签。

（二）包装材料的种类和特性

目前应用比较普遍的包装材料主要有麻袋、多层纸袋、铁皮罐、聚乙烯铝箔复合袋及聚乙烯袋等。

1. 麻袋　强度好，但容易透湿，防湿、防虫和防鼠性能差。

2. 金属罐　强度高，防湿、防光、防淹水、防有害烟气、防虫和防鼠性能好，并适于快速自动包装和封口，是最适合的种子包装材料之一。

3. 聚乙烯铝箔复合袋　强度适当，透湿率极低，也是最适宜的防湿材料。复合袋由数层组成，因为铝箔有微小孔隙，最内及最外层的聚乙烯薄膜有充分的防湿效果。一般认为，用这种袋装种子，一年内种子含水量不会发生变化。

4. 聚乙烯和聚氯乙烯等多孔型塑料　不能完全防湿。用这种材料制成的袋和容器，密封在里面的干燥种子会慢慢地吸湿。因此，其厚度必须在 0.1mm 以上。这种防湿包装只有1年左右的有效期。

5. 聚乙烯薄膜　这种材料是用途最广的热塑性薄膜。通常可分为低密度型（相对密度 0.914～0.925g/cm^3）、中密度型（相对密度 0.930～0.940g/cm^3）、高密度型（相对密度 0.950～0.960g/cm^3）。这 3 种聚乙烯薄膜均为微孔材料，对水汽和其他气体的通透性因密度的不同而有差异。

6. 铝箔　铝箔厚度小于 0.038 1mm，虽有许多微孔，但水汽透过率仍很低。

7. 铝箔同聚乙烯薄膜复合制品　防湿和防破强度更好，是较理想的种子包装材料。如铝箔/玻璃纸/铝箔/热封漆、铝箔/纱纸/聚乙烯薄膜、牛皮纸/聚乙烯薄膜/铝箔/聚乙烯薄膜。

8. 纸袋　多用漂白亚硫酸盐纸或牛皮纸制作，其表面覆上一层洁白陶土以便印刷。许多纸质种子袋系多层结构，由几层光滑纸或皱纹纸制成。多层纸袋因用途不同而有不同结构。普通多层纸袋的抗破力差，防湿、防虫、防鼠性能差，在非常干燥时会干化，易破损，不能保护种子生活力。

9. 纸板盒和纸板罐（筒）　这种材料也广泛应用于种子包装。多层牛皮纸能保护种子的大多数物理品质，并适合于自动包装和封口设备。

（三）包装材料和容器的选择

包装容器要按种子种类、种子特性、种子含水量、保存期限、贮藏条件、种子用途、运输距离及地区等因素来选择。

1. 多孔纸袋或针织袋　一般用于要求通气性好的种子（如豆类），或数量大、贮存于干燥低温场所、保存期限短的批发种子的包装。

2. 小纸袋、聚乙烯袋、铝箔复合袋和铁皮罐　通常用于零售种子的包装。

3. 钢皮罐、铝盒、塑料瓶、玻璃瓶和聚乙烯铝箔复合袋　通常用于价格高或少量种子长期保存或种质资源保存的包装。

4. 在高温、高湿的热带和亚热带地区的种子包装　应尽量选择严密防湿的包装容器，并且将种子干燥到安全包装保存的水分，封入防湿容器以防种子生活力丧失。

（四）包装方法

目前种子包装主要有按种子重量包装（定量包装）和按种子粒数包装（定数包装）两种。

1. 定量包装　一般农作物和牧草种子采用按重量包装。定量包装的每个包装重量可按生产规模、播种面积和用种量进行确定。如大田作物种子有每袋 5kg、10kg、20kg、25kg 等不同的包装，蔬菜作物种子有每袋 4g、8g、20g、100g、200g 等不同的包装。

2. 定数包装　随着种子质量提高，为了满足精量播种的需要，对比较昂贵的蔬菜和花卉种子有采用按粒数包装的，如每袋有 100 粒、200 粒等不同的包装。

（五）种子包装工艺流程和机械

1. 种子包装工艺流程　种子包装主要包括种子从散装仓库输送到加料箱→称量或计数→装袋（或容器）→封口（或缝口）→贴（或挂）标签等程序。为适应种子定量和定数包装，种子包装机械也有定量包装机和定数包装机两种类型。

2. 种子定量包装机　种子从散装仓库，通过重力或空气提升器、皮带输送机、升降机等机械运送到加料箱中，然后进入称量设备，当达到预定的重量或体积时，即自动切断种子流，接着种子进入包装机，打开包装容器口，种子流入包装容器，种子袋（或容器）经缝口或封口和粘贴标签（或预先印上），即完成了包装操作。

3. 种子定数包装机　先进的种子定数包装机，只要将精选种子放入漏斗，经定数的光电计数器流入包装线，自动封口，自动移到出口道，由工人装入定制纸箱，就完成了包装过程。

（六）包装种子的保存

包装好的种子需保存在防湿、防虫、防鼠和干燥低温的仓库或场所。不同作物种类、品种的种子袋应分开堆垛。为了便于适当通风，种子袋堆垛之间应留有适当的空间。此外，还需做好防火和常规检查等管理工作，以确保已包装种子的安全保存，真正发挥种子包装的优越性。

实 践 活 动

组织学生参观种子加工厂。

第二节 种子贮藏

技 能 目 标

◆ 掌握防止仓虫、控制霉菌、预防结露、预防发热的有关知识。
◆ 掌握种子贮藏期间的管理技术。
◆ 掌握主要作物种子贮藏技术。

种子贮藏是采用合理的贮藏设备和先进、科学的贮藏技术，人为地控制贮藏条件，将种子质量的变化降低到最低限度，保持种子发芽力和活力，从而确保种子的播种价值。

一、种子的贮藏条件

影响种子贮藏的环境条件主要包括空气湿度、仓内温度及通气状况。

（一）仓库的空气相对湿度

种子在贮藏期间水分的变化主要决定于空气相对湿度的大小。当仓库空气相对湿度大于种子平衡水分的相对湿度时，种子就会从空气中吸收水分，使种子内部水分逐渐增加，其生命活动也随水分的增加由弱变强；在相反的情况下，种子向空气释放水分则渐趋干燥，其生命活动将进一步受到抑制。因此，种子在贮藏期间保持空气干燥是十分必要的。

保持空气的低相对湿度是根据实际需要和可能而定的。种质资源保存时间较长，种子非常干燥，要求空气相对湿度很低，一般控制在30%左右；大田生产用种贮藏时间相对较短，要求相对湿度不是很低，只要达到与种子安全水分相平衡湿度即可，大致为60%～70%。从种子的安全水分标准和目前实际情况考虑，仓内空气相对湿度一般以控制在65%以下为宜。

（二）仓库的温度

种子温度会受仓库温度影响而起变化，而仓温又受气温影响而变化，但是这3种温度常常存在一定的差距。在气温上升季节里，气温高于仓温和种温；在气温下降季节里，气温低于仓温和种温。

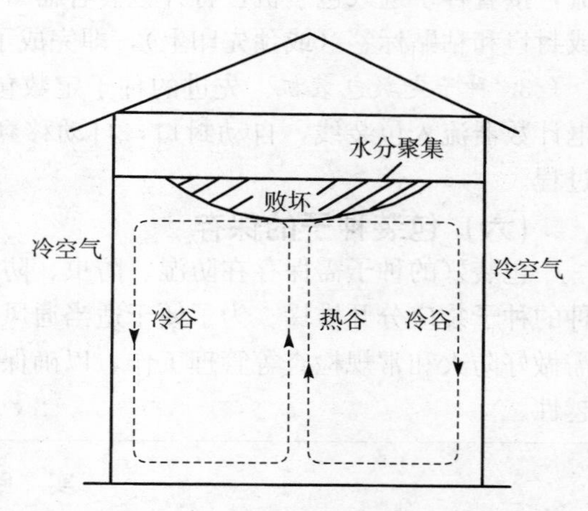

图7-9 外界气温较低时的仓内温度
（引起上层种子水分增加）
（颜启传，2001）

仓温不仅使种温发生变化，而且有时因为两者温差悬殊，会引起种子堆内水分转移，甚至发生结露现象，特别是在气温剧变的春、秋季节，这类现象的发生更多。如种子在高温季节入库贮藏，到秋季由于气温逐渐下降影响到仓壁，使靠仓壁的种温和仓温随之降低。这部分空气密度增大发生自由对流，近墙的空气形成一股气流向下流动，由于种堆中央受气温影响较小，种温仍较高，形成一股向上气流，因此向下的气流经过底层，由种子堆的中央转而向上，通过种温较高的中心层，再到达顶层中心较冷部分，然后离开种子堆表面，与四周下降气流形成回路。在此气流循环回路中，空气不断从种子堆中吸收水分随气流流动，遇冷空气凝结于距上表层以下35～75cm处（图7-9）。若不及时采取措施，顶部种子层将会发生劣变。

另一种情况是在春季气温回升时种子堆内气流状态刚好与上述情况相反。此时种子堆内温度较低，仓壁四周种子温度受气温影响而升高，空气自种堆中心下降，并沿仓壁附近上升，因此，气流中的水分凝集在仓底（图7-10）。所以，春季由于气温的影响，不仅能使种子堆表层发生结露现象，而且底层种子容易增加水分，时间长了也会引起种子劣变。为了避免种温与气温之间造成悬殊差距，一般可采取仓内隔热保温措施，使种温保持恒定不变；或在气温低时，采取通风方法，使种温随气温变化。

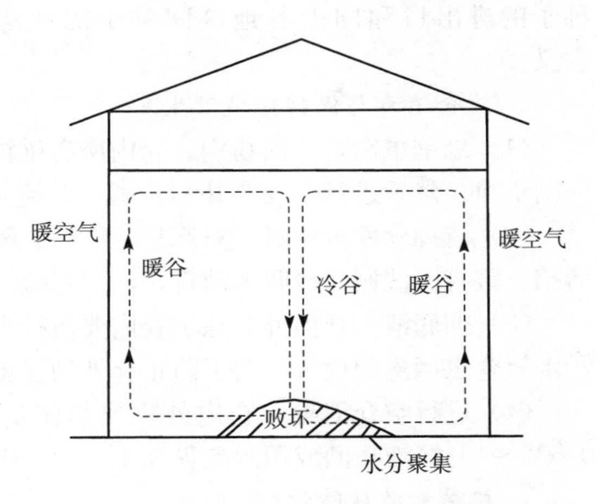

图7-10　外界气温较高时的仓内温度
（引起下层种子水分增加）
（颜启传，2001）

一般情况下，仓内温度升高会增强种子的呼吸作用，同时促使害虫和霉菌危害。所以，在夏季和春末及秋初这段时间，最易造成种子败坏变质。低温则能降低种子生命活动和抑制霉菌危害。种质资源保存时间较长，常采用很低的温度如0℃、－10℃，甚至－18℃。大田生产用种数量较多，从实际考虑，一般控制在15℃左右即可。

（三）通气状况

空气中除含有氮气、氧气和二氧化碳等各种气体外，还含有水汽和热量。如果种子长期贮藏在通气条件下，由于吸湿增温使其生命活动由弱变强，很快会丧失生活力。干燥种子以贮藏在密闭条件下较为有利，密闭是为了隔绝氧气，抑制种子的生命活动，减少物质消耗，保持其生命的潜在能力。同时，密闭也是为了防止外界的水汽和热量进入仓内。但密闭条件也不是绝对的，当仓内温湿度大于仓外时，应该打开门窗进行通气，必要时采用机械鼓风加速空气流通，使仓内温湿度尽快下降。

除此之外，仓内应保持清洁干净，如果种子感染了仓虫和微生物，则由于虫、菌繁殖和活动的结果，放出大量的水和热，使贮藏条件恶化，从而直接和间接危害种子。仓虫、微生物的生命活动需要一定的环境，如果仓内保持干燥、低温、密闭，则可对它们的生命活动起抑制作用。

二、种子贮藏要求

（一）仓库害虫及其防治

防治仓库害虫的基本原则是“安全、经济、有效”，防治上必须采取“预防为主，综合防治”的方针。

1. 农业防治　许多仓虫也在田间为害，还可以在田间越冬，而应用抗虫品种、搞好田间防治都是减少仓虫为害的有效方法。

2. 检疫防治　植物（种子）检疫制度是防止国内外传入新的危险性仓虫种类和限制国内危险性仓虫蔓延传播的最有效方法。随着对外贸易的不断发展和新品种的不断育成，种子的进出口和国内各地区间种子的调运也日益频繁，检疫防治也就更具有重大的意义。

3. 清仓消毒与保持环境卫生

（1）剔刮虫窝，全面粉刷。仓内所有梁柱、四壁和地板，凡有孔洞和缝隙之处，全部要剔刮干净。然后进行全面修补和粉刷，做到天棚、地面和四壁六面光。

（2）清理仓库内用具。对麻袋、围席、隔仓板等各种仓具与清选设备，都要进行彻底的清扫、敲打、洗刷、暴晒或消毒，消灭隐藏的仓虫。

（3）彻底清扫仓内外。除了仓内要清扫干净之外，仓库附近不能有垃圾、杂草、瓦砾和污水等仓虫栖息的地方。为了防止仓外的害虫爬入仓房，可在仓房四周喷洒防虫线。

（4）进行空仓消毒。仓内外除要粉刷清扫之外，还要进行全面消毒，仓内用敌百虫0.5%～1%溶液喷洒或用敌敌畏0.1%～0.2%熏蒸。

4. 机械和物理防治

（1）机械防治。机械防治是利用人力或动力机械设备，将害虫从种子中分离出来，而且还可以使害虫经机械作用撞击致死。经过机械处理后的种子，不但能消除掉仓虫和螨类，而且可以把杂质除去，降低水分，提高了种子的质量，有利于保管。机械防治目前应用最广的还是过风和筛理两种。

（2）物理防治。主要有高温杀虫法和低温杀虫法，简单易行，还能同时杀灭种子上的微生物，高温还可降低种子的含水量，冷冻能降低种堆的温度，利于种子贮藏。

①高温杀虫法：多数仓虫在35～40℃高温下不能活动，40～45℃时达到生命活动的最高界限，超过这个界限，绝大多数仓虫处于热昏迷状态并逐渐死亡。高温杀虫主要是因高温使虫体蛋白质变性，酶类活动降低，水分过量蒸发，正常代谢活动遭受破坏，细胞组织和神经系统损伤造成的。高温杀虫包括日光暴晒法和人工干燥法。

②低温杀虫法：多数仓虫生育的适宜温度在15～35℃，一般仓虫处于8℃以下就停止活动，如果温度降至－4℃时，仓虫发生冷麻痹，而长期处在冷麻痹状态下就会发生脱水死亡。通常在气温降至－5℃以下时即可，气温降至－15℃以下更为有效。具体做法有两种：一是仓外摊晾，厚度为5～10cm，定期进行翻动；二是开仓通风降温，使种子温度逐渐降低。低温杀虫在我国北方地区比较适用。

5. 化学药剂防治　化学防治是高效、快速、彻底灭虫的有效措施，但要求仓房具备较好的密闭条件并严格遵守操作规程。化学防治的药剂种类很多，目前应用较多的是磷化铝、敌敌畏、敌百虫和高效马拉硫磷等。

磷化铝原粉呈灰绿色，一般与氨基甲酸铵及其他辅助剂（每片3g）共用。磷化铝在粉剂中含有效成分50%～53%，片剂为33%。磷化铝能吸收空气中的水分而分解，产生具有剧毒而有大蒜味的气体磷化氢。

（1）施药量。施药量按种子体积计算，粉剂4～6g/m^3，片剂6～9片/m^3；按空间体积计，粉剂2～4g/m^3，片剂3～6片/m^3，根据仓虫密度、种子堆放形式和不同作物进行适当调整。

(2) 施药方法。首先要搞好库房密闭，将门窗和所有漏气的缝隙都用纸条糊封2～3层，如能用聚氯乙烯薄膜密闭更好。然后，按仓库容积或种子体积计算用药量，划区分片将药剂均匀地放入种子堆上或四周；为了收集残渣方便，可以放在盘里或塑料片上。每点投药不宜过多，粉剂厚度不超过0.5cm，施药人员必须佩戴防毒面具，严禁一人单独操作。

(3) 熏蒸时间。磷化铝的反应速度取决于温度和湿度，在一般湿度条件下，25℃左右时，施药至分解高峰需28～32h；15℃左右时，至分解高峰需48～52h；5℃时需增加至72～96h。因此，熏蒸时间随温度升高而缩短，一般密闭熏蒸3～7d后开仓通风3d。

(4) 注意事项。磷化铝一旦暴露在空气中就开始分解，产生剧毒的磷化氢。所以在施药和熏蒸过程中，要特别注意人畜安全，放气时要在仓外做好警戒，残渣要收集深埋。施药不能过分集中，并要防止药品和液体水接触。万一发生爆鸣和燃烧事故，切不可用水灭，要用干沙或二氧化碳灭火器才有效。

(二) 种子微生物及其控制

在种子上常见的微生物有两大类：一类是附生在新鲜、健康种子上的黄色草生无芽孢杆菌、荧光假单胞杆菌，对贮藏种子无危害，它们对霉菌有拮抗作用；另一类是对种子安全贮藏危害最大的微生物——霉菌。在种子贮藏中，控制霉菌的主要方法有：

1. 提高种子的质量　高质量的种子对霉菌抵御能力较强。为了提高种子的生活力，应在种子成熟时适时收获，及时脱粒和干燥，并认真做好清选工作，去除杂物、破碎粒和不饱满的子粒。入库时注意将新、陈种子，干、湿种子，有虫、无虫种子及不同种类和不同纯净度的种子分开贮藏，提高贮藏种子的稳定性。

2. 干燥防霉　种子含水量和仓内相对湿度低于霉菌生长所要求的最低水分时，就能抑制霉菌的活动。为此，种子仓库首先要能防湿防潮，具有良好的通风密闭性；其次，种子入库前要充分干燥，使含水量保持在与仓内相对湿度65%相平衡的安全水分界限以下。在种子贮藏过程中，可以采用干燥密闭的贮藏方法，防止种子吸湿回潮。在气温变化的季节要控制温差，防止结露，高水分种子入库后则要抓紧时机通风降湿。

3. 低温防霉　控制贮藏种子的温度在霉菌生长适宜的温度以下，可以抑制霉菌的活动。保持种子温度在15℃以下，仓库相对湿度在70%以下，可以达到防虫防霉、安全贮藏的目的，这也是一般所谓“低温贮藏”的温湿度界限。

4. 化学药剂防霉　常用的化学药剂为磷化铝。磷化铝分解生成的磷化氢具有很好的抑菌防霉效果，又由于它同时是杀虫剂，其杀虫剂量足以抑菌，所以在使用时只要一次熏蒸，就可以同时达到杀虫、抑菌的目的。

(三) 预防种子结露

1. 种子结露的原理　热空气遇到冷的物体，便在冷物体的表面凝结出小水珠，这种现象叫结露。其原理是：空气温度高时，构成空气的各种分子（包含水汽分子）活动性强，空气的饱和含水量就大；而空气温度低时，构成空气的各种分子（包含水汽分子）活动性弱，空气的饱和含水量就小。当热空气的温度降低时，其饱和含水量降低，原以水汽状态存在的水分子便会以水的状态凝结出来。种子结露就是由于热空气遇到冷种子后，温度降低，使空气的饱和含水量减小，水汽以水的状态凝结在种子表面——结露。开始结露时的温度称为结露温度，也叫露点。种子结露在一年四季都有可能发生，只要当空气与种子之间存在温差，并达到露点时就会发生结露现象。

2. 种子结露的部位

（1）种子堆表面结露。多半在开春后，结露程度一般由表面深至3cm左右。

（2）种子堆上层结露。多发生在秋、冬转换季节，结露部位距表面20～30cm处。

（3）地坪结露。常发生在经过暴晒的种子未经冷却，直接堆放在地坪上，造成地坪湿度增大，引起地坪结露，也有可能发生在距地面2～4cm的种子层，所以也叫下层结露。

3. 种子结露的预防

（1）保持种子的干燥。干燥种子能抑制生理活动及虫、霉危害，也能使结露的温差增大，在一般的温差条件下，不至于发生结露。

（2）密闭门窗保温。季节转换时期，气温变化大，这时要密闭门窗，缝隙处要糊2～3层纸条，尽可能少出入仓库，以利隔绝外界湿热空气，可预防结露。

（3）表面覆盖移湿。春季在种子表面覆盖1～2层麻袋片，可起到一定的缓和作用。即使结露也是发生在麻袋片上，到天晴时将麻袋片移至仓外晒干冷却再使用，可防止种子表面结露。

（4）翻动表层散热。秋末冬初气温下降，经常耙动种子表层深至20～30cm，必要时可扒深沟散热，可防止上层结露。

（5）种子冷却入库。经暴晒或烘干的种子，除热处理之外，都应冷却入库，可防地坪结露。

（6）围包柱子。有柱子的仓库，可将柱子整体用一层麻袋包扎，或用报纸4～5层包扎，可防柱子周围的种子结露。

（7）通风降温排湿。气温下降后，如果种子堆内温度过高，可采用机械通风方法降温，使之降至与气温接近，可防止上层结露。对于采用塑料薄膜覆盖贮藏的种子堆，在10月中下旬应揭去薄膜改为通风贮藏。

（8）仓内空间增温。将门窗密封，在仓内用电灯照明，使仓内增温，减少温差，可防上层结露。

（9）冷藏种子增温。冷藏种子在高温季节，出库前需进行逐步增温，使之与外界气温相接近，可防结露。但每次增温温差不宜超过5℃。

4. 种子结露的处理　种子结露预防失误时，应及时采取措施加以补救。补救措施主要是降低种子水分，以防进一步发展。通常的处理方法是倒仓晾晒或烘干，也可以根据结露部位的大小进行处理。如果仅是表层结露，可将结露部分种子深至50cm的一层揭去晾晒；结露发生在深层，则可采用机械通风排湿。

（四）预防种子发热

种温随着气温、仓温的升降而变化。如果种温不符合这种变化规律，发生异常高温，这种现象称为发热。

1. 种子发热的原因

（1）种子新陈代谢发热。贮藏期间种子新陈代谢旺盛，释放出大量的热能，积聚在种子堆内。这些热量又进一步促进种子的生理活动，放出更多的热量和水分，如此循环往返，导致种子发热。这种情况多发生于新收获或受潮的种子。

(2) 微生物的迅速生长和繁殖引起发热。在相同条件下，微生物释放的热量远比种子要多。实践证明，种子发热往往伴随着种子发霉，因此，种子本身呼吸热和微生物活动的共同作用结果，是导致种子发热的主要原因。

(3) 种子堆放不合理。种子堆各层之间和局部与整体之间温差较大，造成水分转移、结露等情况，也能引起种子发热。

2. 种子发热的预防

(1) 严格掌握种子入库的质量。种子入库前必须严格进行清选、干燥和分级，不达到标准不能入库，对长期贮藏的种子，要求更加严格。入库时，种子必须经过冷却（热进仓处理的除外）。这些都是防止种子发热、确保安全贮藏的基础。

(2) 做好清仓消毒，改善仓贮条件。贮藏条件的好坏直接影响种子的安全状况。仓库必须具备通风、密闭、隔湿、防热等条件，以便在气候剧变阶段和梅雨季节做好密闭工作；而当仓内温湿度高于仓外时，又能及时通风，使种子长期处于干燥、低温、密闭的条件下，确保安全贮藏。

(3) 加强管理，勤于检查。应根据气候变化规律和种子生理状况，制定出具体的管理措施，及时检查，及早发现问题，采取对策，加以制止。种子发热后，应根据种子结露发热的严重程度，采用翻耙、开沟、扒塘等措施排除热量，必要时进行翻仓、摊晾和过风等办法降温散湿。凡发过热的种子必须经过发芽试验，以明确其发芽率。

三、种子贮藏期间的管理

（一）制度管理

种子贮藏必须建立严格的管理制度，这些制度主要有：

1. 仓贮岗位责任制　要挑选责任心、事业心强的人担任这一工作。保管人员要不断钻研业务，努力提高科学管理水平，有关部门要对他们定期考核。

2. 安全保卫制度　仓库要建立值班制度，组织人员巡查，及时消除不安全因素。做好防火、防盗工作，确保不出事故。

3. 清洁卫生制度　做好清洁卫生工作是消除仓库霉变、虫害的先决条件。仓库内外需经常打扫、消毒，保持清洁，要求做到仓内六面（天棚、地面与四壁）光，仓外三不留（不留杂草、垃圾、污水）。

4. 检查制度　检查内容包括气温、仓温、种子温度、大气湿度、仓内湿度、种子水分、发芽率、虫霉情况等。

5. 档案制度　每批种子入库，都应将其来源、数量、品质状况逐项登记入册，每次检查后的结果必须详细记录和保存，便于前后对比分析和考查，有利于发现问题，及时采取措施，改进工作。

（二）措施管理

1. 防止混杂　种子进出仓库容易发生品种混杂，应特别认真仔细。种子包装内外均要有标签，进出库时要反复核对。

2. 合理通风　通风的方法有自然通风和机械通风两种，可根据目前仓房的设备条件和需要选择进行。

(1) 自然通风法。自然通风法是根据仓房内外温度状况，选择有利于降温散湿的时机，打开门窗让空气进行自然交流，达到仓内降温、散湿的一种方法。

当外界温湿度低于仓内时，可以通风，但要注意寒流的侵袭，防止种子堆内温差过大而引起表层种子结露；当仓内外温度基本相同而仓外湿度低于仓内，或者仓内外湿度基本相同而仓外温度低于仓内时，可以通风；仓外温度高于仓内而相对湿度低于仓内，或者仓外温度低于仓内而相对湿度高于仓内，这时能不能通风，就要看当时的绝对湿度，如果仓外绝对湿度高于仓内，不能通风，反之就能通风。

(2) 机械通风法。机械通风法是一种机械鼓风（或吸风），通过通风管道或通风槽进行空气交流，使种子堆达到降温散湿的方法，多半用于散装种子。由于它是采用机械动力，通风效果好，具有通风时间短、降温快、降温均匀等特点。

3. 温度检查　检查种温时可将整堆种子分成上、中、下 3 层，每层设 5 点，也可根据种子堆的大小适当增减，如种堆面积超过 $100m^2$，需相应增加点数，对于平时有怀疑的区域，如靠壁、屋角、近窗处或漏雨等部位增设辅助点，以便全面掌握种子堆的情况。种子入库完毕后的半个月内，每 3d 检查一次（北方可减少检查次数，南方应适当增加检查次数），以后每隔 7～10d 检查一次。二、三季度，每月检查一次。

4. 水分检查　检查水分同样采用 3 层 5 点 15 处的抽样方法，把每处所取的样品混匀后，再取试样进行测定。取样一定要有代表性，对于感觉上有怀疑的部分所取的样品，可以单独测定。检查水分的周期取决于种温，一、四季度，每季度检查一次，二、三季度每月检查一次，在每次整理种子后也应检查一次。

5. 发芽率检查　种子发芽率一般每 4 个月检查一次，但应根据气温变化，在高温或低温之后，以及在药剂熏蒸后，都应相应增加一次。最后一次必须在种子出仓前 10d 完成。

6. 虫、霉、鼠、雀检查　检查害虫的方法一般采用筛检法，经过一定时间的振动筛理，把筛下来的活虫按每千克数计算。检查蛾类采用撒谷法，进行目测统计。检查周期决定于种温，种温在 15℃以下每季一次；15～20℃每半个月一次；20℃以上 5～7d 一次。检查霉烂的方法一般采用目测和鼻闻，检查部位一般是种子易受潮的壁角、底层和上层或沿门窗、漏雨等部位。查鼠、雀是观察仓内是否有鼠、雀粪便和足迹，平时应将种子堆表面整平以便发现足迹，一经发现予以捕捉消灭，还需堵塞漏洞。

7. 仓库设施检查　检查仓库地坪的渗水、房顶的漏雨、灰壁的脱落等情况，特别是遇到强热带风暴、台风、暴雨等天气，更应加强检查。同时，对门窗启闭的灵活性和防雀网、防鼠板的坚牢程度进行检查和修复。

(三) 低温仓库种子贮藏特点和管理

低温仓库采用机械降温的方法使库内的温度保持在 15℃以下，相对湿度控制在 65%左右。在管理上，除做好一般种子仓库所要求事项外，还应注意以下几点：

(1) 种子垛底必须配备透气木质或塑料垫架，两垛之间、垛与墙体之间应当保留一定间距。

(2) 合理安排种垛位置，科学利用仓库空间，提高利用率。

(3) 库房密封门尽量少开，即使要查库，亦要多项事宜统筹进行，减少开门次数。

(4) 严格控制库房温湿度。通常库内温度控制在 15℃以下，相对湿度控制在 70%以下，并保持温湿度的稳定。

四、主要农作物种子贮藏技术

（一）玉米种子贮藏技术

1. 玉米种子的贮藏特性

（1）呼吸旺盛，容易发热。玉米在禾谷类作物种子中属于大粒大胚种子，胚部体积占种子体积的1/3，重量占全粒的10％～12％。玉米胚组织疏松，含有较多的亲水基团，较胚乳部分容易吸水。所以，玉米种子呼吸强度较其他禾谷类作物种子大，并随贮藏条件的变化而变化，其中尤以温度和湿度的影响更大。

（2）易酸败。玉米种子脂肪含量为4％～5％，其中胚部脂肪占全粒脂肪的77％～89％。由于种胚脂肪含量高，易酸败。

（3）易霉变。玉米胚部的营养丰富，可溶性物质多，在种子水分较高时，胚需要水分高于胚乳，容易滋生霉菌。因此，完整的玉米粒霉变常常是先从胚部开始。其霉变过程一般是在种温逐渐升高时，种子表面首先发生湿润现象，颜色较前鲜艳，发甜味；随着霉菌的发育，有的玉米胚变成淡褐色，胚部断面出现白色菌丝，并有轻微的霉味；以后菌丝体很快产生霉菌孢子，最常见的为灰绿色孢子，通常称“点翠”，产生浓厚的辛辣、霉味和酒气味；以后随着温度的升高，出现黄色和黑色菌落，完全失去种用价值和食用价值。

（4）易受冻。在我国北方，玉米收获季节天气已转冷，加之果穗外有苞叶，子粒在植株上得不到充分干燥，所以玉米种子的含水量一般较高，新收获的玉米种子水分在20％～40％。即使在秋收前日照好、雨水少的情况下，玉米种子水分含量也在17％～22％及以上。由于玉米种子水分含量高，入冬前来不及充分干燥，因而在我国北方地区易发生冻害，低温年份常造成很大损失。

2. 玉米种子贮藏技术要点

（1）果穗贮藏。穗藏的主要优点是：果穗堆中空隙度大，便于通风干燥，可以利用秋冬季节继续降低种子水分；穗轴对种胚有一定的保护作用，可以减轻霉菌和仓虫的侵染，削弱种子的吸湿作用。但这种贮藏方式占仓容量大，不便运输，通常用于干燥或短暂贮存。采用果穗贮藏时，果穗含水量应低于17％，否则易遭受冻害。

（2）子粒贮藏。采用子粒贮藏有利于种子运输和提高仓容利用率。玉米脱粒后胚部外露，是造成玉米贮藏稳定性差的主要原因。因此，子粒贮藏必须控制入库水分，并减少损伤粒和降低贮藏温度。玉米种子水分必须控制在13％以下才能安全过夏，而且种子在贮藏中不耐高温，在北方，玉米种子水分应在14％以下，种温不高于25℃。

（3）北方玉米种子安全越冬贮藏技术要点。在北方寒冷的天气到来之前，种子只有充分晒干，才能防止冻害。种子入仓及贮藏期间，含水量要始终保持在14％以下，种子才能安全越冬。在贮藏期间要定期检查种子含水量，如发现种子水分超过安全贮藏水分，应及时通风透气，调节温湿度，以免种子受冻或霉变。

（4）南方玉米种子安全越夏贮藏技术要点。玉米种子越夏贮藏成功的关键是做好“低温、干燥、密闭”。“低温”的要求是7、8、9月高温多湿的3个月采取巧妙通风的办法，使仓温不高于25℃，种温不高于22℃；“干燥”是指严格控制越夏种子水分，越夏种子贮藏安全水分标准是小于12%；“密闭”是指在种子贮藏性能稳定后，特别是水分达到越夏标准后，用塑料薄膜罩密闭种子和仓库门窗。

（二）小麦种子贮藏技术

1. 小麦种子的贮藏特性

（1）耐热性较强。小麦种子的蛋白质和呼吸酶具有较高的抗热性，淀粉糊化温度也较高，所以在一定高温范围内不会丧失生活力。据试验，新收小麦种子，水分17%以下、种温不超过54℃，水分为17%以上、种温不超过46℃的条件下进行干燥，不会降低发芽率。

（2）吸湿性较强，易生虫、霉变。小麦种皮薄，白皮小麦比红皮小麦的种皮更薄，吸湿性较强。小麦吸湿后，种子体积膨大，容重减轻，千粒重加大，散落性降低，淀粉、蛋白质水解加强，容易感染仓虫。同时，赤霉病菌、黑穗病菌等微生物易侵染，引起种子发热霉变。

（3）小麦的后熟与休眠。小麦的后熟作用明显，特别是多雨地区的小麦品种具有较长的后熟期，红皮小麦的个别品种后熟期长达3个月。我国北方小麦品种后熟期短，一般为7d左右。由于小麦在后熟期间呼吸强度大，酶的活性强，容易导致种堆“出汗”。因而，只有通过后熟期的小麦，贮藏稳定性才相应增强。

红皮小麦的休眠期比白皮小麦长，这是由于红皮小麦的种皮透性比白皮小麦差。所以在相同条件下，红皮小麦的耐贮性优于白皮小麦。

（4）仓虫和微生物危害。小麦的仓虫主要有米象、印度谷螟和麦蛾，其中以米象和麦蛾为害最多，被害的麦粒往往形成空洞或蛀蚀一空，失去种用价值。侵害小麦种子的微生物主要有赤霉病菌、麦角病菌、小麦黑穗病菌和贮藏霉菌等。

2. 小麦种子贮藏技术要点

（1）严格控制种子的入库水分。小麦种子贮藏期限的长短，取决于种子水分、温度及贮藏设备的防潮性能。经验证明，如小麦种子水分不超过12%，温度又在20℃以下，贮藏9年，发芽率仍在95%以上，且不生虫、不发霉；如果水分为13%，种温为30℃，则发芽率有所下降；水分在14%～14.5%，种温升高到23℃，若管理不善，发霉可能性很大；若水分为16%，即使种温在20℃，仍然会造成发霉。因此，小麦种子贮藏的关键是控制种子水分含量，一般种子水分应控制在12%以下，种温不超过25℃。

（2）热进仓杀虫。根据小麦耐热性较强的特点，可采用热进仓杀虫。具体做法是：小麦收获后，选择晴朗、高温的天气，将麦种晒热到50℃左右，延续一段时间（2h左右），使种子水分降到12%以下，然后迅速入库，散堆压盖，整仓密闭，使种温保持在44～47℃，持续7～10d后进行通风冷却，使种温下降到与仓温接近，然后进入常温贮藏，达到既杀死害虫，又不影响种子生活力的目的。

热进仓时，密闭时间不宜过长。对通过后熟的种子，由于其抗热性降低，不能采用此法。为了防止种子结露，使用仓房、器材、工具和压盖物除需事先彻底清洁和充分干燥外，还要做到种热、仓热、器材工具和压盖物热。

（3）采用密闭防湿贮藏。根据小麦种子吸湿性强的特性，种子进入贮藏期后应严格密闭，削弱外界水汽对库内湿度的影响。对贮存量较大的仓库除密闭门窗外，种子堆上面还可加压盖物，压盖要平整、严密、压实。

（三）水稻种子的贮藏技术

1. 水稻种子的贮藏特性

（1）耐藏性较好。水稻种子由内外稃包裹着，吸湿性较小，水分相对稳定，在风干扬净的情况下贮藏较稳定。由于稻壳外表面披有茸毛，形成的种子堆较疏松，孔隙度一般为50%～65%，因此，贮藏期间种子堆的通气性较其他种子好。同时，由于种子表面粗糙，其散落性较其他禾谷类作物种子差，因此，对仓壁产生的侧压力较小，适宜高堆以提高仓库的利用率。

（2）贮藏初期不稳定。新收获的稻种生理代谢强度较大，在贮藏初期往往不稳定，容易导致发热，甚至发芽、发霉。早、中稻种子在高温季节收获进仓，在最初半个月内，上层种温往往因呼吸积累而明显上升，有时超过仓温10～15℃，即使水分正常的稻谷也会发生这种现象。如不及时处理，就会使种子堆的上层湿度越来越高，水汽积聚在子粒的表面形成微小液滴，即所谓“出汗”现象。水稻种子发芽需水量少，通常只需含水量为23%～25%便会发芽，因此，在收获时如遇阴雨天气，不能及时收获、脱粒、摊晒，在田间或场院即可生芽；入库后，如受潮、淋雨也会发芽。

（3）耐高温性较差。水稻种子的耐高温性较麦种差，在人工干燥或日光暴晒时，如对温度控制不当或干燥速度太快，会产生爆腰粒使种子丧失生活力。种子高温入库，如处理不及时，种子堆的不同部位会产生显著温差，造成水分分层和表面结露现象，甚至导致发热霉变。在持续高温的影响下，水稻种子含有的脂肪酸也会急剧增加。

2. 水稻种子贮藏技术要点

（1）掌握合理晾晒。早晨收获的种子，由于朝露影响，种子水分可达28%～30%，午后收割的种子含水量为25%左右。一般情况下，暴晒2～3d即可使水分降到入库标准。暴晒时如阳光强烈，要多加翻动，以防受热不匀，发生爆腰现象，水泥晒场更应注意这一点。早晨出晒不宜过早，应事先预热场地，否则由于与受热种子温差大发生水分转移，影响干燥效果，这种情况对于摊晒过厚的种子表现得更为明显。

（2）严格控制入库水分。水稻种子的安全水分标准，应随种子类型、保管季节与当地气候特点分别考虑拟订。一般气温高，水分要低；气温低，水分可高些。试验证明，种子水分降到6%左右，温度在0℃左右，适用于种质资源的中长期贮藏。常规贮藏的生产用种因地区而异，南方度夏的种子，水分应降至12%～13%以下，北方地区可放宽至14%。

近年来，我国南方开始兴建恒温库，温度可保持在15～20℃以下，用于杂交稻种子和备荒稻种的贮藏。

（3）密闭贮藏水稻种子。水稻种子堆孔隙度较大（50%～60%），通气性好，易受外界温度的影响。为了保持种子低温、干燥的贮藏状态，宜采用密闭贮藏。我国东北地区为防止高水分种子受冻，常采用窖藏和围堆密闭的贮藏形式。窖藏的具体做法是：选择地势高燥、土质坚实的地方，在秋季挖成深1.5～2m的长方形或圆形窖，在四周和底部垫以草垫和席子，在土壤结冻3～5cm时入藏，上面覆盖30cm的保温层。翌春3月下旬至4月上旬，气温0～2℃时取出，经晾晒后播种。由于窖藏温度一般在－5～－10℃，种子水分16%即可安全越冬。这种方法对入冬前来不及干燥的晚熟品种尤为适用。

（4）防治仓虫和霉变。为害水稻种子的主要仓虫是米象、麦蛾、大谷盗、锯谷盗、谷蠹、粉斑螟等，除采用药剂熏蒸和卫生防治之外，还可采用干燥与低温密闭压盖的贮藏措施，兼得防虫的效果。

防止霉变的主要措施是种子干燥和密闭贮藏。种子水分控制在13.5%以下，就能抑制霉菌的生命活动。所以，充分干燥的水稻种子，只要注意防止吸湿返潮，保持其干燥状态，就可避免种子微生物危害。

（四）大豆种子的贮藏技术

1. 大豆种子的贮藏特性

（1）易吸湿返潮。大豆种皮薄、粒大，含有35%～40%的蛋白质，吸湿性很强。在贮藏过程中，容易吸湿返潮，水分较高的大豆种子易发热霉变，过分干燥时，容易损伤破碎和种皮脱落。

（2）易氧化酸败。大豆种子含油量17%～22%，其中不饱和脂肪酸占80%以上，在含水量较高的情况下，易发生氧化酸败现象。

（3）耐热性较差，蛋白质易变性。在25℃以上的贮藏条件下，种子的蛋白质易凝固变性，破坏了脂肪与蛋白质共存的乳胶状态，使油分渗出，发生浸油现象。同时，由于脂肪中色素逐渐沉淀而引起子叶变红，有时沿种脐出现一圈红色，俗称“红眼”。子叶变红和种皮浸油，使大豆种子呈暗红色，俗称“赤变”。因此，大豆种子贮藏要注意控制温度，防止蛋白质缓慢变性。

（4）影响大豆安全贮藏的主要因素是种子水分和贮藏温度。水分18%的种子，在20℃条件下几个月就完全丧失发芽率；水分8%～14%的种子，在－10℃和2℃条件下贮藏10年后，能保持90%以上的发芽率。在普通贮藏条件下，控制种子水分是大豆种子安全贮藏的关键。

2. 大豆种子贮藏技术要点

（1）带荚暴晒，充分干燥。大豆种子干燥以脱粒前带荚干燥为宜。大豆种子粒大、皮薄，耐热性较差，脱粒后的种子要避免烈日暴晒，火力干燥时要严格控制温度和干燥度，以免因干燥不均匀而导致破裂和脱皮。

大豆安全贮藏的水分应在12%以下，水分超过13%就有霉变的危险。大豆种子的吸水性较强，在入仓贮藏后要严格防止受潮，保持种子的干燥状态。

（2）合理堆放。水分低于12%的种子可以堆高至1.5～2m，采用密闭贮藏管理。水分在12%以上，特别是新收获的种子应根据含水量的不同适当降低堆放高度，采用通风贮藏。一般水分在12%～14%，堆高应在1m以下；水分在14%以上，堆高应在0.5m以下。

（3）低温密闭。由于大豆脂肪含量高，而脂肪的热导率小，所以大豆导热不良，在高温情况下不易降温，又易引起赤变，所以应采取低温密闭的贮藏方法。一般可趁寒冬季将大豆转仓或出仓冷冻，使种温充分下降后再低温密闭。具体做法是：在冬季入仓的表层上面压盖一层旧麻袋，以防大豆直接从大气吸湿，旧麻袋预先经过清理和消毒。在多雨季节，靠种子堆表层10～20cm深处，仍有可能发生回潮现象，此时应趁晴朗天气将覆盖的旧麻袋取出仓外晾干，再重新盖上。覆盖的旧麻袋不仅可以防湿，并且有一定的隔热性能。

（五）蔬菜种子的贮藏技术

1. 蔬菜种子的贮藏特性　蔬菜种类繁多，种属各异，种子的形态特征和生理特性很不一致，对贮藏条件的要求也各不相同。

（1）蔬菜种子的颗粒大小悬殊。大多数蔬菜种类的子粒比较细小，如各种叶菜、番茄、葱类等种子。并且大多数的蔬菜种子含油量较高。

（2）蔬菜种子易发生生物学混杂。蔬菜大多数为异花授粉植物或常异花授粉植物，在田间容易发生生物学变异。因此，在采收种子时应进行严格选择，且在收获时严防机械混杂。

（3）蔬菜种子的寿命长短不一。瓜类种子由于有坚硬的种皮保护，寿命较长。番茄、茄子种子一般室内贮藏3～4年仍有80%以上的发芽率。含芳香油类的大葱、洋葱、韭菜以及某些豆类蔬菜的种子易丧失生活力，属短命种子。对于短命的种子必须年年留种，但通过改变贮藏环境，寿命可以延长。如洋葱种子一般贮藏1年就变质，但在含水量降至6.3%，密封条件下贮藏7年仍有94%的发芽率。

2. 蔬菜种子贮藏技术要点

（1）做好精选工作。蔬菜种子粒小，重量轻，不像农作物种子那样易于清选。子粒细小并种皮带有茸毛短刺的种子易黏附混入菌核、虫瘿、虫卵、杂草种子等有生命杂质以及残叶、碎果种皮、泥沙、碎秸秆等无生命杂质。这些种子在贮藏期间很容易吸湿回潮，还会传播病、虫、杂草，因此在种子入库前要充分清选，去除杂质。蔬菜种子的清选对种子安全贮藏，提高种子的播种质量比农作物种子具有更重要的意义。

（2）合理干燥种子。蔬菜种子日光干燥时需注意：晒种时小粒种子或种子数量较少时，不要将种子直接摊在水泥晒场上或盛在金属容器中置于阳光下暴晒，以免温度过高烫伤种子。可将种子放在帆布、苇席、竹垫上晾晒。午间温度过高时，可暂时收拢堆积种子，午后再晒。在水泥场晒大量种子时，不要摊得太薄，并经常翻动，午间阳光过强时，可加厚晒层或将种子适当堆积，防止温度过高，午后再摊薄晾晒。

也可以采用自然风干方法，将种子置于通风、避雨的室内，令其自然干燥。此法主要用于量少、怕阳光晒的种子（如甜椒种子），以及植株已干燥而种果或种粒未干燥的种子。

（3）正确选用包装方法。大量种子的贮藏和运输可选用麻袋、布袋包装。金属罐、盒适于少量种子的包装或大量种子的小包装，外面再套装纸箱可作长期贮存或销售，适于短命种子或价格昂贵种子的包装。纸袋、聚乙烯铝箔复合袋、聚乙烯复合纸袋等主要用于种子零售的小包装或短期的贮存。含芳香油类蔬菜种子如葱、韭菜类，采用金属罐贮藏效果较好。密封容器包装的种子，种子水分要低于一般贮藏的种子含水量。

（4）大量贮藏蔬菜种子的方法。大量种子的贮藏与农作物贮藏的技术要求基本一致。留种数量较多的可用麻袋包装，分品种堆垛，每一堆下应有垫仓板以利于通风。堆垛高度一般不宜超过6袋，细小种子如芹菜之类不宜超过3袋。隔一段时间要倒垛翻动一下，否则底层种子易压伤或压扁。有条件的应采用低温库贮藏，有利于保持种子的生活力。

（5）少量贮藏蔬菜种子的方法。可以根据不同的情况选用合适的方法。

①低温防潮贮藏：经过清选并已干燥至安全含水量以下的种子装入密封防潮的金属罐或铝箔复合薄膜袋内，再将种子放在低温、干燥条件下贮藏。罐装、铝箔复合袋装在封口时还可以抽成真空或半真空状态，以减少容器内的氧气量。

②在干燥器内贮藏：目前我国各科研或生产单位用得比较普遍的是将精选晒干的种子放在纸口袋或布口袋中，贮于干燥器内。干燥器可以采用玻璃瓶、小口有盖的缸瓮、塑料桶、铝罐等。在干燥器底部盛放干燥剂，如生石灰、硅胶、干燥的草木灰及木炭等，上放种子

袋，然后加盖密闭。干燥器存放在阴凉干燥处，每年晒种一次，并换上新的干燥剂。这种贮藏方法保存时间长，发芽率高。

③整株和带荚贮藏：成熟后不自行开裂的短角果，如萝卜及果肉较薄、容易干缩的辣椒，可整株拔起；长荚果，如豇豆，可以连荚采下，捆扎成把。入选的整株或扎成的把，可挂在阴凉通风处逐渐干燥，至农闲或使用时脱粒。这种挂藏方法，种子易受病虫损害，保存时间较短。

（6）蔬菜种子的安全水分。蔬菜种子的安全水分随种子类别不同，一般以保持在8%～12%为宜。水分过高，生活力下降很快。普通白菜、结球白菜、甘蓝、花椰菜、叶用芥菜、根用芥菜、萝卜、莴笋、番茄、辣（甜）椒、黄瓜种子含水量不应高于8%；芹菜、茄子、南瓜种子含水量不应高于9%；胡萝卜、大葱、韭菜、洋葱、茼蒿种子含水量不应高于10%；菠菜种子含水量不应高于11%。在南方气温高、湿度大的地区特别应严格掌握蔬菜种子的安全贮藏含水量，以免种子发芽力迅速下降。

实践活动

参观当地种子仓库。

【知识拓展】种子加工成套设备和主要作物种子加工工艺流程

种子加工成套设备就是将种子加工的各个环节的专用设备连接起来，组成一条流水线。在这样的流水线上，被加工的种子从喂入加工成套设备到流出成品种子，全过程连续作业，这样的流水线称为种子加工线，这种种子加工线的全部设备称为种子加工成套设备。以下介绍一些主要作物种子加工工艺流程和设备组成。

一、麦类、水稻种子加工工艺

麦类、水稻种子加工工艺见图7-11。要点如下：①有芒的水稻、大麦需要除芒；②燕麦及杂草种子多时，要用长度分选。

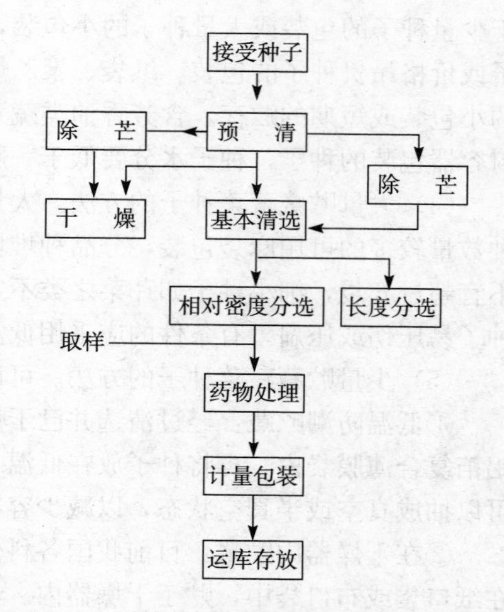

图7-11　麦类、水稻种子加工工艺流程图

二、玉米种子加工工艺

玉米种子加工工艺见图7-12。要点如下：

1. 扒皮　通过相对旋转的橡胶辊进行扒皮。
2. 选穗　人工选穗。
3. 干燥　果穗干燥室，双向通风，回动系统。
4. 脱粒　要求破损少、吸尘、抛掷玉米芯三个功能。
5. 预清　一般都采用单筛箱的风选筛。
6. 分级　圆孔筛用于宽度分级，长孔筛用于厚度分级，窝眼筒用于长度分级。

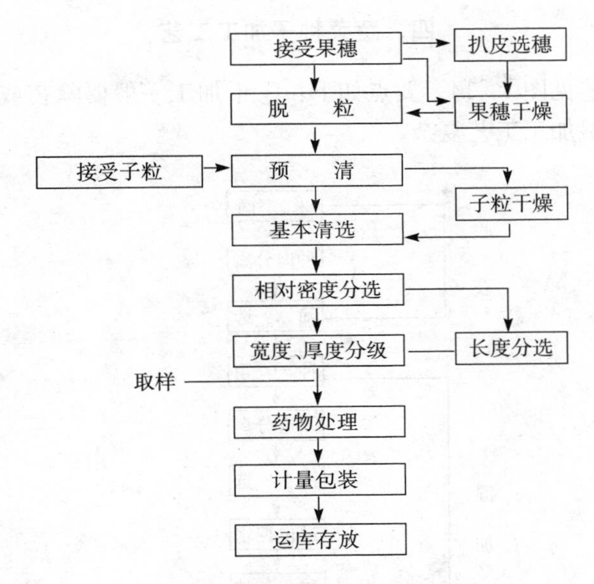

图 7-12　玉米种子加工工艺流程图

7. 精选　一般都采用双箱筛，双风道风筛式精选机。

三、棉花种子加工工艺

棉花种子采用稀硫酸脱绒加工工艺（图 7-13）。其要点是：稀硫酸脱绒和泡沫酸脱绒对比，稀硫酸脱绒性能稳定，采用过量混合，脱绒效果好。泡沫酸脱绒是新工艺，是对稀硫酸脱绒的一种改进，在 78%的硫酸中加入起泡剂与棉种拌匀后，硫酸均匀分布在棉种上，优点是节省一台离心机，造价低，但要求配比严格。

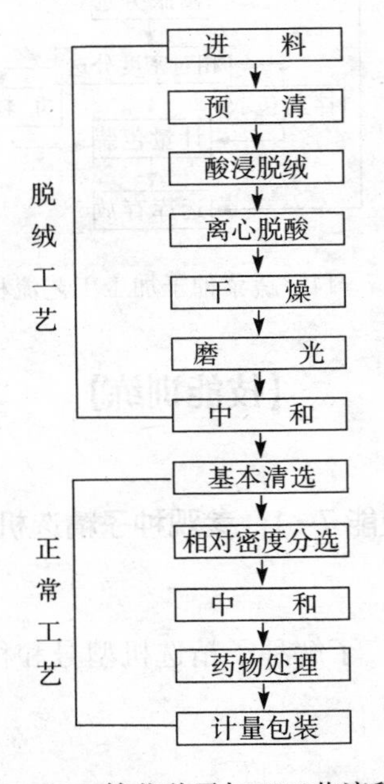

图 7-13　棉花种子加工工艺流程图

四、蔬菜种子加工工艺

蔬菜种子加工工艺见图7-14。要点如下：①干加工一般要除芒或除毛；②某些种子要求包衣或丸粒化；③湿加工工艺复杂。

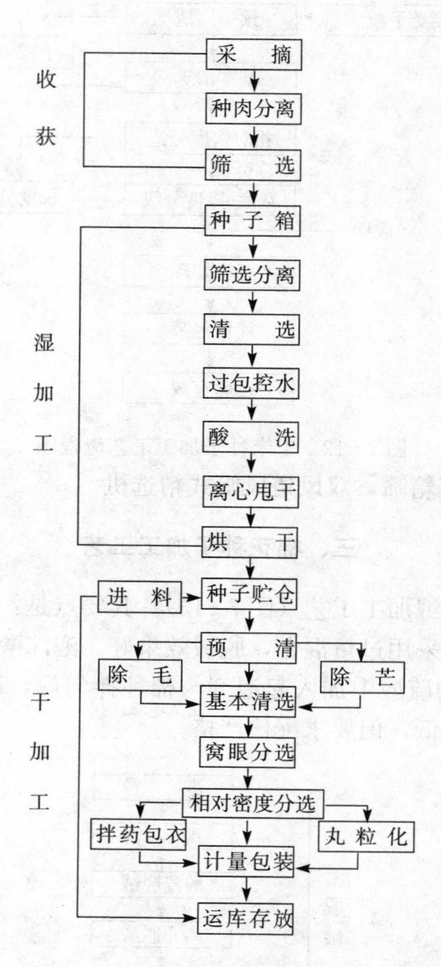

图7-14 蔬菜种子加工工艺流程图

【技能训练】

技能7-1 参观种子精选机械

一、技能训练目标

通过参观和技术人员的讲解，了解种子精选机型号和种子精选原理，学会种子精选机使用方法。

二、技能训练材料与用具

种子精选机（如5XF—1.3A型）、种子、笔记本、铅笔。

三、技能训练操作规程

【操作规程 1】选用筛片规格和类型

种子精选机上配有多种规格的筛片，供精选不同种子时使用，一般选大豆、玉米时，上筛用长孔筛；选水稻、小麦时，上、下筛都用长孔筛。上筛筛孔尺寸应保证全部种子通过，筛除大杂物；下筛筛孔尺寸应保证合格种子全部留在筛面上，而筛除小杂物。

【操作规程 2】风量调整

关闭喂料斗闸门，把待选种子装入料斗，然后启动电机，待正常工作后，打开喂料斗控制手柄，逐渐改变风量，使风速达到重杂物可由前吸风道下口落下，其余的种子和杂种全部被吸到前沉积室，而较轻杂物被带到中间沉积室，但不能将谷粒吸到中间沉积室。然后调节后吸风道手柄，使通过后吸风道入口下面的谷粒呈沸腾状态，较轻的病粒、瘪粒被风吸走。

【操作规程 3】上筛

上筛有 3°35′和 6°25′两个固定位置，应根据种子流动情况灵活选择。

【操作规程 4】敲击锤

敲击锤的打击程度，应保证谷粒不在筛面上作垂直跳动，筛孔又不能被谷粒堵塞，切忌敲击过激，防止种子跳离筛面影响精选效果。

【操作规程 5】V 形槽和导种板

窝眼筒的工作质量除取决于窝眼的大小外，还与 V 形槽工作边缘的位置有关。

【操作规程 6】筛箱的振动频率和振幅

筛箱的振动频率为 420r/min，振幅为 16mm。

四、技能训练报告

每个学生根据参观和听取有关情况介绍，整理成报告，写出种子精选机使用方法。

技能 7-2　种子机械包衣技术

一、技能训练目标

通过参观、实训，了解种子包衣机型号，学会种子机械包衣的方法。

二、技能训练材料与用具

种子包衣机（如 BL—5）、种子、包衣剂、量筒、橡皮手套、药桶、口罩。

三、技能训练操作规程

【操作规程 1】空车试运转

首先校对运转方向。站在开关位置，面对电机尾部，3 台电机均应按顺时针方向转动。此时，只需辨别搅拌轴运转方向即可。然后，顺序启动搅拌轴、供粉器及供液器、电动机。试运转时，各部运转应平稳，无异声。

【操作规程 2】药剂拌种

根据种子与药剂的情况确定混合液与种子的配比（一般取 2%～2.5%）。

【操作规程 3】确定喂料斗流量，调整搅拌轴转速

【操作规程 4】作业操作规程

开机：启动搅拌电机→启动液泵电机→启动提升电机。

停机：关闭提升电机→关闭搅拌电机→关闭液泵电机。

四、技能训练报告

每个学生亲自操作，整理实训报告，写出种子机械包衣方法。

技能 7-3　种子库温度检查

一、技能训练目标

通过对种子库温度检查，使学生掌握种子库温度检查方法，了解种子贮藏情况，为种子安全贮藏提供科学依据。

二、技能训练材料与用具

校内或附近种子公司、种子库、曲柄温度或杆状温度计、记录本、铅笔。

三、技能训练操作规程

【操作规程 1】划区定点

如散装种子在种子堆 100m^2 面积范围内，将它分成上、中、下 3 层，每层设 5 个检查点共有 15 处，即用 3 层 5 点 15 处的测定方法。包装种子则用波浪形设点的测定方法。

【操作规程 2】定时检查

一天内检查温度以上午 9:00～10:00 为宜，以免受外界温度的影响，除了检查种温外，还要记录仓温和气温。

【操作规程 3】观察记录

四、技能训练报告

学生分成几个组，把观察结果填入表 7-1，并写出处理意见。

表 7-1　仓贮种子情况记录表

品种名称	入库年月	种子数量	检查日期	气温(℃)	仓温(℃)	种温(℃)															种子水分(%)	种子纯度(%)	发芽率(%)	害虫(头、kg)				检验员
						东			西			南			北			中						米象				
						上层	中层	下层	上层	中层	下层	上层	中层	下层	上层	中层	下层	上层	中层	下层								

处理意见：

【回顾与小结】

本章学习了种子加工和种子贮藏两部分内容，进行了 3 个项目的技能训练。种子加工包括对种子的清选与精选、干燥、包衣、包装等一系列工序，目的在于提高种子质量，保证贮藏安全，其中需要重点掌握的是：种子清（精）选的基本方法和相关设备的使用。种子贮藏包括种子的贮藏条件、贮藏要求、贮藏管理和主要作物种子的贮藏技术，其中需要重点掌握的是：主要作物种子的贮藏技术。

通过学习，不仅要掌握种子加工贮藏的基本知识和技能，还要明确种子加工和贮藏的目的在于提高种子质量和商品质量，保证贮藏安全，使农业生产能使用高质量的种子播种，促进成苗，提高产量。

复 习 与 思 考

1. 种子清选、精选的方法有哪些？
2. 常用种子清选、精选机械有哪些？
3. 常用的种子干燥方法有哪些？
4. 何谓种子丸化？种子包膜？
5. 影响种子贮藏的环境条件有哪些？
6. 简述种子贮藏期间的管理制度和措施。
7. 如何防治种子仓库害虫？
8. 如何控制种子霉菌？
9. 什么是种子结露？常发生在哪些部位？如何预防？
10. 种子发热是怎么引起的？有何危害？如何预防和处理？
11. 试述水稻种子的贮藏特性和贮藏技术要点。

第八章　种子法规与种子营销

学　习　目　标

◆ **知识目标**　了解《中华人民共和国种子法》（以下简称《种子法》）及其配套法规，熟悉种子生产、经营许可证申请条件和程序，了解我国种子质量管理的基本框架，了解种子行政管理机构、种子行政执法机关及《种子法》界定的违法行为；掌握种子营销的特点和种子营销策略。

◆ **能力目标**　树立依法治种意识，学会对种子违法案例进行分析；掌握种子市场调查的方法，熟悉种子购销合同的签订。

第一节　种子管理法规

一、我国种子法律制度组成

我国种子管理的法律制度由法律、行政法规、地方性法规、部门规章、地方政府规章组成。此外，国家发布的有关种子的强制性标准等，也是构成我国种子法律制度的重要组成部分。

（一）《种子法》

《种子法》是我国种子管理的基本法律。《种子法》于 2000 年 7 月 8 日经第九届全国人民代表大会常务委员会第十六次会议通过，并于同年 12 月 1 日起实施。《种子法》系统地规定了我国种子管理的基本制度。《种子法》的效力高于所有关于种子的行政法规、地方性法规、部门规章和地方政府规章，这些法规都不得与《种子法》的规定相抵触。

（二）行政法规

为切实贯彻落实好《种子法》，国务院根据《种子法》的有关规定对《种子法》中的一些原则问题作出具体规定。如 2001 年颁布实施的《农作物转基因生物安全管理条例》，对《种子法》第十四条关于转基因品种和种子的管理作出了具体规定。在《种子法》颁布之前，国务院颁布的《植物新品种保护条例》、《植物检疫条例》等行政法规，已经被《种子法》确立为我国种子管理的重要制度。根据《种子法》的规定，国务院还将制定一系列的行政法规，以进一步完善种子管理制度。

（三）地方性法规

《种子法》颁布以来，全国共有 20 个省、自治区、直辖市和 1 个较大市的人民代表大会及其常委会，按照法律程序，结合本地实际，制定了地方性法规。地方性法规在其行政区域内具有约束性，但其效力低于《种子法》和相关的行政法规。

（四）部门规章

《种子法》颁布后，农业部及时制定和颁布了一系列部门规章，对于《种子法》中的一些专业性、技术性很强的原则性规定作出明确具体要求，形成具体规范。目前发布实施的有《主要农作物品种审定办法》、《作物种子生产经营许可证管理办法》、《农作物种子标签管理办法》、《农作物商品种子加工包装规定》、《主要农作物范围规定》、《农作物种质资源管理办法》、《农作物种子质量纠纷田间现场鉴定办法》、《农作物种子检验员考核管理办法》、《农作物种子质量标准》、《农作物种子质量监督抽查管理办法》、《农业行政处罚程序规定》、《中华人民共和国农业植物新品种保护条例实施细则（农业部分）》和《中华人民共和国农业植物新品种保护名录》等。这些规章的发布实施，对于保证《种子法》的贯彻落实，完善我国社会主义市场经济条件下的种子管理制度，指导各省、自治区、直辖市制定地方性法规，促进全国统一开放、竞争有序的种子市场的建立发挥了重要作用。

二、《种子法》确定的主要法律制度

《种子法》分为总则、种质资源保护、品种选育与审定、种子生产、种子经营、种子使用、种子质量、种子进出口和对外合作、种子行政管理、法律责任和附则十一章，共七十八条。《种子法》确定了以下主要法律制度。

（一）种质资源保护制度

《种子法》第九条规定：国家有计划地收集、整理、鉴定、登记、保存、交流、利用种质资源，定期公布可供利用的种质资源目录；鼓励单位和个人搜集农作物种质资源，搜集者可无偿使用其按规定送交保存的种质资源。

《种子法》第十条规定：国家对种质资源享有主权。国家依法保护种质资源，任何单位和个人不得侵占和破坏种质资源；禁止采集或采伐国家重点保护的天然种质资源；因科研或特殊情况需要的，需经省级以上农业行政主管部门同意。

（二）品种审定制度和转基因植物品种安全评价制度

农业部根据《种子法》制定了《主要农作物品种审定办法》。品种审定的内容可参见第二章第六节“品种试验与品种审定”。

《种子法》第十四条规定：转基因植物品种的选育、试验、审定和推广应当进行安全性评价，并采取严格的安全控制措施。

（三）新品种保护制度

《种子法》第十二条规定：对经过人工培育的或者发现的野生植物加以开发的植物品种，具备新颖性、特异性、一致性和稳定性的，授予植物新品种权，保护植物新品种权所有人的合法权益。未经品种权所有人同意，任何人不得以商业目的生产或销售授权品种的种子。国家鼓励和支持单位和个人从事良种选育和开发，选育的品种得到推广应用的，育种者依法获得相应的经济利益。

（四）种子生产许可制度

《种子法》规定主要农作物商品种子生产实行许可制度。这种许可制度实质上是一种条件审查和资格核准制度，只要申请人达到《种子法》第二十一条的具体要求，就可以得到种子生产的权利。种子生产许可制度的适用对象是主要农作物种子和所有转基因品种的商品种子。

（五）种子经营许可制度

《种子法》规定种子经营实行许可制度。这种许可制度实质上也是一种条件审查和资格核准制度，适用于所有作物的种子经营。企业在申请办理或者变更种子营业执照前，应当先办理种子经营许可证，这是法定的前审批程序。

（六）种子进出口审批制度

《种子法》规定从事商品种子进出口业务的法人和其他组织，除具备种子经营许可证外，还应当依照有关对外贸易法律、行政法规的规定取得从事种子进出口贸易的许可。

（七）外商投资种子企业审批管理制度

《种子法》规定境外企业、其他经济组织或者个人来我国投资种子生产、经营活动的，审批程序和管理办法由国务院有关部门依照有关法律、行政法规规定执行。

（八）种子生产经营档案制度

种子生产经营者应当建立档案，记载种子生产、经营过程中影响种子质量的关键内容及种子流向等内容，以便于跟踪管理。

（九）种子标签真实性制度

销售的种子应当加工、分级、包装，并附有标签。标签标注的内容应当与销售的种子相符。用种子标签真实制度代替质量合格证制度，是《种子法》的一项根本性的制度变化。

（十）种子检疫制度

《种子法》对种子检疫有明确规定，如在种子经营中要求标签应标注检疫证明编号，调运或者邮寄出县的种子应当附有检疫证书，种子生产基地要得到检疫部门的确定等。

《种子法》还明确规定，由农业部或省级农业行政主管部门审批进口的一般性种子及其他繁殖材料，不论是什么种子，也不论以何种方式进口，都应当通过检疫部门审批。

（十一）种子质量监督制度

《种子法》规定农业行政主管部门负责种子质量的监督。实施种子质量监督是《种子法》赋予农业行政主管部门的法定职责，这是我国为数不多的得到法律授权成为质量监督主体的几个行业之一。

（十二）种子储备制度

种子储备制度主要用于发生灾害的生产需要，以保障农业生产安全。

三、农作物种子生产经营许可证管理

（一）农作物种子生产许可证管理

《农作物种子生产经营许可证管理办法》规定：主要农作物杂交种子及其亲本种子、常规种原种种子的种子生产许可证，由生产所在地县级农业行政主管部门审核，省（自治区、直辖市）级农业行政主管部门核发。主要农作物常规品种的大田用种生产许可证，由生产所在地县级以上农业行政主管部门核发。生产所在地为非主要农作物，其他省（自治区、直辖市）为主要农作物，申请办理种子生产许可证的，生产所在地农业行政主管部门应当受理并核发。

根据农业部颁布的《主要农作物范围规定》，除《种子法》规定的水稻、小麦、玉米、棉花、大豆为主要农作物外，农业部确定油菜、马铃薯为主要农作物。另外，各省（自治区、直辖市）农业行政主管部门可以根据本地区的实际情况，确定1～2种农作物为主要农作物。

1. 申请领取种子生产许可证应当具备的条件　除具备《种子法》第二十一条规定的条件外，还需达到《农作物种子生产经营许可证管理办法》第六条规定的条件：

（1）生产常规种子（含原种）和杂交亲本种子的，注册资本100万元以上；生产杂交种子的，注册资本500万元以上。

（2）有种子晒场500m²以上或者有种子烘干设备。

（3）有必要的仓储设施。

（4）经省级以上农业行政主管部门考核合格的种子检验人员2名以上，专业种子生产技术人员3名以上。

2. 申请种子生产许可证应提交的文件　申请种子生产许可证的，由直接组织种子生产的单位和个人提出申请。委托农民或乡村集体经济组织生产的，由委托方提出申请；委托其他经济组织生产的，由委托方或受托方提出申请。

（1）主要农作物种子生产许可证申请表，需要保密的由申请单位或个人注明。

（2）种子质量检验人员和种子生产技术人员资格证明。

（3）注册资本证明材料。

（4）检验设施和仪器设备清单、照片及产权证明。

（5）种子晒场情况介绍或种子烘干设备照片及产权证明。

（6）种子仓储设施照片及产权证明。

（7）种子生产地点的检疫证明和情况介绍。

（8）生产品种介绍，品种为授权品种的，还应提供品种权人同意的书面证明或品种转让合同；生产种子是转基因品种的，还应当提供农业转基因生物安全证书。

（9）种子生产质量保证制度。

3. 申请种子生产许可证的办理程序

（1）申请。申请者向生产所在地县级农业行政主管部门的种子管理机构提出申请。

（2）审核。县级农业行政主管部门种子管理机构接到申请后30日内，完成对种子生产地点、晾晒烘干设施、仓储设施、检验设施和仪器设备的实地考察，签署意见，呈农业行政主管部门审核、审批；审核不予通过的，书面通知申请者并说明原因。

（3）审批。审批机关在接到申请后30日内完成审批工作，符合条件的，收取证照工本费，发给生产许可证；不符合条件的，退回审核机关并说明原因。审核机关应将不予批准的原因书面通知申请人。审批机关认为有必要的，可进行实地审查。

4. 种子生产许可证变更与重新申领　在种子生产许可证有效期限内，许可证注明项目变更的，应当根据《农作物种子生产经营许可证管理办法》第八条规定的程序，办理变更手续，并提供相应证明材料。种子生产许可证期满后需申领新证的，应在期满前3个月，持原证重新申请，重新申请的程序和原申请的程序相同。

（二）农作物种子经营许可证管理

种子经营许可证实行分级审批发放制度。主要农作物杂交种子及其亲本种子、常规品种原种种子的种子经营许可证，由种子经营者所在地县级农业行政主管部门审核，省、自治区、直辖市人民政府农业行政主管部门核发。实行选育、生产、经营相结合并达到国务院农业行政主管部门规定的注册资本金额的种子公司和从事种子进出口业务的公司的种子经营许可证，由省、自治区、直辖市农业行政主管部门审核，国务院农业行政主管部门核发。

1. 申请主要农作物杂交种子经营许可证的条件　应具备《种子法》第二十九条规定的条件，并达到以下要求：

（1）申请注册资本500万元以上。

（2）有能够满足种子检验需要的检验室，仪器达到一般种子质量检验机构的标准，有2名以上经省级以上农业行政主管部门考核合格的种子检验人员。

（3）有成套的种子加工设备和1名以上种子加工技术人员。

2. 申请主要农作物杂交种子以外的种子经营许可证的条件　应具备《种子法》第二十九条规定的条件，并达到以下要求：

（1）申请注册资本100万元以上。

（2）有能够满足种子检验需要的检验室和必要的检验仪器，有1名以上经省级以上农业行政主管部门考核合格的检验人员。

3. 申请从事种子进出口业务的种子经营许可证的条件　应具备《种子法》第二十九条规定的条件，还要求其申请注册资本达到1 000万元以上。

4. 申请领取自有品种种子经营许可证的条件　实行选育、生产、经营相结合，向农业部申请种子经营许可证的种子公司，应具备《种子法》第二十九条规定的条件，并达到以下要求：

（1）申请注册资本3 000万元以上。

（2）有育种机构及相应的育种条件。

（3）自有品种种子的种子销售量占总经营量的50%以上。

（4）有稳定的种子繁育基地。

（5）有加工成套设备。

（6）检验仪器设备符合部级种子检验机构的标准，有5名以上经省级以上农业行政主管部门考核合格的检验人员。

（7）有相对稳定的销售网络。

5. 申请种子经营许可证应提交的材料

（1）农作物种子经营许可证申请表。

（2）种子检验人员、贮藏保管人员、加工技术人员资格证明。

（3）种子检验仪器、加工设备、仓储设施清单、照片及产权证明。

（4）种子经营场所照片。

实行选育、生产、经营相结合，向农业部申请种子经营许可证的，还应向审核机关提交下列材料：

（1）育种机构、销售网络、繁育基地照片或说明。

（2）自有品种的证明。

（3）育种条件、检验室条件、生产经营情况的说明。

6. 申请种子经营许可证的办理程序

（1）申请。由经营者向当地县级以上农业行政主管部门种子管理机构提出申请。

（2）审核。县级农业行政主管部门种子管理机构收到申请后 30 日内完成对经营地点、加工仓储设施、种子检验设施和仪器的实地考察工作，并签署意见，呈农业行政主管部门审核、审批；审核不予通过的，书面通知申请人并说明原因。

（3）审批。审批机关在接到申请后 30 日内完成审批工作，认为符合条件的收取许可证工本费，发给种子经营许可证；不符合条件的，退回审核机关并说明原因。审核机关应将不予批准的原因书面通知申请人。审批机关认为有必要的，可进行实地审查。

种子经营许可证应当注明许可证编号、经营者名称、经营者住所、法定代表人、申请注册资本、有效期限、有效区域、发证机关、发证时间、种子经营范围、经营方式等项目。

许可证准许经营范围按作物种类和杂交种或原种或常规种子填写，经营范围涵盖所有主要农作物或非主要农作物的，可以按主要农作物种子、非主要农作物种子、农作物种子填写；经营方式按批发、零售、进出口填写；有效期限为 5 年；有效区域按行政区域填写，最小至县级，最大不超过审批机关管辖范围，由审批机关决定。

7. 种子经营许可证的变更与重新申领　种子经营许可证有效期限内，许可证注明项目变更的，应当根据《农作物种子生产经营许可证管理办法》规定的程序，办理变更手续，并提供相应证明材料。种子经营许可证期满后需申领新证的，种子经营者应在期满前 3 个月，持原证重新申请。重新申请的程序和原申请的程序相同。

8. 其他有关规定　《种子法》规定具有种子经营许可证的种子经营者书面委托其他单位和个人代销其种子的，应当在其种子经营许可证的有效区域内委托。

四、种子质量管理的基本框架

《种子法》明确了种子质量监督管理体制，确定了种子企业、政府及其主管部门不同主体之间的权力、责任和义务，落实了质量责任追究制度，构成了种子质量管理的基本框架。

（一）种子企业是种子质量管理的主体

任何一种产品的质量都是企业生产经营管理活动的结果，种子质量同样是种子企业生产经营管理活动的结果，与其他商品一样，《种子法》明确种子企业应加强管理，依法承担种子质量责任。同时，种子又是一种特殊的商品，与生产经营一般商品的企业相比，《种子法》对种子企业规定了较高的要求。由于种子生产、经营的质量管理应当是全过程的管理，所以明确规定了种子生产、加工、包装、检验、贮藏等过程必须符合《种子法》所确定的具体规范和要求。

（二）政府对种子质量实施宏观管理

政府具有指导种子产业健康发展，促进种子质量全面提高，增强种子产业竞争力的重要责任。《种子法》规范政府加强宏观管理主要体现在四个方面：一是政府根据科教兴农方针和种植业发展的需要，将提高种子质量水平纳入种子发展规划，加强统筹规划和组织领导，并按照国家有关规定在财政、信贷和税收等方面采取措施保证规划的实施。如我国实施的“种子工程”就重点建设了全国种子质量检验体系。二是国家扶持选育、生产、更新、推广良种，并且国务院和各省、自治区、直辖市人民政府设立专项资金用于扶持良种选育和推广。三是政府规定基本管理制度，引导、督促种子生产者、经营者加强种子质量管理。四是组织有关部门依法采取措施，制止种子生产、经营中违反《种子法》规定的行为，保障《种子法》的施行。

（三）农业行政主管部门主管种子质量监督工作

《种子法》明确农业行政主管部门是法定的农作物种子质量监督的主体，并对种子质量实行监督检查制度。

实 践 活 动

组织学生利用课余时间举办种子法规知识竞赛。

第二节 种子依法经营

一、种子行政管理

（一）种子行政管理的手段

种子行政管理是指国家行政机关依法对种子工作进行管理的活动。从事该类活动的主导方是国家行政机关，即政府及其农业主管部门。其依据是国家法律、法规、规章、政策和法令。实现管理的手段是多种多样的，包括思想政治工作手段、行政指令手段、经济手段、纪律手段及法律手段。其中，种子行政执法（法律手段）是种子行政管理中的硬性管理活动，它要求执法的种子行政管理机关必须严格依照法律、法规、规章的规定，要求管理的相对方必须服从，违背者将受到相应的制裁。因此，种子行政执法是带有国家强制性的活动，是其他管理活动的保障性活动。

（二）种子行政管理的组织

1. 种子主管部门　根据《种子法》授权：种子的主管部门是各级人民政府的农业、林业行政主管部门，例如省农业厅，各地（市）、县的农业局。国务院农业、林业行政主管部门分别主管农作物种子和林木种子工作，对全国农作物种子工作进行指导。县级以上地方人民政府农业、林业行政主管部门分别主管本行政区域内农作物种子和林木种子工作。各级农业、林业行政主管部门可以根据自己的实际情况，委托种子管理部门执法，或者委托实行综合执法，可以全部委托，也可以部分委托，但不管采取何种形式，执法主体都是农业、林业行政主管部门，承担责任的也是农业、林业行政主管部门。

2. 种子管理机构　根据《种子法》规定：从中央到地方都要成立种子管理机构。中央的种子管理机构为农业部种植业管理司种子与植物检疫处，地方各级的种子管理机构为各级种子管理站。各省（自治区、直辖市）、市、县的农（林）业厅（局）是机关法人，以自己的名义代表国家管理本行政区内的农作物种子工作。各级农业厅（局）设置的种子管理站和质量检验机构，是各级农业部门内设的执行机构，而不是机关法人。种子管理站、品种审定委员会和质量检验机构的职权，属于法规、规章授权，应以自己的名义进行活动。

3. 其他种子管理机关　在对有关种子活动的管理中，各级人民政府、工商行政机关、税务、物价、财政、审计、粮食、技术监督、交通、邮电等部门，都有其一定的职权范围，应注意协调配合。各级各类行政管理机关都应在各自的法定职权范围内，进行种子管理方面的行政执法，不得超越职权、滥用职权，也不得失职、渎职。

（三）农业行政主管部门的执法权利和义务

农业行政主管部门有独立从事种子执法工作、独立行使《种子法》中所规定的权利，也有为实施《种子法》而行使现场检查的权利。

农业行政主管部门同时也有管理好种子市场，确保农业生产安全，维护种子生产者、经营者、使用者的合法权益的义务。为此，《种子法》规定农业行政主管部门及其工作人员不得参与和从事种子生产、经营活动；种子生产经营机构不得参与和从事种子行政管理工作。农业行政主管部门与生产经营机构在人员和财务上必须分开，以体现行政执法主体的地位，并预防利用职权腐败。

二、种子的依法经营

国家对种子经营实行专项许可证制度，经营单位和经营者必须依法进行种子经营。

（一）种子（种苗）经营许可证

《种子法》规定：凡从事商品种子经营的单位和个人（农民自繁、自用的常规种子剩余出售除外）均必须分别向农业行政主管部门、林业行政主管部门的种子管理机构申请办理种子（种苗）经营许可证，然后凭此证到当地工商行政管理部门办理登记注册，并领取营业执照后，方可按照核定的经营范围、方式、地点开展营销活动。种子（种苗）经营许可证分正本和副本。正本应挂在营业场所的明显处，副本由领证单位（个人）妥善保存备查。一店一证，亮证经营，有效期为一年。一年验证一次，没有有效期、超出有效期或到期未验证的视为无效。

（二）种子企业的工商登记

在我国，种子行业是实行专营的。经营种子（种苗）要凭种子（种苗）经营许可证，到当地工商行政管理部门申请登记，经核准后领取营业执照方可经营。同时，种子企业必须接受工商行政管理部门对其经营活动进行的监督管理。种子企业的工商登记包括受理、审查、核准、发照、公告等程序。

（三）种子经营的税务登记

凡从事种子（种苗）经营的单位或个人，应当自领取营业执照之日起30日内，向当地税务机关书面申请办理税务登记，填写税务登记表，并提供下列有关证件、资料：

（1）营业执照。

（2）有关合同、章程、协议书。

（3）银行账号证明。

（4）居民身份证或其他合法证件。

（5）税务机关要求提供的其他有关证件、资料。

（四）种子检验结果报告单

生产、经营、储备的商品种子（种苗）必须进行检验，达到国家或地方规定的质量标准。种子检验结果报告单必须根据田间或室内检验结果，由生产经营单位持有省、自治区、直辖市人民政府农业或林业行政主管部门核发的《种子检验员资格证》的检验员签发，并加盖种子检验专用章。

经营的种子应经过精选加工、分级、包装，在包装内外附有标签。每批种子应有植物检疫证和持证检验员签发的“种子检验结果报告单”。经营进口种子应附有中文说明，包装标识和内外标签，必须载明品种名称、品种特征特性（含栽培要点）、质量、数量、适宜范围、生产日期、销售单位等事项，并与包装内的种子相符。经营种子的单位和个人，对经销的每批种子，均需保留样品，以备复检和仲裁使用，所留样品保存到该批种子用于生产收获之后。

三、《种子法》界定的违法行为及其法律责任

（一）违反《种子法》的行为

违反《种子法》的行为包括实施了法律禁止的行为和没有实施法律所规定的义务两个方面。根据《种子法》第十章法律责任，经细化，共有34个方面的行为是违法行为。

（1）无证或未按许可证规定生产主要农作物商品种子的。

（2）伪造、变造、买卖、租借种子生产许可证生产种子的。

（3）不执行生产技术规程的。

（4）不建立和健全生产档案或不按要求保存的。

（5）生产假劣种子的。

（6）未经品种权人同意，生产具有新品种权的品种的。

（7）伪造、变造、买卖、租借种子经营许可证进行种子经营的。

（8）无证或不按许可证规定经营种子的。

（9）销售种子不向使用者提供种子的简要性状、主要栽培措施、使用条件的说明与有关咨询服务的。

（10）销售种子不经加工、包装的（不宜包装者除外）。

（11）实行种子分装但不注明分装单位和分装时间的。

（12）销售种子无标签或标签与实际不符的。

（13）销售进口种子无中文标签的。

（14）种子经营不建立档案和不按规定保存的。

（15）未经核准广告或广告宣传与审核的内容不一致的。

（16）该审定的品种未经审定而发布广告，经营、推广的。

（17）专营不再分装的包装种子者而私自分装的。

（18）在有效区域外委托代销种子的。

（19）办了分支机构不按规定向当地农业主管部门备案的。

（20）销售不达标的种子又未经批准的。

（21）销售假冒伪劣种子的。

（22）调运种子无检疫证的。

（23）超委托范围代销种子的。

（24）种子经营者参与行政管理工作的。

（25）未经批准进口种子的。

（26）向境外出售国家规定不准出口的种子及种质资源的。

(27) 引进试种试验品种的收获物作商品种子销售的。

(28) 代境外制种在国内销售的。

(29) 种子站与种子公司不分，管理人员从事生产经营活动的。

(30) 干预自主经营或强迫农民购种的。

(31) 越权发证或不按条件发证的。

(32) 执法不出示其证件的。

(33) 乱收取其他费用的。

(34) 出具虚假检验证明的。

(二) 违反《种子法》应负的法律责任

违反《种子法》应负的法律责任有3种，即行政责任、民事责任和刑事责任。

1. 行政责任　行政责任指实施了一般违法行为，按法律法规所承担的行政法律后果。它包括：①行政处分——机关企事业单位对内部职工的处罚。②行政处罚——国家行政机关对实施一般违法行为的单位和个人进行追究行政法律责任，主要包括警告、罚款、没收违法所得、没收财物、吊扣证照等。

2. 民事责任　民事责任指以民事义务（包括当事人自己约定的和法律法规直接规定的）为基础的行为，当事人如果不履行要承担民事责任。民事责任主要是承担财产责任（如赔偿损失），还包括消除影响、恢复名誉、赔礼道歉等。

3. 刑事责任　刑事责任指违法犯罪行为应承担的法律后果，由国家的司法机关来实施。

四、种子违法案例分析

种子是农业生产中特殊的生产资料，其质量好坏直接关系农民的切身利益和农村社会的稳定。假冒伪劣种子造成的后果和社会影响十分严重。因此，必须依法处理违法案件，加大种子执法力度，不断提高种子生产者、经营者和使用者的法律意识，防患于未然，做到依法经营，合法经营，减少违法案件的发生。

案例　无照经营劣种子引起的玉米种子赔偿案

【案情】2006年2月，哈尔滨市某镇种子站到某实验农场联系购买玉米种子。因当时无货，双方口头商定：由实验农场负责进货，数量3.5万kg，单价2.5元/kg。之后不久，实验农场购得“四单八号”玉米种子2.6万kg，单价1.6元/kg，未做发芽率检验，直接送到某镇种子站。但说明：该批种子是陈种子，发芽率保证80%以上，能达到85%。该镇种子站也未做发芽率检验，就以3元/kg的价格售给709户农民21 483.5kg。

4月中下旬农民播种后，由于是陈种子，发芽率低，且有死苗现象，便向有关部门投诉。

【执法程序】

1. 现场调查　经市农业局种子管理人员现场调查发现，因种子发芽率低，造成田间平均出苗率仅60%。少数农户毁苗改种其他作物，绝大部分农户采取了补种措施，但仍造成减产。

2. 登记立案　由于案情重大，为了维护农民的合法权益，农业局决定登记立案。通过向有关证人调查后，认为本案涉及的利害关系人数众多，应按人数众多的共同诉讼原则处理。农业局首先发出通告：凡是当年春季在该镇种子站购买“四单八号”玉米种子，遭受损失要求赔偿的，在30日内到执法机关登记，公告期满，选出诉讼代表19人。

执法机关对有关问题进行了调查取证，认定受灾（播种）面积为600.5hm^2，减产数量为185 561kg，损失总额应为134 916.38元。执法机关按照农业行政处罚程序向镇种子站发出“限期递交证据通知单”，要求在规定时间向执法机关提交如下证据：①种子经营许可证或代理委托书；②工商营业执照；③种子经营档案、植物检疫证书、种子检验结果报告。

镇种子站在规定的时间之内未能提供任何证据来证明其经营行为合法。

3. 下发行政处罚通知书　依照事实和法律，执法机关认定：某镇种子站既未经种子管理部门审批，也未经工商部门登记，尚不具备法人资格，依法将该镇政府变更为本案被告，依法做出行政处罚：共计赔偿农民经济损失134 916.38元，由镇政府（种子站）负担74 204.01元，实验农场负担60 712.37元。

【评析】本案是一宗典型的无照经营劣质种子引起的赔偿案件。应抓住镇种子站未办理种子经营许可证（或代理委托书）和工商营业执照，未按规定建立种子经营档案，经营劣种子（种子质量未达到国家规定标准）等要害，引用适当的法律依据，做出行政处罚，责成对种子使用者做出赔偿，维护农民消费者的合法权益。通过这一案件应当汲取的教训是：①经营种子必须向种子管理部门申请、领取种子经营许可证或办理代理委托书，并到工商部门登记，领取营业执照，在规定的范围内从事种子经营活动。②调种时，应要求对方提供种子检验结果单和植物检疫证书。收到种子后要立即进行质量复检。绝不购、销质量达不到国家规定标准的种子。

实　践　活　动

全班分成若干小组，每组3～5人，利用业余时间到当地种子门市部调查持证（照）经营情况。

第三节　种子营销

技　能　目　标

- ◆ 能够进行种子市场调查。
- ◆ 了解种子购销合同的签订内容。

种子营销是种子企业为使种子从生产基地到用种者，以实现其经营目标所进行的经济活动。它包括种子市场调查、品种开发、种子定价、分销、促销和售后服务等方面。

种子营销的基本目标是最大限度地满足种植业生产用种的需求，促进农业生产发展，并在此基础上获得最大的经济效益。

一、种子营销的特点

1. 种子营销的技术性　种子既是有生命的特殊产品，又是现代科学技术的载体。种子作为重要的农业生产要素，其潜在价值的发挥，既需要适宜的自然条件，还需要科学的栽培技术。品种是否对路，种子质量是否符合标准，直接影响用种者的产值和收益。因此，生产营销者必须重视种子质量和相关的技术规程，熟悉品种的生态适应性和生育要求，开展售中、售后的技术指导和服务，尽最大可能满足用种者的需求。

2. 种子营销的区域性　不同作物、不同品种都有其区域适应性，种子生产也具有相应的地域性，所以种子营销也带有明显的区域性，不同的种子应在不同的适应地区生产和销售。

3. 种子营销的季节性　农业生产具有季节性，种子生产也有季节性。种子营销时效性强，季节性特别明显，往往是几个月，甚至几天时间，都会改变种子营销的格局。种子企业要适应这种明显的季节变化，种子营销要做到有备而战，适时而战。

4. 种子营销的风险性　种子生产和营销既受自然、气候条件的影响，又离不开市场供求状况的左右，风险性很大。这就要求经营者搞好市场调查，采取切实可行的营销策略。

5. 种子营销对象的确定性　种子产品的最终“消费者”是以土地为劳动对象的农业经营者，多为农民，当然也包括从事种子营销的经销商。因此，种子市场调研目标也就十分明确，主要是走访农户或经销商，即可了解种子需求动向。

二、种子市场调查

种子市场调查就是采用一定的方法，有目的、有计划、系统地收集有关种子市场需求信息及与种子市场相关的资料，为种子营销单位进行种子市场预测、制定营销策略、编制营销计划等提供科学依据。种子市场调查既是种子营销单位营销活动的起点，又贯穿于种子营销活动的全过程。种子市场调查的内容有以下几个方面：

1. 市场环境调查　主要包括：政府已颁布的或即将颁布的农业生产发展方针、政策和法规；国家和地方农业发展规划；与种子营销有关的价格、税收、财政补贴、银行信贷政策；农民收入现状、农业生产情况及发展趋势等。

2. 市场需求调查　主要包括：一定地区范围内的各种作物种植面积和品种应用情况，所需各作物品种的数量及其变化趋势，同时还应考虑局部地区应用部分作物品种、农户自留种子的比例；市场对种子的质量、包装、运输、服务方式等方面的要求；本单位销售的种子现有市场和潜在市场等。

3. 购种者及其购买行为的调查　主要包括：购种者类型及比例；购种者欲望和购种动机，购种者对本单位其他品种的态度；购种者的购种习惯，包括对商标的选择、对购种地点和时间的选择以及对种子价格的敏感性等。

4. 所销售种子的品种调查　主要包括：本单位销售品种的特征特性、适应范围和主要栽培技术要求；农户对品种的评价、意见和要求及对品种的栽培技术措施是否掌握；种子的包装和商标是否美观、是否便于记忆和分辨；所销售品种在生产上的前景等。

5. 种子价格调查　主要包括：农民对本企业销售品种的价格反应；品种在不同的“生命周期”中所采取的定价原则，即新老品种如何定价；价格策略对种子销售量的影响等。

6. 种子销售渠道调查　主要包括：经销商的销售情况，如销售量、经营能力、利润等；农户对经销商的评价；种子的贮存、运输及成本等；进一步拓展营销网络的可能性等。

7. 竞争情况调查　同类营销单位数目、种子营销规模、种子质量及市场占有率；竞争者的经营管理水平、销售方法、促销措施和供种能力；竞争者种子的成本、售价、利润等；竞争者的经济实力和市场竞争能力等。

8. 售后服务调查　主要包括：本单位售出新品种在种植后综合表现；提供给用户的技术指导是否具有很强的针对性和适应性；用户对所购买品种的售后服务是否满意等。

三、种子营销策略

（一）品种策略

作物种子是种子企业经营的载体，也是企业的核心竞争力。种子企业应根据市场需求和自身条件，来确定生产什么品种以及如何安排品种组合，同时还要不断地开发新品种，才能使企业在激烈的市场竞争中立于不败之地。

1. 品种的生命周期　任何一个品种都不是万能的，再好的品种也有其一定的生命周期，总要被其他品种所替代。品种的生命周期是指品种从投放市场到最后被市场淘汰的整个销售持续时期，是指其市场销售寿命，而不是指其使用寿命。典型的品种生命周期一般分为四个阶段。

（1）投入期。品种审定后的小面积生产试验示范阶段。此期新品种的优良性状还未被消费者所接受，销售量小，投入费用高，一般处于亏损状态。这一时期种子企业应申请新品种保护，加大新品种的推广力度。

（2）成长期。品种销量稳步上升阶段。品种开始为使用者所接受，种子销量上升，甚至供不应求；生产成本下降，盈利不断增长。这一时期种子企业应尽力重视品种保护，加强质量管理，提高品种竞争能力。

（3）成熟期。品种销量基本稳定阶段。品种在生产上推广面积相对稳定，销售量大，占有一定的市场份额，但销量增幅减小；因销量大，生产技术相对成熟，生产成本逐渐降至较低水平，利润稳定。这一时期种子企业应提高种子质量，加强售后服务，延长品种生命周期，同时，要开发后备新品种。

（4）衰退期。随着技术进步和市场需求的变化，品种已失去竞争力，不能适应市场发展的需求，销量和利润均呈锐减趋势，甚至出现亏损，最后被市场所淘汰而退出。这一时期种子企业应果断地收缩促销活动，调整目标市场，生产、推广新品种。

2. 新品种开发策略　农作物新品种的培育时间长、投资大、见效慢，一个品种需要几年甚至十几年才能培育出来，开发利用慢。而在科学技术快速发展、市场不断变化的今天，种子企业要生存，要发展，就必须加大科技投入，加大新品种开发力度，尽快形成自己有特色的系列拳头产品，以提高企业的核心竞争力。

种子企业在新品种开发利用上，要针对现时体制的特点和企业自身的情况，采取灵活的策略：一是走自主创新的道路，开发具有自主知识产权的品种；二是与科研院所签订选育、生产、销售合同，联合开发新品种；三是从科研单位购买品种经营权。种子企业应重视新品种的开发，并且努力做到应用一批，示范一批，储备一批。

（二）种子的品牌策略

品牌是指一种产品区别于其他产品的一套识别系统，包括称谓、文字、图形、色彩及其组合。种子品牌可以认为是一个产品在消费者（对种子来说就是经销商和农民）中的知名度和美誉度。种子名牌是指产品质量优异，社会化服务好，在广大农户中享有很高的信誉。名牌是一种无形的资产，不仅包含科学技术，而且还包含市场营销力、市场信誉度、知名度及企业形象等。

1. 树立种子品牌意识和名牌意识　种子行业已经进入了品牌竞争的阶段。因此，种子企业必须把建立品牌，开展品牌经营，进而创立名牌作为企业的营销战略目标。种子企业要从种子质量、价格、包装外观、企业信誉、售后服务、广告及其他综合实力等方面全面提升企业品牌的市场知名度、美誉度和客户忠诚度。

2. 推行全面质量管理，提高服务质量　全面质量管理是品牌建设的基础，质量是名牌产品的生命，严格的质量管理是开发名牌、保护名牌、发展名牌的先决条件，是提高名牌效应的有效途径。种子企业应建立一整套科学的种子质量保证体系，从品种开发、生产经营到售后服务全过程实行全方位的、全体员工共同参与的质量管理。

3. 加大科技投入，提高种子科技含量　通过加大科技投入，运用高新技术来加速优质、高产、抗性强、适应性广的新品种的选育和开发；研究和采用先进的种子生产技术，引进和使用先进的种子加工、包衣、包装、检验设备和技术，提高种子科技含量；提高种子生产和经营管理的信息化水平，提高工作效率。

4. 树立以人为本的管理理念　市场竞争最终是人才的竞争，人是决定因素，名牌产品离不开“名牌员工”，要造就“名牌员工”，就必须尊重科技人员的劳动成果。要广纳贤才，筑巢引凤，使一批既懂种子科研、生产、加工技术，又懂经营管理的优秀人才从事种子工作，提高种子产业人员的整体素质。

5. 建设优秀的企业文化，树立良好的企业形象　企业文化是企业信奉并根植于员工心中的行为准则和思维模式。优秀的企业文化，对内可以增强企业凝聚力，对外可以增强企业竞争力，使企业持续、健康发展。

湖南亚华种业集团在企业发展过程中，建设“诚信、进取、包容、学习”的企业文化，以此规范员工的行为，取得了良好的效果。

种子企业在求得社会效益的同时，求得企业自身的经济效益。只要有了社会效益，也就有了企业自身的经济效益；有了社会的公认，企业的产品才能有更广阔的市场空间。

6. 运用法律武器，保护企业品牌　品牌建设与品牌保护同样重要，不法商户生产经营假冒种子，对品牌的负面影响极大，所以企业要重视打假维权工作。并在种子加工、包装的科技含量和促销等环节上不断创新，不给制假售假者机会。

企业在创造名牌过程中，要始终以市场为导向，不断创新，才能使自己的名牌立于不败之地。

（三）种子的定价策略

品种价格关系到企业的利润目标能否完成，种子企业要根据各种市场信息和种子产品的具体情况，采用合理的价格策略，以保证在竞争中处于有利地位。

1. 新品种定价策略　新品种定价决定新品种的推广速度。新品种的定价决定该品种以后的价格，一旦该价格为买卖双方所接受，再改变价格就要慎重。

（1）高价格策略。新品种初上市时，把种子价格定得较高，以赚取高额利润。此法一般适用于刚刚推出的新品种，少数种子企业垄断的品种，或有自主知识产权的品种。

（2）低价格策略。新品种种子定价低于预期价格，以利于新品种为市场所接受，迅速打开销路，同时给竞争者造成强有力的冲击，从而较长时期地占领种子市场。

（3）满足定价策略。这种策略介于“高价”与“低价”之间，价格水平适中。一般是处于优势地位的种子企业为了树立良好的企业形象，主动放弃一部分利润，这样既能保证企业获得一定的利润，又能为广大农民所接受。

2. 折让定价策略　种子企业为了刺激买方大量购买、及早付清货款、淡季购买以及配合促销，对品种的基本价格给以不同比例的折扣。例如，可根据付款时间的早晚给予不同比例的价格折让；可根据购买数量的多少，对大量购种的顾客给予折让。

3. 地区定价策略　地区定价策略就是经营者在综合考虑种子装运费的补偿、价格对用户的影响等因素来制定种子价格。地区定价主要有产地价格和目的地交货价格两种方式。

4. 心理定价策略　运用心理学原理，根据不同类型的客户的心理动机来调整价格，使其能满足客户的心理需要。心理定价有尾数定价、整数定价、声望定价、习惯定价等方式。

（四）种子的分销策略

种子的销售（流通）渠道可以从不同的角度进行划分。按有无中介商介入可分为直接销售和间接销售两种。直接销售（直销）是指种子直接从生产者到用户，无中间商介入，产销直接见面。间接销售（分销）是指种子从种子生产企业转移到种子使用者所经过的各中间商连接起来的通道，即种子专营渠道。

1. 分销渠道的类型　按中间商的数量多少可分为：宽销售渠道，有2个以上中间商；窄销售渠道，只有1个中间商。中间商可以是种子企业或个体经营者。经营方式上可以先批发再零售或直接零售，也可联营或代销。

2. 分销渠道的选择　种子的分销渠道通常采用短、宽、直接、垂直的系统。“短”是指种子从生产经营者到农户的过程中，中间层次越少越利于种子营销和服务到位；“宽”是指中间商数量多，有利于种子销售区域扩大；“直接”是指种子直接从生产经营者手中传递给农户，中间环节少，这样有利于种子技术指导服务；“垂直”是指分销渠道成员采取不同形式的一体化经营或联合经营，有利于控制和占领种子市场，增强市场竞争力。

例如，目前实行区域代理已成为种子市场营销的重要分销渠道。在代理策略上采取组织结构扁平化、企业利润最大化原则，缩短分销渠道，有条件的以县市代理为主。

对于分销渠道，中间商是种子流通过程中的重要成员之一。中间商选择是否合适，直接关系到种子生产经营者的市场营销效果。企业要制定与之相适应的中间商标准，然后进行比较选择，充分发挥中间商的桥梁纽带作用。选择中间商的依据有市场范围、产品政策、地理区位优势、产品知识、合作态度、综合服务能力、财务状况和管理水平等。

3. 分销渠道的管理　种子企业要和中间商相互依存、共同发展，结成长期的合作伙伴。

例如在区域代理模式中，种子企业与代理商依据《种子法》、《中华人民共和国经济合同法》签订区域代理协议书，明确双方的责、权、利，在销售区域、经营目标、执行价格及运营方式上达成一致，共同维护市场。

为使中间商更好地为生产者和用种者服务，生产者应采取各种措施，提供各种协助、服务。注重对中间商的日常管理，同时还应注意对中间商进行经常性的调查，对中间商的表现以及市场变化情况加以分析，来判断中间商是否适应市场变化。并根据中间商的具体表现、市场变化情况，对中间商进行调整，包括中间商数量、经营产品结构等。

(五) 种子的促销策略

促销又称销售促进或销售推广，促销能起到传递信息、扩大销售、提高声誉、巩固市场的作用。

种子企业主要的促销策略有人员推销、广告推销、公共关系和营业推广。

1. 人员推销　人员推销就是种子生产、经营单位选派自己的销售人员携带种子样品或栽培技术资料、图片等，直接向种子用户推销种子。

(1) 人员推销的优势。①灵活性强。种子推销人员能直接与种子用户联系，可以根据种子用户的不同需求，有针对性地采取必要的协调行动，如进行现场技术指导和服务等；在推销过程中，推销人员往往能抓住时机促成用户及时购种，或签订购种合同。②信息反馈，联络感情。推销人员在完成推销种子的同时，还可以收集资料情报，进行调查研究；与种子用户交换意见，联络感情，提升企业形象。

(2) 推销人员的业务素质。①具备一定的作物栽培、遗传育种、种子生产、病虫防治、市场营销的基本知识和技能，才能在种子销售时不出差错。②熟悉自己所推销品种的主要特征特性和栽培技术，才能有针对性地宣传，对品种的性能宣传要恰到好处。③了解农民的心理特点，亲近他们，和他们建立起长期的感情联系。④了解竞争对手的实力和竞争策略，以便制定自己的对策和向本单位提出必要的改进措施。⑤掌握良好的推销技巧，善于解答用户的疑问，做用户的参谋，把握好成交机会。

2. 广告推销　现代广告是以付费原则通过一定的媒体把商品和服务信息告知客户的促销方式。

(1) 种子广告的作用。种子广告可以传递种子信息，沟通产需见面；激发需求，扩大销售；促进种子质量的提高。

(2) 种子广告媒体。种子营销同工商业、服务业一样，在向服务对象进行广告宣传时，必须借助载体，这种载体称为广告媒体。现代广告媒体主要有报纸、杂志、广播、电视、传单、广告牌、各种邮寄广告函件、橱窗陈列、产品目录、录像等，特点各不相同。

(3) 种子广告策略。种子广告具有其自身的特点，它主要面向农村、面向农民，因此在广告制作时，要注意以下策略：

①农民由于受多种条件的约束，信息来源不广，获得信息速度慢。因此，应加大种子广告力度。

②以农民容易接受的语言和图式介绍种子的特点，浅显易懂，重点突出，科技服务是主题。

③广告采取的方式能使广大农民久久不能忘怀。如采用新旧品种对比的方式等，或用其他品种的弱点对比自己品种的优点。

④广告一定要守信，这是广告必须具备的性质。

⑤种子营销部门要根据自己的品种和特点，选用适当的广告媒体。

种子广告宣传，在农村普及型报纸和电视媒体上或是大型种子（农产品）交易会上发布效果较好。

3. 公共关系　公共关系活动是指并非直接进行种子产品的促销，而是通过一系列活动树立企业及产品良好形象，在公众及使用者心目中树立起良好的品牌信誉，从而间接地促进种子销售。

(1) 公共关系的活动对象。包括种子使用者、社会团体（消费者协会、工会、行业协会)、新闻传媒、政府机构（农业局、工商局、税务局、相关职能部门)、相关企业（银行、供应商、中间商、竞争商)。

(2) 公共关系活动的主要形式。包括公共宣传、编辑宣传物、主题活动（相关场合的开幕式、庆典、观摩会、论证会、研讨会)、赞助活动（参加社会公益活动、资助社会公益事业）等。

4. 营业推广　营业推广是为了在一个比较大的目标市场中刺激需求、扩大销售，而采取的鼓励购买的各种措施。种子营业推广的主要方式有业务会议、贸易展览、交易推广、种植展示推广等。种植展示推广是农作物种子所特有的一种营业推广方式，即对农作物新品种进行多点示范种植，展示其优良特征特性，请农业专家、农技推广人员、经销商、农民考察评价，以扩大推广。这是种子推广较有效的一种方式，特别是对新品种的推广。

四、种子销售服务

种子销售服务是种子企业增强市场竞争力、扩大产品销路的重要手段，必须树立“用户至上、一切为用户服务”的指导思想。

1. 售前服务　包括：①编好种子使用说明书，包括品种特征特性、产量水平、栽培要点、注意事项等。②搞好种子包衣和包装。③技术培训（新品种)。④根据用户需要，代为培育特殊品种。

2. 售中服务　包括：①代办各种销售业务，如托运、邮寄、合同、特殊包装等。②技术咨询。③为用户提供方便，如包装、绳子、茶饭等。

3. 售后服务　包括：①实行多包制度，如包退还、保定额产量、技术培训、赔偿损失等。②接待、访问用户，及时处理用户的来信和申诉。③设立技术服务站或定期上门服务。④组织用户现场交流。

实　践　活　动

全班以小组为单位，利用业余时间调查当地某一种子企业或某品种的种子销售渠道的类型及其相对重要性。

【知识拓展】种子认证

一、种子认证的含义

种子认证可以理解为是保持和生产高质量和遗传稳定的作物品种种子和繁殖材料的一种方案，是种子质量的保证体系。通俗地说，种子认证是一种控制种子质量的制度，是由第三方认证机构依据种子认证方案，通过对品种、亲本种子来源、种子田以及种子生产、加工、标识、封缄、扦样、检验等过程的质量监控，确认并通过颁发认证证书和认证标识来证明某一批种子符合相应的规定的要求。

二、种子认证的作用

在欧美等国家，种子认证被列入国家的种子法规，对种子质量的控制、种子生产和贸易起到了很好的保证和监督作用。种子认证制度经过种子行业100多年的实践和推广，已成为种子质量控制和营销管理的主要手段之一。种子认证连同种子法规、种子检验构成了种子宏观管理的核心。

通过种子认证，一是在世界范围内消除种子贸易中的技术壁垒，促进种子贸易的发展；二是克服第一方和第二方评价的缺陷，真正实现公正的、客观的科学评价，保护种子生产者和农民的权益；三是持续地提供高质量种子，确保农业生产安全。

三、我国种子认证现状

为了加强种子质量管理，提高种子质量水平，农业部于1996年颁发了《关于开展种子质量认证试点工作的通知》，决定开展农作物种子质量认证试点工作，旨在我国建立既与国际接轨又切合国情的种子质量认证制度，为推行种子质量认证制度奠定基础。全国农业技术推广服务中心（农业部全国农作物种子质量监督检验测试中心）受农业部委托，负责组织实施全国农作物种子质量认证试点工作。为了加强和完善种子认证试点工作，从2000年以来，农业部加快了对种子认证标准和规范的制定步伐，已基本形成种子认证标准的框架，2001年4月完成《农作物种子质量认证手册》，并公布实施。

【技能训练】

技能8-1 案例分析

一、技能训练目标

通过了解案情，结合《种子法》的有关条款，对案情进行评析，熟悉《种子法》，依法经营，为今后从事种子工作打下基础。

二、技能训练内容（案情）

2004年3月，黑龙江省饶河县农民张某某从牡丹江市某种子公司购进哲单37玉米杂交种2 000kg，之后私印标签，把发芽率为70%的哲单37内外标签换成绥玉7号玉米杂交种，销售给本县农民，种植66.7hm^2，致使玉米出苗不齐，缺苗断垄，造成大面积减产，直接经济损失10万元。

三、技能训练报告

通过了解案情，结合《种子法》的有关条款，参考已学案例，完成案例分析。

技能8-2 种子市场调查

一、技能训练目标

通过实训，明确市场调查的目的，掌握种子市场调查的程序和方法，同时提高学生的沟通与合作能力。

二、技能训练场所

种子市场、种子企业、农户、种子管理部门。

三、技能训练说明

1. 调查内容　种子市场调查包括市场环境、市场需求情况、市场供给情况、种子流通渠道、市场竞争情况五个方面。具体内容包括品种、价格、包装、广告、经销商、服务、法律法规执行情况等。

2. 调查方式　市场观察、询问与查阅资料相结合。

3. 组织形式　学生以小组为单位开展调查。

四、技能训练操作规程

【调查程序 1】确定种子市场调查的问题

本次实训可将市场上某一作物的品种结构、销售渠道、销售价格、销售量等作为专题进行调查。

【调查程序 2】现场调查准备

调查准备包括确定调查的地点、时间、对象及设计调查表等。

【调查程序 3】现场调查

本次实训主要采用询问法进行调查。

【调查程序 4】整理和分析调查资料

【调查程序 5】编写调查报告

调查报告内容包括种子市场调查的目的与要求、调查的结果与分析、调查结论与建议。

五、技能训练报告

根据种子市场调查资料，以小组为单位写出市场调查报告，并进行交流。调查报告内容包括：①调查方法及简单过程；②调查数据和事实的整理与分析；③调查结论；④该调查是否达到了预定目标；⑤提出与调查内容有关的问题及建议。

技能 8-3　种子购销合同的签订

一、技能训练目标

通过实训，了解经济合同方面的基本知识，熟悉种子购销合同的格式及合同中各条款的内容，掌握签订种子购销合同的方法，增强质量意识和法制观念。

二、技能训练说明

学生以小组为单位，分别作为供种方和需种方，共同签订一份某作物种子的购销合同。

三、技能训练内容

供方：　　　　　　　　合同编号：

　　　　　　　　　　　签订地点：

需方：　　　　　　　　签订时间：　　年　　月　　日

根据《中华人民共和国经济合同法》、《中华人民共和国种子法》及有关规定，为明确双方的权利、义务，经双方协商一致，签订本合同。

1. 农作物种子种类、品种、质量、数量、金额

农作物种类	品种名称	计量单位	数量	质　量(%)				单价（元）	总金额（元）
				纯度	净度	发芽率	水分		

2. 农作物种子的检验及检疫　供需双方应严格按国家颁布的检验检疫管理办法、规程及有关规定，办理农作物种子检验检疫手续，检验执行《农作物种子检验规程》（GB/T 3543.1～3543.7—1995）。

（1）供方必须提供持证种子检验员签发的该批种子的种子检验结果报告单。

（2）调运或邮寄种子必须出具相应的种子检验结果报告单及植物检疫证书。

（3）需方收货后复检，发芽率、净度、水分 3 项指标在收货后两个发芽周期内复检完毕；纯度在收货后该作物第一个生产周期内复检完毕；发现问题应及时通知对方，逾期视为种子合格。

（4）供需双方对经销的每批种子必须同时取样分别封存，以备种子复检和鉴定，样品保存至该批种子用于生产收获以后。

（5）种子质量标准当有国家标准或行业标准时，一般执行国家标准或行业标准；没有国家标准或行业标准的，由双方协商签订。

（6）申请种子委托检验和鉴定的，其费用由种子__________方（单位）负担。

3. 超幅度损耗及计算方法

4. 包装要求及包装费用负担

5. 交（提）货时间、地点、发运方式、运费负担

6. 交付定金数额及时间

7. 结算方式和期限

8. 双方一般责任

供方：保证所供种子品种、数量、质量达到合同给定条款规定，并按合同约定的时间、地点交付需方。

需方：按合同约定的时间交付定金，保证按时收购由供方提供的符合本合同要求的种子。

9. 因不可抗拒力因素造成种子数量或质量达不到本合同约定条款的，供方应及时通知需方进行实地考查，并提供具有法律效力的有关资料，双方协商变更合同或签订补充协议。协商不成，按《中华人民共和国经济合同法》及《中华人民共和国种子法》的有关规定处理。

10. 违约责任

11. 合同附件

农作物种子质量合格证、产地检疫合格证或植物检疫证书及合同双方的农作物种子经营许可证复印件均作为合同附件。

12. 种子质量发生纠纷　当发生种子质量纠纷时，由国家法定的科研和行政管理机构或单位进行技术质量鉴定；本合同在履行中发生纠纷，由当事人协商解决，协商不成，可由仲裁委员会仲裁或向人民法院起诉。

13. 双方协商的其他条款

14. 本合同未尽事项　本合同未尽事项一律按《中华人民共和国经济合同法》、《中华人民共和国种子法》及国家有关规定，经合同双方协商一致，做出补充规定附后。如需提供担

保，另立《合同担保书》，作为本合同附件。

本合同一式________份，合同双方各持________份；合同副本________份，送________（单位）备案。

供方（章）： 单位地址： 法定代表人： 委托代表人： 电话： 电挂： 开户银行： 账号： 邮政编码：	需方（章）： 单位地址： 法定代表人： 委托代表人： 电话： 电挂： 开户银行： 账号： 邮政编码：	审核意见： 经办人： 审核机关（章）： 年　月　日	公证意见： 经办人： 公证机关（章）： 年　月　日

有限期限：　　年　月　日至　　年　月　日

四、技能训练报告

以小组为单位，签订一份规范而完整的种子购销合同。

【回顾与小结】

本章学习了种子法规和种子营销两部分内容，进行了三个项目的技能训练。种子法规包括《种子法》确定的主要法律制度，种子生产、经营许可证申请条件和程序，种子行政管理，种子的依法经营，种子违法案例分析，其中需要重点掌握的是：种子生产、经营许可证申请条件和程序及种子违法案例分析。种子营销包括种子营销的特点、种子市场调查及种子营销策略，其中需要重点掌握的是：种子市场调查的方法和种子购销合同。

通过学习，不仅要掌握种子法规和种子营销的基本知识和技能，还要明确树立依法治种意识和种子营销观念，确保我国种子产业和种子市场公平、有序和健康发展。

复习与思考

1. 名词解释：假种子　劣种子
2. 简述《种子法》确定的主要法律制度。
3. 申请办理主要农作物杂交种子经营许可证应具备哪些条件？
4. 种子经营者的主要违法行为有哪些？
5. 学习种子违法案例以后受到哪些教育和启示？
6. 种子营销有哪些特点？
7. 简述种子市场调查的内容。
8. 如何选择适宜的种子分销渠道？
9. 试述种子促销的手段及其优缺点。
10. 简述种子标签的作用和特点。
11. 如何实施种子的名牌策略？

第九章 计算机在作物种子生产与管理中的应用

学 习 目 标

◆ **知识目标** 了解计算机在种质资源管理及种子加工中的应用概况；熟悉计算机在种子检验中的应用；了解大型种子检验中心管理种子检验任务的方法和流程；了解计算机在种子贮藏方面的应用。

◆ **能力目标** 掌握使用随书软件进行种子检验任务立项和数据处理的方法；能够应用互联网浏览种业信息，进行种业信息检索。

第一节 计算机在种子生产与管理中的应用概况

现代计算机问世已有60余年的历史。1946年2月14日，世界上第一台计算机ENIAC在美国宾夕法尼亚大学诞生。当时的计算机是以算术运算为主要功能的，故英语称为computer，汉语译为计算机。60多年过去了，Computer已不再是当年那种只能执行计算功能的工具，而是能进入社会生活和工作各个领域发挥作用的智能工具。它处理的信息也不再只是数量值，而是包括形式和内容均丰富多样的各种信息，包括语言、文字、图形和图像等。它不仅能进行算术运算，而且能进行逻辑运算，可以对语言、文字、符号、大小、异同等进行比较、判断、推理和证明，具有人脑的某些功能特征。

人类已进入21世纪，信息化、知识化和经济全球化是本世纪最突出的特征。尤其是计算机和网络技术的发展，已经渗透到全社会的各个行业领域，正在改变着每一个人的工作和生活方式。信息收集、加工、传播和利用已经成为或正在成为人们工作的中心，并维系着整个社会的发展。以计算机和网络为基础的知识经济时代已经到来。

不言而喻，计算机和网络技术也进入了作物种子生产与管理领域。早在20世纪70年代，为了适应种子工作的需要，一些发达国家如美国、日本等就实现了种质资源档案的计算机管理。1984年，新西兰将计算机用于种子检验工作，从样品接收、登记、数据测定、数据处理、种子分级到结果报告、种子证书签发、检验费用计算等全部用计算机处理。1988年，美国将计算机用于种子加工，设计了种子清选的计算机控制系统，可对混入作物种子中的其他植物种子进行有效的分离。现在，计算机技术已全面进入发达国家的作物种子生产与管理领域。种子检验、贮藏、加工、包装等各项工作均可在计算机控制下全自动进行。种子商品信息、种质资源以及种子购销活动等已实现网上交流、网上交易，极大地提高了种子生产与管理的效率和效益。

我国种业应用计算机技术较晚，因而也远较发达国家落后。1986年，浙江大学种子科学中心开始种子检验数据处理计算机软件的开发，经过10年的研究发展，已研制出较为成熟的“种子检验数据处理软件系统”。1995年，青海省种子管理站完成了“种子质量全程监测控制的计算机管理系统”。2003年，深圳职业技术学院完成了“种子检验信息管理系统”的研制。此外，一些研究工作者从各个角度研究计算机在种子行业的应用，如黄亚军等利用计算机编制了种子检验电泳图谱的打印程序；王元丰等进行了“种子形状参数检验的计算机图像处理技术”研究，为种子检验的全自动计算机控制进行了有益的探索。为了加速我国种业的信息开发与交流，推进网络信息化，农业部种植业管理司和农业部信息中心联合建设了中国种业信息网。所有这些都为我国种子行业应用计算机创造了条件。

近十几年来，从世界范围看，计算机已逐步成为种子工作者必备的工具。种子生产与管理工作的现代化离不开计算机的应用。从种子生产、检验、贮藏、加工到销售，每一个环节都需要计算机帮忙。尤其在网络技术飞速发展的今天，种子工作者离开了计算机，就等于离开了信息，就远离了种子生产与管理的中心，就将使他的各项工作滞后于社会，茫然于行业，无从进行下去。可以预见，随着我国计算机技术的发展，计算机将在我国种子生产与管理领域更加广泛地得到应用。

第二节　计算机在种质资源管理中的应用

一、计算机在种质资源管理中应用的意义

种质资源是育种的基础材料，拥有的种质资源越多，对其研究越深入，掌握育种的主动权就越大。因此，许多国家都建立了国家种质资源库。如美国的作物种质资源信息网络系统拥有40多万份种质信息。对如此多的数据，如果没有计算机管理，则其有效使用是难以想象的。我国对农作物种质资源研究十分重视，至1999年，已入国家种质资源库（圃）保存的农作物种质资源达35.5万份。国家种质资源数据库包括5个子系统，即国家种质数据库子系统、种质性状评价数据库子系统、国内外作物种质交换数据库子系统、野生种质圃数据库子系统和国家复份种质库管理数据库子系统。我国还研制了国家农作物种质资源电子地理信息系统，首次在计算机中绘制、贮存国家农作物种质资源分布图272幅，为生物多样性研究提供了依据。这样一系列的工作，如果没有计算机是不可能完成的，如果没有计算机也是无法使用的。

二、计算机在种质资源信息系统中的应用

（一）计算机在种质资源信息系统中应用的主要类型

1. *文件系统*　数据以文件方式贮存，每份文件设计有一组描述字段，文件可采用不同的组织和记录格式，借助一些描述信息把文件连接起来操作，从而实现对所贮存信息的处理。

2. *数据库系统*　数据库系统具有文件系统的若干特征，但贮存的数据可以独立于数据管理的程序，以供不同目的的管理程序共同享用。我国国家种质资源信息系统就属于这种类

型。当前数据库系统常与网络结合使用，称为网络数据库系统。所谓网络数据库系统是通过网络连接信息源与用户的系统。美国农业部的作物种质资源信息网络系统就属于这种类型，用户与该系统的通信可采用远程通信方式连接，只要具备能上网的计算机终端，即可上网免费查阅。

（二）种质资源数据库管理软件的建立

以种质资源数据库管理软件的建立为例，说明计算机在种质资源信息系统中的应用。

1. *对种质资源数据库管理软件的要求*　包括：①输入新的种质资料（包括新资源的有关数据和原有资源新增加的数据），扩充数据库的内容；②修改或删除数据库中的某些记录；③打印、显示或输出数据库中的各种信息；④复制数据记录；⑤进行复合条件检索，并输出检索结果；⑥对数据库中的数据进行分类处理和统计分析；⑦能产生灵活多样的报表或报告；⑧ 程序功能模块化，可移植，易维护，使用方便。

2. *建立种质资源数据库及管理软件的简要步骤*

（1）收集数据。收集数据是建库的先导和基础。国家种质库或专门的种质资源保存单位有现存的数据，而且是经过规范化处理的数据，可以直接引用。如果是非专门机构保存的种质资源或新征集的种质资源，准备对它建立数据库时，则应注意各种数据的规范化，尽量与国际标准接轨。

（2）数据分类和整理。对非专门机构保存的种质资源或新征集的种质资源，其原始数据通常多而乱，必须加以分类整理，方可建立数据库。我国国家种质资源数据库把鉴定的项目或性状分为5类，输入计算机便形成5种类型的字段：一类字段表示种质库编号、全国统一编号、保存单位、保存单位编号、种质所属科、属或亚属、种、品种名、原产地、来源地等；二类字段按顺序表示物候期、植物学性状和生物学特性等；三类字段表示品质性状鉴定和评价资料；四类字段表示抗性（抗逆性和抗病虫等）数据；五类字段表示细胞学和其他生理生化鉴定资料等。

（3）数据库设计。在设计数据库之前，先要确定所用的机型和相应的软件支持系统，确定库级结构；目前普遍使用的计算机为PC机，其操作系统主要有：Windows NT/2000/2003、Windows XP和linux等。以前建立的数据库通常是以MS-DOS作支持系统的，操作不方便。以后设计数据库应该在Windows下进行，以便于日后操作。然后采用常用的应用软件开发工具，如Microsoft Visual Studio、Delphi、C++ Builder或Java等编制一整套管理软件，它包括数据录入、数据库检索和数据统计分析等功能。

（4）测试运行程序。数据库及应用程序设计完成后，是否符合设计目标必须通过测试运行来检验，输入一些理论数据或已掌握的种质资源数据逐项进行检查，找出问题以后再对数据库及管理软件进行修改或调整。

第三节　计算机在种子加工中的应用

种子加工是提高种子质量的一个关键环节，是种子商品化的重要步骤，因而大型或较大型的种业公司都拥有种子加工能力，即拥有种子加工生产线或种子加工成套设备。传统的种子加工生产线的控制系统多为带指示屏的电控柜，其特点是人工手工控制，不能识别操作者身份，不能自动启闭生产线的所有设备或若干设备，不能自动记录操作步骤和向操作者提出操作指导或建议，不能按要求自动记录、分析生产线的生产状况，生产过程需要较多的人工投入且种子生产质量不稳定。

应用计算机对种子加工车间或生产线进行控制与管理，利用多种传感器监测技术实现了振动频率、风速、风量、转速、温度等多种参量的实时监测，可以根据数据库对加工工艺进行自动选择和控制，以适应不同种子的加工工艺要求；可以对生产线的各个部位及种子分选情况进行视频监控，操作者可根据监测情况进行远程控制；可根据数据库对生产线中单机的运行参数进行自动调节，提高种子的加工质量。

农业部种子加工工程技术中心设计并开发了一套计算机控制与管理系统，可以实现如下功能：

（1）操作者的管理、登录、考勤和报表输出。

（2）鼠标点取并选择不同工艺流程，计算机按照预定程序启动相关设备。

（3）鼠标点击显示屏上的设备启/停按钮，启动或停止该设备。

（4）通过显示屏上的动画指示设备运行状态。

（5）自动记录操作过程及状态。

（6）自动记录加工品种和产量及自动进行报表输出。

（7）紧急停机，动作时间小于 0.5s。

其软件流程如图 9－1 所示。

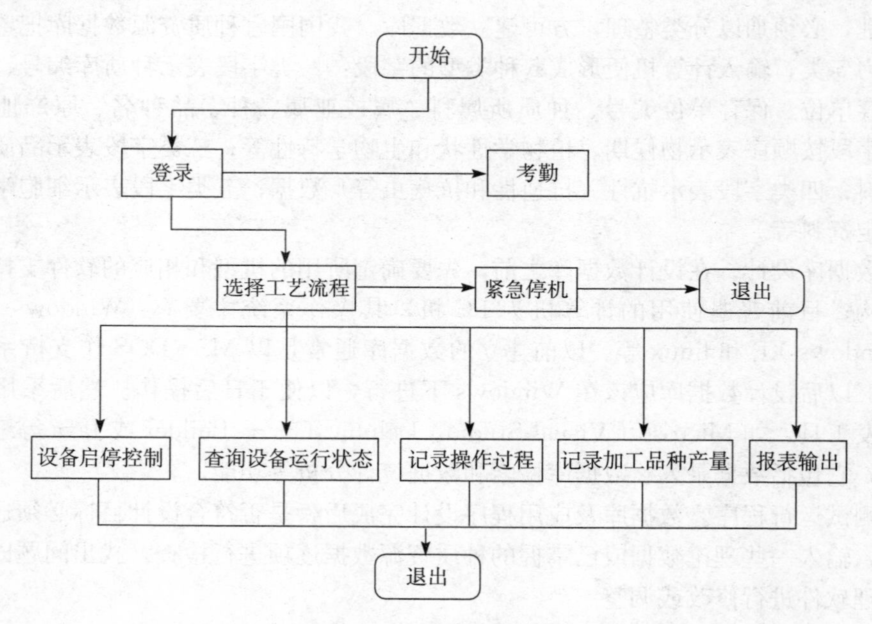

图 9－1　种子加工计算机控制与管理系统软件流程图

第四节　计算机在种子检验中的应用

一、种子检验信息管理软件系统及其优点

种子检验是对种子品质进行检测，评定其种用价值的重要环节。针对种子检验数据多、

结果计算与容许差距核查过程费时间，且极易出现差错的问题，深圳职业技术学院研制开发了“种子检验信息管理软件系统”。这个软件系统按照新国家标准的规定，即按照《农作物种子检验新规程》（1995年制定）和《农作物种子分级新标准》（1996年制定），将有关计算公式、容许差距数值修约、分级标准等公式和表格编入软件，计算机能自动运算和查对，使用十分方便。只要在计算机中安装了该软件系统，将原始检验数据输入计算机，即能得到比较满意的种子检验结果。该系统拥有如下优点：

1. *操作界面良好、系统维护简便、提供帮助信息*　该系统采用窗口操作方式，功能选择十分方便。各子功能均可支持鼠标操作；如有不会操作的时候，可查看软件操作指南文档，则可获得详细的帮助操作信息；使用这一软件系统，用户能对净度、发芽率和生活力等容许差距表进行修改，自行维护。

2. *数据处理迅速、结果准确可靠、自动评定种子级别*　检验数据的处理、重复间容许差距的核查以及种子级别的确定，均由计算机自动完成。数据输入完毕，即能得出种子检验结果。

3. *提供各项质量指标的检验结果报表，满足用户不同需求*　该系统除提供综合结果报表外，还可提供各单项质量的检验结果报表；计算机能存储各样品的检验原始数据，以方便用户随时调取与复查。

4. *任意选项，使用方便*　该软件考虑到用户检验项目可能存在项目多少和选项不同的需求，在设计上可以任意选项，方便用户使用。如仅检验其中某一项目，则只需输入基本信息和该检验项目的原始数据，就能自动运算出该项目的结果。在结果报告中也仅有该项目的结果数据，其他各项检验结果则标记为“未测定”或空白。

5. *编制专用程序段，以满足纯度测定的特殊要求*　《农作物种子检验新规程》规定，品种纯度测定结果要与标准规定的纯度、合同或标签规定的纯度相比较。因此，该软件编制了比较专用的程序段。通过比较，若差距在容许范围内，则显示“结果允许”和纯度百分率；若超出容许范围，则提示“未达标（纯度百分率）”，以便用户判定。而且，鉴于新规程规定，实测纯度与标准规定的纯度进行比较的试验样品数量为75～1 000粒（或苗、穗、株），范围太小。当田间小区鉴定试验样品数量超过1 000粒（或苗、穗、株）时，就不能进行直接比较。为此，该系统引入S. R. Miles的校正系数资料，任何1 000粒（或苗、穗、株）以上的试验样品，都能进行自动校正后再与规定标准比较，然后根据比较情况得出最后结果。

二、种子检验原始数据登记表

在采集或收到种子样品后，或在进行种子样品检验时，需将有关送交检验的种子样品的基本信息和测定的原始数据录入种子检验原始数据登记表（表9－1），以便处理种子检验数据时输入计算机使用。

表 9-1　种子检验原始数据登记表

1. 基本信息

①样品编号：

② 检验编号：

③ 送验单位：

④ 代表数量（kg）：

⑤ 品种名称：

⑥ 检验日期：

⑦ 作物名称*：

2. 净度分析

①半试样或全试样*：

② 种子有无稃壳*：

③ 送验样品重量：

④ 重型混杂物重量：

其他植物的重量：

杂质的重量：

⑤ [半] 试验样品 1 重量：

净种子重量：

其他植物种子重量：

杂质重量：

⑥ [半] 试验样品 2 重量：

净种子重量：

其他植物种子重量：

杂质重量：

⑦ 其他植物种子数测定的样品重量：

其他植物种子总粒数：

杂草种子总粒数：

3. 发芽试验

① 发芽床种类：

② 每重复置床种子数：

③ 发芽温度：

④ 发芽持续时间：

⑤ 发芽试验前处理：

⑥ 发芽试验初期正常幼苗数：

重复 1：

重复 2：

重复 3：

重复 4：

⑦ 发芽试验终期正常幼苗数：

重复 1：

重复 2：

重复 3：

重复 4：

⑧发芽试验终期其他种子数：

硬实总数：

新鲜未发芽种子总数：

畸形幼苗总数：

腐烂幼苗总数：

注：取各重复合计数。

4. 水分测定

①试样 1 烘前重量（g）：

② 试样 1 烘后重量（g）：

③ 试样 2 烘前重量（g）：

④ 试样 2 烘后重量（g）：

5. 品种纯度检验

① 室内或田间检验*：

② 试验样品总数（粒、苗、株或穗）：

③ 规定品种纯度：

④ 本品种数量（粒、株或穗）：

重复 1：

重复 2：

（续）

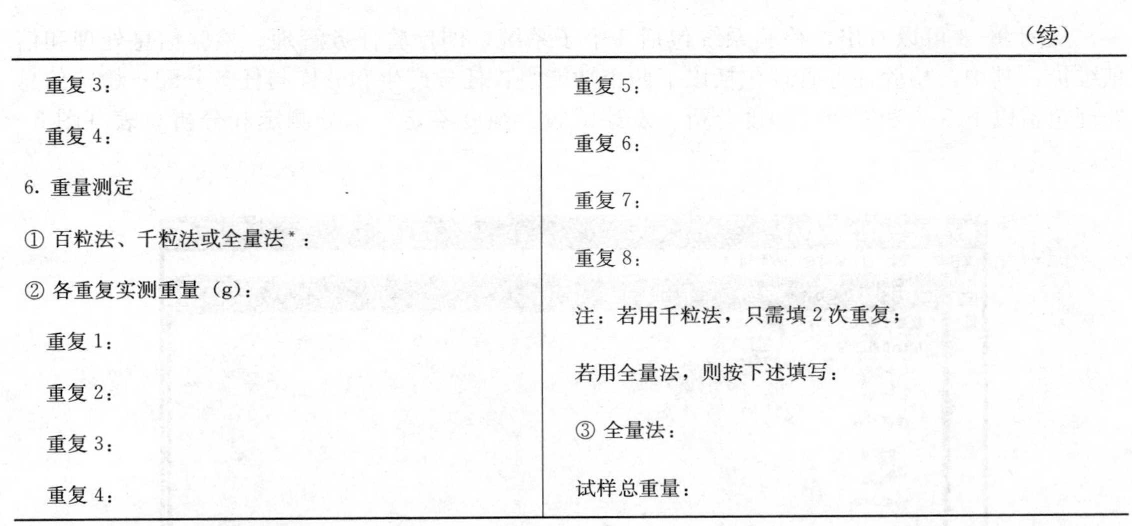

重复 3：	重复 5：
重复 4：	重复 6：
6. 重量测定	重复 7：
① 百粒法、千粒法或全量法*：	重复 8：
② 各重复实测重量（g）：	注：若用千粒法，只需填 2 次重复；
重复 1：	若用全量法，则按下述填写：
重复 2：	③ 全量法：
重复 3：	试样总重量：
重复 4：	

* 可在系统运行过程中选择。

三、“种子检验信息管理系统”登录

用户可以依照随书光盘中文档的指引，自行完成“种子检验信息管理系统”软件的安装和配置，如实在难以完成安装和配置工作，可通过邮件与软件编制人（lxh@oa. szpt. net）联系。

使用系统管理员分配的用户名和密码可登录系统，如图 9-2 所示。

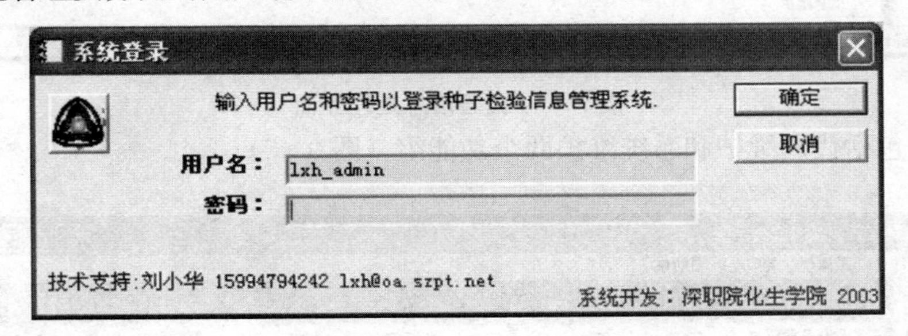

图 9-2　系统登录界面

如果用户名和密码正确，系统进入功能选择界面，如图 9-3 所示。

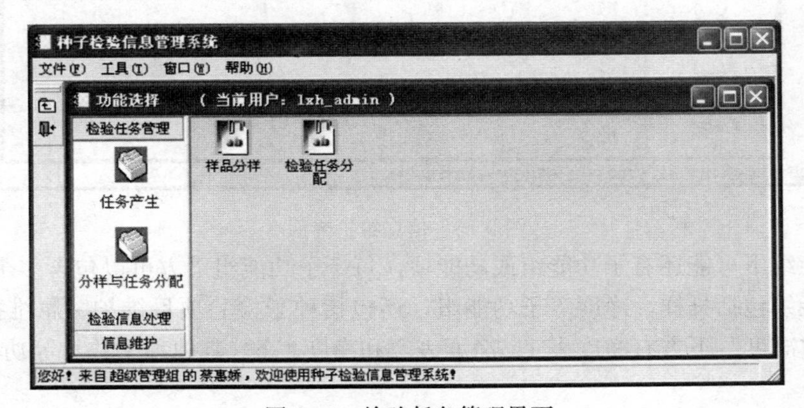

图 9-3　检验任务管理界面

从图 9－3 可以看出，检验系统包括 3 个子系统，即检验任务管理、检验信息处理和信息维护，其中，检验任务管理包括以下两个功能组：任务产生和分样与任务分配；检验信息处理包括以下 5 个功能组：净度分析、发芽试验、纯度鉴定、水分测定和分析总表（图 9－4）。

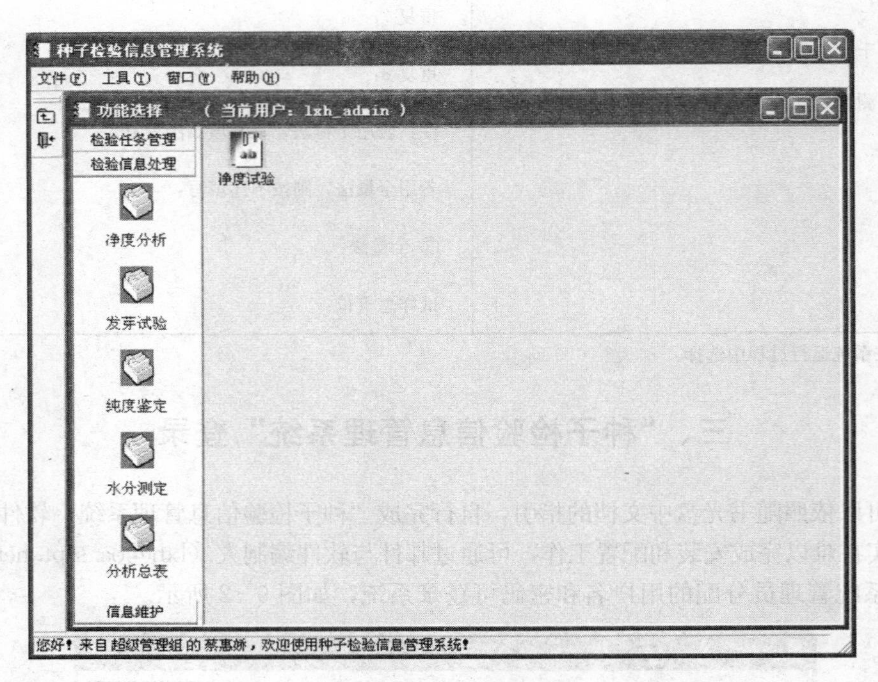

图 9－4 检验信息处理界面

信息维护包括代码维护和系统维护两个功能组（图 9－5）。

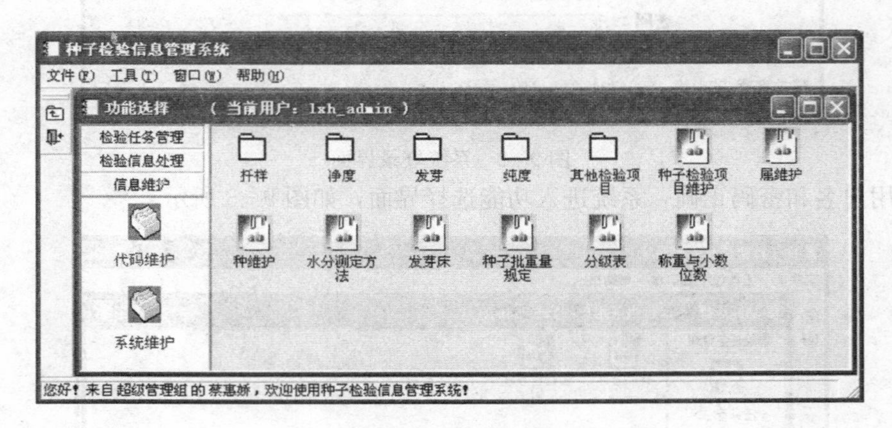

图 9－5 信息维护界面

每个功能组下可能还有子功能组或功能项，每个子功能组下方可以包含多个功能项，如代码维护功能组包括扦样、净度等子功能组，还包括种子检验项目维护、属维护等功能项，而子功能组“净度”下方有净度表 1、净度表 2 和净度表 5（其他种子数）等功能项（图 9－6）。

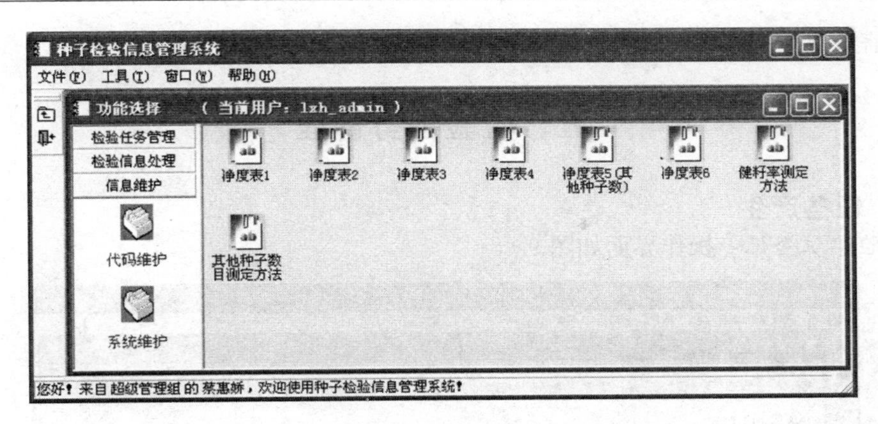

图 9-6　代码维护的子功能组“净度”界面

四、种子检验流程

种子检验流程如图 9-7 所示。

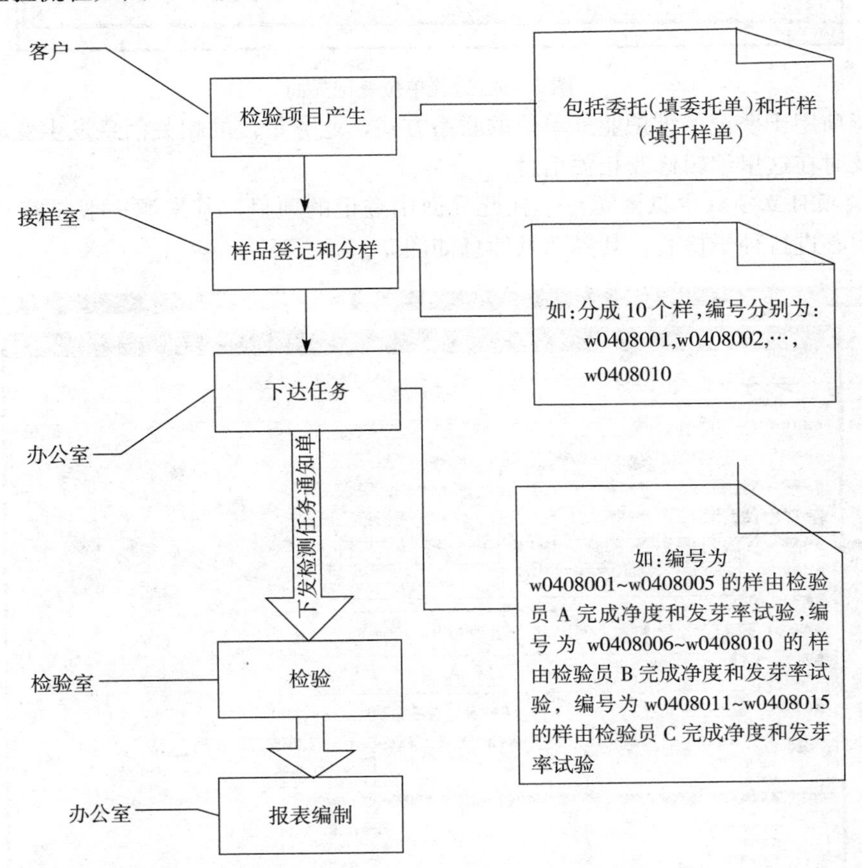

图 9-7　种子检验流程图

由图 9-7 可见，检验任务管理子系统及检验信息处理子系统用于支持种子检验的业务功能，而信息维护子系统则用于支持软件系统运行。

五、检验任务管理

（一）任务产生

1. 送验单位登记　操作界面如图 9－8。

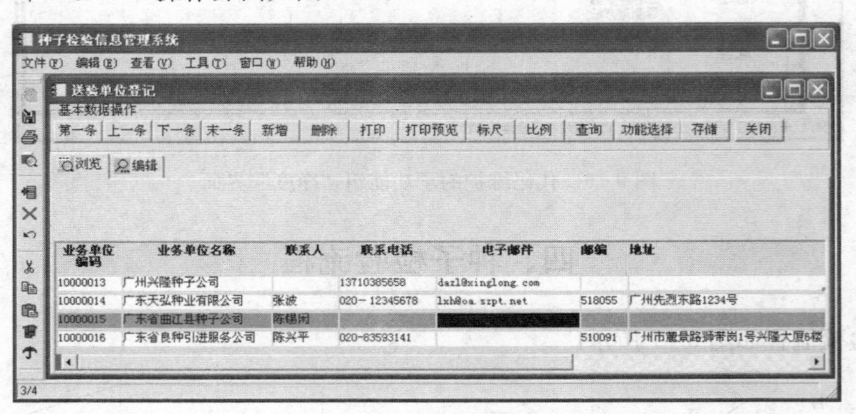

图 9－8　送验单位登记界面

该功能项用于登记、维护业务单位的联系方式，业务单位的相关信息发生变动时，系统管理员要及时在这里编辑修改相关信息。

2. 检验项目立项（申报方式）　在此界面中登记的项目，其来源一般是客户单位主动要求检验中心进行种子检验，其界面及信息如图 9－9。

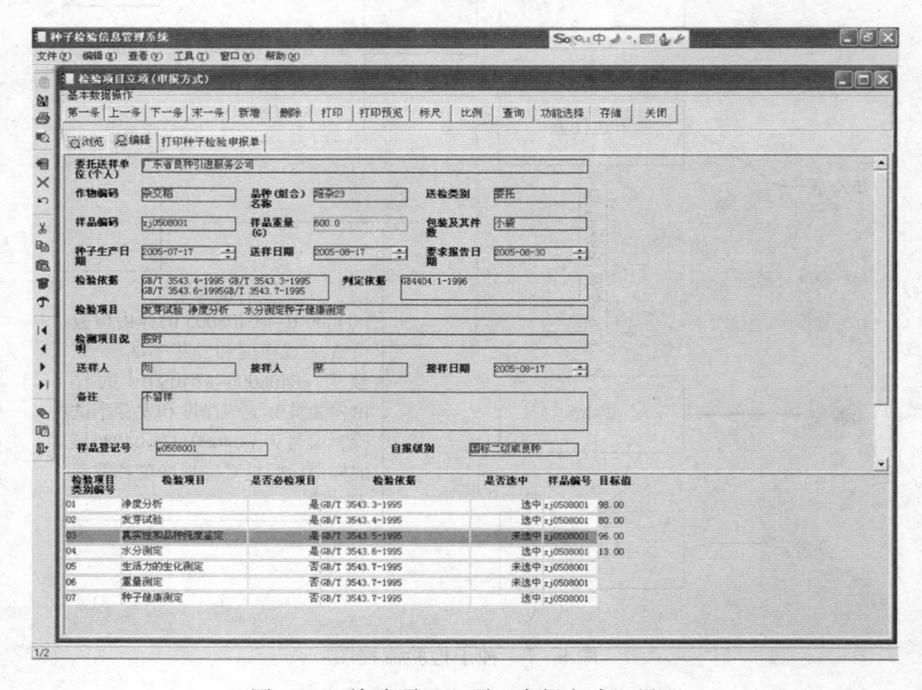

图 9－9　检验项目立项（申报方式）界面

在新增立项时，下方表格的条目均为“未选中”，操作员应根据客户的检验要求通过“是否选中”字段勾选其中一些检验项目。如表 9－1 中，客户要求做净度分析、发芽试验、水分测定和种子健康测定四个项目，在操作员勾选后，相应条目的颜色会变成蓝色。

3. 检验项目立项（扦样方式）　在此界面中登记的项目，其来源一般是检验中心派人到客户公司扦样得来的，因此，检验中心不仅要对试验样品负责，还要对所扦样品是否有代表性负责，其界面及信息如图 9－10。

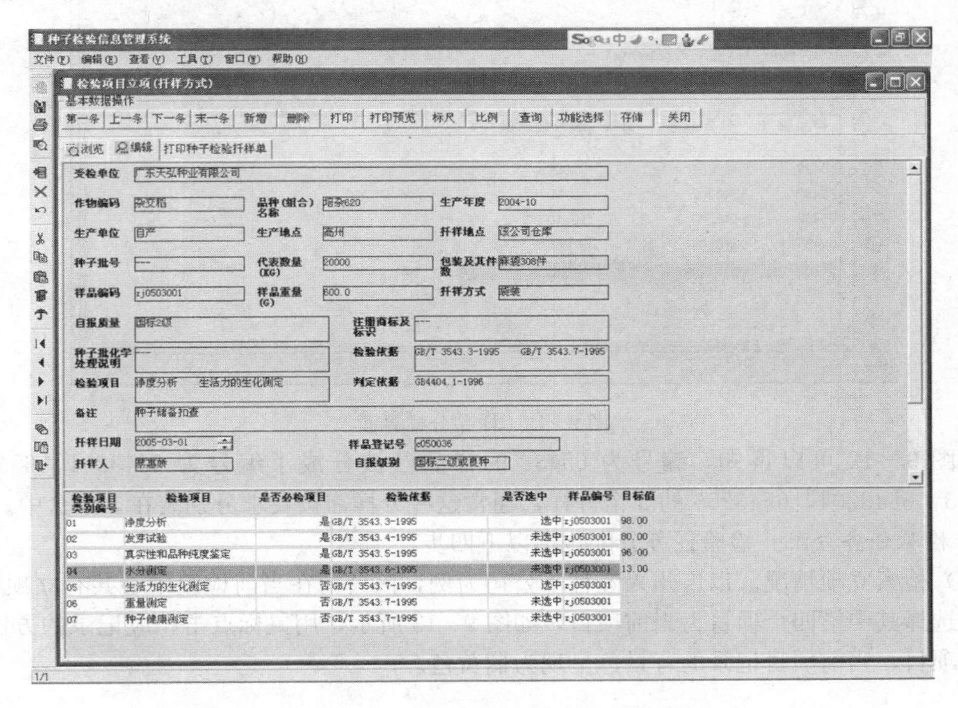

图 9－10　检验项目立项（扦样方式）界面

以上界面显示扦样方式立项除登记信息与送样方式与申报方式立项稍有不同外，其余操作均相同。

（二）分样与任务分配

这部分包括两项功能，如图 9－11 所示。

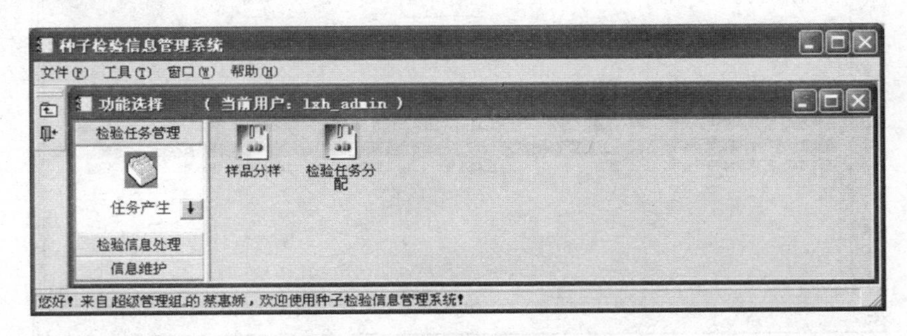

图 9－11　分样及任务分配界面

1. 样品分样　无论何种立项方式，一般只提交一个样品，而检验员在做试验时，在一项试验中经常要做多个重复，所以在准备试验时，要事先把样品按预定试验的要求分成多个分样，以便于下一步的试验。程序运行界面如图 9－12。

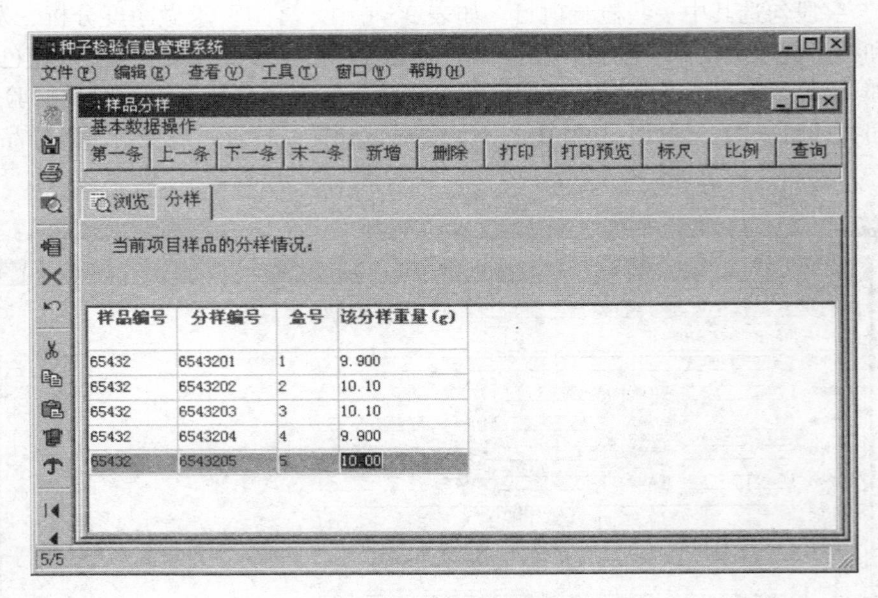

图 9－12　样品分样界面

从图 9－12 可以得知，编号为 65432 的样品已被分成了编号为 6543201，6543202，6543203，6543204，6543205 的 5 个分样，通常这些分样需按要求分别装在 5 个盒中。

2. 检验任务分配　检验任务分配包括以下四步：

（1）检索立项情况。以广州兴隆种子公司为例，该公司在当前检验中心共有立项项目 5 个，现选择其中第四个项目为当前项目，如图 9－13 所示，用鼠标点击相应记录的方法可选中对应项目，当前项目记录的背景色呈现为橘黄色。

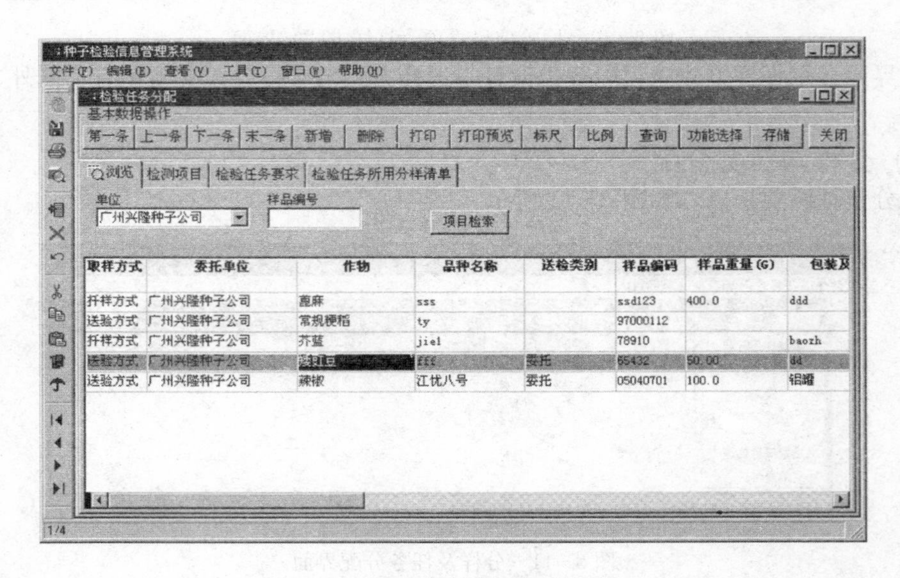

图 9－13　检验任务分配界面

（2）查看当前项目的所有检测项目。用鼠标点选第二个选项卡“检测项目”，可查看所有检验项目（图 9 - 14）。

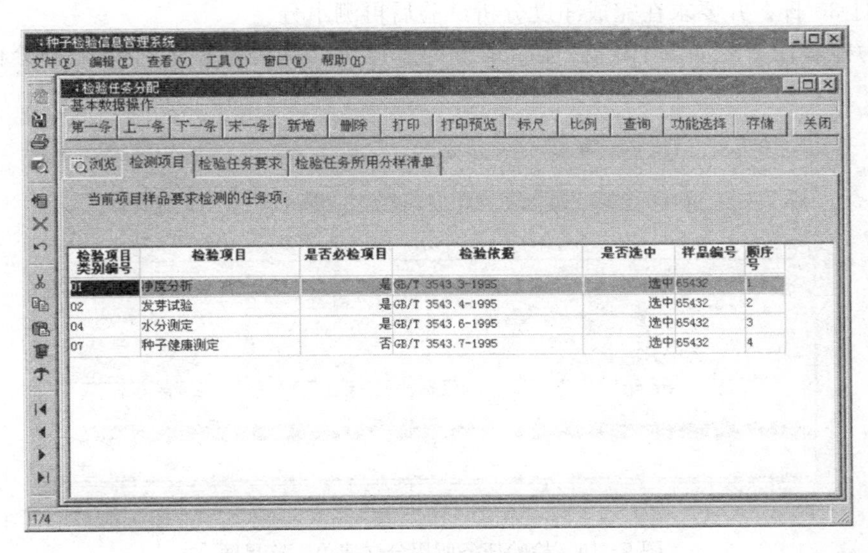

图 9 - 14　检验项目浏览界面

（3）明确当前检验任务的要求。在这一步，管理组成员可以把当前任务指派给某个检验员，指定检验完成日期等，让检验员明确检验任务的要求。界面如图 9 - 15。

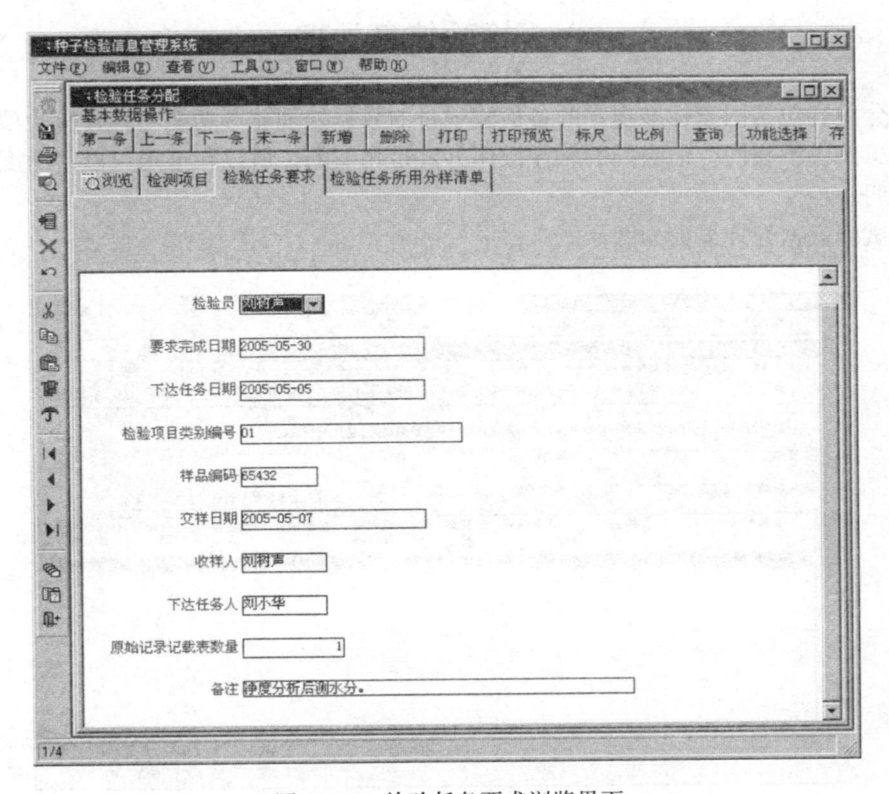

图 9 - 15　检验任务要求浏览界面

从图 9-15 可知，当前任务被分配给名为刘树声的检验员，该任务的最晚完成日期是 2005 年 5 月 30 日，并要求在完成净度分析试验后再测水分。

(4) 为检验任务配置分样。在样品细分的基础上，为当前检验任务配置分样（图 9-16）。

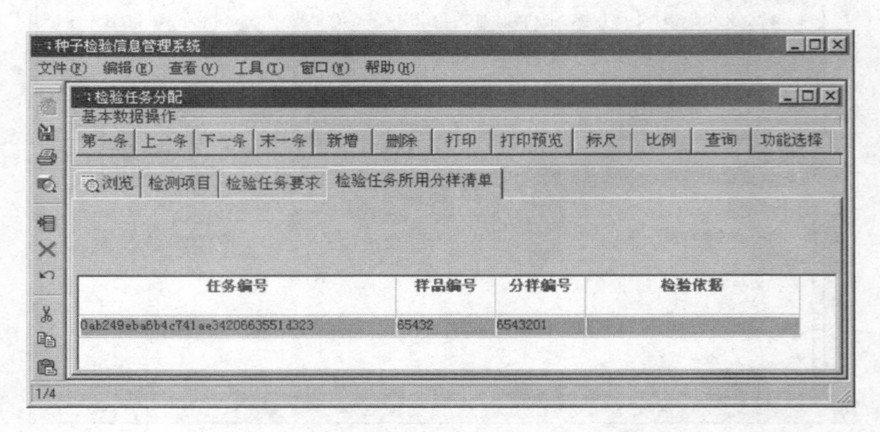

图 9-16　检验任务所用分样清单浏览界面

从图 9-16 可知，净度分析任务只分配了一个编号为 6543201 的分样供检验员进行试验。

六、检验信息处理

这部分内容包括国家标准规定的各检验项目的数据处理业务功能项。各检验项目的数据处理方法虽然各不相同，但它们的软件操作方式是相似的，所以在这里仅以“净度分析”为例加以说明。

净度试验数据处理界面如图 9-17。

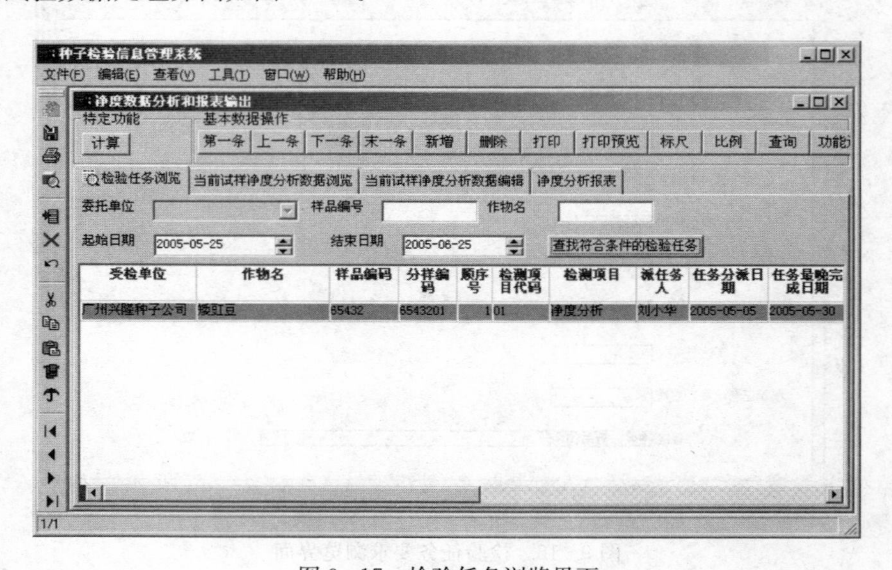

图 9-17　检验任务浏览界面

选择任务完成的起始日期和结束日期，可检索到当前检验员需完成的检验任务，挑选其中最紧迫的一条任务，选择第二或第三个选项卡，可看到当前任务的净度分析数据表（图 9-18）。

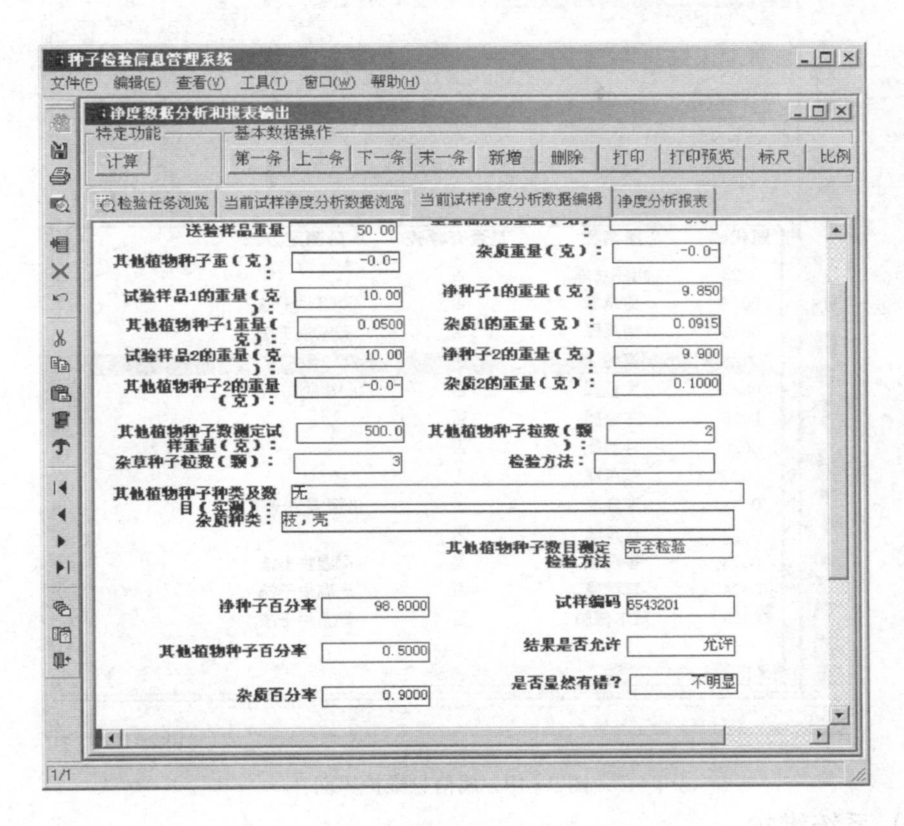

图 9-18　净度分析数据编辑界面

图 9-18 中的数据大多已经预置好，检验员只需填入试验数据，再点选该界面左上角的“计算”按钮，系统可自动根据检验规程准确地计算出净度值，如图 9-18 所示，检验结果是允许的。另外，点选第四个选项卡“净度分析报表”，即可以规范的格式打印出净度分析单项报表。

其他检验数据处理的方式和方法与净度分析类似，学生可使用本教材随书软件（光盘）学习。

七、信息维护

（一）代码维护

代码维护主要是为系统正常运行提供数据支持，其主要功能模块如图 9-5 所示，现以属维护为例简单介绍代码维护的基本操作（图 9-19）。

系统管理员可以在该界面上通过“新增”、“删除”按钮和“编辑”选项卡进行各作物属信息的新增、删除和编辑操作，为系统运行提供数据支持。

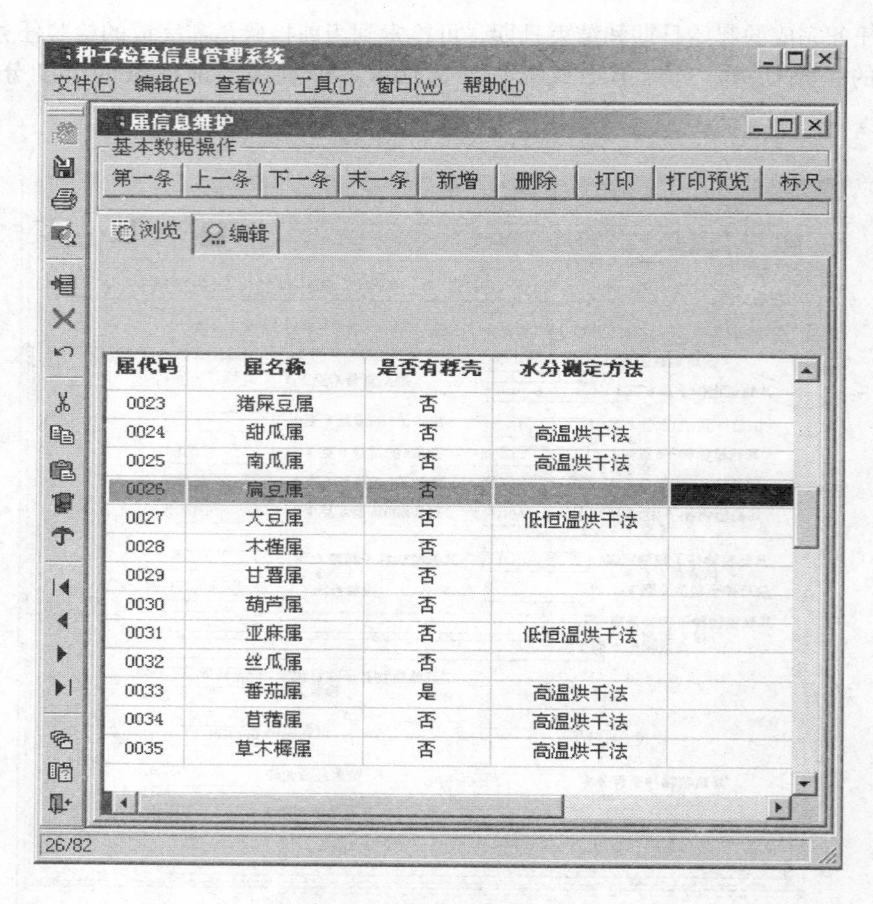

属代码	属名称	是否有稃壳	水分测定方法
0023	猪屎豆属	否	
0024	甜瓜属	否	高温烘干法
0025	南瓜属	否	高温烘干法
0026	扁豆属	否	
0027	大豆属	否	低恒温烘干法
0028	木槿属	否	
0029	甘薯属	否	
0030	葫芦属	否	
0031	亚麻属	否	低恒温烘干法
0032	丝瓜属	否	
0033	番茄属	是	高温烘干法
0034	苜蓿属	否	高温烘干法
0035	草木樨属	否	高温烘干法

图 9-19 属信息维护界面

(二) 系统维护

系统维护包括如图 9-20 所示的一些功能模块，如用户管理、用户组管理、工作人员维护、功能子项维护等。

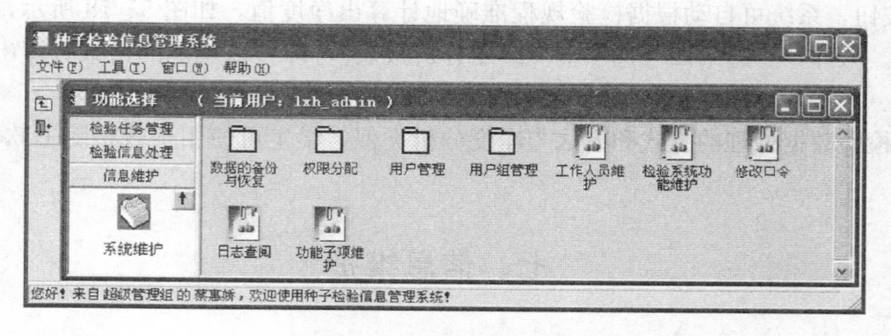

图 9-20 系统维护入口界面

权限管理是系统维护的重要组成部分，该检验系统的权限管理有一定的特色和通用性，对此有兴趣的同学请参阅《深圳职业技术学院学报》2004 年第四期专文学习。

本教材随书软件（光盘）中有《种子检验信息处理系统》软件及其详细的安装、使用说明书，同学们可在教师指导下学习应用。

第五节　计算机在种子贮藏中的应用

一、计算机在种子干燥中的应用

在仓储前，种子干燥是极为重要的一道工序。面对繁多的种子种类和品种，种子干燥的技术虽有长足发展，但远不能满足种子仓储对种子干燥的要求。计算机技术在种子干燥方面的应用为种子干燥技术的发展开辟了广阔的前景。目前，我国计算机在种子干燥技术方面的应用还停留在研究和实验阶段，但我们相信在不远的将来，计算机在这一领域的应用就会有突破性的发展。下面介绍几种计算机在种子干燥方面的应用。

1. 模拟分析　模拟分析是利用已有的有关种子干燥的数学模型进行分析计算，以探讨各种干燥因素对干燥机性能的影响，从而建立对种子干燥参数进行优化处理的计算机模拟体系，为干燥机的设计和科学使用提供依据。

2. 计算机绘图与设计　在已确定种子干燥机的设计方案、设计参数和结构参数的基础上，可利用计算机进行辅助设计。这种方法在发达国家已部分地应用于设计工作中，国内在种子干燥机设计方面也开始利用这种先进的方法。

3. 自动控制与自动化管理　在种子干燥设备中有许多项目需要自动控制，如热介质温度、种子受热温度等的自动控制。这些项目的自动控制系统，一般都是用各种传感器（温度传感器、湿度传感器等）从设备的某个部位引出信号并输入计算机，通过计算机已编制好的程序发出指令，达到调节控制的目的。

二、计算机在种子仓库中的应用

计算机在种子领域的应用，促使种子贮藏工作迅速地向自动化、现代化方向发展。用计算机控制各种种子仓库的贮藏条件，给予不同情况的种子以最适合的贮藏环境，将使种子质量提高和大规模生产成为可能。目前国内种子仓库应用计算机的调控系统是从粮食部门嫁接

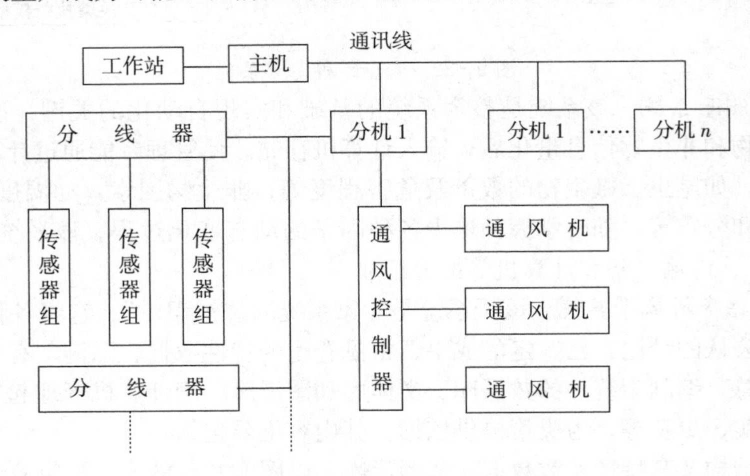

图 9-21　种情检测及调控系统示意图

过来的技术体系。它的主要作用是对种子仓库的温度、湿度、水分、氧气等因子实行自动检测，进而对仓库的干燥、通风、密闭运输和报警等设备实行自动化管理与控制。其调控系统示意图如图 9-21。

三、种子安全贮藏专家系统的开发和应用

种子安全贮藏计算机专家系统开发是从影响种子安全贮藏的诸多环境因素的信息采集入手，通过系统的实验室实验、模拟试验和实仓试验，以及大量调查研究资料收集处理分析，获得种子安全管理的特性参数和基本种情参数；然后将这些参数模型化，并建立不同的子系统，集合成为“种子安全贮藏专家系统”软件包。它能起到一个高级贮种专家的作用，可为管理者和决策者提供一整套完整、系统、经济有效和安全的最佳优化贮种方案，是最终实现种子贮藏管理工作科学化、现代化和自动化的重要环节之一。目前，开发中的安全贮种专家系统由 4 个子系统组成（图 9-22）。

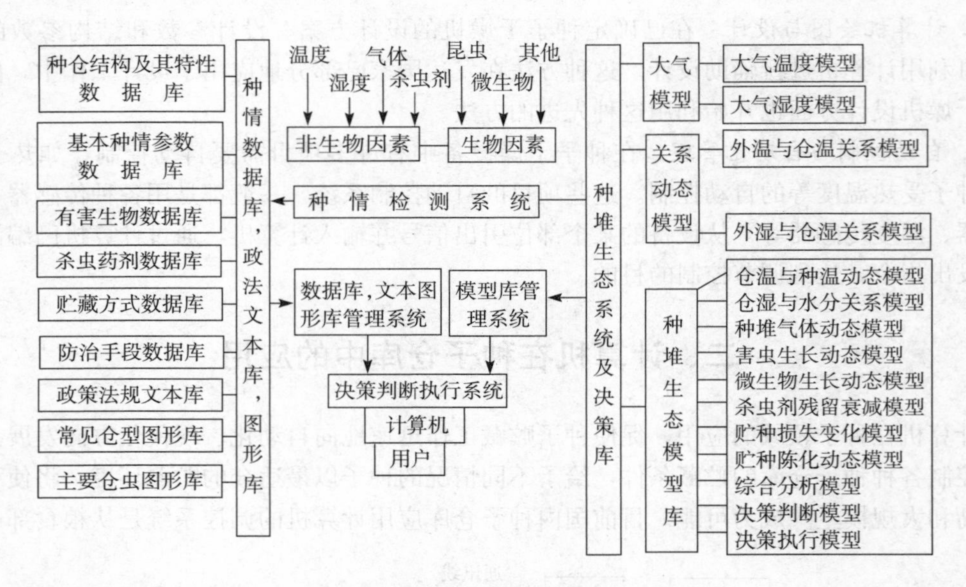

图 9-22　安全贮种专家系统

1. *种情检测子系统*　该系统是整个系统的基础和实现自动化的关键。通过该系统将整个种堆内外生物和非生物信息量化后，输入计算机存储。使管理者能通过计算机了解种堆内外的生物因素，如昆虫、微生物的数量及危害程度等；非生物因素，如温度、湿度、气体、杀虫剂等状态和分布等，随时掌握种堆中各种因子的动态变化过程。该系统主要由传感器、模/数转换接口、传输设备和计算机等部分组成。

2. *贮种数据资料库子系统*　该子系统是专家系统的“知识库”。它将各种已知贮种参数数据、知识、公认的结论、已鉴定的成果、常见仓型的特性数据、图谱、有关政策法规等资料数据收集汇总，编制为统一的数据库、文体库和图形库，用计算机管理起来，随时可以查询、调用、核实、更新等，为决策提供依据。其内容主要包括：

（1）种仓结构及其特性参数数据库和图形库。以图文并茂的方式提供我国主要种仓类型的外形、结构特性、湿热传导特性、气密性等。

（2）基本种情参数数据库。包括种子品种重量、水分、等级、容重、杂质和品质检验数据，以及来源、去向和用途等。

（3）有害生物基本参数数据库、图形库。以图文并茂的方式提供我国主要贮种有害生物的生物学特性、生态学特性、经济意义和地理分布，包括贮种昆虫种类（含害虫和益虫）、虫口密度（含死活数）、虫态、对药剂抗性以及其他生物如微生物、鼠、雀的生物学和生态学特性等参数。

（4）杀虫剂基本参数数据库。包括杀虫剂的种类、作用原理、致死剂量、CT 值、半衰期、残留限量，杀虫剂商品的浓度、产地、厂家、单价、贮存方法、使用方法和注意事项等。

（5）防治手段数据库。包括生态防治、生物防治、物理机械防治、化学防治等防治方式的作用、特点、费用、效果、使用方法、操作规程和注意事项等。

（6）贮藏方式数据库。包括常规贮藏、气控贮藏、通风贮藏、"双低"贮藏、地下贮藏、露天贮藏等贮藏方法的特点、作用、效果、适用范围等。

（7）政策法规文本库。包括有关种子贮藏的政策法规技术文件、操作规范、技术标准等文本文件。

3. 贮种模型库子系统　将有关贮种变化因子及其变化规律模型化，组建为计算机模型，然后以这些模型为基础，根据已有的数据库资料和现场采集来的数据，模拟贮种变化规律，并预测种堆变化趋势，为决策提供动态的依据。其内容主要包括大气模型、关系模型、种堆生态模型等。

（1）大气模型。包括种堆周围大气的温度和湿度模型。

（2）关系模型。包括种堆与大气之间、气温与仓温和种温之间、气湿与仓湿和种子水分之间、温度与湿度和贮种害虫及微生物种群生长危害之间的关系模型。

（3）种堆生态模型。包括整个种堆中各种生物、非生物因素的动态变化，如种温变化、水分变化、种仓湿度变化、种堆气体动态变化、害虫种群生长动态变化、微生物生长模型、药剂残留及衰减模型等。

4. 判断、决策执行子系统　该系统是专家系统的核心。首先，它通过数据库管理系统和模型库管理系统将现场采集到的数据存入数据库，并比较修改已有的数据，然后用这些数据作为模型库的新参数值，进行种堆的动态变化分析，预测其发展趋势；其次，根据最优化理论和运筹决策理论，对应采用的防治措施和贮藏方法进行多种比较和分析判断，提出各种方案的优化比值和参数，根据决策者的需要，推出应采取的理想方案，并计算出其投入产出的经济效益和社会效益。

种子安全贮藏专家系统的开发是一项浩大的系统工程，目前只开始了部分工作，通过种子安全贮藏专家系统的不断开发和应用，我国种子贮藏工作的管理水平和种子的质量将会得到显著的提高。

第六节　互联网在种子生产与管理中的应用

世界已进入信息化时代，知识经济已成为当今经济社会发展的主流，随着商品经济的发展，信息在人类的经济生活中发挥着越来越重要的作用。能否及时获得必要的经济信息，以及掌握这些信息的准确性和全面程度，成为商品生产者和经营者的头等大事。就是说，信息高密度地发展，已成为一种新的经济成分。种子作为一种特殊的、科技含量越来越高的商品，必然要溶入商品经济发展的大潮流。随着计算机和信息技术的发展，我国种子产业的计算机化、网络化和信息化时代已经到来。为此，本章安排这一节，以使学生对互联网及互联网在种子生产与管理中的应用有初步的了解。

一、互联网及其应用

（一）互联网

互联网（INTERNET，又称因特网），即广域网、局域网及单机按照一定的通讯协议组成的国际计算机网络。互联网的特征是全球性、海量性、匿名性、交互性、成长性、扁平性、即时性、多媒体性。根据 1995 年 10 月联合网络委员会通过的互联网定义，互联网指的是全球性的信息系统，包括 3 层技术内涵：①通过全球性的唯一的地址逻辑地链接在一起，这个地址是建立在互联网协议（IP）或今后其他协议基础之上的；②可以通过传输控制协议和互联网协议（TCP/IP），或者今后其他接替的协议或与互联网协议（IP）兼容的协议来进行通信；③可以让公共用户或者私人用户使用高水平的服务，这种服务是建立在上述通信及相关的基础设施之上的。

这个定义告诉人们：首先，互联网是全球性的；其次，互联网上的每一台主机都需要有“地址”；最后，这些主机必须按照共同的规则（协议）连接在一起。

互联网是当代高科技的产物，是能够相互交流、相互沟通和相互参与的互动平台，是一个世界规模的巨大的信息和服务资源。它不仅为人们提供了各种各样的简单而且快捷的通信与信息检索手段，更重要的是为人们提供了巨大的信息资源和服务资源。通过使用互联网，全世界的人们既可以互通信息、交流思想，又可以获得各个方面的知识、经验和信息。换句话说，在当今这个信息时代，无论你需要什么信息，互联网都将给你提供一个比电话、传真和个人计算机更胜一筹的真正的电子信息服务，它把世界上浓缩的知识、经验和信息传送给你。因此，未来学家说：再过 5 年，人类将在互联网上生存。

（二）互联网在商贸中的应用

互联网自诞生以后即迅速地进入社会生活的各个方面，特别是在商贸领域展现了其强大的生命力和巨大的社会推动力。在西方发达国家，20 世纪 90 年代，网上采购生产和生活用品就很普遍。近几年，我国的网上贸易行为也日益活跃，上升趋势十分明显。现介绍 3 个网站，使同学们了解互联网在商贸中的应用，并期望同学们能利用这些网站进行网上采购、收集或发布种业商业信息。

1. 淘宝网（www.taobao.com） 淘宝网是目前我国最大的个人网上交易社区，作为专业的购物网站，是消费者时尚的购物集市，提供支付宝网上交易系统。

网上购物是未来消费购物的发展趋势。调查显示，目前有 1/4 的网民已习惯网上购物。将来，在网上采购农作物种子、收集或发布种业信息也是必然的。因而，从现在起就应了解和学习淘宝网，学会如何在淘宝网开一家种子商店，如何下载淘宝模板，如何装修淘宝店铺等网上营销手段。

2. 阿里巴巴网（www.alibaba.com.cn） 阿里巴巴网是一种网上贸易市场，是全球商人网络推广的首选网站。阿里巴巴中国供应商提供最新的外贸出口、海外采购商家信息以及外贸、出口的会员全方位服务。阿里巴巴网实时发布最新行业资讯，农业已列为最新海外买家采购的第一大类。相信在不远的将来，种子购销也将列上阿里巴巴网。

3. 种业信息网　近年来，互联网已大范围、深层次地进入种子生产、经营、管理和销售领域，种业信息网发展非常迅速，为作物种子生产与管理提供了方便的交流平台。总体来讲，种业信息网分为三大类：国家层面的种业信息网，如中国种业信息网、中国种业互联网、农博种业、中国农作物品种信息网、中国蔬菜种子网、中国豆类种子网、中国花卉种子网、中国水稻种子网等；省级层面的种业信息网，如广西种业信息网、四川种业信息网、内蒙古种业信息网等；种业公司（集团）的信息网，如北京梅亚种业、三北种业有限公司、登海种业、敦煌种业等。下面简要介绍两个种业信息网，以使同学们对种业信息网有一个初步的了解。

（1）中国种业信息网。由农业部种植业管理司和农业部信息中心主办，是一个连通各级种子管理、经营、推广服务、科研育种、品种保护、中介服务机构和相关信息网络的互联网站，是国家级权威的种业信息网。由于其关注种业动态，努力打造中国最有实力的种业门户，被誉为最受欢迎的种业商务平台。所有具备计算机上网条件者都可免费进入该网站获取种业的政策法规、标准规程、产业体系、种质资源、优良品种、种子生产、经营、储备、进出口等信息；合法的种子经营者凭有效的种子经营许可证号码和给定的密码可在本网上自主发布简要的供求信息；具有一定生产经营规模的种子公司经申请准许可享受一定信息存储空间的虚拟主机服务。其网址为 http：//www. seedchina. com. cn/。

（2）农博种业。由农博公司主办，是种业品种、企业、资讯综合信息平台。该平台具备三大特色，即供求商机、在线网店和互动商务，以及四大功能，即内容发布、即时通讯、商机搜索、互动短信。农博种业设有品种大全、种子企业、种子报价、种业 315、法规标准、种业论坛、专家在线等 19 个网页，每个网页都图文并茂，设有相关的多个链接，如“种子报价”主网页展示各类种子的最新价格动态，同时在主网页上有“推荐企业”、“市场分析”、“企业动态”和“种业 315”等 4 个链接网页，可以方便地点开，延伸阅读，使用十分便捷。其网址为 http：//seed. aweb. com. cn/ 。

二、种子种苗的信息网络系统

种子种苗的信息网络系统包括两部分内容：一是种子种苗生产经营单位的基本情况，如单位名称、地址、电话、联系人等；二是产品信息，包括种类、品种、价格、种子（苗）来源（产地）、种子（苗）生产时间（年份）、现货（或供货时间）等。其中种子（苗）经营单位的基本信息可从每年定期举行的种子交易会（如“武汉会议”、“北京会议”、“温州会议”等）中获取，也可由各省（自治区、直辖市）种子管理部门提供。产品信息可在种子经营单位基本信息的基础上，向各种子经营单位征集。这种种子（苗）信息网络可定期更新，随时增加或删除有关信息。

三、种子（苗）经营单位网页

种子（苗）经营单位可根据自己的实际情况，将本单位的有关信息，特别是产品信息在互联网上建立自己的网页，将本单位的名称、地址、电话、传真、网址、开户银行、银行账号以及本单位的特色产品（自选品种、自繁品种、特约经销品种）、经销品种的品种名称、规格、批发价和零售价、供货时间、品种特征特性以及适宜的推广地区等在网上公布，这样需方可在网上很方便地获取其感兴趣的产品。作为种子（苗）经营单位本身，可定期或不定期（随时）补充或更新其网页。

【回顾与小结】

本章学习了计算机在种质资源管理中的应用，阐述了建立种质资源数据库及管理软件的简要步骤；学习了计算机在种子加工中的应用及在种子检验中的应用；学习了计算机在种子干燥中的应用、在种子仓库中的应用及种子安全贮藏专家系统的开发和应用；学习了互联网在种子生产和管理中的应用。其中需要重点掌握的是："种子检验信息管理系统"，熟悉种子检验流程、检验任务管理、检验信息处理及检验信息维护；互联网在种子生产和管理中的应用。通过本章的学习，一方面能使用现有软件系统进行检验信息处理，另一方面能使用互联网进行种业相关信息检索，为今后自主学习和研究打下基础。

复习与思考

1. 你如何认识计算机在作物种子生产与管理中的作用？
2. 简述种质资源数据库管理软件的使用要求。
3. 建立种质资源数据库及管理软件的简要步骤有哪些？
4. 简述"种子检验信息管理系统"及其应用。
5. 简述中国种业信息网及其作用。
6. 如何改进计算机在种子贮藏中的应用？
7. 互联网的发展对种子产业的发展会产生什么影响？

附　录

附录一　农作物种子生产试验观察记载项目及标准

一、小　麦

1. 生育期

（1）播种期。实际播种的日期，以日/月表示，下同。

（2）出苗期。全区有50%以上单株的芽鞘露出地面的日期。

（3）分蘖期。全区有50%以上的植株第一分蘖露出叶鞘的日期。

（4）返青期。全区有50%植株呈现绿色，新叶开始恢复生长的日期。

（5）拔节期。用手摸或目测，全区有50%以上植株主茎第一茎节离开地面1.5～2.0cm时的日期。

（6）抽穗期。全区有50%以上麦穗顶部的小穗（不含芒）露出叶鞘或叶鞘中上部裂开见小穗的日期。

（7）成熟期。麦穗变黄，全区75%以上植株中部子粒变硬，麦粒大小和颜色接近正常，手捏不变形的日期。

（8）收获期。正式收获的日期。

2. 植物学特征

（1）幼苗生长习性。出苗后1个半月左右调查，分3类："伏"（匍匐地面）、"直"（直立）、"半"（介于两者之间）。

（2）株型。抽穗后根据主茎与分蘖茎间的夹角分3类："紧凑"（夹角小于15°）、"松散"（夹角大于30°）、"中等"（介于两者之间）。

（3）叶色。拔节后调查，分深绿、绿和浅绿3种，蜡质多的品种可记为"蓝绿"。

（4）株高。分蘖节或地面至穗顶（不含芒）的高度，以"cm"表示。

（5）芒。分5类：芒长40 mm以上为长芒；穗的上下均有芒，芒长40 mm以下为短芒；芒的基部膨大弯曲为曲芒；麦穗顶部小穗有少数短芒（5 mm以下）为顶芒；完全无芒或极短（3 mm以下）为无芒。

（6）芒色。分白（黄）、黑、红色3种。

（7）壳色。分红、白（黄）、黑、紫4种。

（8）穗型。分6类：穗两端尖、中部稍大为纺锤形；穗上、中、下正面和侧面基本一致为长方形；穗下大、上小为圆锥形；穗上大、下小，上部小穗着生紧密，呈大头状为棍棒形；穗短，中部大、两端稍小为椭圆形；小穗分枝为分枝形。

(9) 穗长。主穗基部小穗节至顶端(不含芒)的长度,以"cm"表示。

(10) 粒形。分长圆、椭圆、卵圆和圆形4种。

(11) 粒色。分红、白粒两种,浅黄色归为白粒。

(12) 子粒饱满度。分饱满、半饱满、秕3种。

3. 生物学特性

(1) 生长势。在幼苗至拔节、拔节至齐穗、齐穗至成熟分别记载,分强(++)、中(+)、弱(-)3级。

(2) 植株整齐度。分3级:整齐(++)(主茎与分蘖株高相差不足10%);中等(+)(株高相差10%~20%);不整齐(-)(株高相差20%以上)。

(3) 穗整齐度。分整齐(++)、中等(+)、不整齐(-)3种。

(4) 耐寒性。分5级:"0"无冻害;"1"叶尖受冻发黄干枯;"2"叶片冻死一半,但基部仍有绿色;"3"地上部分枯萎或部分分蘖冻死;"4"地上全部枯萎,植株冻死。于返青前调查。

(5) 倒伏性。分4级:"0"未倒或与地面角度大于75°;"1"倒伏轻微,角度在60°~75°;"2"中度倒伏,角度在30°~60°;"3"严重倒伏,角度在30°以下。

(6) 病虫害。依据受害程度,用目测法分0、1、2、3、4级。

(7) 落黄性。根据穗、茎、叶落黄情况分好、中、差3级。

4. 经济性状

(1) 穗粒数。单株每穗平均结实粒数。

(2) 千粒重。晒干(含水量不超过12%~13%)、扬净的子粒,随机数取两份,各1 000粒种子,分别称重,取其平均值,以"g"表示。如两次误差超过1g时,需重新数1 000粒称量。

(3) 粒质。分硬质、半硬质、软(粉)质3级,用小刀横切子粒,观察断面,以硬粒超过70%为硬质,小于30%为软质,介于两者之间为半硬质。

(4) 产量。将小区面积折算成每公顷产量,以kg/hm^2表示。

(5) 实际产量。按实收面积和产量折算成每公顷产量。

(6) 理论产量。根据产量构成因素公顷穗数、穗粒数和千粒重推算的产量。

二、大　豆

1. 生育期

(1) 播种期。播种当天的日期,用日/月表示,下同。

(2) 出苗期。全区50%以上的子叶出土并离开地面的日期。

(3) 始花期。全区10%植株开花的日期。

(4) 开花期。全区50%植株开花的日期。

(5) 成熟期。子粒完全成熟,呈本品种固有颜色,粒形、粒色已不再变化,不能用指甲刻伤,摇动时有响声的株数达50%的日期。

2. 植物学特征

(1) 幼茎色。分紫、淡紫、绿3种。

(2) 花色。分紫、白两种。

(3) 叶形。分卵圆、长圆、长 3 种。

(4) 茸毛色。分灰、棕两种。

(5) 叶色。开花期观察，分淡绿、绿、深绿 3 级。

(6) 株高。由地面或子叶节量至主茎顶端生长点的高度，以"cm"表示。

(7) 结荚高度。从子叶节量至最低结荚的高度，以"cm"表示。

(8) 节数。主茎的节数。

(9) 分枝数。主茎上 2 个以上节结荚的分枝数。

(10) 荚熟色。分淡褐、半褐、暗褐、黑色 4 种。

(11) 荚粒形状。分半满与扁平两种。

(12) 粒色。分白黄、黄、深黄、绿、褐、黑、双色。

(13) 脐色。分白黄、黄、淡褐、褐、深褐、蓝、黑。

(14) 粒形。分圆、椭圆、扁圆 3 种。

(15) 光泽。分有、无、微 3 种。

(16) 子叶色。分黄、绿两种。

3. 生物学特性

(1) 植株整齐度。根据植株生长的繁茂程度、株高及各性状的一致性记载，分整齐和不整齐两级。

(2) 倒伏性。分 4 级："1"直立不倒；"2"植株倾斜不超过 15°；"3"植株倾斜在 15°～45°；"4"植株倾斜超过 45°。

(3) 结荚习性。成熟期观察，分为无限结荚习性、亚有限结荚习性、有限结荚习性 3 种。

(4) 生长习性。分直立、蔓生、半蔓生 3 种。

(5) 裂荚性。分不裂、易裂、裂 3 种。

(6) 虫食率。从未经粒选的种子中随机取 1 000 粒（单株考种取 100 粒），挑出虫食粒，计算虫食率（%）。

(7) 病粒率。从未经粒选的种子中随机取 1 000 粒（单株考种时取 100 粒），挑出病粒，计算病粒率（%）。

4. 经济性状

(1) 单株荚数。单株所结的平均荚数（秕荚不计算在内）。

(2) 单株粒重。在标准水分含量时，单株子粒的平均粒重，以"g"表示。

(3) 百粒重。在标准含水量下 100 粒种子的重量，以"g"表示。

(4) 子粒产量。将小区产量折算成每公顷产量，以"kg/hm^2"表示。

三、水 稻

1. 生育期

(1) 浸种期、催芽期、播种期、移栽期、收获期。均记载具体日期，用日/月表示，下同。

（2）出苗期。全区 50%植株的第一片新叶伸展的日期。

（3）分蘖期。全区 50%植株的第一分蘖露出叶鞘的日期。

（4）始穗期。全区 10%植株的穗顶露出剑叶叶鞘的日期。

（5）抽穗期。全区 50%植株的穗顶露出剑叶叶鞘的日期。

（6）齐穗期。全区 80%植株的穗顶露出剑叶叶鞘的日期。

（7）成熟期。粳稻 95%以上，籼稻 85%以上谷粒黄熟、米质坚实、可收获的日期。

2. 植物学特征

（1）叶姿。分弯、中、直 3 级。弯：叶片由茎部起弯垂超过半圆形；直：叶片直生挺立；中：介于两者之间。

（2）叶色。分为浓绿、绿、淡绿 3 级，在移栽前 1～2d 和本田分蘖盛期各记载一次。

（3）叶鞘色。分为绿、淡红、红、紫色等，在分蘖盛期记载。

（4）株型。分紧凑、松散、中等 3 级。

（5）穗型。有两大类区分法，一类是按小穗和枝梗及枝梗之间的密集程度，分紧凑、中等、松散 3 级；另一类是按穗的弯曲程度，分直立、弧形、中等 3 级。

（6）粒形。分卵圆形、短圆形、椭圆形、直背形 4 种。

（7）芒。分无芒、顶芒、短芒、长芒 4 种。无芒：无芒或芒极短；顶芒：穗顶有短芒，芒长在 10mm 以下；短芒：部分或全部小穗有芒，芒长在 10～15mm；长芒：部分或全部小穗有芒，芒长 25mm 以上。

（8）颖、颖尖色。分黄、红、紫色等。

（9）株高。从地面至穗顶（不包括芒）的高度，以“cm”表示。

3. 生物学特性

（1）抗寒性。在遇低温情况下，秧田期根据叶片黄化凋萎程度、出苗速度和烂秧情况等，抽穗结实期根据抽穗速度、叶片受冻程度和结实率高低、熟色情况等，分强、中、弱 3 级。

（2）抗倒性。记载倒伏时期、原因、面积、程度。倒伏程度分直（植株向地面倾斜的角度为 0°～15°）、斜（15°～45°）、倒（45°至穗部触地）、伏（植株贴地）。

（3）抗病虫性。按不同病虫害目测，分无、轻、中、重 4 级。

（4）分蘖性。分强、中、弱 3 级。

（5）抽穗整齐度。在抽穗期目测，分整齐、中等、不整齐 3 级。

（6）植株和穗位（层）整齐度。成熟期目测，分整齐、中等、不整齐 3 级。

4. 经济性状

（1）有效穗。每穗实粒数多于 5 粒者为有效穗（白穗算有效穗）。收获前田间调查两次重复，共 20 穴。每公顷有效穗计算公式：

$$每公顷有效穗=每公顷穴数\times每穴有效穗数。$$

（2）每穗总粒数。包括实粒、半实粒、空壳粒。

（3）结实率。

$$结实率=\frac{平均每穗实粒数}{每穗平均粒数}\times100\%$$

（4）千粒重。在标准含水量下 1 000 粒实粒的重量，以“g”表示。

（5）单株子粒重。在标准含水量下单株总实粒的平均重量，以“g”表示。

5. 水稻不育系

（1）不育株率。不育株占调查总株数的百分数。

$$不育株率=\frac{不育株数}{调查总株数}\times100\%$$

（2）不育度。每穗不实粒数占总粒数的百分数（雌性不育者除外），其等级暂定如附表1。

附表1　不育度等级划分

不育度	全不育	高不育	半不育	低不育	正常不育
自交不实率	100%	99%～90%	89%～50%	49%～20%	19%以下

（3）不育系的标准。不育株率和不育度均达100%；遗传性状相对稳定，群体要求1 000株以上；其他特征特性及物候期与保持系相似。

（4）不育系颖花开张角度。籼型：大（90°以上）、中（45°～89°）、小（44°以下）。粳型：大（60°以上）、中（30°～59°）、小（29°以下）。

（5）不育系柱头情况。外露、半外露、不外露。

（6）恢复株率。结实株（结实率80%以上）占调查总株数的百分数。

$$恢复株率=\frac{结实株数}{调查总株数}\times100\%$$

（7）恢复度。每穗结实粒数占每穗总粒数的百分数。

$$恢复度=\frac{平均每穗实粒数}{平均每穗总粒数}\times100\%$$

（8）水稻雄性不育花粉镜检标准。镜检方法：每株取主穗和分蘖穗不同部位上的小花共10朵，每朵花取2～3个花药，用碘-碘化钾液染色，压片，放大100倍左右，取2～3个有代表性视野计算。水稻花粉不育等级划分如附表2。

附表2　水稻花粉不育等级划分

不育等级	正常育	低不育	半不育	高不育	全不育
正常花粉	50%以上	31%～50%	6%～30%	5%以下	0

四、棉　花

1. 生育期

（1）播种期。播种当天的日期，以日/月表示，下同。

（2）出苗期。全区50%幼苗2片子叶平展时的日期。

（3）现蕾期。全区50%植株的花蕾苞片达3mm时的日期。

（4）开花期。全区50%植株有1朵以上的花开放时的日期。

（5）吐絮期。全区50%植株棉铃正常开裂见白絮的日期。

2. 植物学特征

(1) 株型。在花铃期观察，分塔型、筒型、紧凑、松散 4 种。

(2) 株高。在第一次收花前，测量地面到植株顶端的距离，取 20 株的平均值，以“cm”表示。

(3) 叶型。开花期观察，以叶片大小、缺刻深浅、叶面皱褶、平展等表示。

(4) 铃型。吐絮前观察，分椭圆形、卵圆形、圆形 3 种和铃嘴尖、锐两种。

(5) 第一果枝节位。现蕾后自子叶节上数（子叶节不计在内）至第一果枝着生节位，调查 10～20 株，以平均数表示。

(6) 果枝数。打顶后调查 20 个植株的单株果枝平均数。

3. 生物学特性

(1) 生长势。在 5～6 片真叶时，观察幼苗的健壮程度，铃期观察生长是否正常，有无徒长和早衰现象，分强（++）、中（+）、弱（-）3 级。

(2) 枯萎病。在 6 月间发病盛期和 9 月初各调查一次，按 5 级记载：0 级：健株；Ⅰ级：病株叶片有 25%以下表现叶脉呈黄色网纹状，或变黄、变红、发紫等现象；Ⅱ级：病株叶片有 25%～50%表现症状，株型萎缩；Ⅲ级：病株叶片有 50%～90%表现症状，植株明显萎缩；Ⅳ级：病株叶片焦枯脱落，枝茎枯死或急性凋萎死亡。

(3) 黄萎病。在 7 月下旬至 8 月上旬调查一次，按 5 级记载：0 级：健株；Ⅰ级：病株 25%以下的叶片叶脉间出现淡黄色不规则斑块；Ⅱ级：病株 25%～50%的叶片出现西瓜皮形的黄褐色枯斑，叶缘略向上翻卷；Ⅲ级：病株 50%以上叶片呈现黄褐色枯斑，叶缘枯焦，少数叶片脱落；Ⅳ级：全株除顶叶外，全部呈现病状，多为掌状枯斑，中片大部分脱落或整株枯死。

4. 经济性状

(1) 百铃重。随机采收 100 个棉铃，干后称子棉重量，以“g”表示。取 2～3 次重复的平均值。

(2) 衣分。定量子棉所轧出的皮棉重量占子棉重量的百分比。

(3) 衣指。百粒子棉的皮棉重。随机取 100 粒子棉，轧后称其皮棉重，重复 2 次，以“g”表示。

(4) 籽指。百粒子棉重，以“g”表示，与衣指考种时结合进行。

(5) 纤维长度。取 30～50 个健全棉瓤的中部子棉各 1 粒，从棉子中间左右梳开，测量其长度被 2 除，求其平均数。以“mm”表示。

(6) 纤维整齐度。用纤维长度平均数加减 2mm 范围内的种子数占总数的百分数表示。

(7) 产量。小区实收子棉量，折成每公顷子棉产量，并按衣分折算出每公顷皮棉产量，均以“kg/hm^2”表示。

(8) 霜前花率。从开始收花至霜后 5d 内所收子棉产量占子棉总产量的百分数。

五、玉 米

1. 生育期

(1) 播种期。实际播种日期，以日/月表示，下同。

(2) 出苗期。全区有 60%以上的幼芽露出地面高 3cm 左右的日期。

（3）抽雄期。全区有60%以上的植株雄穗尖端露出顶叶的日期。

（4）吐丝期。全区有60%以上的植株的果穗开始吐丝的日期。

（5）散粉期。全区有60%植株的雄花开始散布花粉的日期。

（6）成熟期。全区有90%以上植株的果穗苞叶变黄色，子粒硬化，并达到原品种固有色泽的日期。

（7）收获期。实际收获的日期。

（8）生育期。从播种次日到成熟的生育天数，以天（d）表示。

2. 植物学特征

（1）株高。在乳熟期选有代表性的10～20棵植株，测量其从地面到雄穗顶端的高度，取平均值，以“cm”表示。

（2）穗位高度。在测株高的同时，测定自地面到果穗着生的高度，取平均值，以“cm”表示。

（3）叶色。分青绿、绿、深绿3种。

（4）花药色。分黄绿、紫、粉红等颜色。

（5）花粉量。分多、中、少3种。

（6）花丝色。分绿、紫红、粉红3种。

（7）单株有效果穗数。调查20～30株的结实果穗数，取平均值。

（8）空秆率。空秆株数占调查株数的百分率。

（9）双穗率。双穗株数占调查株数的百分率。

（10）穗长。选有代表性植株10～20株，测定每株第一干果穗的长度，取平均值，以“cm”表示。

（11）穗粗。取上述干果穗，量其中部直径，取平均值，以“cm”表示。

（12）秃尖长度。取上述干果穗，量其秃尖长度，取平均值，以“cm”表示。

（13）穗行数。取上述干果穗，数其每穗中部子粒行数，取平均值。

（14）穗形。分圆柱形、长锥形、短锥形等。

（15）穗粒重。取上述干果穗脱粒称重，取平均值，以“g”表示。

（16）穗轴粗。取上述干果穗穗轴，量其中部直径，取平均值，以“cm”表示。

（17）轴色。分紫、红、淡红、白等色。

（18）粒型。分硬粒、马齿、半马齿3种。

（19）粒色。分白、黄、浅黄、橘黄、浅紫红、紫红等色。

3. 生物学特性

（1）植株整齐度。开花后全区植株生育的整齐程度，分整齐、不整齐两类。

（2）倒伏度。抽雄后，因风雨及其他灾害倒伏倾斜度大于45°者作为倒伏指标，分轻、中、重3级，倒伏株数占全区株数的1/3以下者为轻；1/3～2/3者为中；超过2/3者为重。

（3）叶斑病。包括大、小斑病。在乳熟期观察植株上、中、下部叶片的病斑数量及叶片因病枯死的情况，依发病程度分4级：无：全株叶片无病斑；轻：植株中、下部叶片有少量病斑，病斑占叶面积的20%～30%；中：植株下部有部分叶片枯死，中部叶片有病斑，病斑占叶面积的50%左右；重：植株下部叶片全部枯死，中部叶片部分枯死，上部叶片也有病斑。

（4）其他病害。青枯病、黑穗病、黑粉病在乳熟期调查发病株数，以百分率表示。

4. 经济性状

（1）出子率。取干果穗 500～1 000g，脱粒后称种子重量，求出子率。

$$出子率=\frac{子粒干重}{果穗干重}\times100\%$$

（2）百粒重。标准含水量下 100 粒种子的重量，以“g”表示。

（3）子粒产量。将小区产量折算成每公顷产量，以“kg/hm^2”表示。

附录二 作物种子批的最大重量、样品最小重量和发芽试验技术规定

种（变种）名	种子批的最大重量（kg）	样品最小重量（g）			发芽床	温度（℃）	初/末次计数（d）	附加说明，包括破除休眠的建议
		送验样品	净度分析试样	其他植物种子计数试样				
1. 洋葱	10 000	80	8	80	TP；BP；S	20；15	6/12	预先冷冻
2. 葱	10 000	50	5	50	TP；BP；S	20；15	6/12	预先冷冻
3. 韭菜	10 000	70	7	70	TP；BP；S	20；15	6/14	预先冷冻
4. 细香葱	10 000	30	3	30	TP；BP；S	20；15	6/14	预先冷冻
5. 韭菜	10 000	100	10	100	TP；BP；S	20；15	6/14	预先冷冻
6. 苋菜	5 000	10	2	10	TP	20～30；20	4～5/14	预先冷冻；KNO_3
7. 芹菜	10 000	25	1	10	TP	15～25；20；15	10/21	预先冷冻；KNO_3
8. 根芹菜	10 000	25	1	10	TP	15～25；20；15	10/21	预先冷冻；KNO_3
9. 花生	25 000	1 000	1 000	1 000	BP；S	20～30；25	5/10	去壳；预先加温（40℃）
10. 牛蒡	10 000	50	5	50	TP；BP	20～30；20	14/35	预先冷冻；四唑染色
11. 石刁柏	20 000	1 000	100	1 000	TP；BP；S	20～30；25	10/28	
12. 紫云英	10 000	70	7	70	TP；BP	20	6/12	机械去皮
13. 裸燕麦（莜麦）	25 000	1 000	120	1 000	BP；S	20	5/10	
14. 普通燕麦	25 000	1 000	120	1 000	BP；S	20	5/10	预先加温（30～35℃）；预先冷冻；GA_3
15. 落葵	10 000	200	60	200	TP；BP	20	10/28	预先洗涤；机械去皮
16. 冬瓜	10 000	200	100	200	TP；BP	30	7/14	
17. 节瓜	10 000	200	100	200	TP；BP	20～30；30	7/14	
18. 甜菜	20 000	500	50	500	TP；BP；S	20～30；30	4/14	预先洗涤（复胚2h，单胚4h），再在25℃下干燥后发芽
19. 叶甜菜	20 000	500	50	500	TP；BP；S	20～30 15～25；20	4/14	
20. 根甜菜	20 000	500	50	500	TP；BP；S	20～30 15～25；20	4/14	
21. 白菜型油菜	10 000	100	10	100	TP	15～25；20	5/7	预先冷冻
22. 不结球白菜（包括白菜、乌塌菜）	10 000	100	10	100	TP	15～25；20	5/7	预先冷冻

（续）

种（变种）名	种子批的最大重量（kg）	样品最小重量（g）			发芽床	温度（℃）	初/末次计数（d）	附加说明，包括破除休眠的建议
		送验样品	净度分析试样	其他植物种子计数试样				
23. 芥菜型油菜	10 000	40	4	40	TP	15～25；20	5/7	预先冷冻；KNO_3
24. 根用芥菜	10 000	100	10	100	TP	15～25；20	5/7	预先冷冻；GA_3
25. 叶用芥菜	10 000	40	4	40	TP	15～25；20	5/7	预先冷冻；GA_3；KNO_3
26. 茎用芥菜	10 000	40	4	40	TP	15～25；20	5/7	预先冷冻；GA_3；KNO_3
27. 甘蓝型油菜	10 000	100	10	100	TP	15～25；20	5/7	预先冷冻
28. 芥蓝	10 000	100	10	100	TP	15～25；20	5/10	预先冷冻；KNO_3
29. 结球甘蓝	10 000	100	10	100	TP	15～25；20	5/10	预先冷冻；KNO_3
30. 球茎甘蓝（苤蓝）	10 000	100	10	100	TP	15～25；20	5/10	预先冷冻；KNO_3
31. 花椰菜	10 000	100	10	100	TP	15～25；20	5/10	预先冷冻；KNO_3
32. 抱子甘蓝	10 000	100	10	100	TP	15～25；20	5/10	预先冷冻；KNO_3
33. 青花菜	10 000	100	10	100	TP	15～25；20	5/10	预先冷冻；KNO_3
34. 结球白菜	10 000	100	4	100	TP	15～25；20	5/7	预先冷冻；GA_3
35. 芜菁	10 000	70	7	70	TP	15～25；20	5/7	预先冷冻
36. 芜菁甘蓝	10 000	70	7	70	TP	15～25；20	5/14	预先冷冻；KNO_3
37. 大豆	20 000	1 000	300	1 000	BP；S	20～30；25	4/10	
38. 大刀豆	20 000	1 000	1 000	1 000	BP；S	20	5/8	
39. 大麻	10 000	600	60	600	TP；BP	20～30；20	3/7	
40. 辣椒	10 000	150	15	150	TP；BP；S	20～30；30	7/14	KNO_3
41. 甜椒	10 000	150	15	150	TP；BP；S	20～30；30	7/14	KNO_3
42. 红花	25 000	900	90	900	TP；BP；S	20～30；25	4/14	
43. 茼蒿	5 000	30	8	30	TP；BP	20～30；15	4～7/21	预先加温（40℃，4～6h）；预先冷冻；光照
44. 西瓜	20 000	1 000	250	1 000	BP；S	20～30；30；25	5/14	
45. 薏苡	5 000	600	150	600	BP	20～30	7～10/21	
46. 圆果黄麻	10 000	150	15	150	TP；BP	30	3/5	
47. 长果黄麻	10 000	150	15	150	TP；BP	30	3/5	
48. 芫荽	10 000	400	40	400	TP；BP	20～30；20	7/21	
49. 柽麻	10 000	700	70	700	BP；S	20～30	4/10	
50. 甜瓜	10 000	150	70	150	BP；S	20～30；25	4/8	
51. 越瓜	10 000	150	70	150	BP；S	20～30；25	4/8	

（续）

种（变种）名	种子批的最大重量（kg）	样品最小重量（g）			发芽床	温度（℃）	初/末次计数（d）	附加说明，包括破除休眠的建议
		送验样品	净度分析试样	其他植物种子计数试样				
52. 菜瓜	10 000	150	70	150	BP；S	20～30；25	4/8	
53. 黄瓜	10 000	150	70	150	TP；BP；S	20～30；25	4/8	
54. 笋瓜（印度南瓜）	20 000	1 000	700	1 000	BP；S	20～30；25	4/8	
55. 南瓜（中国南瓜）	10 000	350	180	350	BP；S	20～30；25	4/8	
56. 西葫芦（美洲南瓜）	20 000	1 000	700	1 000	BP；S	20～30；25	4/8	
57. 瓜尔豆	20 000	1 000	100	1 000	BP	20～30	5/14	
58. 胡萝卜	10 000	30	3	30	TP；BP	20～30；20	7/14	
59. 扁豆	20 000	1 000	600	1 000	BP；S	20～30；25；30	4/10	
60. 龙爪稷	10 000	60	6	60	TP	20～30	4/8	
61. 甜荞	10 000	600	60	600	TP；BP	20～30；20	4/7	
62. 苦荞	10 000	500	50	500	TP；BP	20～30；20	4/7	
63. 茴香	10 000	180	18	180	TP；BP；S	20～30；20	7/14	
64. 大豆	25 000	1 000	500	1 000	BP；S	20～30；20	5/8	
65. 棉花	25 000	1 000	350	1 000	BP；S	20～30；25；30	4/12	
66. 向日葵	25 000	1 000	200	1 000	TP；BP	20～25；20；25	4/10	预选冷冻；预先加温
67. 红麻	10 000	700	70	700	BP；S	20～30；25	4/8	
68. 黄秋葵	20 000	1 000	140	1 000	TP；BP；S	20～30	4/21	
69. 大麦	25 000	1 000	120	1 000	BP；S	20	4/7	预先加温（30～35℃）；预先冷冻，GA_3
70. 蕹菜	20 000	1 000	100	1 000	BP；S	30	4/10	
71. 莴苣	10 000	30	3	30	TP；BP	20	4/7	预先冷冻
72. 瓠	20 000	1 000	500	1 000	BP；S	20～30	4/14	
73. 兵豆（小扁豆）	10 000	600	60	600	BP；S	20	5/10	预先冷冻
74. 亚麻	10 000	150	15	150	TP；BP	20～30；20	3/7	预先冷冻
75. 棱角丝瓜	20 000	1 000	400	1 000	BP；S	30	4/14	
76. 普通丝瓜	20 000	1 000	250	1 000	BP；S	20～30；30	4/14	
77. 番茄	10 000	15	7	15	TP；BP；S	20～30；25	5/14	KNO_3
78. 金花菜	10 000	70	7	70	TP；BP	20	4/14	
79. 紫花苜蓿	10 000	50	5	50	TP；BP	20	4/10	预先冷冻
80. 白香草木樨	10 000	50	5	50	TP；BP	20	4/7	预先冷冻
81. 黄香草木樨	10 000	50	5	50	TP；BP	20	4/7	预先冷冻

（续）

种（变种）名	种子批的最大重量（kg）	样品最小重量（g）			发芽床	温度（℃）	初/末次计数（d）	附加说明，包括破除休眠的建议
		送验样品	净度分析试样	其他植物种子计数试样				
82. 苦瓜	20 000	1 000	450	1 000	BP；S	20～30；30	4/14	
83. 豆瓣菜	20 000	25	0.5	5	TP；BP	20～30	4/14	
84. 烟草	10 000	25	0.5	5	TP	20～30	7/16	KNO_3
85. 罗勒	20 000	40	4	40	TP；BP	20～30；20	4/14	KNO_3
86. 稻	25 000	400	40	400	TP；BP；S	20～30；30	5/14	预先加温（50℃）；在水中或 HNO_3 中浸渍 24h
87. 豆薯	20 000	1 000	250	1 000	BP；S	20～30；30	7/14	
88. 黍（糜子）	10 000	150	15	150	TP；BP	20～30；25	3/7	
89. 美洲防风	10 000	100	10	100	TP；BP	20～30	6/28	
90. 香芹	10 000	40	4	40	TP；BP	20～30；20	10/28	
91. 多花菜豆	20 000	1 000	1 000	1 000	BP；S	20～30；20；25	5/9	
92. 利马豆（莱豆）	20 000	1 000	1 000	1 000	BP；S	20～30；25；20	5/9	
93. 菜豆	25 000	1 000	700	1 000	BP；S	20～30	5/9	
94. 酸浆	10 000	25	2	25	TP	20～30	7/28	KNO_3
95. 茴芹	10 000	70	7	70	TP；BP	20	7/21	
96. 豌豆	25 000	1 000	900	1 000	BP；S	20～30；30	5/8	
97. 马齿苋	10 000	25	0.5	25	TP；BP	20～30	5/14	预先冷冻
98. 四棱豆	25 000	1 000	1 000	1 000	BP；S	20～30；30	4/14	
99. 萝卜	10 000	300	30	300	TP；BP；S	20～30；20	4/10	预先冷冻
100. 食用大黄	10 000	450	45	450	TP	20～30	7/21	
101. 蓖麻	20 000	1 000	500	1 000	BP；S	20～30	7/14	
102. 鸦葱	10 000	300	30	300	TP；BP；S	20～30；20	4/8	预先冷冻
103. 黑麦	25 000	1 000	120	1 000	TP；BP；S	20	4/7	预先冷冻；GA_3
104. 佛手瓜	20 000	1 000	1 000	1 000	BP；S	20～30；20	5/10	
105. 芝麻	10 000	70	7	70	TP	20～30	3/6	
106. 田菁	10 000	90	9	90	TP；BP	20～30；25	5/7	
107. 粟	10 000	90	9	90	TP；BP	20～30	4/10	
108. 茄子	10 000	150	15	150	TP；BP；S	20～30；30	7/14	
109. 高粱	10 000	900	90	900	TP；BP	20～30；25	4/10	预先冷冻
110. 菠菜	10 000	250	25	250	TP；BP	15；10	7/21	预先冷冻
111. 黎豆	20 000	1 000	250	1 000	BP；S	20～30；20	5/7	

（续）

种（变种）名	种子批的最大重量（kg）	样品最小重量（g）			发芽床	温度（℃）	初/末次计数（d）	附加说明，包括破除休眠的建议
		送验样品	净度分析试样	其他植物种子计数试样				
112. 番杏	20 000	1 000	200	1 000	TP；BP	20～30；20	7/35	除去果肉；预先洗涤
113. 婆罗门参	10 000	400	40	400	TP；BP；S	20	5/10	预先冷冻
114. 小黑麦	250 000	1 000	120	1 000	TP；BP；S	20	4/8	预先冷冻；GA_3
115. 小麦	250 000	1 000	120	1 000	BP；S	20	4/8	预先加温（30～35℃）；预先冷冻；GA_3
116. 蚕豆	250 000	1 000	1 000	1 000	BP；S	20	4/14	预先冷冻
117. 箭筈豌豆	250 000	1 000	140	1 000	BP；S	20	5/14	预先冷冻
118. 毛叶苕子	20 000	1 000	140	1 000	BP；S	20	5/14	预先冷冻
119. 赤豆	20 000	1 000	250	1 000	BP；S	20～30	4/10	
120. 绿豆	20 000	1 000	120	1 000	BP；S	20～30；25	5/7	
121. 饭豆	20 000	1 000	250	1 000	BP；S	20～30；25	5/7	
122. 长豇豆	20 000	1 000	400	1 000	BP；S	20～30；25	5/8	
123. 矮豇豆	20 000	1 000	400	1 000	BP；S	20～30；25	5/8	
124. 玉米	40 000	1 000	900	1 000	BP；S	20～30；20；25	4/7	

主要参考文献

毕辛华，戴心维 . 1993. 种子学［M］. 北京：中国农业出版社 .

曹祖波，王孝华 . 2005. 辽宁丹玉种业营销策略［J］. 种子世界（12）：10～12.

陈世儒 . 2000. 蔬菜种子生产原理与实践［M］. 北京：中国农业出版社 .

杜鸣銮 . 1993. 种子生产原理和方法［M］. 北京：中国农业出版社 .

付宗华，钱晓刚，彭义 . 2003. 农作物种子学［M］. 贵阳：贵州科技出版社 .

盖钧镒等 . 2000. 作物育种学各论［M］. 北京：中国农业出版社 .

高荣岐，张春庆等 . 1997. 作物种子学［M］. 北京：中国农业科技出版 .

谷茂 . 2002. 作物种子生产与管理［M］. 北京：中国农业出版社 .

国家技术监督局 . 1995. 农作物种子检验规程［M］. 北京：中国标准出版社 .

郝建平，时侠清 . 2004. 种子生产与经营管理［M］. 北京：中国农业出版社 .

何启伟 . 1993. 十字花科蔬菜优势育种［M］. 北京：中国农业出版社 .

胡晋，王世恒，谷铁城 . 2004. 现代种子经营和管理［M］. 北京：中国农业出版社 .

胡伟民，童海军，马华升 . 2003. 杂交水稻种子工程学［M］. 北京：中国农业出版社 .

纪俊群，池书敏 . 1993. 作物良种繁育学［M］. 北京：中国农业出版社 .

季孔庶等 . 2005. 园艺植物遗传学 . 北京：高等教育出版社 .

江苏南通农业学校 . 1995. 作物遗传与育种学（下册）［M］. 北京：中国农业出版社 .

康玉凡，金文林 . 2007. 种子经营管理学［M］. 北京：高等教育出版社 .

刘纪麟 . 2002. 玉米育种学［M］. 北京：中国农业出版社 .

农业部全国农作物种子质量监督检验测试中心 . 2006. 农作物检验员考核读本［M］. 北京：中国工商出版社 .

潘家驹 . 1994. 作物育种学总论［M］. 北京：中国农业出版社 .

申书兴 . 2001. 蔬菜制种可学可做［M］. 北京：中国农业出版社 .

唐浩，李军民，肖应辉 . 2007. 加强品种保护，推进育种创新，提升我国这种子业核心竞争力［J］. 中国种业（11）：5～7.

佟屏亚 . 1993. 为杂交玉米做出贡献的人［M］. 北京：中国农业科技出版社 .

汪路 . 1995. 作物遗传与育种学（下册）［M］. 北京：中国农业出版社 .

王春平，张万松，陈翠云等 . 2005. 中国种子生产程序革新及种子质量标准新体系的构建［J］. 中国农业科学 38（1）：163～170.

吴淑芸，曹称兴 . 1995. 蔬菜良种繁育理论和技术［M］. 北京：中国农业出版社 .

吴贤生 . 1999. 作物遗传与种子生产学［M］. 长沙：湖南科学技术出版社 .

西南农业大学 . 1992. 蔬菜育种学［M］. 第二版 . 北京：农业出版社 .

颜启传 . 2001. 种子学［M］. 北京：中国农业出版社 .

袁隆平 . 1992. 两系杂交水稻研究论文集［M］. 北京：农业出版社 .

张全志 . 2000. 种子管理全书［M］. 北京：北京科学技术出版社 .

张万松，陈翠云，袁祝三等 . 1995. 四级种子生产程序及其应用［J］. 种子 14（4）：16～20.

中国标准出版社．1998．中国农业标准汇编［M］．种子苗木卷．北京：中国标准出版社．
周武岐等．1998．玉米杂交种子生产与营销［M］．北京：中国农业出版社．

图书在版编目（CIP）数据

作物种子生产与管理/谷茂，杜红主编．—2版．—北京：中国农业出版社，2010.2（2016.3重印）
普通高等教育“十一五”国家级规划教材．21世纪农业部高职高专规划教材
ISBN 978-7-109-14365-4

Ⅰ.①作… Ⅱ.①谷…②杜… Ⅲ.①作物育种－高等学校：技术学校－教材②作物－种子－管理－高等学校：技术学校－教材 Ⅳ.①S33

中国版本图书馆CIP数据核字（2010）第017020号

中国农业出版社出版
（北京市朝阳区农展馆北路2号）
（邮政编码 100125）
策划编辑 郭元建
文字编辑 田彬彬

北京通州皇家印刷厂印刷 新华书店北京发行所发行
2002年6月第1版 2010年3月第2版
2016年3月第2版北京第3次印刷

开本：787mm×1092mm 1/16 印张：18.25
字数：433千字
定价：43.50元（含光盘）